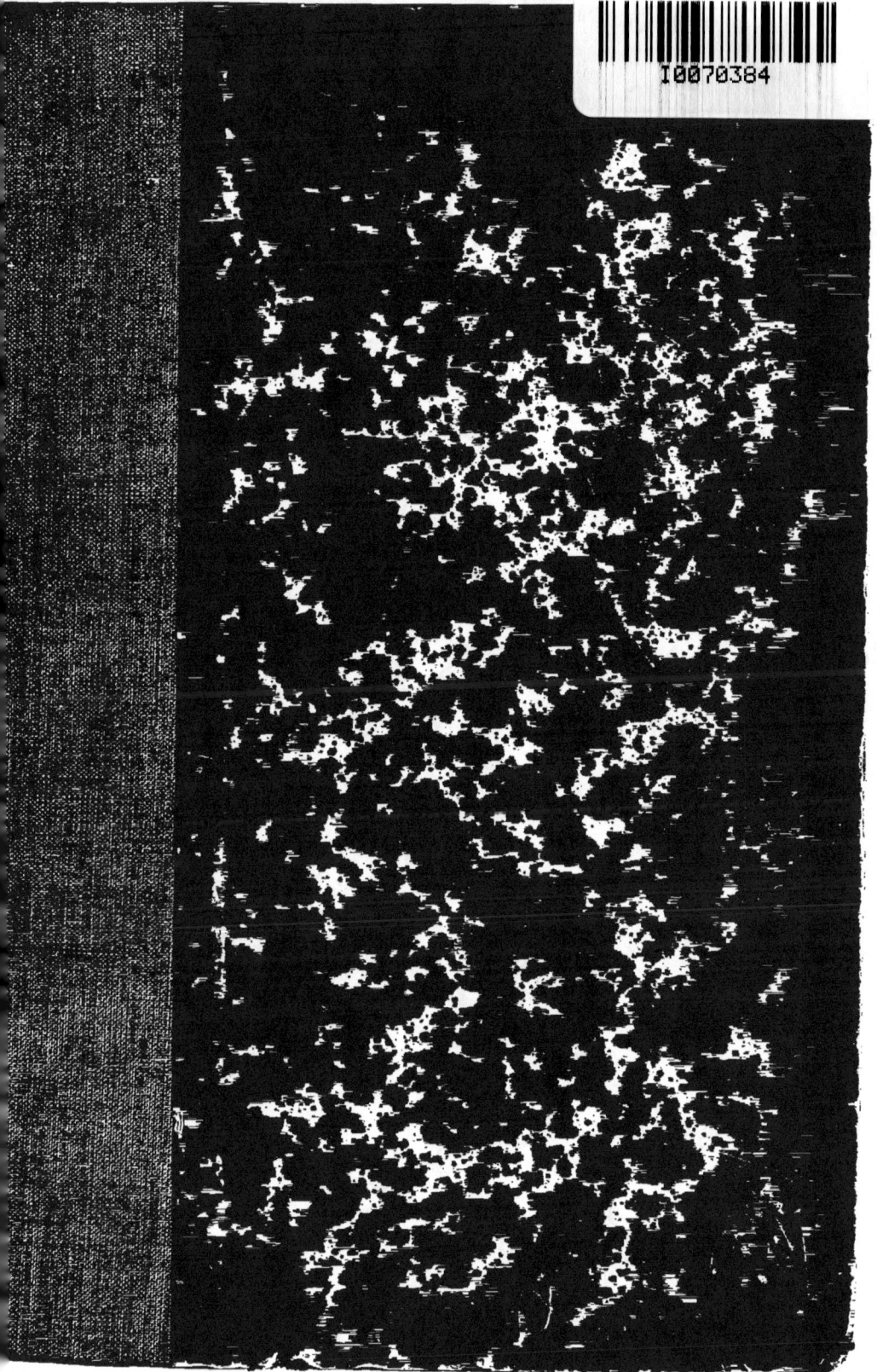

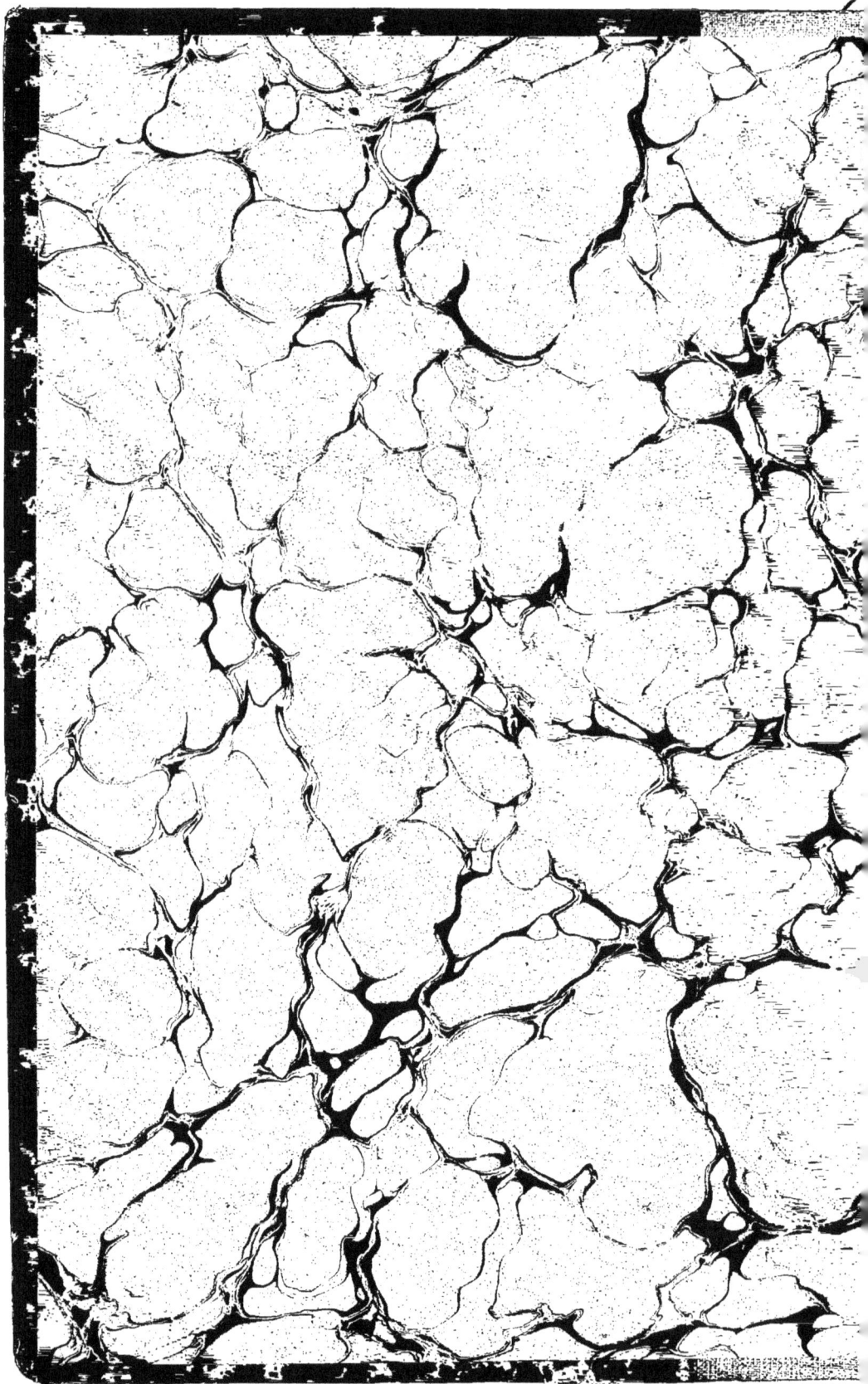

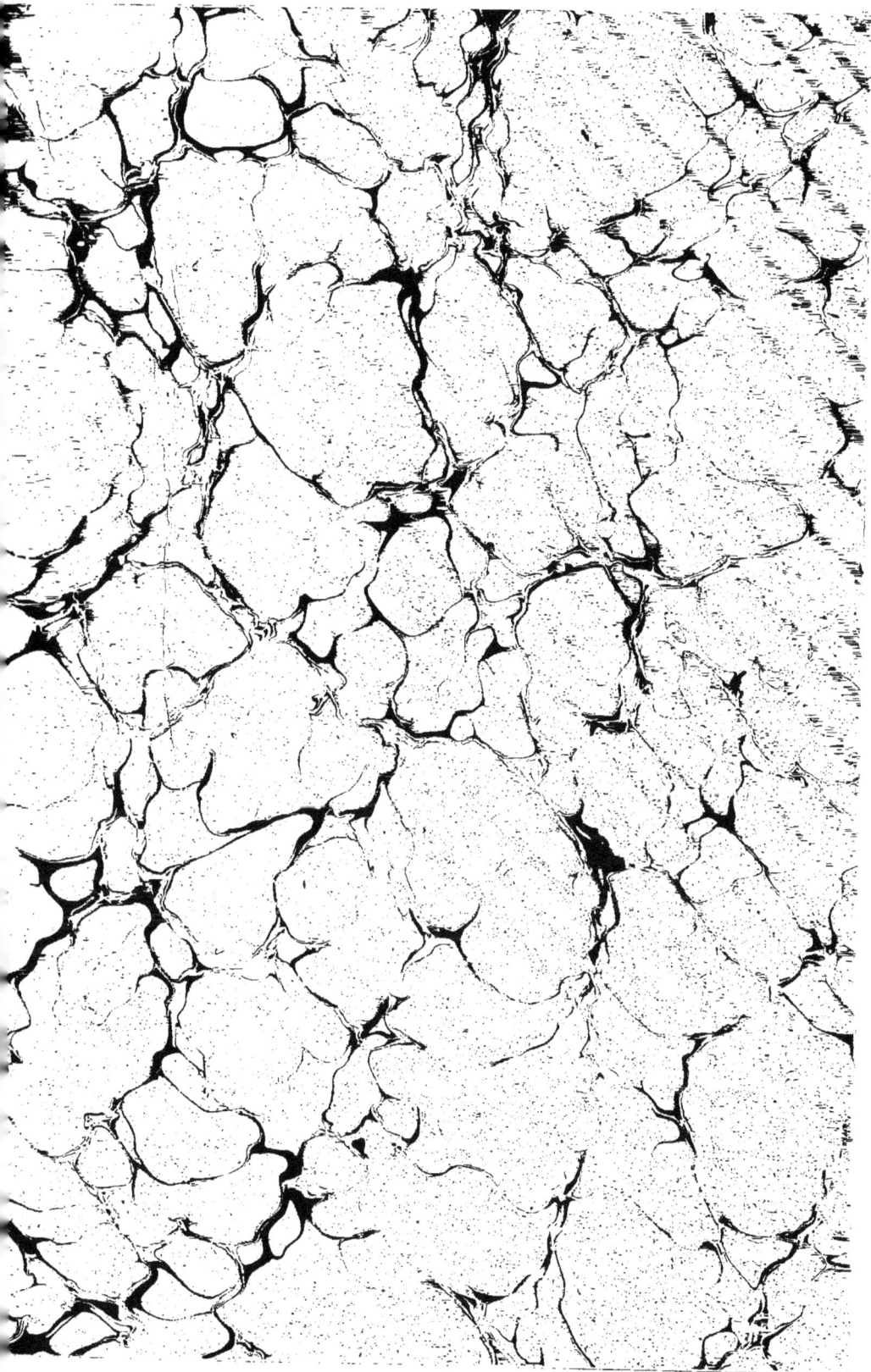

L'INBREEDING
ET L'OUT-CROSSING

(Consanguinité et Croisement)

EN ÉLEVAGE DE CHEVAUX DE COURSE

PAR

Édouard NICARD

✳

1er Volume

POUR SERVIR D'INTRODUCTION AUX HAUTES ÉTUDES SUR

L'ÉLEVAGE PUR AU POINT DE VUE DES COURSES

NEVERS

MAZERON FRÈRES, ÉDITEURS

13, Rue du Moulin-d'Écoroe, 13

1912

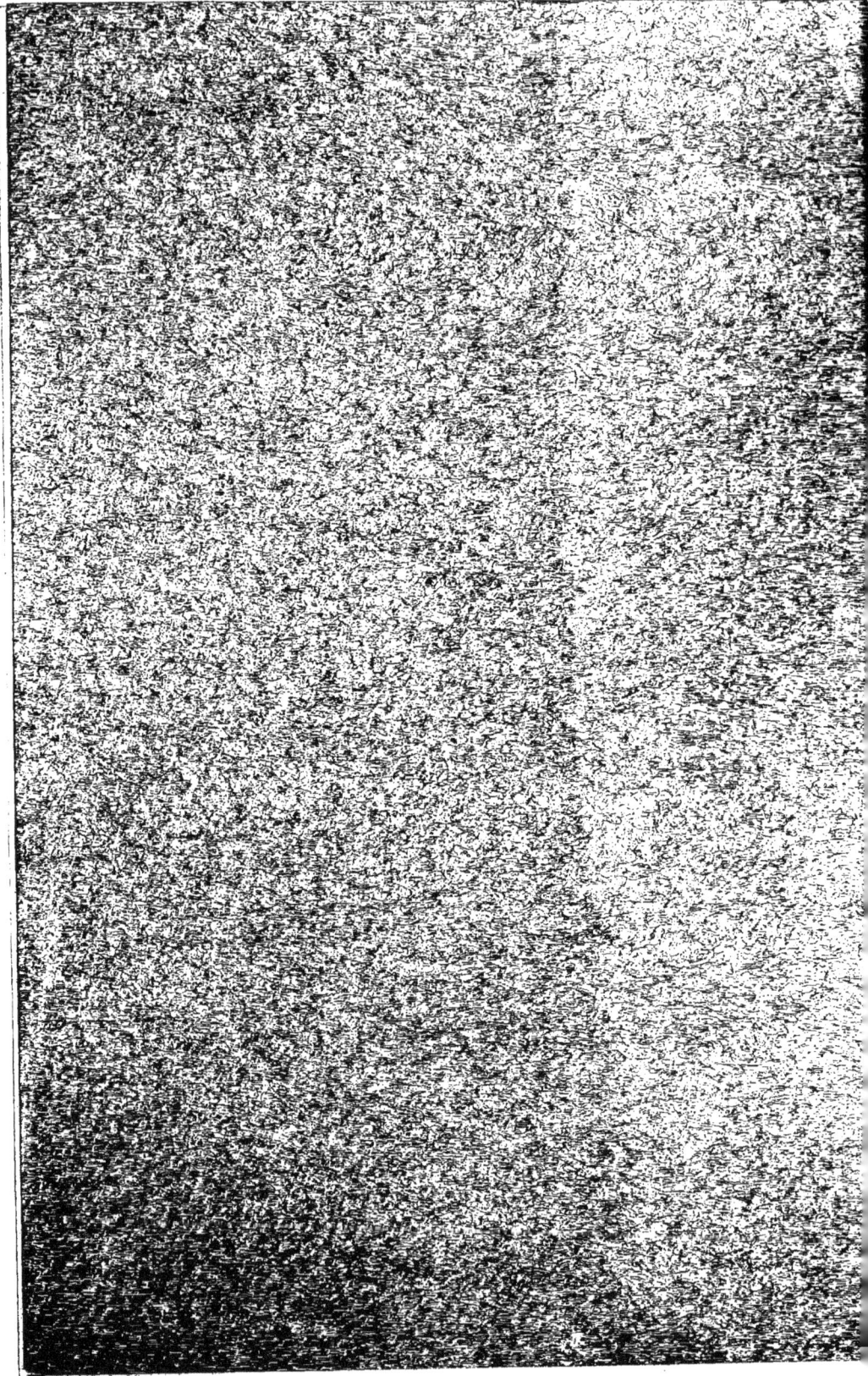

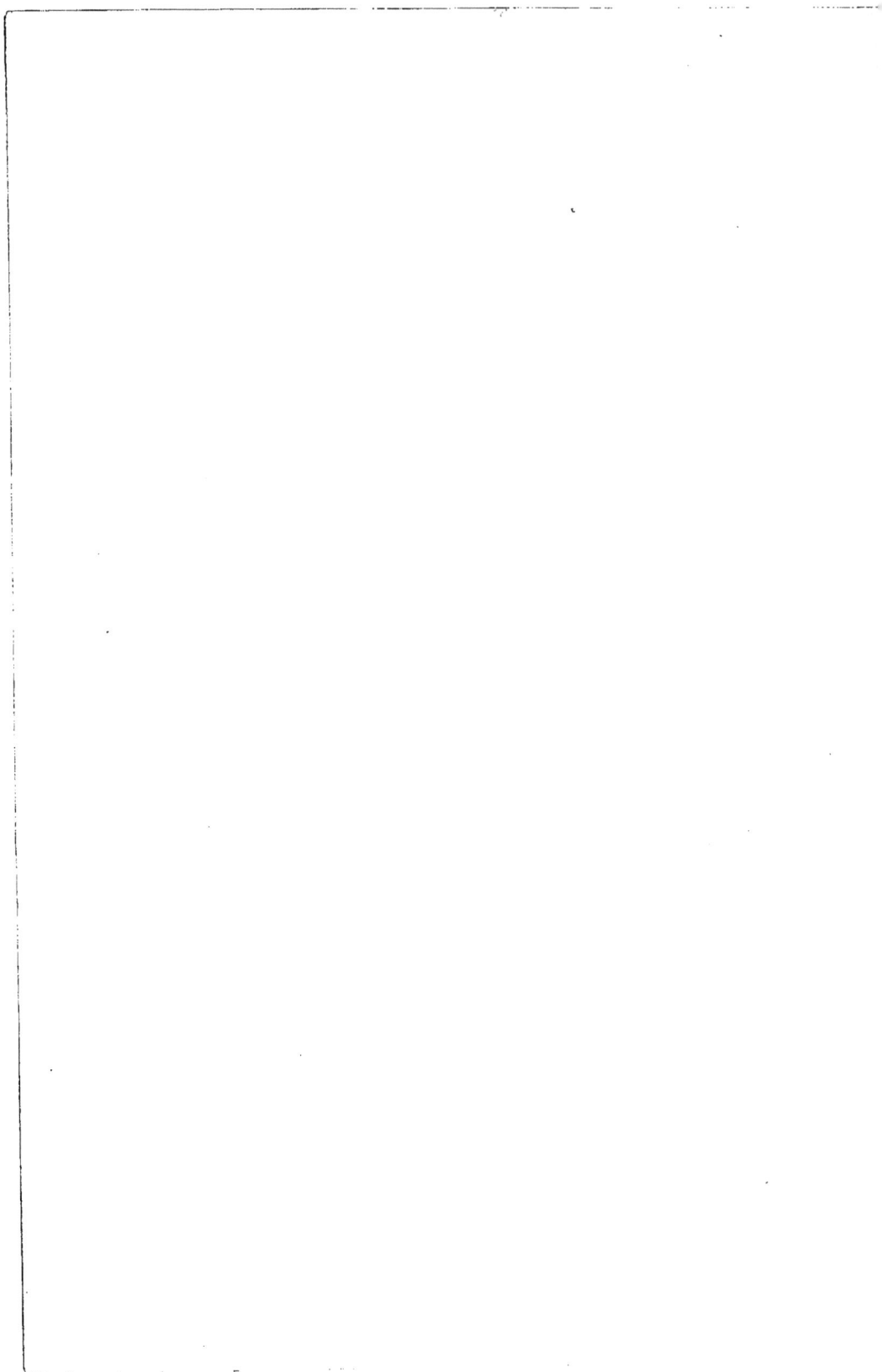

L'INBREEDING

ET L'OUT-CROSSING

L'INBREEDING
ET L'OUT-CROSSING

(Consanguinité et Croisement)

EN ÉLEVAGE DE CHEVAUX DE COURSE

PAR

Édouard NICARD

※

1ᵉʳ Volume

POUR SERVIR D'INTRODUCTION AUX HAUTES ÉTUDES SUR

L'ÉLEVAGE PUR AU POINT DE VUE DES COURSES

NEVERS

MAZERON FRÈRES, ÉDITEURS

13, Rue du Moulin-d'Écorce, 13

1912

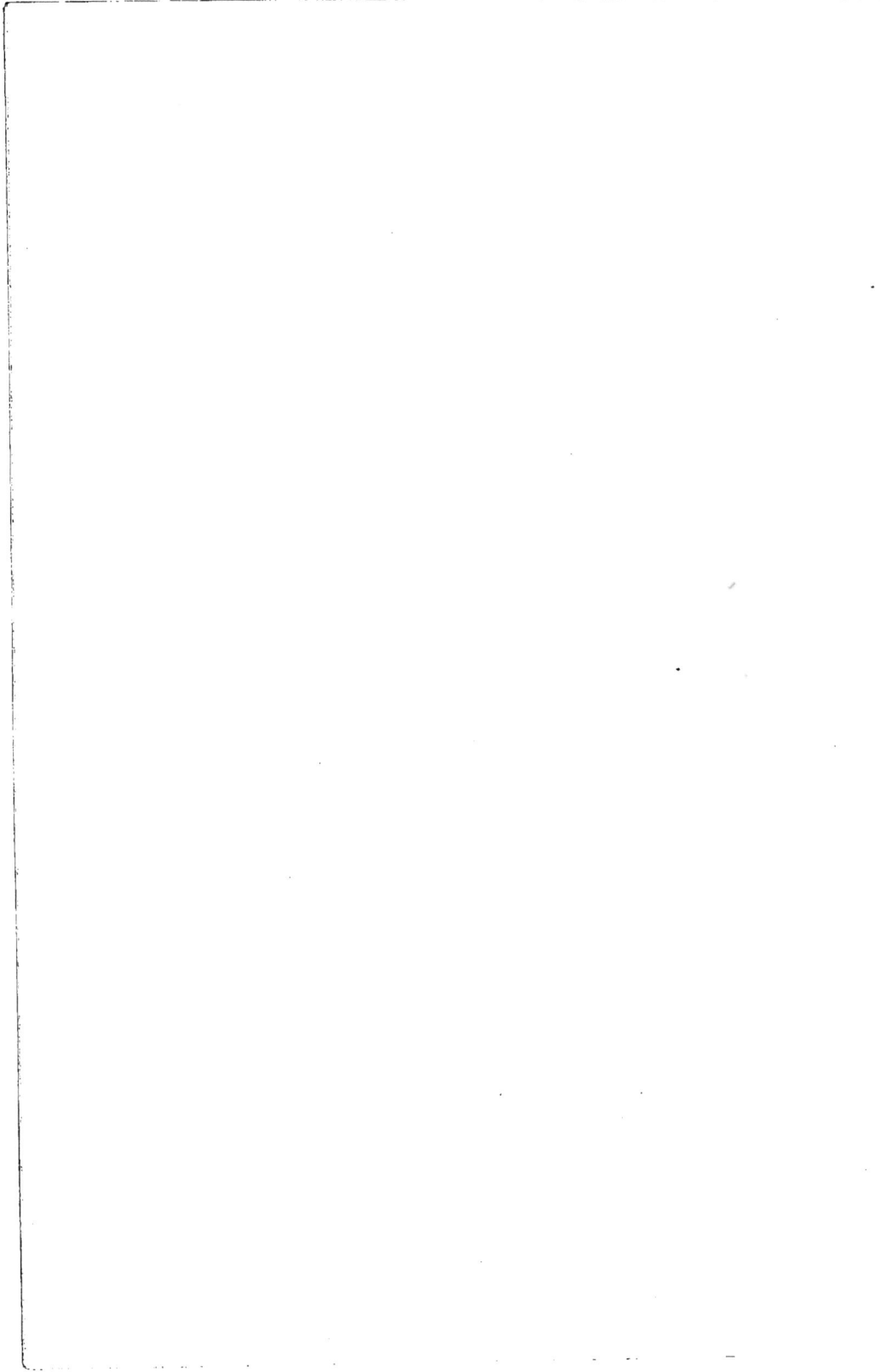

LIVRE PREMIER

CONSIDÉRATIONS GÉNÉRALES SUR L'*INBREEDING* ET L'*OUT-CROSSING*

Prologue. — Deux Grandes Lois, dont nous ne connaissons que des points d'interrogation, ont présidé sur la terre à la constitution des *Espèces*, des *Genres*, des *Races* et des *Variétés*.

Ces deux grandes lois s'appellent de noms différents dans des langues différentes, mais la chose ne diffère pas.

Darwin nous a donné l'*Origine des Espèces,* et tout le monde peut accepter ses théories sans le moindre scrupule, bien qu'une certaine école scientifique les considère comme une atteinte à un dogme religieux. Nous ne croyons pas que le célèbre observateur aie jamais eu l'idée de combattre des dogmes. Le Don-Quichotisme lui était totalement étranger. Il ne s'est jamais préoccupé des moulins à vent. Mais tout homme de bonne foi conviendra que les Espèces n'ont pas toujours été les mêmes à la surface de la terre. Les découvertes des géologues nous en donnent tous les jours la preuve et la mine est inépuisable.

La constitution des Espèces n'a donc pu qu'être le résultat d'un fait naturel et qui se passe encore aujourd'hui sous nos yeux. Ce fait, que nous allons surprendre de nos jours, a toujours été le même et nous n'avons pas besoin pour plaider cette cause de faire comme l'*Intimé* dans les *Plaideurs de Racine* et de remonter au *Déluge :*

> « Unus erat toto naturæ vultus in orbe,
> « Quem dixere chaos, rudis indigestaque moles [1].

De nos jours, les Espèces se conservent dans la nature dans toute leur pureté par une constante reproduction entre les individus qui les composent. Mais les *Genres* de la même *Espèce* ont perdu toute faculté de se féconder entre eux. *Flourens, Claude Bernard,* se sont livrés à cet égard à des expériences qui indiquent d'une façon générale que les *genres* d'une même espèce cessent d'être féconds entre eux.

La nature nous donne donc ici une leçon *d'Inbreeding* pour montrer aux éleveurs la méthode indispensable de la conservation des races domestiques dans leur pureté. Les exemples sont frappants de la vérité *naturelle* que nous venons d'énoncer. Le genre *Cheval* et le genre *Ane* qui sont tous deux de l'espèce *Cheval* ne se reproduisent entre eux que pour donner naissance à des mulets, qui sont le symbole de l'infécondité. Le Chien et le Loup, le Renard, qui sont des genres voisins de l'espèce canine se reproduisent ensemble, mais leurs descendants sont peu ou pas féconds.

Nous avons donc là des exemples naturels qui plaident en faveur de l'*Inbreeding* pour le maintien d'une espèce pure.

Mais il semble bien que la *Nature,* si on veut faire une personnification, s'est amusée à soutenir la cause contraire : celle de l'*Outcrossing*. Car les variétés des animaux et des plantes découlent indiscutablement d'unions entre animaux du même genre, mais déjà différenciés très légèrement par des circonstances complexes de la vie des organismes. Nous verrons que des observations de naturalistes et d'éleveurs nous démontrent d'une façon indiscutable que la fécondité de certaines familles d'animaux qui s'était altérée est redevenue très puissante par le *Croisement* avec des variétés très voisines. Dans les plantes, le fait que le pollen en est très facilement transportable par les abeilles sur les stigmates, implique le *Croisement* (Out-crossing) constant dont les plantes de variétés voisines sont forcément les sujets. En effet, les abeilles transportent le pollen d'une quantité de plantes situées à des distances relativement très grandes et produisent des croisements obligés.

---

(1) OVIDE. — *Métamorphoses.*

Les adaptations successives des organismes aux différences des milieux, encore voisins, produisent d'abord les variétés susceptibles de se croiser avec succès et ensuite les *variétés* plus différenciées qui constituent les *genres* quand le croisement devient peu ou pas fécond [1].

On voit donc par la courte exposition que nous venons de faire que la *Nature* est partagée entre deux tendances contraires, mais non pas inconciliables comme nous le prouverons par la suite. Bien au contraire, l'*Inbreeding* doit être pratiqué concurremment avec l'*Out-crossing*. Mais les deux moyens doivent fusionner comme cela se produit sous le régime de la sélection naturelle.

En général les Éleveurs de Chevaux de courses de pur sang n'ont vu que le côté *Inbreeding*. Mais l'autre côté de la question est pratiqué par les Éleveurs d'une façon inconsciente que nous nous proposons de dévoiler.

Nous attaquerons donc successivement les deux faces du problème, sans vouloir en éviter aucune des complexités les plus pénibles.

Ces généralités exposées avec une grande rapidité valaient de l'être, au moins ainsi. Car bien des personnes se figurent que les *Élevages d'animaux domestiques* sont voués à des pratiques compliquées, à des connaissances professionnelles différentes pour chaque branche. En réalité les *Élevages* sont tous soumis à des principes naturels que nous connaissons, que nous voyons s'étaler tous les jours sous nos yeux et que nos facultés objectives ne nous permettent pas d'enregistrer. Telle plante croît et prospère dans un milieu humide et la même plante légèrement modifiée s'épanouit sur un plateau voisin ; cependant l'abeille se pose alternativement sur l'une et sur l'autre et provoque la fécondation de l'une par l'autre. C'est le *Croisement des Ambiances voisines* qui redonne à chacune des variétés une vigueur, une rusticité nouvelle.

C'est à ces modes naturels de reproduction que nous nous attacherons dans cette Introduction. C'est dans ces exemples évidents que nous puiserons pour prouver la valeur, la nécessité, les résultats et, en un mot, les connaissances nécessaires qui expliquent les méthodes spéciales adaptées à l'élevage des *Chevaux de pur sang*. Ces exemples sont tellement nombreux, constants et, nous le répétons, évidents, que nous ne les voyons plus par l'habitude qui atténue nos facultés d'observation. Il suffit que l'attention soit éveillée pour que l'esprit saisisse les relations, comprenne les rapports et apprenne les applications.

---

(1) Voir DARWIN : La *Variation des Animaux et des Plantes*.

But de l'Etude. — L'*Inbreeding* est, à proprement parler, une méthode d'élevage [1] particulière et qui intéresse les éleveurs de chevaux de course au plus haut degré. En effet, aujourd'hui il n'est pas possible en *pur sang* de faire naître des chevaux *out-bred*. Les chevaux qui naissent à notre époque dans la race pure ont des inbreedings plus ou moins éloignés mais il ne saurait s'en trouver aucun qui soit absolument *en dehors*. Cette proposition sera développée au cours de cet ouvrage et nous nous bornons en ce moment à l'énoncer.

En demi-sang trotteur d'hippodrome les mêmes faits ne tarderont pas à se produire et pour les mêmes causes qui les ont provoqués vers 1764 dans l'élevage des *thoroughbred*.

On comprend dès lors l'importance d'une étude destinée à éclairer les divers points de vue d'une question complexe.

Tous les auteurs anciens ou modernes qui ont disserté sur l'Elevage ont consacré d'importants chapitres à l'*Inbreeding* et l'*Out-crossing*. Tous les éleveurs depuis la fondation de la race ont eu sur les *Croisements en dedans et en dehors* suivant l'expression française, des opinions très arrêtées. Aucun d'eux ne s'en est désintéressé. Les uns se sont livrés à des incestes, d'autres à des *closes-breedings* aventureux ; quelques-uns ont limité à un certain degré du pedigree la répétition du même ancêtre, tandis que de très nombreux partisans de l'*out-breeding* ont éloigné le plus possible le degré de parenté entre le père et la mère du produit à naître. Mais on peut dire d'une façon générale qu'amis ou ennemis de l'*Inbreeding* lui ont toujours accordé une signification et un effet considérables.

Nous avons pensé qu'il y avait là un vaste champ d'exploration pour l'homme d'étude. Dans les routes parcourues jusqu'à nous par nos prédécesseurs, et jalonnées par la sélection si intense de la course, nous chercherons la bonne voie. Si nous n'avons pas la prétention de l'indiquer à coup sûr, nous avons au moins la certitude de trouver une direction définitive, certaine et indiscutable et hors de laquelle il ne faut pas se porter.

Avant d'entamer l'étude technique de l'*Inbreeding* nous avons le dessein d'exposer les grandes lignes de notre travail dans cette introduction qui n'en sera pas le chapitre le moins important puisqu'il contiendra des vues d'ensemble sur le monde des organismes qui vivent soit à l'état de nature, soit sous la sphère d'influence de l'homme.

Il n'est pas d'animaux, jusqu'à l'homme lui-même, qui ne nous seront utiles pour cette étude et, puisque tout se tient dans la nature,

---

(1) Pour la signification exacte du terme, voir le chapitre qui s'y rapporte dans l'ouvrage du même auteur : *Le Langage des Eleveurs* (1902), chez Mazeron Frères, éditeurs à Nevers.

nous ferons servir les études anthropologiques à éclairer notre religion au sujet des races chevalines de course. De même que les remarques et les résultats acquis pourront, par un choc en retour habituel, servir aux intérêts même de l'humanité.

Quand nous aurons exposé les divers aspects du problème et les diverses solutions qu'il a reçues dans tous les règnes de la nature, la question apparaîtra bien plus claire en ce qui concerne la Variété des Chevaux de course. Elle ne sera plus qu'un cas particulier de nos conclusions générales.

Ce programme, au premier abord, peut paraître vaste et compliqué. Nul ne peut dire pourtant qu'il n'est pas rationnel et intéressant. Nous tâcherons de le rendre compréhensible et pour ainsi dire d'une digestion facile pour nos lecteurs munis d'un bagage scientifique, même élémentaire. Et cependant nous allons aborder les problèmes les plus élevés qui aient agité le cerveau de l'homme. Tout d'abord l'étude de la *cellule germinative* fera l'objet de quelques dissertations indispensables. L'embryologie et le développement fœtal viendront ensuite et enfin l'étude des tempéraments et des diathèses constitutionnelles se présentera à nous au fur et à mesure que l'être progresse et que l'évolution vitale s'accomplit. Nous trouverons dans toutes les étapes de ce cycle éternel les divers genres d'influence que produit ou peut produire la pratique de l'*Inbreeding* et de l'*Out-crossing*.

Exposition d'ensemble. — Nous n'avons pas, bien entendu, la prétention de subordonner la valeur en course d'un poulain à son *inbreeding* ou à son degré plus ou moins élevé. Loin de nous la pensée d'en faire une règle d'élevage *sine qua non*. Nous pourrions déclarer telle sorte d'*inbreeding* comme favorable ou dangereux avec des exemples à l'appui, mais nous n'avons nullement l'intention de limiter le champ d'expériences de l'Elevage. En un mot le but de notre étude ne sera pas de donner à l'éleveur une sorte de guide-âne pour se livrer à sa profession si compliquée, mais de lui faire toucher du doigt les avantages et les inconvénients de certaines unions.

Certainement nous avons une sincère admiration pour Bruce Lowe mais nous n'avons pas l'intention de l'imiter. Ses lauriers ne nous empêchent pas de dormir.

Le lecteur qui chercherait ici un *Système* pour élever des *Chevaux de course* ferait une singulière erreur.

Notre ambition est à la fois plus haute mais plus circonspecte. Plus haute parce que le but est de chercher la cause et le pourquoi des événements. Souvenons-nous de l'exclamation de Lucrèce : « *Felix qui potuit rerum cognoscare causas !* » C'est donc ce bonheur de savoir que nous recherchons.

D'autre part, notre circonspection vient de la conscience que nous avons de notre impuissance dans la voie où Bruce Lowe s'est engagé et d'autres aussi. Nous savons que baser un *système d'Elevage* sur l'*Inbreeding* par exemple est une entreprise aussi vaine que le *Système des Nombres*, quoique cependant l'étude des *Familles de Juments* soit indispensable pour la bonne conduite d'un élevage. De même celui qui, abandonnant ce point de vue prétendrait fonder un *Système par les Mâles* ou les *Lignes Mâles*, ferait aussi fausse route.

Au fur et à mesure que le lecteur s'avancera dans l'Etude, il verra que tout se tient dans la construction d'un Grand Cheval et que tous les aspects d'une telle œuvre ne peuvent être embrassés d'un seul coup d'œil.

Puisque nous avons fait cette digression sur les *Systèmes* en général et sur celui de *Bruce Lowe* en particulier, il est bon d'ajouter que ces considérations n'ôtent rien au travail de Bruce Lowe de sa valeur intrinsèque, c'est-à-dire en ce qui concerne la théorie des *Lignes Féminines.* Il y a certainement quelque chose de génial dans la conception de la fixité de ces lignes au point de vue de leur adaptation et aussi quelque chose de très habilement présenté au point de vue de leur *identification.* (Identification of Female-Lines by Figures).

Il est hors de doute que les Grands Éleveurs d'autrefois et même des contemporains de Bruce Lowe, se faisaient bien une idée de la valeur respective de certaines *Lignes Féminines.* Mais ils n'avaient pas une vue d'ensemble sur cette question comparable à celle qui résulte de la lecture du travail de ce grand Australien. Lui seul a qualifié les *Lignes* comme elles le méritaient, ou du moins, à peu près selon leur juste mérite. Nous aurons précisément à faire une observation importante à ce sujet quand le moment sera venu.

Mais ce qu'il importe de faire ressortir, c'est que l'idée de système d'élevage est en elle-même fausse et dommageable. Il faut dire cependant, à l'excuse de Bruce Lowe, que s'il n'avait pas publié son ouvrage sous cette forme, il aurait eu beaucoup moins de lecteurs et de partisans.

La forme didactique que nous adoptons pour notre étude est en effet beaucoup moins attirante et n'est pas susceptible d'exciter l'enthousiasme comme le *système* qui a l'air d'une découverte.

Le *système* est attirant par sa simplicité apparente et il ne faut pas trop le blâmer parce que la lecture d'une œuvre même mal conçue ne peut se faire sans la connaissance de quelques vérités scientifiques qui sont forcément à la base.

Le désir naturel de l'*Éleveur* de posséder un *truc* pour faire des gagnants le rend capable d'un effort pour l'étude qu'il n'aurait peut-être pas fait autrement.

L'ouvrage de l'australien Bruce Lowe a été sous ce rapport très avantageux à l'Elevage. Il a été lu par un grand nombre de néophytes qui y ont puisé outre des idées fausses, des connaissances précieuses. Ce travail venant de ce pays s'expliquait très bien par suite de l'esprit spécial de commerce qui sévit sous ces latitudes. Cependant il a eu des imitateurs ici et qui ont eu du succès.

Il eut été facile de baser sur les notions de l'*Inbreeding* et de l'*Out-crossing* un autre système d'élevage très attachant. En étudiant les pedigrees on serait arrivé assez facilement à des formules, sortes de théorèmes qui n'auraient pas été sans charme et qui auraient semblé aussi des découvertes nouvelles. Mais le problème de la Pierre philosophale et de la Quadrature du cercle n'est pas tentant.

Notre enseignement n'aura rien de ce mode Américain ou Franco-Américain. Nous nous garderons comme d'une mauvaise action de mettre l'élevage en tranches que chacun croit pouvoir accommoder à son profit.

Loin de préconiser telle ou telle disposition de l'*Inbreeding* pour faire des *Racers*, des *Sires* ou d'*Illustres poulinières,* loin de proscrire certains *Inbreedings*, nous donnerons au contraire la démonstration que tous les essais dans cette direction, ont fait leurs preuves de valeur et produit de véritables phénomènes tels que : *Barcaldine, Wellingtonia* et *Flying-Fox* sans compter *Eclipse*, le plus incestueux de tous les Sires et en même temps le plus fort. (The stout Eclipse). Cette étude sera amenée par la force des choses et en suivant les étapes de l'élevage depuis les premiers temps.

Nos conclusions seront très larges. Non seulement l'*Inbreeding* est une pratique constante en élevage de pur sang, mais il est une nécessité absolue et inéluctable. Il est impossible de s'y soustraire. Proche ou éloigné il nous guette, et nous pensons qu'après avoir lu cet ouvrage, les éleveurs en mesureront toutes les conséquences. Il leur sera possible, dès lors, dans leurs alliances, de choisir les combinaisons les plus avantageuses ou les moins dommageables ; car la question d'une union parfaite est tellement complexe dans ses exigences pour *la classe*, les *lignes féminines et masculines*, les adaptations, les nécessités locales et d'ordre financier ou simplement pour les possibilités, qu'un éleveur est souvent amené à se déterminer contrairement à une partie de ses conditions premières. En un mot, la constitution d'une jument, sa classe en course, ses aptitudes, son tempérament sont presque toujours telles que l'étalon rêvé pour elle n'existe pas ; ou bien que, s'il existe, il est impossible pour une foule de raisons de s'en servir.

Difficultés pratiques pour l'application des Systèmes.
— En un mot, dans la pratique, le problème de l'élevage est plus compliqué encore qu'en théorie, ce qui indique une nouvelle série de difficultés colossales. On conçoit, dès lors, combien les *Systèmes*, à supposer qu'ils aient une valeur quelconque, sont inutiles ou plutôt inutilisables.

Les chercheurs de *Systèmes* rappellent les anciens alchimistes qui s'acharnaient à la découverte de la *Pierre philosophale*. Inutile de dire que non seulement ils ne l'ont pas découverte, mais ils sont passés volontairement à côté de trouvailles très intéressantes que la *Chimie* et la *Physique modernes* ont livré au monde, et cela parce que leur ambition les avait portés à vouloir atteindre un but chimérique et irréalisable.

Le désir qui consiste à produire un cheval de courses à aptitudes et valeurs déterminées à l'aide d'un procédé quelconque, dérivé de l'étude approfondie des lignes *mâles ou femelles* (*males or females lines*) ou de l'*Inbreeding* ou de l'*Out-crossing* est aussi impossible à atteindre que le but que poursuivaient les anciens alchimistes. Mais il est très utile de se livrer à l'étude de l'action des divers éléments ataviques qui constituent le cheval et l'*Inbreeding* et l'*Out-crossing* sont des aspects de ce problème compliqué.

Ces travaux ne peuvent manquer de porter leurs fruits, sinon pour une réussite certaine et prédite à l'avance, mais pour éviter des erreurs et des fautes et se placer dans les conditions les moins mauvaises possibles pour obtenir l'animal à succès.

Le moine Roger Bacon (Doctor admirabilis) avait prédit 700 ans avant leur apparition, les chemins de fer, les bateaux à vapeur, les automobiles, les ballons dirigeables, les scaphandres et les sous-marins. Puis dans un éclair de génie il découvrait la poudre à canon. Il faut voir dans son livre intitulé : *De l'admirable pouvoir de l'Art et de la Nature,* comment il entrevit le point de vue de la science moderne. Il instruisit et fit progresser l'humanité par ses travaux bien autrement que s'il eut cherché la *Pierre philosophale* dont le mirage attirait tant de cerveaux distingués de son époque.

Nous ne chercherons donc pas non plus dans cet ouvrage sur l'*Inbreeding* et l'*Out-crossing* à découvrir le procédé infaillible pour fabriquer de grands Chevaux de course, de grands Etalons (Great Stake Horses, and Sires), de grandes Pouliches (Great Race Fillies). Nous ne donnerons même aucuns conseils à ce sujet à nos lecteurs. Nous nous contenterons de rechercher avec soin et par les procédés scientifiques d'observation les conséquences plus ou moins avantageuses des unions par suite de la Parenté ou du Croisement. Nous mettrons sous leurs yeux les résultats de nos expériences scrupuleuses et nous leur laisserons le soin de conclure suivant leurs cas particuliers. Nous assisterons à la naissance des aptitudes spéciales telles que la Précocité, la Vitesse, le Fond, le Saut, etc., etc., et la conservation de ces mêmes aptitudes par les courses spéciales nous donnera la clef du problème de leur sélection atavique. Nous chercherons d'un autre côté la part de l'*Inbreeding* et de l'*Out-crossing* dans les naissances des grands Racers, des grands Sires, des grands Steeple-Chasers et même aussi de certains Chevaux de Handicap qui ont été de précieux reproducteurs.

Non seulement les conseils aux Eleveurs ne servent à rien et sont absolument superflus, mais encore ils sont sûrement nuisibles, car ils ne peuvent jamais être suivis.

Dans un ouvrage sur l'Elevage on ne peut naturellement s'attaquer qu'à un seul côté de la question et il est impossible d'embrasser un champ aussi vaste d'un seul coup d'œil.

L'*Inbreeding* et l'*Out-crossing* ne représentent que des aspects intéressants de ce curieux et intéressant kaléidoscope qu'est l'*Elevage* du Cheval pur. L'étude de ces deux principes empruntés à la Nature est plein d'aperçus utiles et indispensables à qui veut être conscient de ses actes professionnels, mais ce n'est pas l'*Elevage*.

Si vous tournez autour du Sphinx monstrueux de Chéops vous êtes stupéfait de la multitude d'aspects que présente tour à tour sa physionomie. Quelle série infinie d'énigmes ne vous propose-t-il pas suivant l'angle sous lequel vous le contemplez. Eh bien ! l'Elevage est un sphinx, qui pose à l'Eleveur une infinité de questions et pour moderne que soit ce monstrueux bloc indéchiffrable, pour attrayante que soit sa physionomie sportive, pour passionnants que soient les problèmes d'élevage qu'il vous pose il n'en est pas moins dangereux et ceux qu'il a dévorés sont légion.

Nécessité inéluctable des Inbreedings. — Nous avons posé en principe qu'on ne pouvait faire d'unions aujourd'hui sans *Inbreeding* : il faut ajouter à cette affirmation un ensemble de considérations générales métaphysiques et mathématiques qui démontrent théoriquement la profonde exactitude de notre proposition.

La *Cellule Vitale* qui a donné naissance aux organismes, si nombreux et si variés, qui habitent aujourd'hui la terre, doit nous prouver que les animaux d'une même Variété sont sortis à l'origine d'une formation bien peu nombreuse tout d'abord. Il s'ensuit donc que l'adaptation a eu lieu à l'aide d'une série longtemps limitée de sujets. Dans une même espèce les membres sont donc tous parents.

Ce raisonnement scientifique nous amène à un résultat enseigné par la religion catholique, non seulement pour l'homme, mais aussi pour les animaux. En effet, le dogme religieux nous apprend que nous descendons tous d'Adam et d'Eve, nos premiers parents communs. Quant aux animaux ils descendent tous du couple de chaque espèce que Noë prit soin de renfermer dans l'Arche lorsque Dieu l'avertit de se préparer pour le jour du Déluge Universel.

La parenté des êtres de la même espèce résulte aussi bien de la Science que de la Révélation.

Cependant certains esprits plus exigeants pourraient trouver le raisonnement scientifique trop abstrait et la Révélation dogmatique un peu simpliste. A ceux-là nous offrirons un calcul des moins compliqués et à la portée de toutes les intelligences.

Cherchons à faire toucher du doigt la parenté très proche de tous les chevaux de pur sang, *up to date*, par une origine commune. Prenons un cheval de pur sang courant actuellement et admettons qu'environ 25 générations nous séparent de ses ancêtres qui vivaient dans les Iles Britanniques : Grande-Bretagne, Irlande et Ecosse, vers l'an 1600. Cela nous reporte à l'époque de Cromwell. A cette époque, est-il besoin de le dire, le nombre des chevaux arabes qui servaient à améliorer les Racers du moment étaient bien peu nombreux. Ils n'étaient peut-être pas 100 dans tout le Royaume-Uni.

Il est bon, pour donner une idée relative, de fixer par un chiffre officiel, d'une autre époque, le nombre des pur sang. E. Houël, inspecteur général des Haras, écrit dans son livre : *Les Chevaux de Pur sang en France et en Angleterre,* les lignes suivantes qui sont topiques : « Cette année, 1859, le nombre des chevaux de cette espèce qui se trouvent en France, s'élève à plus de 1.500. — Plus des deux tiers du nombre total que renferment les trois royaumes d'Angleterre. »

Si on retranche les étalons, les poulains, les chevaux de courses et les hongres de ces 2.000 chevaux purs qui existaient au plus alors en Angleterre, on voit le peu d'importance de la formation à l'origine, puisqu'en 1859, époque glorieuse de turf Français et Anglais, le nombre total des chevaux purs était dans les deux nations inférieur à 3.500.

Il est bon de rappeler pour fixer le lecteur sur l'année 1859 dont parle Houël, et cela au point de vue chronologique, que *Gladiateur* naquit en 1862. Il n'est donc pas étonnant qu'aux époques reculées de Cromwell, les chevaux de courses qui étaient à cette époque tous nés en Angleterre, sauf comme nous l'avons dit, une centaine d'étalons *arabes* ou *turcs* destinés au croisement, ne fussent pas plus nombreux qu'en 1859. Si donc nous prenons ce cheval quelconque de pur sang né en Angleterre, et que nous cherchions combien il avait d'ancêtres en l'an 1600, nous voyons qu'il faut raisonner de la manière suivante : Ce cheval est issu de 2 auteurs, son père et sa mère; à leur tour le père et la mère ont chacun 2 auteurs et ainsi de suite. D'où il résulte qu'un cheval a 2 auteurs au premier degré, 4 au second, 8 au troisième, etc., c'est-à-dire à la $n^{ème}$ génération un nombre d'ancêtres égal à 2^n. Si on se reporte à la 25e génération pour arriver à l'époque fixée de l'an 1600, le nombre des ancêtres de notre cheval à ce moment serait égal à 2^{15}, soit 33.554.432. Or, est-il besoin de le dire, non seulement il n'y avait que quelques centaines de chevaux de courses, mais encore dans toute l'Angleterre, la population chevaline n'atteignait pas le dixième de ce chiffre en comprenant toutes les sortes de trait, de selle, de poneys, etc. Il résulte donc de ce calcul des plus simples que les ancêtres de notre cheval devaient être en grande partie les mêmes répétés souvent.

Il est facile du reste de voir comment des ancêtres peuvent être les mêmes répétés un grand nombre de fois, par un exemple concret. Prenons pour nous renseigner le célèbre *Galopin* qu'environ 10 générations séparent d'*Eclipse*.

GALOPIN				
VEDETTE	*Voltigeur*	*Voltaire*	*Blacklock.*
			F. de *Phantom.*
		Martha Lynn	*Mulato.*
			Leda.
	Fille de	*Birdcatcher*	*Sir Hercules.*
			Guiccioli.
		Nan Darrel	*Inheritor.*
			Nell par **Blacklock.**
FLYING-DUCHESS	*The Flying Dutchman*	*Bay Middleton*	*Sultan.*
			Cobweb par **Phantom.**
		Barbelle	*Sandbeck.*
			Darioletta.
	Mérope	*Voltaire*	*Blacklock.*
			F. de *Phantom.*
		La Mère de Vélocipède	*Juniper.*
			F. de *Sorcerer.*

On voit tout d'abord que ce cheval est *inbreed* sur *Voltaire* au 3e degré. C'est-à-dire que *Voltaire* est à la fois le grand-père de *Vedette*

2

et de *Flying-Duchess*, qui sont ainsi cousins germains. On voit que sur les 8 ancêtres du 3ᵉ degré, il n'y en a plus que 6 de différents ; sur les 16 ancêtres du 4ᵉ degré, il n'y en aura plus que 12 de différents et sur les 32 du 5ᵉ degré, il n'y en aura que 24 de différents, et cela bien entendu du fait de *Voltaire* seulement, car il peut se rencontrer plus loin de nouveaux *Inbreedings*. En un mot, le nombre des ancêtres communs par suite de l'*Inbreeding* de *Voltaire* sera toujours à la $n^{ème}$ génération représenté par la formule 2^{n-2}. De sorte que, par exemple, à la 25ᵉ génération le nombre d'ancêtres communs du fait de *Voltaire*, sera de 2^{23}, c'est-à-dire : 8.338.608.

Comme dans les degrés suivants du pedigree, il ne manque pas d'autres ancêtres communs, on se rend compte de la raréfaction des auteurs non parents à l'époque indiquée.

Si plusieurs ancêtres se trouvent successivement à diverses générations du pedigree, on peut calculer le nombre d'ancêtres communs à la $n^{ème}$ génération par le calcul indiqué plus haut. La formule, en effet, se généralise en appelant n', n'', n''', etc., le nombre de générations qui se trouve entre le cheval et l'auteur redoublé, sous la forme $2^{n-n'} + 2^{n-n''} + 2^{n-n'''}$, etc.

Pour donner une idée de cette sorte de nouvelle influence de l'*Inbreeding*, nous reprendrons le pedigree de *Galopin* et nous apercevons de suite qu'au 4ᵉ degré, il y a 3 filles de *Phantom* : 2 fois la mère de *Voltaire* et une fois la mère de *Bay-Middleton*. Les descendants de *Phantom* du fait de *Cobweb* viennent donc s'ajouter aux ancêtres communs du fait de *Voltaire* et le nombre de ses ancêtres est facile à calculer. Il est de $1 + 2^{25-5} = 2^{20} = 1.048.577$.

D'autre part, *Vedette* étant *inbreed* sur *Blacklock* au 5ᵉ degré, on doit ajouter du fait de la présence de cet ancêtre répété au 5ᵉ degré, la même quantité d'ancêtres communs à la 25ᵉ génération, soit toujours : 1.048.577.

Ces considérations mathématiques nous permettent d'émettre certaines déductions intéressantes. Tout d'abord les lignes mâles remontent toutes aux trois chevaux *Eclipse*, *Hérod* et *Matchem*, ceux-ci sont répétés à la 10ᵉ génération d'une façon excessive. Puis les lignes féminines remontent toutes à 44 juments, le nombre des femelles se raréfie aussi sensiblement, au fur et à mesure qu'on s'avance dans les générations.

Pour fixer d'une façon précise, exacte et bien concrète les faits que nous indiquons, nous reprendrons notre exemple de *Galopin* et de son pedigree.

Nous nous en tiendrons cette fois à huit générations qui comprennent tous les ascendants mâles de *Galopin* en ligne directe jusques et y compris *Eclipse*. Sans écrire son pedigree qui serait trop encombrant à écrire jusque-là, nous pouvons calculer, d'après les cinq premiers degrés, ce qu'il y aurait d'ancêtres communs à ce moment. Tout d'abord, avec l'*Inbreeding* sur *Voltaire*, nous avons un nombre d'ancêtres répété égal à $2^6 = 64$.

Blacklock se trouvant une troisième fois au 5e degré les ancêtres communs de son fait au 8e sont au nombre de $2^3 = 8$.

Phantom se trouvant également une troisième fois au 5e degré, nous avons encore 8 ancêtres déjà existants au 8e degré.

Donc, sur 256 ancêtres du 8e degré, époque d'*Eclipse*, 80 sont déjà répétés à cette époque et il n'en resterait plus que 176 qui nous semblent différents. Mais bien d'autres sont encore répétés, soit en mâles, soit en femelles. Par exemple *Juniper* sorti d'un petit-fils d'*Eclipse* avec une petite-fille du même *Eclipse* et tant d'autres.

Mais il faut abandonner pour le moment des prévisions particulières pour rentrer dans les généralités. Ce que nous tenions, c'était à faire toucher du doigt combien les unions consanguines (*Inbreedings*) multiplient à l'infini les ancêtres communs au fur et à mesure de l'éloignement des générations.

Ce qui revient à dire que deux chevaux de pur sang quelconques, aujourd'hui, sont plus proches parents qu'ils n'apparaît tout d'abord.

D'autre part, si l'on réfléchit un instant que les calculs concernant le nombre des ancêtres à la n^e génération par la formule 2^n s'appliquent à tous les animaux ayant à leur base la reproduction sexuelle et par conséquent à l'Homme, on arrive à la même certitude que tous les hommes sont parents et même étroitement parents dans un habitat déterminé, tel que la France par exemple. Cette constatation philosophique serait de nature à apporter dans les relations humaines une grande douceur si tant est que beaucoup de gens soient à même de se rendre compte d'une semblable évidence.

Coup d'œil sur les Mariages Consanguins dans l'Humanité. — Ces considérations nous amènent à jeter un rapide coup d'œil sur les mariages consanguins dans l'Humanité.

De même que l'étude de l'*Inbreeding*, dans les races de courses, nous instruira sur ses conséquences à l'égard de l'homme, de même les études qui ont été faites dans cette direction par les anthropologistes nous seront d'un grand secours au point de vue du sujet qui nous occupe spécialement.

Parmi ceux qui ont traité la question des mariages consanguins et de leurs conséquences, il faut citer le professeur Lacassagne qui en a fait une admirable monographie dans le *Dictionnaire Encyclopédique des Sciences médicales.* Malgré la difficulté d'une semblable étude de psychologie sociale, cet éminent savant a réussi à nous donner sur ce sujet des idées raisonnables et ses conclusions, des plus modérées, sont pleines de sagesse.

Si nos lecteurs s'intéressent à ces problèmes si passionnants, nous ne pouvons que les renvoyer à ce beau travail. Notre but ici étant particulièrement spécial, nous ne ferons que quelques remarques qui nous paraissent intéressantes.

L'histoire confirme ce que le calcul nous avait démontré, c'est-à-dire que dans des époques encore peu éloignées de nous les mariages consanguins étaient permis dans l'humanité et constamment pratiqués.

Chez les anciens barbares Perses, Mèdes, Scythes, le père épousait sa fille, le fils sa mère, le frère sa sœur, etc. Quinte Curce nous apprend que Sysimethrès, satrape de la Sogdiane, ayant épousé sa mère, en avait eu deux filles. *Satrapes erat Sysimethres, duobus ex suâ matre filiis genitis, quippe apud Bactrianos parentibus stupro coire fas est cum liberis.* Ce fait est confirmé par saint Jérôme.

Cambyse épousa sa sœur; Mausole, roi de Carie, fit de même. Ptolémée III, Evergète, épousa sa sœur Bérénice, et Ptolémée XII sa sœur, la célèbre Cléopâtre.

Chez les Hébreux, nomades, avant l'arrivée de Moïse, les mêmes pratiques étaient en honneur. Mais il est probable que les prohibitions de ce grand pasteur d'hommes ne furent pas observées très exactement et aujourd'hui encore les Juifs se marient très souvent entre parents très proches. La race est cependant très féconde et ne paraît pas jouir d'une santé physique et morale inférieure à celle des autres races humaines. Elle paraît y avoir gagné une aptitude atavique bien fixée aujourd'hui, à drainer l'or des autres à son profit, ce qui lui donne une place prépondérante dans la Société actuelle.

Mahomet a également interdit les mariages consanguins dans le Coran (Chap. IV et V). Cependant les unions consanguines étaient tellement fréquentes à son époque qu'il traite la question avec beaucoup d'indulgence.

Nous rappellerons aussi les prescriptions de la Chrétienté au sujet des mariages consanguins. En principe, ils sont interdits par la loi canonique jusqu'au 4e degré, c'est-à-dire jusqu'aux cousins germains. En réalité, le pape accorde des dispenses pour les mariages consanguins même au 3e degré, c'est-à-dire entre oncle et nièce, tante et neveu.

La Loi Civile est aussi formelle que la Loi Religieuse, mais les mêmes facilités sont accordées par l'Etat pour enfreindre la loi jusqu'au 3e degré. Par le fait, les mariages consanguins ne sont prohibés qu'au premier et au second degré. C'est-à-dire entre père et fille, fils et mère et frère et sœur.

Nous verrons plus tard que les véritables éleveurs des races de chevaux de course ne pratiquent pas les *Inbreedings* au premier et au second degré à l'époque actuelle, et que les exceptions sont très rares et n'ont jamais donné naissance à des chevaux classiques quelque soient la valeur des individus unis. Il est bien certain que le petit nombre des *Inbreedings* au premier ou au second degré qui sont actuellement tentés ne permet pas d'affirmer que leur réussite classique est impossible.

Optimisme des savants en ce qui concerne les mariages consanguins. — Si nous recherchons les conclusions des divers savants qui ont écrit sur les mariages consanguins et leurs conséquences, nous ne les trouvons pas pessimistes. C'est qu'ils ont procédé par l'observation scientifique et non pas d'après des préférences ou des répulsions imaginaires.

Un statisticien, le docteur J. Bertillon, a constaté que la proportion des mariages consanguins était d'un peu plus de 13 pour 1.000 mariages, dont le degré de consanguinité est plus éloigné que le quatrième. La grande majorité de ces unions consanguines a lieu entre cousins germains (4e degré), 5 pour 100 seulement, entre oncles et nièces et 1 1/2 pour 100 entre neveux et tantes.

Opinions du docteur J. Bertillon. — D'après les observations de ce savant « les mariages consanguins ont pour résultat de faire disparaître promptement un certain nombre de familles mal formées, tandis qu'ils paraissent, au contraire, épanouir les autres avec une énergie nouvelle. Il y a donc des familles mal douées et d'autres bien douées pour la consanguinité : les premières s'éteignent, vite terrassées par l'étreinte d'affections diverses ; les secondes se multiplient indéfiniment sans présenter les types morbides caractéristiques de la mauvaise consanguinité..... La consanguinité apparaît comme un moyen de sélection fort puissant à faire évoluer le fond et le tréfond organique, pathologique ou sain des familles ; c'est une pierre de touche signalant tout de suite certaines impuretés du sang qui, sous cette épreuve redoutable pourrait, par une sorte de diffusion, les entraîner dans la masse sociale, tandis que les familles indemnes de ces vices se retrempent, doublent au contraire, dans la consanguinité, leur résistance et leur vertu et se sentent plus fécondes, plus saines que jamais. » [1]

(1) *Dictionnaire encyclopédique des Sciences médicales*, art. *Mariage*, p. 63.

Quelques considérations du docteur Lacassagne. —

Le docteur Lacassagne analyse l'influence du milieu social : « La consanguinité, dit-il, donne toujours la mesure de l'état physiologique d'un milieu social. Elle n'offre aucun danger, bien au contraire, dans les races pures, elle y favorise même la transmission des meilleures qualités physiques et morales. Mais dans la population des villes, dans les familles atteintes par la vie moderne, qu'elles appartiennent aux classes ouvrières, bourgeoises ou aristocratiques, on peut voir les dangers de la consanguinité s'accentuer de plus en plus. Ce n'est pas la consanguinité qui est saine ou morbide, c'est le terrain sur lequel elle se produit. Il y a une consanguinité de milieu social sain et une consanguinité dans un milieu social pathologique. » [1]

Cette dernière conclusion semble indiquer que des parents vivant dans des milieux différents peuvent s'unir entre eux avec beaucoup moins d'inconvénients que d'autres vivant dans les mêmes milieux. Nous verrons plus tard que les éleveurs ont fait des observations identiques sur l'influence du milieu dans les unions *in and in* des races pures.

Dans sa *Démographie du Mariage,* le docteur J. Bertillon, revient souvent sur la consanguinité et notamment à propos de l'hygiène du mariage [2] : « Je ferai deux remarques en passant : la première est que dans la nature il n'y a aucun souci de la consanguinité ; les frères et sœurs sont au contraire les époux naturels ordinaires ! Dans un monde où les instincts sont si sûrs, il me semble certain que l'habitude des amours incestueux ne serait ni développée ni conservée, si elle eut été une cause de dégénérescence, etc. »

Le professeur Lacassagne rappelle la *thèse* de M. Bourgeois, sur la Consanguinité, en 1859. Il fait connaître que sa propre famille était composée actuellement de 416 membres, y compris les alliés. Dans l'espace de 160 ans, tous ces membres issus d'un couple consanguin au 3e degré ont montré 91 alliances fécondes, dont 16 consanguines superposées. M. Bourgeois, dans sa thèse, adopte l'opinion de Bouchardat, qui estime que la consanguinité, même répétée, est sans inconvénients, et doit même produire de bons résultats, si les conjoints sont exempts de tout vice héréditaire, ou mieux encore, doués des meilleures qualités physiques et morales ; mais d'un autre côté, les alliances consanguines sont nécessairement nuisibles quand elles ont lieu entre sujets affectés de maladies constitutionnelles transmissibles, dont l'intensité s'accroît, non pas seulement par simple addition, ou même par

---

(1) *Dictionnaire encyclopédique des Sciences médicales,* art. *Mariage,* p. 694.
(2) *Dictionnaire encyclopédique des Sciences médicales,* t. V, p. 59.

multiplication, mais par une sorte de proportion progressive jusqu'à l'exagération la plus extrême, au moyen de la consanguinité répétée.

M. Lacassagne ajoute cette observation : « Dans l'examen de cette thèse et dans ses mémoires à la Société d'Anthropologie, M. Périer distingue la consanguinité *saine* et la consanguinité *morbide.* C'est cette dernière, entachée de vices héréditaires, c'est-à-dire l'hérédité, qui est responsable des accidents consécutifs aux mariages consanguins. Les dispositions normales ou pathologiques des procréateurs et non leur degré de parenté, explique les effets observés. »

Nous retiendrons de ces lectures d'ouvrages savants et consciencieux les points principaux qui importent surtout aux éleveurs de chevaux de course, qui sont nécessairement amenés à pratiquer l'*Inbreeding.*

Par suite de la sélection si sûre de la course, ces *Inbreedings* ont nécessairement lieu sur des animaux particulièrement bien constitués au point de vue pathologique ; autrement, ils auraient été éliminés. Il n'y a donc absolument aucun inconvénient constitutionnel à redouter dans les résultats d'alliances entre mâles et femelles parents. Il importait de dissiper ce cauchemar qui obscurcit et hante certains cerveaux timorés et qui s'est si souvent traduit dans les ouvrages spéciaux par des accusations de dégénérescence pour le cheval d'hippodrome. Les unions consanguines ont été pratiquées en élevage seulement pour fixer certaines aptitudes, des qualités précieuses et rares, et éliminer les défauts nuisibles. A ce propos, il est assez curieux de voir combien les savants les plus éminents sont enclins à l'erreur lorsque, délaissant le domaine de la science pure, ils veulent parler de l'Elevage des chevaux de course.

M. Gourdon [1] résumait ainsi une note sur la consanguinité a l'Académie des Sciences : « La Consanguinité n'est nullement, ainsi qu'on l'avance par une interprétation forcée de ce qui se passe chez les animaux domestiques, une pratique favorable en elle-même, ou tout au moins sans danger. Loin de là. Elle est, *pour toutes les espèces,* une cause d'abâtardissement et de déchéance. Il est quelquefois utile d'y recourir comme à un mal nécessaire que l'on subit en vue d'un intérêt supérieur, mais cela n'atténue en rien ses inconvénients auxquels on remédie en faisant cesser les unions aussitôt que ne s'en fait pas sentir la nécessité absolue. »

Les réflexions que suscite cette note à propos des animaux domestiques sont suggérées par les idées si justes exposées précédemment par MM. les docteurs J. Bertillon et Lacassagne. L'abâtar-

_____

(1) *Dictionnaire encyclopédique des Sciences médicales.*

dissement, la déchéance, n'ont lieu que lorsque l'*Inbreeding* est pratiqué sur des animaux inférieurs, faibles ou diathésiques. Il est certain que dans les races bovines, ovines et porcines, c'est à l'éleveur à diagnostiquer les animaux les plus forts pour pouvoir reproduire avec leurs aptitudes renforcées un tempéramment très robuste. Dans ces conditions, la parenté importe peu. Au contraire, elle nous donne des avantages que nous aurons à énumérer dans les divers chapitres de cet ouvrage.

Au surplus, lorsque les savants se mettent à divaguer sur un sujet qu'ils n'ont pas étudié, ils ressemblent à la plupart des hommes inférieurs et émettent des opinions les plus ridicules. Un médecin anti-consanguiniste, le docteur Devay, rapporte l'opinion de M. de Quatrefages sur les Chevaux de course [1] : « Si les lois de l'hérédité étaient mieux connues, on ne verrait pas surtout persister l'étrange engouement dont le *Cheval pur sang*, le *Cheval de course* anglais est l'objet de la part de ceux qui veulent régénérer nos races chevalines dans un intérêt d'utilité publique. Cette race tout artificielle a été créée en vue d'un but unique qu'elle atteint admirablement. On lui demande de dépenser le plus de force possible dans le moins de temps possible. Par cela même, elle est absolument impropre à rendre les services qui exigent des efforts soutenus pendant un temps considérable. Or, l'étalon pur sang ne transmet pas à son poulain sa force seule ; il lui transmet aussi sa manière de dépenser cette force, sa délicatesse, son irritabilité nerveuse. »

Ainsi, s'il fallait en croire M. de Quatrefages, il faudrait repousser le cheval pur sang comme étalon de croisement. Il faut dès lors se demander quelle est la race que l'on choisirait pour le remplacer. Heureusement, tout ce raisonnement est basé sur un doute que le savant a commencé par émettre : « Si les lois de l'hérédité étaient mieux connues... ». Or, les lois de l'hérédité sont bien peu connues, et surtout par M. de Quatrefages, car les éleveurs savent parfaitement qu'avec un étalon de pur sang de vitesse on peut obtenir des *stayers* et, en croisement, les fils de pur sang brillent précisément par le fond et n'ont, pour la plupart du temps, aucune irritabilité nerveuse. C'est même ce qui a inspiré cette maxime de l'élevage pur, laquelle, au premier abord, ressemble à un paradoxe : *la vitesse, c'est le fond*. En effet, avec la vitesse bien employée, on peut produire le fond. Le savant M. de Quatrefages aurait pu savoir que l'*hérédité* sert aux éleveurs dans leurs alliances pour provoquer, de concert avec la *sélection méthodique*, des variations dans les aptitudes tout aussi bien que dans les autres

---

(1) *Dictionnaire encyclopédique des Sciences médicales*, p. 695.

caractères naturels. A cet effet, les éleveurs se servent, suivant les cas, de deux méthodes qui sont à leur disposition : l'*Out-crossing* et l'*Inbreeding*. C'est précisément aux conséquences des alliances, par suite de ces deux méthodes, qu'est consacré cet ouvrage.

Quelques mots de Biologie générale. — Nous devons maintenant nous élever un peu plus haut pour voir le sujet qui nous préoccupe dans son ensemble. Il s'agit, en effet, de considérer comment la nature s'est comportée elle-même dans ses mariages naturels et qui ne sont pas soumis à l'influence de l'homme. Nous voulons en un mot étudier la direction d'ensemble des phénomènes de *biologie générale* et nous rendre compte des tendances naturelles des organismes dans leurs conjugaisons pour la continuation et la propagation des Espèces.

Il nous a semblé, quel que soit l'aridité d'un tel sujet, que nous ne pouvions le laisser dans l'ombre dans un travail comme celui que nous avons entrepris.

Il faut d'abord remarquer que les trois grands principes qui président à la propagation des organismes : l'*Hérédité*, la *Sélection naturelle* et la *Variabilité* ont pour résultat la constitution de Variétés très proches les unes des autres et adaptées aux moindres difficultés du milieu où elles évoluent. Il semble donc que tous les efforts de la nature devront tendre à produire le plus grand nombre possible de variations de façon que parmi ces différences nombreuses, l'une d'elles puisse mieux s'adapter et triompher par-dessus les autres. La nature doit donc procéder en apparence par des croisements entre variétés et éviter les unions entre parents qui auraient plutôt une tendance générale à la fixation des aptitudes et à la limitation de la variation.

Pour nous livrer à cette étude nous prendrons pour guide l'observateur le plus consciencieux et le plus honnête, Ch. Darwin. Nous donnerons d'abord son opinion si raisonnable, si claire, si pondérée sur les unions consanguines chez les animaux et dans l'espèce humaine, opinion corroborée par les magnifiques études statistiques de son fils, Georges Darwin, qui n'hésita pas à consacrer de nombreuses années à un labeur pénible pour éclaircir une question aussi controversée que celle des unions consanguines.

Observations de Ch. Darwin sur les Unions consanguines et les Croisements. — Charles Darwin, dans le second volume de son bel ouvrage sur la *Variation des Animaux et des Plantes à l'Etat domestique,* ne pouvait se désintéresser de la Consanguinité.

Tout son chapitre [1] sur ce sujet est à lire. Nous citerons quelques passages intéressants :

Les effets nuisibles résultant de l'accouplement d'animaux consanguins sont difficiles à reconnaître, car ils s'accumulent lentement, ils diffèrent beaucoup d'ailleurs en intensité selon les espèces; tandis que les effets avantageux qui suivent presque toujours un croisement se manifestent de suite. Il faut toutefois reconnaître que les avantages qu'on peut tirer de la reproduction entre individus consanguins, au point de vue de la conservation et de la transmission d'un caractère donné, sont incontestables et l'emportent souvent sur l'inconvénient qui peut résulter d'une légère perte de vigueur constitutionnelle. Relativement à la domestication, la question a une certaine importance, parce que les unions consanguines trop prolongées peuvent nuire à l'amélioration des races anciennes. La reproduction consanguine a également une certaine importance, par sa portée indirecte sur l'hybridité, et peut-être sur l'extinction des espèces, dès qu'une forme est devenue assez rare pour être réduite à quelques individus, vivant sur un espace peu étendu. Elle réagit de façon importante sur l'influence qu'exerce le libre croisement ; elle tend, en effet, à effacer les différences individuelles, et contribue à amener l'uniformité des caractères chez les individus d'une même race ou d'une même espèce ; car, s'il résulte du croisement une plus grande vigueur et plus de fécondité chez les produits, ceux-ci se multiplient et deviennent prépondérants, et le résultat est beaucoup plus considérable qu'il ne l'aurait été autrement. Enfin, relativement au genre humain, la question a une grande portée; aussi la discuterons-nous en détail.

. . . .

Il est certes facile de définir le terme croisement; mais il n'en est pas de même pour le terme unions consanguines ou « l'accouplement en dedans » (*breeding in and in*), parce que, comme nous allons le voir, un même degré de consanguinité peut affecter d'une manière différente les diverses espèces d'animaux. L'accouplement entre le père et la fille, ou entre la mère et le fils, ou entre frère et sœur, continué pendant plusieurs générations, constitue le degré le plus rapproché de l'union consanguine. Quelques juges compétents, comme Sir J. Sebright, estiment que l'accouplement entre le frère et la sœur constitue une union consanguine plus rapprochée que celle des parents avec leurs enfants; car, dans l'union du père avec sa fille, il n'y a croisement qu'avec la moitié de son propre sang. On admet généralement que les conséquences d'unions aussi rapprochées, continuées pendant longtemps, sont une diminution de la taille, de la vigueur constitutionnelle et de la fécondité, accompagnée quelquefois d'une tendance à la difformité. Les inconvénients qui résultent de l'accouplement entre les individus aussi proches parents ne se manifestent pas nettement pendant les deux, trois, ou même les quatre premières générations ; toutefois, plusieurs causes nous empêchent d'apercevoir le mal, telles que la lenteur de l'altération, qui est graduelle, et la difficulté de distinguer entre les effets nuisibles directs et le développement inévitable des tendances morbides qui peuvent exister à l'état apparent ou à l'état latent chez les parents consanguins. D'autre part, l'avantage qui résulte du croisement, même lorsqu'il n'y a pas eu d'unions consanguines antérieures, se manifeste presque toujours tout d'abord. On a des raisons pour croire, et c'est l'opinion d'un de nos observateurs les plus expérimentés, Sir J. Sebright [2], que les effets nuisibles des unions consanguines peuvent être amoindris ou même détruits complètement en séparant pendant quelques géné-

---

(1) Chap. XVII, *Variation des Animaux et des Plantes*, t. II, p. 97 (Ch. Reinwald, éditeur), 1880.

(2) *The art of improving the breed*, etc., 1809, p. 16.

rations, et en exposant à des conditions d'existences différentes, les individus ayant une parenté trop rapprochée. Beaucoup d'éleveurs partagent aujourd'hui cette opinion; M. Carr [2], par exemple, fait remarquer qu'on sait maintenant à n'en pouvoir douter qu'un changement de sol et de climat opèrent peut-être des modifications presque aussi considérables dans la constitution qu'une infusion de sang nouveau. J'espère pouvoir démontrer dans un autre ouvrage que la consanguinité en elle-même ne compte pour rien, mais que ses effets proviennent uniquement de ce que les organismes parents ont ordinairement une constitution semblable et ont été exposés dans la plupart des cas à des conditions analogues

Beaucoup de savants ont nié que les unions consanguines, à quelque degré de parenté qu'elles aient eu lieu, puissent produire des effets nuisibles; mais aucun éleveur pratique, que je sache, ne partage cette opinion, et surtout aucun de ceux qui ont élevé des animaux se propageant rapidement. Plusieurs physiologistes attribuent les effets nuisibles de ces unions exclusivement à la combinaison et à l'augmentation qui en est la conséquence des tendances morbides communes aux deux parents, et il n'est pas douteux qu'il existe là une cause défavorable puissante. On sait malheureusement, en effet, que des hommes et des animaux domestiques, doués d'une constitution misérable, et présentant une forte prédisposition héréditaire à la maladie, sont parfaitement capables de procréer, s'ils ne sont pas absolument malades Les accouplements consanguins, d'autre part, entraînent souvent la stérilité, ce qui implique un effet tout à fait distinct d'un accroissement des tendances morbides communes aux deux parents Les faits que nous allons examiner m'autorisent à conclure qu'il est une grande loi naturelle, en vertu de laquelle un croisement accidentel entre individus qui ne sont pas en rapports de parenté trop rapprochée constitue un avantage chez tous les êtres organisés; et que, d'autre part, l'accouplement longtemps continué entre individus consanguins produit des effets nuisibles.

. . . .

Relativement à l'homme, la question des unions consanguines, sur laquelle je ne m'étendrai pas longuement, a été discutée à divers points de vue par plusieurs auteurs [25]. M. Tylor [26] a démontré que, dans les parties du monde les plus diverses, et chez les races les plus différentes, les mariages entre parents, — même éloignés — ont été rigoureusement interdits avec à toutefois des exceptions à cette règle, exceptions indiquées en détail par M. Huth [27]. Il n'en est pas moins intéressant de se demander comment ces interdictions ont pu se produire pendant les temps primitifs et les époques barbares. M. Tylor est disposé à croire que la prohibition presque universelle des mariages consanguins doit son origine à l'observation des effets nuisibles qui en résultent; il explique, de façon ingénieuse, quelques anomalies apparentes dans la prohibition, qui ne s'applique pas également aux mêmes degrés de parenté du côté masculin et du côté féminin. Il admet toutefois que d'autres causes, telles que le développement des alliances, ont pu jouer un rôle dans cette question. D'autre part, M. W. Adam pense que les mariages entre parents rapprochés sont vus avec répugnance et prohibés, par

---

(2) *The history of the rise and progress of the Killerby, etc., herds,* p. 41.

(25) Le D' Dally a publié un excellent article (traduit dans *Anthrop. Review Mag.,* 1864, p. 65), où il critique tous les auteurs qui ont soutenu que les mariages consanguins entraînent de fâcheuses conséquences. Il est vrai que plusieurs avocats de ce côté de la question ont gâté leur cause par des inexactitudes; ainsi Devay : *Du Danger des Mariages,* etc., 1862, p. 141, dit que le législateur de l'Ohio a prohibé les mariages entre cousins; mais, après information prise aux États-Unis, je me suis assuré que cette assertion est inexacte.

(26) *Early History of Man,* 1865, ch. x.

(27) *The mariage of near Kin,* 1875. Les preuves accumulées par M. Huth sur ce point et quelques autres auraient eu, je crois, encore plus de poids qu'elles n'en ont s'il les avait empruntées seulement aux auteurs qui ont longtemps résidé dans le pays dont ils parlent ou dans le jugement et la prudence desquels on peut avoir toute confiance. Voir aussi M W. Adam· *On consanguinity in marriage,* dans la *Fortnightly Review,* 1865, p. 710 ; Hofacker : *Ueber die Eigenschaften,* etc., 1828.

suite de la confusion qui en résulterait dans la transmission de la propriété, et d'autres raisons encore plus abstraites ; mais, je ne puis admettre cette hypothèse, en présence du fait que les sauvages de l'Australie et de l'Amérique du Sud [28], qui n'ont pas de propriétés à transmettre, ni de sens moral bien délicat, et qui s'inquiètent, d'ailleurs, fort peu de ce qui peut arriver à leurs descendants, ont horreur de l'inceste.

Ce sentiment, d'après M. Huth, est le résultat indirect de l'exogamie ; il soutient, en effet, que dès qu'une tribu cesse de pratiquer l'exogamie pour devenir endogame, de sorte que les mariages se font strictement désormais dans le sein même de la tribu, il est probable qu'une trace des anciens usages se perpétue et qu'on défend le mariage avec des parents trop rapprochés. Quant à l'exogamie en elle-même, M. Mac Lennan attribue cette coutume à la rareté des femmes, conséquence du meurtre des enfants du sexe féminin et de quelques autres habitudes.

M. Huth a clairement démontré qu'il n'existe pas chez l'homme de sentiment instinctif contre l'inceste, pas plus qu'il n'en existe chez les autres animaux sociables. Nous savons avec quelle facilité un sentiment ou un préjugé quelconque peut se transformer en une véritable horreur, chez les Hindous, par exemple, par rapport à tous les objets qui peuvent leur causer une souillure. Bien qu'il ne semble y avoir chez l'homme aucun sentiment héréditaire bien prononcé contre l'inceste, il est possible que les hommes, pendant les temps primitifs, aient pu être excités davantage par les femmes qui leur étaient étrangères que par celles avec lesquelles ils cohabitaient habituellement ; M. Cupples [29], par exemple, a remarqué que les lévriers mâles préfèrent les chiennes étrangères, tandis que les chiennes préfèrent les chiens qui les ont déjà couvertes. S'il est vrai qu'un sentiment analogue ait autrefois existé chez l'homme, il est possible qu'il ait engendré une préférence pour les mariages en dehors des parents les plus rapprochés ; cette préférence a dû se développer ensuite davantage, en raison de ce que les descendants de semblables mariages devaient survivre en nombre plus considérable, comme l'analogie nous porte à le penser.

On ne saura jamais avec certitude, jusqu'à ce qu'on ait fait un recensement particulier pour s'en assurer, si les mariages consanguins tolérés chez les peuples civilisés, et qui ne constitueraient pas chez les animaux domestiques des unions consanguines, sont ou non de nature à amener une certaine dégénérescence chez l'homme.

Mon fils, Georges Darwin, s'est livré à ce sujet aux recherches statistiques les plus complètes qu'il soit possible de faire à notre époque ; ces recherches et celles du docteur Mitchell, qu'il a contrôlées avec soin, l'autorisent à conclure que les témoignages sont contradictoires en tant qu'il s'agit d'effets nuisibles, mais en tout cas, que le préjudice causé par ces mariages est extrêmement faible [30].

. . . .

Nous avons démontré, au commencement de ce chapitre, que le croisement de formes distinctes, plus ou moins voisines, assure aux produits qui en résultent une plus grande taille et plus de vigueur constitutionnelle, et, sauf dans le cas de croisements entre espèces, augmente aussi leur fécondité. C'est ce qu'établissent les témoignages des éleveurs (car il faut observer que je ne parle pas ici des effets déplorables des unions consanguines), ainsi que la plus grande valeur qu'ont les produits croisés au point de vue de la consommation immédiate. Les résultats avantageux du croisement ont également, pour beaucoup d'animaux et et de plantes, été mis en évidence par des pesées et des mesures. Bien que le croisement doive nécessairement altérer les animaux de race pure, en ce qui

---

(28) Sir G. Grey : *Journal of Expéditions into Australia*, vol II, p. 243. — Dobrizhoffer : *On the Abipones of South America*

(29) *La Descendance de l'homme* (Reinwald, Paris).

(30) *Journal of Statistical Soc.*, juin 1875, p. 153 ; *Fortnightly Review*, juin 1875.

(31) *Art of improving the breed*, p. 13.

concerne leurs qualités caractéristiques, il ne paraît pas y avoir d'exception à la règle que les croisements sont avantageux, même lorsqu'ils n'ont pas été précédés par des unions consanguines. La règle s'applique à tous les animaux, même au bétail et aux moutons, qui peuvent le mieux et le plus longtemps résister à des unions consanguines entre les parents les plus rapprochés.

Quand il s'agit de croisements entre espèces, on observe, à peu d'exceptions près, une amélioration au point de vue de la taille, de la précocité, de la vigueur et de la résistance, mais on remarque une diminution de la fécondité, à un degré plus ou moins prononcé ; toutefois, l'amélioration ne peut pas être exclusivement attribuée au principe de la compensation, car il n'y a pas de rapport exact entre le degré de stérilité et l'augmentation de taille et de vigueur du produit hybride. On a même clairement démontré que les métis absolument féconds, présentent ces avantages au même degré que ceux qui sont stériles.

Il ne semble y avoir chez les animaux supérieurs aucune adaptation spéciale pour assurer des croisements éventuels entre des familles distinctes. Il suffit, toutefois, pour atteindre ce but de l'ardeur des mâles qui amène des luttes violentes ; en effet, chez les animaux mêmes qui vivent en société, les vieux mâles, qui ont jusque-là exercé la prépondérance, se trouvent dépossédés au bout d'un certain temps, et ce serait pur hasard qu'un mâle de la même famille et son proche parent devînt son successeur. La plupart des animaux hermaphrodites inférieurs sont conformés de telle façon que les ovules ne peuvent être fécondés par l'élément mâle du même individu ; il en résulte que le concours de deux individus est indispensable. Dans les autres cas, l'accès de l'élément mâle d'un individu distinct est au moins possible. Chez les plantes qui, fixées au sol, ne peuvent errer comme les animaux, les nombreuses adaptations qui assurent la fécondation croisée sont étonnamment parfaites ; c'est ce qu'admettent tous ceux qui ont étudié la question.

La dégénérescence amenée par les unions consanguines trop prolongées étant très graduelle, les effets nuisibles qui en résultent sont moins appréciables que les effets avantageux qui suivent le croisement. Néanmoins, l'opinion générale de tous ceux qui ont le plus d'expérience sur le sujet est qu'il en résulte inévitablement des inconvénients, plus tôt ou plus tard, suivant les animaux, et surtout chez ceux qui se propagent avec rapidité. Une idée fausse peut, sans aucun doute, se répandre comme une superstition, mais il est cependant difficile d'admettre que tant d'observateurs habiles et sagaces aient pu se tromper ainsi aux dépens de leur temps et de leur peine. On peut quelquefois accoupler un animal mâle avec sa fille, avec sa petite-fille, et ainsi de suite pendant sept générations, sans qu'il se produise aucun résultat manifestement mauvais ; mais on n'a jamais essayé de pousser aussi loin les unions entre frères et sœurs, qu'on regarde comme la forme la plus rapprochée des unions consanguines. On a tout lieu de croire qu'en conservant les membres d'une même famille, par groupes distincts, dans des conditions extérieures un peu différentes, et qu'en croisant de temps en temps les membres de ces divers groupes, on peut atténuer considérablement ou même éviter tout à fait les inconvénients de ce mode de reproduction. On peut perdre quelque peu de la vigueur constitutionnelle, de la taille et de la fécondité, mais il n'en résulte pas de détérioration nécessaire dans la forme générale du corps ou dans les autres qualités. Nous savons qu'on a créé, par croisements consanguins longtemps continués, des porcs de premier ordre, mais que ces animaux sont devenus stériles lorsqu'on les accouple avec des parents trop rapprochés. Cette perte de la fécondité, lorsqu'elle se manifeste, n'est jamais absolue, mais seulement relative chez les animaux du même sang ; cette stérilité est donc, jusqu'à un certain point, analogue à celle que nous observons chez les plantes impuissantes à se féconder elles-mêmes, mais qui sont complètement fécondes avec le pollen de tout autre individu de la même espèce. La stérilité de cette nature toute particulière, étant un des résultats d'une longue série d'unions consanguines, on peut en conclure que l'action de ce mode de reproduction ne consiste pas seulement à combiner et à augmenter les diverses tendances morbides qui peuvent être communes aux deux parents; en effet, les animaux qui présentent de pareilles tendances peuvent généralement, s'ils ne sont pas eux-mêmes absolument malades, propager leur espèce. Bien que les descendants provenant de l'union de parents très rapprochés n'aient pas nécessairement une conformation mauvaise, quelques auteurs croient cependant qu'ils sont très sujets aux difformités, ce qui n'a rien d'improbable, puisque tout ce qui amoindrit la puissance vitale, agit de cette manière. On a signalé des exemples de ce genre chez les porcs, chez les chiens limiers, et chez quelques autres animaux.

En résumé, un grand nombre de faits prouvent que le croisement a des effets manifestement avantageux, et que la reproduction consanguine exagérée paraît, au contraire, avoir des effets nuisibles; en outre, tout semble concourir, dans le monde organisé, à rendre possible l'union éventuelle d'individus distincts; nous sommes autorisés à conclure à l'existence d'une grande loi naturelle, à savoir que le croisement des animaux et des plantes qui n'ont pas de rapports de parenté trop rapprochés est avantageux ou même nécessaire, et que les unions consanguines, prolongées pendant un grand nombre de générations, ont, au contraire, des conséquences nuisibles.

Dans son livre sur l'*Origine des Espèces* [2], Ch. Darwin revient sur cette question des croisements et la considère comme je l'ai dit et comme il le fait déjà précédemment au point de vue de la biologie générale.

J'ai fait moi-même un grand nombre d'expériences prouvant, d'accord avec l'opinion presque universelle des éleveurs, que, chez les animaux et chez les plantes, un croisement entre des variétés différentes ou entre des individus de la même variété, mais d'une autre lignée, rend la postérité qui en naît plus vigoureuse et plus féconde; et que, d'autre part, les reproductions entre proches parents diminuent cette vigueur et cette fécondité. Ces faits si nombreux suffisent à prouver qu'il est une loi générale de la nature tendant à ce qu'aucun être organisé ne se féconde lui-même pendant un nombre illimité de générations, et qu'un croisement avec un autre individu est indispensable de temps à autre, bien que peut-être à de longs intervalles.

Cette hypothèse nous permet, je crois, d'expliquer plusieurs grandes séries de faits tel que le suivant, inexplicable de toute autre façon. Tous les horticulteurs qui se sont occupés de croisements, savent combien l'exposition à l'humidité rend difficile la fécondation d'une fleur; et, cependant, quelle multitude de fleurs ont leurs anthères et leurs stigmates pleinement exposés aux intempéries de l'air! Etant admis qu'un croisement accidentel est indispensable, bien que les anthères et le pistil de la plante soient si rapprochés que la fécondation de l'un par l'autre soit presque inévitable, cette libre exposition, quelque désavantageuse qu'elle soit, peut avoir pour but de permettre librement l'entrée du pollen provenant d'un autre individu. D'autre part, beaucoup de fleurs, comme celles de la grande famille des Papilionacées ou Légumineuses, ont les organes sexuels complètement renfermés; mais ces fleurs offrent presque invariablement de belles et curieuses adaptations en rapport avec les visites des insectes. Les visites des abeilles sont si nécessaires à beaucoup de fleurs de la famille des Papilionacées, que la fécondité de ces dernières diminue beaucoup si l'on empêche ces visites. Or, il est à peine possible que les insectes volent de fleur en fleur sans porter le pollen de l'une à l'autre, au grand avantage de la plante. Les insectes agissent,

---

(2) Ch. Darwin : *Origine des Espèces* (Ch. Reinwald, éditeur), 1887, p. 104 et suivantes.

dans ce cas, comme le pinceau dont nous nous servons, et qu'il suffit, pour assurer la fécondation, de promener sur les anthères d'une fleur et sur les stigmates d'une autre fleur. Mais il ne faudrait pas supposer que les abeilles produisent ainsi une multitude d'hybrides entre des espèces distinctes; car, si l'on place sur le même stigmate du pollen propre à la plante et celui d'une autre espèce, le premier annule complètement, ainsi que le démontre Gærtner, l'influence du pollen étranger.

Quand les étamines d'une fleur s'élancent soudain vers le pistil, ou se meuvent lentement vers lui l'une après l'autre, il semble que ce soit uniquement pour mieux assurer la fécondation d'une fleur par elle-même; sans doute, cette adaptation est utile dans ce but. Mais l'intervention des insectes est souvent nécessaire pour déterminer les étamines à se mouvoir, comme Kolreuter l'a démontré pour l'épine-vinette. Dans ce genre, où tout semble disposé pour la fécondation de la fleur par elle-même, on sait que, si l'on plante l'une près de l'autre des formes ou des variétés très voisines, il est presque impossible d'élever des plants de race pure, tant elles se croisent naturellement. Dans de nombreux autres cas, comme je pourrais le démontrer par les recherches de Sprengel et d'autres naturalistes aussi bien que par mes propres observations, bien loin que rien contribue à favoriser la fécondation d'une plante par elle-même, on remarque des adaptations spéciales qui empêchent absolument le stigmate de recevoir le pollen de ses propres étamines. Chez le *Lobelia fulgens*, par exemple, il y a tout un système, aussi admirable que complet, au moyen duquel les anthères de chaque fleur laissent échapper leurs nombreux granules de pollen avant que le stigmate de la même fleur soit prêt à les recevoir. Or, comme, dans mon jardin tout au moins, les insectes ne visitent jamais cette fleur, il en résulte qu'elle ne produit jamais de graines, bien que j'aie pu en obtenir une grande quantité en plaçant moi-même le pollen d'une fleur sur le stigmate d'une autre fleur. Une autre espèce de Lobelia visitée par les abeilles produit, dans mon jardin, des graines abondantes. Dans beaucoup d'autres cas, bien que nul obstacle mécanique spécial n'empêche le stigmate de recevoir le pollen de la même fleur, cependant, comme Sprengel et plus récemment Hildebrand et d'autres l'ont démontré, et comme je puis le confirmer moi-même, les anthères éclatent avant que le stigmate soit prêt à être fécondé, ou bien, au contraire, c'est le stigmate qui arrive à maturité avant le pollen, de telle sorte que ces prétendues plantes dichogames ont en réalité des sexes séparés et doivent se croiser habituellement. Il en est de même des plantes réciproquement dimorphes et trimorphes auxquelles nous avons déjà fait allusion. Combien ces faits sont extraordinaires! combien il est étrange que le pollen et le stigmate de la même fleur, bien que placés l'un près de l'autre dans le but d'assurer la fécondation de la fleur par elle-même, soient dans tant de cas, réciproquement inutiles l'un à l'autre! Comme il est facile d'expliquer ces faits, qui deviennent alors si simples, dans l'hypothèse qu'un croisement accidentel avec un individu distinct est avantageux ou indispensable!

Si on laisse produire des graines à plusieurs variétés de choux, de radis, d'oignons et de quelques autres plantes placées les unes auprès des autres, j'ai observé que la grande majorité des jeunes plants provenant de ces graines sont des métis. Ainsi, j'ai élevé deux cent trente-trois jeunes plants de choux provenant de différentes variétés poussant les unes auprès des autres, et, sur ces deux cent trente-trois plants, soixante-dix-huit seulement étaient de race pure, et encore quelques-uns de ces derniers étaient-ils légèrement altérés. Cependant, le pistil de chaque fleur, chez le chou, est non seulement entouré par six étamines, mais encore par celles des nombreuses autres fleurs qui se trouvent sur le même plant; en outre, le pollen de chaque fleur arrive facilement au stigmate, sans qu'il soit besoin de l'intervention des insectes; j'ai observé, en effet, que des plantes protégées avec soin contre les visites des insectes produisent un nombre complet de siliques. Comment se fait-il donc qu'un si grand nombre des jeunes plants soient ces métis? Cela doit provenir de ce que le pollen d'une *variété* distincte est doué d'un pouvoir fécondant plus actif que le pollen de la fleur elle-même, et que cela fait partie de la loi générale en vertu de laquelle le croisement d'individus distincts de la même espèce est avantageux à la plante. Quand, au contraire, des *espèces* distinctes se croisent, l'effet est inverse, parce que le propre pollen d'une plante l'emporte presque toujours en pouvoir fécondant sur un pollen étranger; nous reviendrons, d'ailleurs, sur ce sujet dans un chapitre subséquent.

On pourrait faire cette objection que, sur un grand arbre, couvert d'innombrables fleurs, il est presque impossible que le pollen soit transporté d'arbre en arbre, et qu'à peine pourrait-il l'être de fleur en fleur sur le même arbre; or, on ne peut considérer que dans un sens très limité les fleurs du même arbre comme des individus distincts. Je crois que cette objection a une certaine valeur, mais la nature y a suffisamment pourvu en donnant aux arbres une forte tendance à produire des fleurs à sexes séparés. Or, quand les sexes sont séparés, bien que le même arbre puisse produire des fleurs mâles et des fleurs femelles, il faut que le pollen soit régulièrement transporté d'une fleur à une autre, et ce transport offre une chance de plus pour que le pollen passe accidentellement d'un arbre à un autre. J'ai constaté que, dans nos contrées, les arbres appartenant à tous les ordres ont les sexes plus souvent séparés que toutes les autres plantes. A ma demande, le docteur Hooker a bien voulu dresser la liste des arbres de la Nouvelle-Zélande, et le docteur Asa Gray celle des arbres des Etats-Unis; les résultats ont été tels que je les avais prévus. D'autre part, le docteur Hooker m'a informé que cette règle ne s'applique pas à l'Australie; mais, si la plupart des arbres australiens sont dichogames, le même effet se produit que s'ils portaient des fleurs à sexes séparés. Je n'ai fait ces quelques remarques sur les arbres que pour appeler l'attention à ce sujet.

Examinons brièvement ce qui se passe chez les animaux. Plusieurs espèces terrestres sont hermaphrodites, telles, par exemple, que les mollusques terrestres et les vers de terre; tous néanmoins s'accouplent. Jusqu'à présent, je n'ai pas encore rencontré un seul animal terrestre qui puisse se féconder lui-même. Ce fait remarquable, qui contraste si vivement avec ce qui se passe chez les plantes terrestres, s'explique facilement par l'hypothèse de la nécessité d'un croisement accidentel; car, en raison de la nature de l'élément fécondant, il n'y a pas, chez l'animal terrestre, de moyens analogues à l'action des insectes et du vent sur les plantes, qui puissent amener un croisement accidentel sans la coopération de deux individus. Chez les animaux aquatiques, il y a, au contraire, beaucoup d'hermaphrodites qui se fécondent eux-mêmes, mais ici les courants offrent un moyen facile de croisements accidentels. Après de nombreuses recherches, faites conjointement avec une des plus hautes et des plus compétentes autorités, le professeur Huxley, il m'a été impossible de découvrir, chez les animaux aquatiques, pas plus d'ailleurs que chez les plantes un seul hermaphrodite chez lequel les organes reproducteurs fussent si parfaitement internes, que tout accès fût absolument fermé à l'influence accidentelle d'un autre individu, de manière à rendre tout croisement impossible. Les Cirripèdes m'ont longtemps semblé faire exception à cette règle; mais, grâce à un heureux hasard, j'ai pu prouver que deux individus, tous deux hermaphrodites et capables de se féconder eux-mêmes, se croisent cependant quelquefois.

La plupart des naturalistes ont dû être frappés, comme d'une étrange anomalie, du fait que, chez les animaux et chez les plantes, parmi les espèces d'une même famille et aussi d'un même genre, les unes sont hermaphrodites et les autres unisexuelles, bien qu'elles soient très semblables par tous les autres points de leur organisation. Cependant, s'il se trouve que tous les hermaphrodites se croisent de temps en temps, la différence qui existe entre eux et les espèces unisexuelles est fort insignifiante, au moins sous le rapport des fonctions.

Ces différentes considérations et un grand nombre de faits spéciaux que j'ai recueillis, mais que le défaut d'espace m'empêche de citer ici, semblent prouver que le croisement accidentel entre des individus distincts, chez les animaux et chez les plantes, constitue une loi sinon universelle, au moins très générale dans la nature.

Nous croyons maintenant avoir exposé, brièvement mais clairement, les divers aspects de cette question redoutable des unions entre les êtres. Nous pouvons dire que les véritables savants s'accordent à reconnaître l'innocuité des unions consanguines faites avec des individus *purs* de toute tare, de toute faiblesse; et, comme, en ce qui concerne l'élevage des Chevaux de course, les *in and in* n'ont jamais lieu que sur des animaux bien sélectionnés, éprouvés par une longue série de durs travaux, on peut être certain que la fécondité et la vigueur de la race ne sauraient en être atteintes. Nous savons du reste que sauf de très rares exceptions, les incestes au 1er et au 2e degré sont assez rares dans cet élevage et que nous n'aurons, dans le cours de travail, à en examiner qu'un bien petit nombre.

Voilà bien l'expression de la vérité en ce qui concerne les Animaux domestiques et l'Homme.

Pour les Animaux domestiques l'*in and in* est la loi, mais la Nature tend à s'en écarter quand elle le peut de façon à créer constamment des Variétés nouvelles. Voilà ce qui résulte des observations de Darwin, faites pour l'étude de la Biologie générale.

Ces observations sont très précieuses pour les éleveurs, car elles démontrent que l'*Out-crossing* crée la Variation et l'*Inbreeding* fixe la Variété.

Chez les animaux supérieurs vivant à l'état sauvage, tels que : Lièvre, Lapin, Perdrix, Faisan, etc., les Espèces se conservent pures et immuables par la pratique constante des unions consanguines et les incestes les plus rapprochés, père et filles, mère et fils, frères et sœurs, etc. La santé, la force, les aptitudes ne cessent pas un instant de régner.

Pour les plantes, au contraire, la tendance à la Variation exige le croisement entre les Variétés pour la production de nouvelles Variétés peu différentes, mais s'éloignant peu à peu du type primitif et formant à la longue des différences appréciables qui comportent les adaptations nouvelles à des milieux nouveaux.

Tel est le résumé succinct des dissertations de Darwin sur les alliances des animaux et des plantes à l'état de liberté. Ses conclusions, loin de nuire à la Méthode des Eleveurs et à lui opposer un mode différent, ne font que confirmer la bonne voie dans laquelle ils opèrent. Le but de la nature étant, en effet, l'opposé de celui que poursuivent les stud-breeders, il était donc naturel que les moyens fussent absolument opposés.

L'*Inbreeding* dont nous allons étudier l'évolution et les diverses modalités est donc une Méthode d'Elevage qui a pour but la fixation d'une aptitude spéciale et son usage a démontré, comme nous le verrons dans le cours de cette Etude, qu'il réussit à produire des sujets particulièrement idoines et un plus grand nombre d'exemplaires susceptibles d'être sélectionnés. Quant à la robustesse, à la rusticité des sujets, elle reste absolument indiscutable dans les conditions habituelles d'adaptation de l'espèce. Telles sont les Races Chevalines, Bovines et Ovines pures anglaises qui sont toutes les résultats de l'*Inbreeding*. Et même nous savons d'une façon certaine que ces races peuvent facilement s'acclimater à toutes les latitudes. Leur importation dans l'Amérique du Nord et du Sud, en Russie, etc., est une garantie de bonne constitution et d'une grande facilité à l'adaptation climatérique.

Le Triomphe de l'Inbreeding pour la constitution des Races pures. — Il faut donc admettre que le but poursuivi par l'Homme pour la constitution des Espèces Pures est en progrès réel et dans une très bonne voie. Ceux qui crient à la dégénérescence ou à la dégénération (les 2 termes ont été employés), n'apportent à leurs accusations aucun argument sérieux. Sans doute il naîtra toujours des animaux indignes en plus ou en moins grand nombre. C'est le déchet fatal et indispensable que produisent les divers modes de sélection, soit par la course, soit par l'abattoir. Ces éliminations nombreuses s'expliquent forcément par les erreurs actuelles de la conception humaine de l'élevage et par le *retour* des erreurs de nos ancêtres.

La dégénérescence du Pur sang impossible avec la Sélection par la Course. — Quand à la dégénérescence des pur sang ou à leur dégénération elle ne saurait exister tant que le critérium se maintiendra aussi sévère qu'il l'est actuellement et qu'il restera intangible. L'œil de l'homme, la science hippique, l'expérience, la conscience, ne sauraient en effet se substituer sans les plus grands inconvénients au *Winning-post*. Toutes les qualités, toutes les valeurs humaines sont non seulement sans utilité pour désigner le futur vainqueur, mais encore elles sont inutiles et même nuisibles pour désigner les meilleurs sujets à unir ensemble pour obtenir de futurs vainqueurs.

La plus grande partie des Vétérinaires actuels sont des hommes qui possèdent la connaissance du cheval, la science de son Anatomie et de son Histologie ainsi que le secret de la mécanique animale et cependant aucun éleveur n'ira consulter son vétérinaire dans le but de lui demander conseil pour faire ses alliances. S'il en pouvait être ainsi, nous verrions à la tête des haras de l'Etat ou des particuliers, des hommes compétents chargés de diriger les accouplements sans autre critérium que leur instruction spéciale reçue à Alfort et à Lyon. Ils n'auraient pas besoin de remonter aux ancêtres éloignés, ni même de connaître les pères et mères pour se prononcer. Armés d'instruments spéciaux pour les mensurations des angles et des lignes, étudiant les hanches, les dos, les encolures, les muscles, les nerfs et les os, ils désigneraient à coup sûr les étalons destinés à produire les futurs *cracks* de nos grandes écuries avec les poulinières appropriées. Ce spectacle nous sera sans doute épargné car il engendrerait certainement la dégénérescence, la dégénération et la fameuse déformation dont les échos nous poursuivent depuis si longtemps sans aucune preuve à l'appui. Tandis que les alliances des meilleurs racers mâles et femelles nous donneront toujours des sujets forts et bien constitués. Nous verrons que ces sortes d'unions provoquent nécessairement des *Inbreedings* plus ou moins éloignés sur des noms exceptionnels et amènent des retours d'aptitude et en même temps une conformation irréprochable.

Les divers Problèmes que pose la pratique de l'Inbreeding. — Il importe de se rendre compte si l'*Inbreeding* à un degré quelconque a, comme les éleveurs l'ont toujours cru, une influence sur l'aptitude spéciale du produit, sur sa conformation, sur ses tares. Quelle est la part du hasard dans ses sortes d'alliances aussi bien que dans les alliances outbreds ? Puisque des propres frères ont pu être très différents à tous les points de vue, il importe de savoir pourquoi l'ancêtre répété a, dans certains cas, une grosse influence et, dans d'autres, il paraît au contraire sans aucune importance. Le célèbre *Stuart, Flying-Fox*, etc., ont eu des propres frères sans valeur en courses. L'*Inbreeding* a donc eu une action prépondérante en ce qui concerne ces grands chevaux et, dans les propres frères, il n'a donc pas été utilisé ?

Ce sont là des Problèmes qui méritent d'être examinés, élucidés, résolus. Nous pensons donner à ce sujet à nos lecteurs, la satisfaction à laquelle ils ont droit. Nous étudierons ensuite les *Inbreedings*, non seulement au point de vue du degré d'éloignement, mais de sa place dans le pedigree qui cause, suivant notre expérience, des effets bien différents. C'est là un aspect de la question qui n'a jamais été étudié et qui cependant mérite de l'être.

Lorsque ces desiderata auront été accomplis, nous serons en possession de connaissances plus précises et un pas en avant aura été fait. Un outil nouveau sera trouvé pour ce travail si ingrat de l'Elevage du Cheval de courses dont nous connaissons si peu de choses précises.

Avec cet outil nous aurons la facilité de déblayer le terrain et d'éviter de franchir des obstacles dangereux. Nous aurons diminué, comme nous le montrerons, la part du hasard si considérable pour la grande majorité des éleveurs. Si on songe, en effet, que la plupart d'entre eux adoptent cette profession comme une distraction et sans y avoir été préparés par des études préliminaires indispensables, on peut affirmer que le déchet de la production prend, par ce fait, des proportions considérables qui pourraient certainement être réduites.

Conséquences philosophiques. — Cependant, il faut viser un but plus élevé en se livrant, dans ce long travail, à toutes ces considérations historiques et scientifiques. Il apparaît sincèrement qu'il restera une impression philosophique plus ou moins profonde au lecteur qui scrutera tous ces problèmes.

Si l'Elevage du cheval de courses est le but immédiat de toutes ces dissertations, l'Elevage humain y a aussi sa très grande part. Les considérations physiologiques, ataviques, ethniques, esthétiques, etc., qui sont développées pour l'étude d'une race pure, si voisine de la race humaine sont, en beaucoup de points, immédiatement applicables à la Société et pour son plus grand bien.

Ainsi, par exemple, nous avons vu que la question des unions consanguines est des plus controversées par les médecins et que cependant on est arrivé à cette conviction que, par elle-même, la consanguinité est inoffensive lorsque le sujet sur lequel elle est pratiquée, est fort et sans aucune tare. Dès lors, inversement, on peut dire que si le même sujet est taré ses descendants consanguins dénonceront sa tare secrète en en décuplant les effets. Cette descendance est donc condamnée à la disparition et, dans ce cas, l'*Inbreeding* est un moyen de sélection fort appréciable.

Quelques Variétés Humaines issues d'Unions consanguines. — Au surplus, il existe des races humaines qui sont le produit d'une consanguinité pratiquée pendant des milliers d'années et dont l'étude est extrêmement instructive et intéressante.

Nous citerons de nouveau les Juifs qui représentent bien la variété humaine la plus sélectionnée à l'aide de l'*Inbreeding* puisque les membres de cette Famille Humaine se marient constamment entre eux, sauf de très rares exceptions. Et cependant cette branche chaldéenne de la race sémitique n'a pas dégénéré. Elle est très prolifique et les enfants y sont bien constitués. Les femmes sont renommées pour leur beauté. Quoique l'aptitude spéciale de cette race soit particulièrement la faculté d'amasser de l'or, on y trouve également des intelligences très vastes et des personnalités artistiques de la plus haute classe et le déchet social y est peut-être moins élevé que dans les rameaux aryens, celtiques, latins, anglo-saxons, etc., qui utilisent plus facilement que les juifs des alliances de croisement les plus diverses. La faculté d'acclimatation y est remarquable puisque ce petit peuple, parti de la Judée, a essaimé dans le monde entier et que, dans les cinq parties du monde, il a réussi à occuper un rang élevé dans la Société. Le nombre des sujets, du reste, ne tend pas à baisser avec la différence des habitats, et la race, aussi pure qu'une race humaine puisse l'être, est réellement très prolifique, très envahissante et particulièrement vivace. Les attaques dont les Juifs sont l'objet au point de vue politique, moral, social, ne font qu'accentuer la puissante vitalité dont jouit ce peuple. Elle a étendu sa mentalité sur une grande partie de l'Europe par la formation d'une secte religieuse et quoique le nombre des Chrétiens soit inférieur à celui des Boudhistes et même des Mahométans sur la surface du globe, il n'en résulte pas moins que les idées juives ont envahi les peuples du Nord et les ont conquis en grande partie.

A côté de ce peuple, qui a pu s'établir au milieu de nations diverses sans être noyé dans leurs flots, parce qu'il n'a jamais accepté (par orgueil) l'alliance des *Gohïms* (gentils, étrangers), il y a d'autres peuples qui ont été le résultat d'unions consanguines très intenses pour des raisons de force majeure.

Quelques Variétés humaines et domestiques issues d'Unions consanguines par suite d'Insularité. — Ainsi, par exemple, on peut encore donner une idée de la force bienfaisante des Mariages consanguins dans l'Humanité par l'observation des résultats qu'ont obtenu les populations insulaires du Monde.

A une époque encore peu éloignée, les communications des *Iles* avec les *Continents* étaient peu fréquentes, difficiles et rares. Il apparaît, par conséquent, que c'est surtout dans les *Iles* que les Mariages les plus consanguins furent consommés. Ce fut dans ces pays isolés par la mer que le plus grand nombre d'unions entre parents eurent occasion de se perpétuer par suite des nécessités inéluctables de la Vie humaine.

Certainement la Grande-Bretagne et l'Irlande ont de tout temps reçu des émigrants du reste de l'Europe. D'autre part il n'est pas douteux non plus que des Irlandais soient allés habiter la Grande-Bretagne et réciproquement. Mais il n'est pas possible d'imaginer que la Manche n'a pas toujours été un obstacle, même aujourd'hui où les communications sont cependant si nombreuses et si faciles, aux infiltrations des Français en Angleterre, surtout au point de vue des unions matrimoniales. Il est bien certain aussi que les Irlandais auraient plus facilement contracté mariage avec l'autre sexe Anglais s'ils n'en avaient été séparés que par une ligne frontière idéale comme les Etats de l'Europe Continentale au lieu de la Mer d'Irlande.

Nous savons très bien que sous l'Empire Romain il y a eu des émigrants d'Italie en Grande-Bretagne, à preuve ces vers que Virgile met dans la bouche de Mélibée à la fin de la première Eglogue :

> At nos hinc alii sitientes ibimus Afros
> Pars Scythiam et rapidum Cretæ veniemus Oaxem,
> Et penitus toto divisos orbe Britannos.

Mélibée, paysan de la Gaule Cisalpine, est forcé de s'expatrier parce que ses biens ont été donnés à un Centurion Romain, et il s'écrie : « Mais nous serons forcés d'aller dans la brûlante Afrique, ou bien en Scythie, où encore en Crête, où l'Oaxe rapide fait couler ses ondes, *ou bien* au loin *chez les Bretons,* complètement séparés du reste du monde. »

Cependant il faut bien admettre que les émigrants Italiens et Romains ont été beaucoup plus nombreux dans les Gaules ou en Espagne qu'en Grande-Bretagne. Les habitants de cette île ont dû, dans bien des cas, s'unir entre parents plus souvent que les habitants d'aucune nation des régions continentales. Cependant la population Anglaise est des plus confortables au point de vue de la santé morale et physique.

Le Japon, qui se compose aussi d'îles, a une population qui a dû se reproduire pendant des siècles sur elle-même et sans aucun mélange de sang Chinois ou Coréen. Les Japonais ne sont pourtant pas inférieurs, en aucun point, aux habitants des contrées du continent asiatique.

Ils paraissent, au contraire, s'être assimilés d'une façon très rapide les conditions politiques, nouvelles pour eux, de la vie des nations de l'Europe occidentale. Cette souplesse dans les vertus d'adaptation de l'Espèce à de nouvelles conditions d'existence est la preuve d'une Vitalité exceptionnelle de la Variété.

En plus il apparaît, pour les Anglais comme pour les Japonais, que leur sélection s'est opérée d'une façon très heureuse, puisque le critérium actuel de la supériorité chez les hommes étant l'aptitude à amasser de l'or, les uns comme les autres l'ont acquise d'une façon supérieure et presque à l'égal des Juifs.

Si nous avons insisté sur ces exemples de peuples qui ont pratiqué la consanguinité plus que les autres, par suite de leur situation géographique ou par l'*Influence religieuse* et qui en sont sortis grandis c'est pour montrer que la Race Pure de Racers n'a rien à craindre de la pratique de l'*Inbreeding* au point de vue de la vitalité de l'Espèce.

D'autres exemples tirés des Iles et concernant les animaux viennent à l'appui de notre manière de voir au sujet de l'innocuité des Variétés se reproduisant dans ces îles sans aucun mélange de sangs étrangers provenant du continent. L'île de Jersey et sa race de vaches laitières est un exemple frappant d'une sélection produite par une circonstance favorable à l'homme. Nous trouvons ce passage dans la *Variation des Animaux et des Plantes de Darwin* [1]. « Pour que la sélection amène un résultat, il est évident qu'il faut éviter le croisement de races distinctes; il en résulte que la fidélité et la continuité des unions, comme chez le pigeon, est favorable à son application; au contraire, l'impossibilité des accouplements réguliers comme chez le chat, est un empêchement à la formation de races distinctes. C'est en vertu de ce principe qu'on a pu, sur le territoire borné de l'île de Jersey, améliorer les qualités laitières de bétail avec une rapidité impossible à obtenir dans un pays aussi étendu que la France par exemple. »

L'observation même de Darvin, relativement à la difficulté de pratiquer l'*Inbreeding* dans l'élevage des chats, nous permet de citer l'exemple des chats de l'*île Man* qui avec beaucoup de caractères fixes possèdent celui, peu banal, d'être sans queue. Tous les chats de l'île Man naissent naturellement ainsi et les habitants du pays seraient extrêmement surpris s'ils en voyaient naître un seul avec cet appendice; tout aussi surpris que nous si les nôtres naissaient acaudes.

Cette particularité se perdrait immédiatement dans la variété de l'*île de Man* si ce territoire insulaire se trouvait tout à coup en communication avec l'Angleterre ou l'Irlande.

Une race de chevaux qui se reproduit également sur elle-même, sans aucun mélange, est celle des petits chevaux des îles Shettland. Certainement il y a là un exemple indiscutable d'une espèce qui se reproduit sans aucun mélange avec une autre variété. Et, cela depuis des siècles. Et pourtant ces petits chevaux sont surtout remarquables par leur extrême vigueur, leur force, leur vitalité, leur longévité et surtout leur absence de tares osseuses héréditaires. C'est là un des bienfaits de la sélection sévère que produit l'*Inbreeding* forcé de ces îles.

Facilités offertes dans la Sélection des diverses races domestiques. — A ces considérations il y a lieu de joindre quelques notions générales sur la Sélection des Espèces domestiques.

Toutes les variétés fixées de races bovines, ovines, porcines, caprines, etc., ont été fondées à coups d'*Inbreeding* et même d'*inces-*

---

[1] Page 281, tome II.

tuous breeding. Voici les raisons pour lesquelles il est possible, mieux que pour le *Cheval de courses*, de se livrer à des expériences de haute consanguinité sans risques ni dommages pour l'expérimentateur. C'est que, pour les variétés destinées à l'alimentation de l'homme, la sélection se fait par le boucher, par l'abattoir. Un animal ne remplit-il pas les conditions exigées rigoureusement par l'éleveur pour devenir reproducteur? Il est aussitôt castré, engraissé et sacrifié. D'où une sélection sévère, impitoyable sur les caractères désirés. Pas d'hésitations, pas de scrupules; aussi les résultats sont-ils rapides et heureux. En effet, pas de dépenses inutiles, pas d'attente coûteuse, pas d'encombrement importun !

Difficultés et obstacles de la Sélection du Race Horse. — Quelle différence avec la sélection du race Horse ! Là, aucun caractère extérieur pour guider l'éleveur dans son choix, aucune apparence déterminée indiquant la valeur, la qualité, l'aptitude ! Les premières sélections s'opèrent seulement après essai sur les *yearlings* et encore combien d'erreurs d'appréciation ne sont-elles pas venues démontrer la faiblesse du critérium de ces premiers débuts? Combien de rebuts achetés des prix modestes, ne se sont-ils pas révélés et n'ont-ils pas joué plus tard les grands premiers rôles? En un mot, la sélection du futur reproducteur de courses est difficile et coûteuse parce qu'elle s'opère sur l'aptitude et qu'elle ne saurait être complète et justifiée que par l'épreuve.

Telles sont les raisons de l'emploi fréquent de l'*Inbreeding renforcé* pour la constitution des Races Pures des animaux domestiques destinés à la consommation humaine.

Mais il est d'autres races domestiques à considérer.

Dans l'espèce canine, les raisons pour lesquelles les *Inbreedings* les plus extraordinaires ont été tentés c'est que le nombre de sujets de chaque portée est si considérable que la sélection peut en être sévère à la naissance par la suppression des nouveaux-nés mal conformés, chétifs ou simplement en dehors du type recherché, par suite du manque d'un seul caractère ou de la présence d'un caractère non recherché. C'est ce qui explique la facilité des alliances consanguines entre mâles et femelles destinées à servir de base à une variété et à une race nouvelle.

Dès lors, le mode de pratiquer les *Inbreedings* et leur sévérité varient dans chaque *Espèce domestique* qu'il s'agit de sélectionner et pour chacune d'elles une étude particulière s'impose. Nous ne nous y attarderons pas et nous laisserons les écrivains spéciaux étudier dans chacune de ces *Espèces domestiques* les phénomènes et les avantages ou les inconvénients produits par les inbreedings aux divers degrés. Quant à nous nous limiterons notre étude de l'*Inbreeding* à la Variété Chevaline de Course. Nous estimons que notre tâche sera suffisamment étendue pour nous en tenir là et nous y spécialiser.

L'Inbreeding à la base de toutes les races inspire des réflexions philosophiques. — Ce qu'il faut retenir comme un enseignement philosophique c'est que tous les éleveurs d'animaux domestiques ont constitué et amélioré leurs races, leurs variétés, par la pratique de *l'Inbreeding*. Ils l'ont tous adapté à leurs besoins et pratiqué conformément aux sélections possibles. Mais c'est un fait vraiment très typique que tout ce qui a été obtenu d'améliorations dans toutes les espèces domestiques l'ait été par la même méthode et que tous les éleveurs, qui sont des hommes d'action et non des hommes d'études, des instinctifs actifs et non des savants, qui opèrent sans se connaître et sans se plagier, aient justement compris la nécessité de ce moyen puissant qui représente à la fois une force de sélection et d'élimination et aussi une force de condensation des aptitudes. En effet, les éleveurs essaient toujours de reproduire les sujets qui leurs paraissent les meilleurs en les redoublant autant que possible dans leurs alliances. Les animaux nés dans ces conditions représentent les forces mais aussi les faiblesses de l'ancêtre redoublé. Si les faiblesses dominent, le produit est éliminé comme un déchet et si ce sont les forces, il est au contraire conservé comme un résultat précieux destiné lui-même à servir de base pour un nouvel *Inbreeding*.

Ce sont les méthodes, les modes employés dans l'élevage du *Cheval de course,* que nous avons voulu étudier ici, de façon à montrer la marche générale de l'Elevage et provoquer d'heureuses imitations dans l'avenir.

Cette méthode offre pour l'Eleveur un énorme intérêt, car il se trouve constamment en face des mêmes problèmes et il est bon qu'il ait appris les solutions heureuses qui ont été trouvées avant lui par les anciens Eleveurs.

Influence de l'habitat. — Il nous reste, avant de terminer ce chapitre de considérations générales et d'exposition du sujet, à traiter une question très intéressante relative aux climats, aux différences de latitude et d'ambiance, qui ont naturellement une grosse influence sur les Inbreedings et peuvent jusqu'à un certain point en corriger ou en atténuer les résultats supposés ou redoutés.

Pour permettre au lecteur de nous suivre avec confiance, nous nous abriterons derrière une autorité qui est souvent invoquée dans ces sortes de questions. Darwin, déjà cité fréquemment ici et dont le génie d'observation était doublé de scrupules et d'honnêteté, dit dans la *Variation des Animaux et des Plantes* :

Sur les avantages résultant de légers changements dans les conditions d'existence. — Je me suis demandé s'il n'y aurait pas quelques faits bien établis qui pussent jeter quelque jour sur les conclusions indiquées dans le chapitre précédent, à savoir que les croisements sont utiles, et qu'en vertu d'une loi naturelle les êtres organisés doivent se croiser de temps en temps; j'ai pensé que les excellents effets qui résultent de légers changements dans les conditions d'existence pourraient peut-être, en raison de l'analogie du phénomène, remplir ce but. Il n'est pas deux individus, encore moins deux variétés, qui soient absolument identiques au point de vue de la structure et de la constitution; lorsque le germe de l'un est fécondé par l'élément mâle de l'autre, nous pouvons admettre qu'il se passe alors quelque chose d'analogue à ce qui a lieu lorsqu'on expose un individu à des conditions d'existence légèrement modifiées. Tout le monde connaît l'influence remarquable qu'exerce, sur les convalescents, un changement de résidence, et aucun médecin ne met en doute la réalité du fait. Les petits fermiers qui n'ont que peu de terres sont convaincus des bons effets qui résultent pour leur bétail d'un changement de pâturage. Pour les plantes, il est bien démontré qu'on retire de grands avantages à échanger les graines, les tubercules, les bulbes et les boutures, et à les transporter d'un endroit ou d'un terrain à d'autres aussi différents que possible.

« L'opinion fondée ou non que les plantes trouvent un avantage à changer de résidence a été soutenue depuis Columelle, qui écrivait. peu après le commencement de l'ère chrétienne jusqu'à nos jours; cette opinion est aujourd'hui généralement adoptée en Angleterre, en France et en Allemagne [1]. Bradley, observateur sagace, écrivait, en 1724 [2] : « Lorsque nous arrivons à posséder une bonne « sorte de graines, nous devrions la remettre entre deux ou trois mains, où les « situations et les terrains soient aussi différents que possible; nous devrions les « échanger chaque année; de cette manière la qualité de la graine se maintient « pendant plusieurs années. Bien des fermiers ont, faute de ce soin, manqué leurs « récoltes et subi de grandes pertes. » Un auteur moderne [3] affirme que tous les agriculteurs sont d'avis que la croissance continue d'une variété dans un même district la rend susceptible de détérioration, en qualité comme en quantité ! Un constate qu'il a semé en même temps et dans le même champ, deux sortes de froment, dont les graines étaient le produit d'une même souche primitive, mais dont l'une avait été recueillie dans le même pays, l'autre dans une localité éloignée ; il y eut, en faveur de la récolte provenant de cette dernière graine, une différence considérable. Un agriculteur du Surrey qui a longtemps élevé du froment pour le vendre comme semence, et qui a toujours obtenu sur les marchés des prix plus élevés que d'autres, m'a assuré qu'il a reconnu la nécessité de changer continuellement ses graines, et que, dans ce but, il a dû établir deux fermes très différentes au point de vue de la situation et de la nature du sol.

« Partout aujourd'hui l'usage d'échanger les tubercules de pommes de terre est adopté. Les grands cultivateurs de pommes de terre dans le Lancashire, se procuraient autrefois des tubercules en Écosse, mais ils ont reconnu depuis que l'échange avec les pays tourbeux et *vice versa* suffit généralement. En France, la récolte des pommes de terre dans les Vosges s'était, dans l'espace d'une soixan-

---

(1) Pour l'Allemagne, Metzger, *Getreidearten*, 1841, p. 63. — Pour la France, Loiseleur, Deslong. champs, *Consid. sur les Céréales*, 1843, p. 200, donne de nombreuses références sur ce point — Pour le midi de la France, Godron, *Florula Juvenalis*, 1854, p. 28.
(2) *General Treatise of Husbandry*, vol. III, p. 58.
(3) *Gardener's Chronicle and Agricult. Gazette*, 1858, p. 247 et 1850, p. 702. — Rev. D. Walker, *Prize Essay of Highland Agric. Soc.* vol., II, p. 200. — Marshall, *Minutes of Agriculture*, Nov. 1775.

taine d'années, réduite dans le rapport de 120-150 boisseaux à 30-40; et le fameux Oberlin attribue en grande partie les bons résultats qu'il a obtenus au fait qu'il a changé les espèces [1].

« Un jardinier célèbre [2], M. Robson, affirme positivement qu'il y a un avantage incontestable à faire venir des bulbes, des pommes de terre, et diverses graines d'une même variété, de différentes parties de l'Angleterre. Il ajoute que, pour les plantes propagées par boutures, comme les Pelargoniums, et surtout les Dahlias, il y a grand avantage à se procurer des plantes de la même variété, mais qui ont été cultivées dans une autre localité, ou, si la place dont on dispose le permet, à prendre ses boutures dans une espèce de terrain pour les planter dans un autre, afin de leur fournir le changement qui est si nécessaire à leur prospérité, changement auquel le cultivateur est toujours forcé d'avoir recours, qu'il y soit préparé ou non. Un autre jardinier, M. Fish, a fait des observations analogues; il a remarqué que des boutures d'une même variété de Calcéolaire qu'il tenait d'un voisin étaient beaucoup plus vigoureuses que les siennes propres, quoique traitées de la même manière, fait qu'il attribue à ce que ses plantes s'étaient en quelque sorte usées et fatiguées de leur demeure. Quelque chose d'analogue paraît se présenter dans les greffes d'arbres fruitiers; car, selon M. Abbey, les greffes prennent généralement mieux et plus facilement sur une variété ou même une espèce distincte ou sur une souche antérieurement greffée, que sur des souches de levées graine de la variété qu'on veut greffer, ce qui ne peut s'expliquer entièrement par la meilleure adaptation des souches au sol et au climat de l'endroit. Il faut toutefois ajouter que, bien que les greffes faites sur des variétés très différentes paraissent d'abord prendre et croître plus vigoureusement que celles greffées sur des sujets plus voisins, elles deviennent souvent maladives par la suite.

« J'ai étudié les longues expériences de M. Tessier [3] faites en vue de réfuter l'opinion commune, qu'un changement de graines est avantageux; il prouve certainement qu'on peut, avec des soins, cultiver une même graine dans la même ferme (il n'indique pas si c'est sur le même terrain), pendant dix ans consécutifs sans désavantage. Un autre observateur, le colonel Le Couteur [4], est arrivé à la même conclusion, mais il ajoute expressément que, « si l'on emploie la même graine, « celle qui a crû une année sur un terrain à fumure mixte devient propre l'année « suivante pour un terrain chaulé, celle-ci donne de la graine pour un terrain « amendé avec des cendres, puis pour une fumure mixte et ainsi de suite. » Mais ceci n'est autre chose qu'un échange systématique de graines, fait dans les limites de la même ferme. »

En somme, l'opinion partagée par un grand nombre d'agriculteurs habiles, que l'échange des graines produit de bons résultats, paraît être assez bien fondée. Vu la petitesse de la plupart des graines, on ne peut guère croire que les avantages du changement de terrain puissent résulter de ce qu'elles trouvent dans l'un un élément chimique qui manque dans un autre et cela en quantité suffisante pour affecter toute la croissance ultérieure de la plante. Comme, une fois germées, les graines se fixent naturellement à leur place, on doit s'attendre à ce que les bons effets du changement se manifestent plus nettement que chez les animaux, qui errent continuellement; et c'est bien ce qui paraît avoir lieu. La vie consiste en un jeu incessant des forces les plus complexes; il semble donc que leur action doive être en quelque sorte stimulée par les légers changements qui peuvent survenir dans les circonstances auxquelles chaque organisme est exposé. Toutes

---

(1) Oberlin's *Memoirs* (trad. angl.), p. 73. — Marshall, *Review of Reports*, 1808, p. 295.
(2) *Cottage Gardener*, 1856, p. 186. — *Journal of Horticulture*, Fév. 18, 1866, p. 121. — Pour les remarques sur les greffes par M. Abbey, voir *id.*, Juillet 18, 1865, p. 44.
(3) *Mém. de l'Acad. des Sciences*, 1790, p. 209.
(4) *On the Varieties of Wheat*, p. 52.

les forces, dans la nature, comme le fait remarquer M. Herbert Spencer[1], tendent vers un équilibre, tendance qui, pour la vie de chaque individu, doit nécessairement être combattue. Les hypothèses et les faits qui précèdent peuvent probablement jeter quelque jour, d'une part sur les effets utiles du croisement des races, dont les germes ainsi légèrement modifiés subissent l'action de forces nouvelles, et, d'autre part, sur les effets nuisibles des unions consanguines, prolongées pendant un grand nombre de générations, car, dans ce dernier cas, le germe se trouve toujours soumis à l'action d'un élément mâle ayant presque identiquement la même constitution.

On voit que Darwin laisse de côté, ici, toute entière, la question des *effets nuisibles des unions consanguines prolongées* et la nécessité, pour combattre ces effets nuisibles, de croiser entre elles les Races ou les Variétés. Ici, nous approchons des éléments d'observation qui nous montrent de nombreuses Variétés de Chevaux, de Vaches, etc., vivant dans un habitat plus ou moins étendu et s'y reproduisant sans inconvénients. En ce qui concerne la *Race Pure*, il est bien vrai que depuis la fondation du Stud Book, c'est-à-dire depuis une centaine d'années, elle s'est perpétuée sans aucun *Out-crossing* proprement dit et ne paraît pas s'en porter plus mal. Il faut néanmoins reconnaître que son habitat qui, à l'origine, était confiné à une portion de l'Angleterre, s'est sensiblement élargi et qu'il englobe non-seulement l'Angleterre et l'Irlande, mais l'Europe toute entière, l'Amérique et l'Australie.

Il y a des échanges constants d'étalons et de juments poulinières de la Race Pure entre tous ces pays et il n'y a aucun doute que l'influence d'un étalon importé d'Angleterre en France soit différente de celle d'un étalon français de même sang et toutes conditions égales d'ailleurs. Au point de vue du *Close-breeding* les inconvénients possibles, signalés au commencement de ce chapitre, sont atténués dans une large mesure.

Nous développerons dans une autre partie de ce travail la question de l'avantage des Étalons Importés au point de vue spécial que nous signalons et nous invoquerons des faits très curieux qui semblent corroborer les observations de Darwin sur les *avantages résultant de légers changements dans les conditions d'existence.*

Quoiqu'il en soit, le fait de l'énorme extension prise par la Race Pure et sa facilité à s'adapter à des conditions climatériques extrêmes et extrêmement diverses aujourd'hui, démontrée, sont la preuve la plus concluante que cette race est des plus résistantes et tout à fait vivace.

---

(1) M. Spencer a discuté très complètement l'ensemble du sujet dans *Principles of Biology*, 1864, vol. II, chap. X. — Dans la 1ʳᵉ édition de mon *Origine des espèces*, 1859, p. 267, j'ai parlé des effets avantageux résultant de légers changements dans les conditions d'existence et du croisement, et des effets nuisibles produits par de grands changements de conditions et par le croisements de formes trop différentes, comme deux séries de faits unis par un lien commun, mais inconnu, qui est en rapport intime avec le principe de la vie.

On peut dire qu'elle se comporte remarquablement depuis les tropiques jusqu'aux cercles polaires arctique ou antarctique. C'est le plus bel éloge qu'on puisse en faire.

Les Individus d'une même Variété mais d'Habitats différents forment un Out-crossing en cas d'union. — Ces considérations sur le *Milieu* et les conclusions qu'elles comportent ont d'autant plus de poids que leur philosophie est plus générale. Chaque organisme qui s'adapte à un milieu *varie* au bout d'un certain laps de temps, de façon à modifier ses *caractères*. Ceux-ci s'exaltent, ceux-là s'atténuent et peuvent même disparaître. De sorte que, l'acclimatation étant réalisée, le même organisme allié avec celui de la mère-patrie forme un véritable *Out-crossing*. Mais cet *Out-crossing* ne saurait en être un au détriment des *aptitudes spéciales* que si celles-ci ont été dans l'expatriation à l'abri de la sélection méthodique. Si les *Pur Sang* sont transportés en Amérique, par exemple, ils y sont l'objet de la même sélection par la course qu'en Angleterre et peuvent être à cet égard utilisés dans ce pays avec toutes les chances de succès, surtout dans les *Close-breedings* où ils apportent un principe de vigueur dû à l'influence du milieu différent dont ils sont sortis.

Nous verrons plus tard dans un chapitre spécial que même dans deux habitats bien plus rapprochés, tels que la France et l'Angleterre, par exemple, l'influence du milieu est très appréciable et fort avantageuse.

Le changement de milieu d'une espèce et son adaptation dans un milieu différent peuvent donc former des variétés très voisines dont le rapprochement subséquent constitue un véritable croisement, un out-cross. Comme nous le verrons plus tard, cette opinion a été partagée par le comte Lehndorf dans son *Manuel des Éleveurs*. La citation est du reste courte et nous pouvons la reproduire dans ces considérations générales sans encourir le reproche de superfétation. Le comte Lehndorf, comme les chefs des Haras français, craint une dégénérescence (?) de la race pure : mais il ne propose pas comme notre Administration des Haras le croisement par l'*Arabe pur* pour *rajeunir la race* suivant l'expression employée par un inspecteur des Haras.

Voici le passage du comte Lehndorf : « Si on continue à suivre ce principe (*l'Inbreeding*), il est évident que la durée de la prospérité de la *Race pure* court un grand danger, car, plus l'accouplement d'animaux qui se trouvent à un degré moyen de parenté se répète, plus l'*Inbreeding* dans le pur sang local devient intense et dans peu de temps on sera peut-être forcé, en Angleterre, d'importer des étalons émanant d'autres pays pour *rafraichir le sang.*

« Il faudra peut-être songer à l'Amérique, car, quand même les chevaux pur sang de l'Amérique tirent leur origine de l'Angleterre et sont encore plus ou moins apparentés avec leurs congénères Anglais, l'apparence extérieure et la puissance des performances dont les chevaux américains ont fait preuve dans ces derniers temps, indiquent que le sol de l'Amérique, très différent du nôtre, et en grande partie encore vierge, mais évidemment très favorable, a transformé toute la nature du cheval et l'a doué d'une force primitive telle que la race engendrée en Amérique paraît propre à exercer, *en dépit de l'Inbreeding,* une influence régénératrice de nature à fortifier les constitutions affaiblies dans les pays d'origine. »

On voit que la hantise de *l'Out-crossing* a aussi habité le cerveau de l'honorable directeur des Haras d'Allemagne. Nous montrerons dans le chapitre sur les écrivains sportifs que la terreur de la dégénérescence de la variété *Thoroughbred* a été le partage de beaucoup de bons esprits et de tous les inspecteurs de l'Administration des Haras de France. Il est bien entendu que, dans leur esprit, la dégénération devait être causée par *l'Inbreeding* constamment pratiqué.

Difficultés de faire lire les dissertations scientifiques aux Éleveurs. — Moyens d'en triompher. — Il apparaît aujourd'hui très clairement que ces craintes étaient chimériques et nous nous proposerons dans cet ouvrage de le démontrer par les faits d'abord, par la théorie scientifique ensuite. Instruit par des publications précédentes des inconvénients de l'exposition aride des idées de science pure précédant les dissertations d'Elevage, nous procéderons par doses successives légères et non par doses massives, qui risqueraient de produire l'anesthésie du lecteur.

L'Eleveur lit peu et, s'il lit, c'est par l'intérêt que lui inspire le sujet traité. Il faut donc tenter de lui faire aborder avec plaisir les quelques notions précises dont il a besoin pour se guider d'une façon sûre et surtout pour se créer une opinion forte sur le sujet.

En ce qui concerne *l'Inbreeding* de la Race Pure, il sera convaincu de son innocuité, surtout lorsqu'il lui sera prouvé que la race contient dans son sein un antidote des plus sûrs contre le *poison terrible* des unions consanguines.

L'Out-crossing atavique. — Cet antidote, qui vient s'ajouter à celui de la *sélection méthodique par la course,* est un principe que nous qualifierons du mot de *Out-crossing atavique.*

Nous voulons dire par là que les ancêtres de la race étant des animaux de variétés très différenciées, se propagent à travers les âges avec une grande fixité. Leurs descendants, désignés par la sélection impitoyable des courses, se croisent de nos jours comme ils se croisaient il y a quelques centaines d'années à la fondation du Pur Sang et, de cette façon, les *Inbreedings* affaiblissants sont toujours compensés par des *Out-crossing* réparateurs. Le jeu de ces deux principes constitue la science indispensable de l'Eleveur qui doit, à chaque alliance, calculer non seulement le degré d'aptitude spéciale qu'il doit donner au produit, mais la santé, la force, l'absence de tares, qui sont nécessaires pour que l'épanouissement de cette aptitude portée à un haut degré soit possible.

Il paraît donc démontré, comme nous le verrons, qu'un mélange de sangs, dans une certaine proportion, est nécessaire pour produire des *Racers* classiques et des *Sires* prépotents, et aussi des *Juments* destinées à faire de bonnes reproductrices.

Un nouvel aspect du Stud Book. — De sorte que le Stud Book nous apparaît comme un vaste champ d'*Inbreeding* et d'*Out-crossing* raisonnés, permanents et indispensables. C'est cette étude attrayante, qui comporte des observations précieuses, que nous allons entreprendre et à laquelle nous convions le lecteur studieux et persévérant.

Certes, nous ne saurions lui promettre de lui donner le moyen assuré de se procurer ainsi de grands vainqueurs. Nous ne lui indiquerons aucun système, aucun procédé d'Elevage, parce qu'il n'en existe aucun, mais nous lui apprendrons la science même de l'Elevage et les règles générales inéluctables qui y président, et hors desquelles il ne faut pas se placer. Il connaîtra la possibilité des échecs et la part de la chance. Nous ne lui ferons pas de promesses trompeuses, nous ne l'abuserons pas par des bluffs audacieux. Nous promettons mieux au lecteur studieux et désireux de s'instruire, qu'un *procédé* (*breveté sans garantie*), nous lui promettons de lui faire toucher du doigt les raisons naturelles qui ont présidé aux alliances à succès et, peu à peu, la raison et les connaissances scientifiques remplaceront les axiomes tout faits et les principes empiriques qu'une intelligence éveillée repousse avec mépris.

Nous avons exposé la force de l'*Inbreeding*, sa présence à la base de toutes les races pures les plus renommées, la terreur injustifiée qu'il inspire. Nous l'avons montré dans la nature où il empêche les variétés de se produire.

Nécessité de l'Out-crossing en Elevage pur. — L'utilité des croisements (Out-cross) n'est pas moindre et les races domestiques en sont issues également toutes et celle du Pur sang Anglais ne fait pas exception à la règle. Dans la nature, le *Croisement* (Out-cross) est un moyen qui procure aux diverses espèces la création de Variétés et de Sous-Variétés en nombre infini et c'est ainsi que se produisent les adaptations aux divers milieux.

Nous avons montré aussi que le changement de milieu d'une race pure bien fixée la différencie suffisamment de la même race pure restée dans le milieu primitif pour que l'alliance des animaux ayant vécu pendant quelques générations dans les milieux différends produise un véritable *Out-cross.* (Au point que certaines plantes, par suite de changement de climat, ne peuvent plus être fécondées par les plantes de la même espèce-mère).

Nous avons ensuite posé comme une cause d'*Out-crossing atavique* l'usage persistant de familles de juments qui se sont propagées jusqu'à nous depuis la fondation de la race pure. Ces juments, à cette époque reculée, ont alors servi d'*Out-cross* et leurs descendants directs actuels peuvent, dans certains cas, être utilisés pour le même objet. Ce théorème sera démontré progressivement au fur et à mesure que nous avancerons dans notre étude et un chapitre spécial lui sera consacré pour donner à cette question le développement qu'elle comporte.

Sans autre prétention, en effet, les auteurs recommandent toujours de se servir des *chevaux* comme étalons quand ils sont sortis des meilleures familles. Le comte Lehndorf reconnaît, dans son manuel, comme nous le verrons plus tard, « qu'on est involontairement amené à une union très rapprochée et à se servir pour la reproduction, autant que possible, du sang des familles d'élite en choisissant, dans celles-ci, les individus les plus distingués ». Il y a donc eu depuis la fondation de la race une sélection des plus sévères sur les familles aptes à produire les vainqueurs les plus illustres et ces familles ont montré leurs qualités réciproques. Elles se complètent donc les unes par les autres et conservent bien leurs caractères propres à travers les âges.

Cette légère dissertation nous suffit pour le moment pour donner au lecteur une idée des plus simples de la question de l'*Out-crossing atavique.* Dans les chapitres suivants, des suggestions nouvelles viendront solliciter l'attention sur ce sujet des plus classiques et des plus importants à élucider au point de vue naturel. Il y a lieu d'espérer que ce côté de l'*Out-crossing* produira un intérêt soutenu pour le commençant en élevage et qu'il désirera une édification complète sur une spéculation élevée et qui complète aussi heureusement l'analyse de la constitution d'une race dont les documents si précis permettent au penseur et au philosophe d'appuyer leurs idées intuitives sur des observations indiscutables.

Outre les *Familles*, l'*out-crossing atavique* est encore produit par les *courants* des trois chefs de race : *Eclipse, Hérod* et *Matchem*. Ces trois chevaux formaient un énorme out-crossing puisqu'ils descendaient de trois pères très différenciés : *Darley Arabian, Byerley Turk* et *Godolphin Barb*. Ce *croisement* s'est perpétué à travers les âges et se continue de nos jours par les *Courants* qui sont apportés par la descendance en ligne mâle. La prépondérance de la ligne d'*Eclipse*, sur les deux autres, l'affaiblissement de la ligne *Hérod*, et la quasi-disparition de la descendance de *Matchem* constituent une étude extrêmement curieuse qui prouve justement la force et la nécessité, dans la race, des *out-cross ancestraux*.

Dans tout cela le jeu des deux principes naturels *inbreedings, out-crossings*, est parfaitement respecté. A chaque union en dedans correspond un croisement en dehors. Si l'équilibre n'est pas établi le produit manque de valeur.

C'est à bien faire saisir la vérité fondamentale de cette conception puisée dans la nature que l'étude que nous offrons aujourd'hui aux éleveurs est consacrée. De même qu'il ne serait pas possible à notre époque de produire un cheval de pur sang de valeur sans la présence de certaines *familles*, de même il ne serait pas possible d'en produire sans un mélange des *courants* d'*Eclipse*, d'*Hérod* et de *Matchem* et de même que ce sont les mélanges de ces trois sangs dans une certaine proportion qui a l'origine ont été les meilleurs vainqueurs, de même maintenant les chevaux qui possèdent le mélange le plus idoine sont ceux dont les courants de sang venant des trois chefs de ligne, reproduisent les mêmes proportions qu'à la fondation de la race. C'est ce que nous vérifierons à chaque page du Stud Book dans les études que nous allons faire d'une façon rationnelle, c'est-à-dire conformément aux principes même de l'*Inbreeding* et de l'*Out-crossing* dans la nature.

Diverses observations sur l' « Imprégnation » des femelles. — Il nous reste à mentionner une cause d'*Out-crossing* assez obscure et qui dans l'état actuel de nos connaissances ne peut être analysée et reste par conséquent troublante. Nous voulons parler de l'*Imprégnation* des organes de la femelle par la substance mâle qui y persiste pour reparaître lors d'une fécondation subséquente [1].

En supposant connu du lecteur le processus et la nature du phénomène de l'*Imprégnation*, il est facile d'expliquer comment la survie du plasma germinatif (en excès) dans les organes d'une jument à la suite

---

[1] Les lecteurs qui voudraient se rendre compte, au point de vue scientifique, du mécanisme de ce phénomène curieux pourront se reporter au chapitre spécial que l'auteur lui a consacré dans un ouvrage précédent : *Le Pur Sang Anglais et le Trotteur Français devant le Transformisme.* (Nevers 1898, chez Mazeron Frères, libraires-éditeurs).

d'une fécondation, peut produire un *Out-cross*. Supposons, par exemple, que la jument pur sang ait été fécondée précédemment par un étalon de trait et que l'année suivante elle soit livrée à l'*étalon pur* elle peut, du fait du phénomène de l'*Imprégnation* donner un produit qui soit lui-même affecté de certains caractères du *trait*. Il y aura donc chez ce second produit qualifié *pur* un *croisement en dehors* bien caractérisé.

Mais quand même la fécondation précédente aurait été produite avec un étalon Thoroughbreed, il n'en résulte pas moins que s'il y a eu *Imprégnation* il peut en résulter un *Out-cross* atavique.

Cela provient par exemple de ce fait que le premier étalon pur était un descendant direct d'*Eclipse* et que le second était un descendant direct d'*Hérod* ou de *Matchem*. Ou bien du fait des familles de juments de chacun des étalons consécutifs qui peuvent produire entre eux des *Out-cross ancestraux* ou bien des *Inbreedings* renforcés.

En un mot, le second produit peut être affecté de certains caractères du précédent.

Si la jument est livrée plusieurs fois de suite au même étalon, les produits consécutifs peuvent aussi se ressentir de l'*imprégnation* par la prédominance de certains caractères qui donneront aux uns ou aux autres des valeurs différentes au point de vue des aptitudes recherchées.

Ces considérations ont été jusqu'ici totalement négligées. Il n'est guère possible de les éclaircir actuellement, mais il est intéressant de les signaler en passant pour montrer que les complications résultant des accouplements sont extrêmement complexes et que la proportion des sangs de chaque ancêtre dans un produit est un calcul absolument impossible et n'a aucun rapport avec la convention qui la règle actuellement aux yeux de la plupart des éleveurs.

Ces troubles des lois de l'*Hérédité* sont ou inconnus ou considérés comme quantité négligeable par des esprits superficiels mais ils constituent une des nombreuses causes de la *variabilité des organismes supérieurs*. A ce titre, ils ne sauraient être négligés dans une étude approfondie sur les questions que soulève l'*Inbreeding* et l'*Out-crossing*.

Certains éleveurs croient que l'imprégnation n'a lieu que chez une *femelle primipare.* Il ne semble pas qu'il ait été fait par les zootechniciens des expériences bien probantes sur ce sujet si intéressant qui a été à peine effleuré par les observations de Darwin sur les animaux et les plantes.

Il en est de même de l'opinion que le premier mâle qui féconde une femelle a une influence décisive sur chacun des produits qu'elle peut avoir dans le reste de sa vie.

Chez les éleveurs de chiens une autre opinion est accréditée, c'est que dans chaque portée il y a au moins un des jeunes ayant les caractères distinctifs du premier mâle qui a fécondé la lice. Cette conviction ne saurait être présentée comme un fait acquis et démontré parce que les expériences dans cette direction n'ont pas été poussées à bout à l'aide de méthodes vraiment scientifiques. Il suffit cependant que des faits aussi patents aient pu être dénoncés pour que les éleveurs de chevaux y voient le fondement de troubles profonds dans les lois de l'*Hérédité*. En éveillant leur attention sur des phénomènes qui, pour être insuffisamment précisés, n'en sont pas moins importants, ils leur sera absolument démontré qu'ils ne sauraient apporter trop de soins lorsqu'il s'agit de décider les alliances de leurs juments, surtout s'ils essaient de produire des *chevaux de haute classe.*

Résumé et Conclusion. — Dans ces *Conditions générales* sur les deux grands principes naturels (inbreeding, out-crossing) qui produisent d'une part les *Races pures,* d'autre part les *Variétés,* nous n'avons qu'un but : éveiller l'attention des Éleveurs et leur donner le désir de poursuivre leurs études sur les deux *modes* employés dans les Élevages de *Chevaux de course,* pour utiliser, dans ce but particulier, les conséquences de l'application de ces méthodes d'Élevage.

Jusqu'à ce jour l'*Inbreeding* avait seul fait l'objet de remarques élémentaires de la part des Éleveurs et des statistiques plus ou moins exactes semblaient indiquer des recommandations assez vagues. Nous avons voulu préciser les données de l'observation en les soumettant au crible des méthodes scientifiques.

Nous avons montré aux Éleveurs qu'ils n'avaient que des avantages à retirer de la pratique de l'*Inbreeding en Élevage de Chevaux de course.* Que, du reste, cette pratique était obligatoire, alors même qu'elle ne serait pas voulue.

Quant à l'*Out-crossing,* sa conception était encore plus étroite que celle de l'*Inbreeding.* Nous avons désiré lui donner un champ plus étendu et une définition plus large et plus conforme aux faits de la nature.

Il y a lieu d'insister sur cette notion qui modifie singulièrement nos idées habituelles par les données nouvelles si raisonnables, si naturelles et en même temps si conformes aux études scientifiques de la Philosophie Évolutionniste qui sont émises pour la première fois.

Certes, nous ne voulons pas ici changer le sens des mots, et lorsque nous considérons le spectacle, que l'on peut contempler à la Jumenterie de Pompadour, où l'étalon de Pur sang Anglais est allié à la Jument Arabe, et réciproquement, nous savons bien que l'État se livre-là à des expériences d'*Out-crossing.* Et cependant dans l'instruction qui est donnée à l'Ecole des Haras, on apprend aux futurs Officiers que la Race Pure Anglaise descend de l'Etalon Arabe et que pour empêcher la dégénérescence de la Race, il faut revenir à cet étalon Arabe depuis trop longtemps abandonné. On leur apprend aussi que cette dégénérescence a pour cause l'*Inbreeding constant* qui est pratiqué dans l'Elevage du Cheval Anglais Pur et qu'il est temps de réagir par de vigoureux *Out-cross* à l'aide de l'Etalon Arabe importé de son pays.

Ce n'est ni l'heure, ni l'occasion de faire le Procès de Pompadour et de l'orientation du côté de l'Arabe, que l'Administration des Haras a donné à la France du Midi, car nous voulons rester, pour l'instant, dans des considérations générales mais précises. Cependant il semble, au premier abord, étonnant qu'il puisse être admis qu'une race sortie de la Race Arabe forme un *croisement scientifique* avec l'Etalon Arabe.

Et cependant, cela est parfaitement exact. Et l'*Out-crossing* ainsi produit est tellement puissant et accusé qu'il n'en est jamais sorti rien de bon, à quelque point de vue que l'on se place.

Il y a des *Out-cross* autrement utilisables au point de vue de la santé, de la vigueur, de la rusticité de la Race Pure qui ont été constamment pratiqués sans que personne s'en soit jamais rendu compte, pas plus les Éleveurs que les Administrations des Haras des divers pays. Cette proposition très importante sera développée dans le chapitre suivant du présent ouvrage. Nous avons montré dans ce *Premier Livre de Considérations générales* ce qu'il fallait entendre par l'*Out-crossing climatérique* et par l'*Out-crossing atavique*.

Evidemment, nous n'avons rien inventé, que deux mots pour exprimer des choses qui se font couramment depuis toujours, mais les mots ont quelquefois une influence considérable sur les événements et M. Jourdain obtint un résultat qui n'était pas à dédaigner le jour où il apprit qu'il faisait depuis longtemps de la *Prose* sans le savoir.

Nos Éleveurs et ceux de l'étranger font de l'*Out-crossing climatérique* lorsqu'ils vont chercher hors de leur contrée des *Étalons* pour les *Juments* devenues *indigènes* et des *Juments étrangères* pour leurs *Étalons indigènes*. Les personnes qui sont les intermédiaires de ces sortes d'échanges sont d'actifs agents d'amélioration lorsqu'ils montrent non seulement une grande habileté commerciale mais une réelle connaissance des choses techniques. Ce dernier point leur donne une supériorité indispensable pour exercer une heureuse influence sur l'élevage général qu'on peut qualifier *international*.

Et qu'on ne vienne pas dire que ces importations d'Angleterre ont toujours eu lieu en France depuis la fondation du *Sport des Courses* chez nous. L'objection est sans portée. En effet, à l'origine, l'importation de reproducteurs de Pur sang d'outre-mer dans ce pays, avait pour but la constitution du stock. Mais aujourd'hui, celui-ci est suffisant pour s'entretenir, comme autrefois celui de l'Angleterre, sans aucun apport. Depuis, la mère-patrie du *Thoroughbred* exporte et importe des reproducteurs purs de tous les pays qu'elle a elle-même ensemencé et l'importation lui est favorable non pas tant au point de vue de l'aptitude qu'à celui de la santé de son stock. Mais sans la santé que vaut l'aptitude ?

Nous verrons, dans les développements de la proposition que nous soumettons aux éleveurs sur les *Out-cross climatériques*, que le germe, même déjà développé, est influencé par le changement d'habitat et qu'une jument importée pleine d'Angleterre en France, par exemple, doit donner un produit plus vigoureux, plus robuste, plus rustique et mieux portant que si la mère avait continué de vivre dans son pays d'origine.

Certes, si le foal, par sa naissance, était mal réussi ou manqué au point de vue des qualités, le fait d'être importé dans le ventre de la mère ne saurait lui conférer une valeur spécifique que nulle modification divine ou humaine ne peut améliorer. Mais combien de poulains conçus dans le Midi de la France, par des reproducteurs sélectionnés de longue date dans cette contrée gagneraient à venir, portés par leur mère, passer l'hiver dans le sein de celle-ci en Normandie et naître dans ce milieu si différent, et pourtant si proche de celui où vivaient leurs ancêtres. Et réciproquement, il y aurait un grand bénéfice à importer des juments normandes dans le Midi après leur fécondation.

Il est entendu que ce que nous avons compris sous cette dénomination *Out-crossing climatérique* implique plusieurs modes, mais que tous ces modes sont favorables. L'Etalon Anglais importé en France, surtout les premières années de son importation, produira toujours mieux que dans son pays d'origine. Le *Flying-Dutchman*, à sa première monte en France, donne *Dollar,* alors qu'en Angleterre, il n'avait pas produit un seul grand cheval après avoir reçu les meilleures juments du Royaume-Uni !

Il faut que les Eleveurs soient bien persuadés de cette vérité qu'en opérant par *Out-crossing climatérique,* ils utilisent le même principe que les agriculteurs qui vont soigneusement chaque année chercher leurs graines à semer dans des contrées plus ou moins éloignées de leur domaine. De même l'Eleveur doit aller chercher la *semence* dans un climat offrant des conditions légèrement différentes avec le sien et, dans ce cas, la *semence* c'est l'*Etalon* ou la *Jument.* En procédant ainsi, il produira un *Out-crossing* bienfaisant, régénérateur, actif et non pas le brutal *Cross* de l'*Arabe différencié.*

L'autre fait que nous signalons aux Eleveurs et dont les volumes qui vont suivre seront aussi le développement, nous l'avons appelé *Out-crossing atavique.*

Il n'est pas moins important que l'autre et il a toujours été usité par tout le monde mais sans méthode, sans direction et pour ainsi dire sans le savoir et sans le vouloir.

Ainsi, par exemple, on n'a jamais fait ressortir le fait qu'un grand cheval de pur sang ne peut exister sans avoir *dans les premiers rangs de son pedigree,* les trois sangs de *Darley-Arabian, Byerley-Turk* et *Godolphin-Barb,* et c'est cependant une vérité indiscutable et un fait indéniable. Nous passerons de longues heures à vérifier ce fait dans les volumes qui vont suivre.

De même, les lignes des 40 juments primitives qui ont fondé la race aiment à se mêler aujourd'hui à cause du croisement qu'elles produisent encore à travers les âges.

Et tout cela est nécessaire ? Que les meilleurs Etalons, les meilleures Race-Horses, les meilleures Poulinières sortent des familles les plus distinguées par ordre de mérite, cela n'est pas douteux. Mais encore est-il démontré que toutes les familles actuellement existantes peuvent produire des animaux hors pair avec le secours des autres. En exemple, *Vinicius,* sorti de la famille 39 de Bruce Lowe, pourtant bien négligée et *Pot-8-Os,* le plus étonnant des fils d'*Eclipse,* sorti d'une famille aujourd'hui éteinte, d'un rang très bas, 38 de Bruce Lowe, et dont l'extinction prouve le peu de vitalité.

Nous avons donc bien exposé, aussi brièvement que possible notre but, et indiqué notre programme. Il n'y a pas d'illusion à se faire, le champ est vaste, il est semé de difficultés, hérissé d'obstacles; mais nous ne nous laisserons pas effrayer. Faut-il dire tout? Le labeur qui nous attend n'est pas sans charmes. Nous partons à la conquête de vérités nouvelles, d'une moisson dorée de solutions de toutes les questions de l'Elevage; le but à atteindre nous enthousiasme et nous voudrions que nos lecteurs nous suivent avec le désir de vaincre.

Cette toison d'or que nous voudrions conquérir est celle dont parlait Richepin lorsqu'il disait qu'il est grand d'aller, comme Jason,

> Quérir la chimérique étable
> Dont l'hôte a de l'or pour toison.
> J'irai, j'ouvrirai la prison,
> O Bélier céleste, où tu bêles.
> Vents, vagues, tout m'est trahison !
> Mais que les étoiles sont belles.

FIN DU LIVRE PREMIER

LIVRE DEUXIÈME

―――――

LES ÉCRIVAINS SPORTIFS SUR L'*INBREEDING*
ET L'*OUT-CROSSING*

―――――

―――――

A quel point se trouve cette question dans la Presse sportive. — Après les *Considérations générales*, que nous avons placées en première ligne dans l'ordre d'exposition de notre sujet, nous avons voulu, de suite, montrer où en était la question dans la Presse sportive. Au moins, après ce chapitre, il sera aisé de voir jusqu'où l'étude que nous nous proposons de soumettre nous-même au public a été poussée par nos devanciers où nos compatriotes les plus proches. Nous essaierons de montrer la part de chacun, ainsi que la méthode suivie respectivement et nous compléterons le tout par une critique aussi judicieuse que possible et que nous nous efforcerons toujours de maintenir dans une note bienveillante.

Il nous sera bien difficile ici, avant d'attaquer le fond du sujet de ce chapitre, de ne pas donner l'opinion des Eleveurs si connexe avec la Presse sportive. Elle forme en effet un gros appoint des *publications spéciales* relatives aux questions d'*Inbreeding* et d'*Out-crossing*.

Il nous a toujours paru que les Eleveurs Français, dans le Pur sang, redoutaient en général par dessus tout les *Close breedings* et particulièrement les *Incestuous breedings*.

Cette terreur ne date pas d'aujourd'hui et il est facile de se rendre compte qu'elle provient d'une idée très fausse et injustifiée. Mais le fait est que nos Eleveurs de Pur sang recherchent plutôt les *Inbreedings éloignés* à la quatrième génération ou à la cinquième.

Il est cependant curieux de rapprocher cette tendance générale de l'importation d'étalons anglais qui sont le produit du *Close-breeding* et même d'*Incestuous Breedings* et dont les noms viennent sous la plume, tels que *Wellingtonia, Flying-Fox*, etc.

Opinions anciennes et récentes des Haras Français.

— Cette aversion doit provenir d'une conception administrative qui s'est répandue et bien ancrée dans l'opinion publique. Les anciens *Haras Royaux*, et plus récemment notre actuelle *Administration des Haras,* ont toujours prohibé les unions incestueuses. Les instructions données à ce sujet précisaient que ces sortes d'alliances produisaient ou des monstres ou bien des animaux sans aucune utilité et incapables d'aucun travail. Lorsque des poulains remarquables provenaient d'incestes, les représentants de la science officielle se contentaient de dire que l'exception confirmait la règle.

Le comte Ach. de Montendre opposé au Breeding in and in et partisan des croisements en dehors.

— Au surplus, il semble que c'est bien le moment de citer quelques passages d'un livre paru en 1841 sous la signature du comte Ach. de Montendre et intitulé : *Considérations sur l'Élevage du Cheval de courses.* Il faut ajouter que ce livre est réellement remarquable pour l'époque. Le comte a fait suivre son nom des titres suivants qui indiquent bien l'autorité dont il jouissait : *Ancien Officier de Cavalerie et des Haras Royaux, Directeur du Journal des Haras, Membre de la Commission du Stud Book et de plusieurs Sociétés scientifiques.* Nous reproduisons un chapitre de ce volume :

BREEDING IN AND IN

DE L'ALLIANCE ENTRE LES INDIVIDUS DU MÊME SANG ET DES INCONVÉNIENTS
DE LA CONSANGUINITÉ

La nature a posé des lois pour la reproduction de tous les êtres vivants; et, bien que plusieurs de ces lois n'aient pas un caractère tellement absolu qu'elles ne puissent être violées quelquefois par exception, encore sont-elles établies sur de telles principes, qu'une infraction ne se fait pas toujours impunément.

Ainsi donc, quoique les rapprochements entre les individus d'une même famille ne soient pas frappés de stérilité, il n'en est pas moins vrai que les produits de semblables accouplements sont fort souvent très imparfaits, et que la continuation d'une semblable méthode est suivie d'apparentes et tristes difformités.

Ces résultats, si fréquents, ne sont-ils pas une punition du dédain qu'on semble faire des lois immuables de la nature ?

Les animaux qui vivent en liberté, dans l'état sauvage, sont tous doués d'un instinct qui les porte à éviter des accouplements, des alliances entre des individus d'une parenté trop rapprochée.

Ne savons-nous pas, par exemple, que beaucoup d'animaux, tels que les renards, les loups, les lièvres, s'éloignent du lieu de leur naissance pendant le temps de leur chaleur ?

Cet instinct de vagabondage qu'on remarque en eux, et qui revient tous les ans à la même époque, n'a-t-il pas pour cause ce besoin de fuir les accouplements incestueux ou une consanguinitée trop rapprochée?

Je cite ces animaux, parce qu'ils sont particulièrement doués d'une intelligence conservatrice, d'une vitesse et d'une vigueur très grande, qualités qui exigent, pour se perpétuer continuellement au même degré, le croisement des familles entre elles et le plus grand soin à éviter des accouplements incestueux.

Les agriculteurs savent parfaitement combien il est essentiel de changer les semences de toute espèce de plantes, et principalement des céréales; ils sont tous d'accord sur l'obligation où l'on est d'aller demander des semences à des sols dissemblables et placés dans des conditions de climat essentiellement différentes.

Le fleuriste, le pépiniériste est de même forcé de chercher de nouvelles sources de propagation, de nouvelles créations de plantes, de fleurs, de fruits, dans des semis, des boutures, des greffes, etc.

Les effets résultant des accouplements que je blâme et que je repousse sont la diminution des os et des tendons chez les animaux ainsi engendrés. Leur force musculaire est amoindrie, leur nature est languissante, inanimée, appauvrie! Enfin, il y a dégénération, et, qui plus est, dégénérescence.

Il est des cas où le système des accouplements *in and in* peut produire quelques bons résultats, lorsqu'il est limité dans des bornes raisonnables, par exemple, dans la production des bêtes à cornes et des moutons, l'objet des éleveurs de ces espèces d'animaux étant d'obtenir des animaux ayant les os petits, les muscles délicats et tendres, une disposition au repos, à l'inaction, afin de les rendre plus aptes à prendre facilement un embonpoint graisseux qui augmente leur valeur.

Mais ce sytème de consanguinité ne doit pas être porté trop loin; car on tomberait dans l'inconvénient de produire des animaux tellement disposés à la graisse, qu'ils ne rempliraient plus le but proposé, qui est de servir à la nourriture des populations, et n'auraient plus la même valeur. Ce mauvais résultat a été obtenu dans le Leicestershire, en ce qui a rapport à l'élève des moutons. Quand la race pure a été trop longtemps reproduite par elle-même seulement, et, par suite, trop rapprochée du sang originel, alors le propriétaire du troupeau souche a été forcé de recourir à des croisements avec des moutons de diverses origines.

L'espèce canine est également susceptible de dégénération par plusieurs causes; en conséquence, le sportman qui a de l'expérience ne manque pas de porter la plus grande attention à ce sujet. Il a grand soin de choisir les mâles dans des chenils éloignés, de telle sorte qu'ils n'aient aucune parenté avec les femelles du sien.

N'est-il pas sage de suivre un tel exemple pour les chevaux, quand nous demandons et désirons qu'ils remplissent des conditions opposées à celles dans lesquelles les accouplements incestueux placent immanquablement les autres animaux.

Je pourrais présenter à l'appui de mon opinion un grand nombre d'exemples de mauvais effets d'une consanguinité trop rapprochée sur les chevaux; mais je craindrais de fatiguer mes lecteurs en mettant sous leurs yeux une liste contenant un grand nombre de noms. J'en citerai quelques-uns seulement, qui suffiront, je pense, pour les convaincre de la vérité de ce que j'avance.

Nous trouvons, dans la généalogie de *Salute, Solace* et *Vistement*, qui furent tous deux le résultat d'un accouplement *in and in* et mauvais: ils sortaient de *Dulcamera*, par *Waxy;* sa mère *Witchery*, par *Sorcerer Salute* était par *Muley*, fils d'*Orville* et d'*Eleanor*, par *Whiskey;* sa mère *Young-Giantess*, mère de *Sorcerer;* deux autres étaient descendus de *Longaist*, fils de *Whalebone*, par *Waxy*, père aussi de *Dulcamera*.

La jument *Fyldener*, élevée par M. Conning, en 1817, fut également mauvaise; elle était fille de *Sir-Peter*, comme l'était aussi *Corionalus*, son grand-père.

Aaronides, fils d'*Aaron*, sorti de la mère d'*Aaron*, appartenant à M. Stirling, était horriblement mauvais.

Un autre poulain, élevé par ce gentleman, était aussi fils d'*Aaron* et de *Miss Menager*, grand'mère du même *Aaron*. Il fut tout aussi mauvais qu'*Aaronides*.

Quelle persévérance à suivre un mauvais système!

Si nous consultons le *General Stud Book*, en nous reportant à environ un siècle en arrière, nous trouvons, à la vérité, plusieurs des meilleurs chevaux de cette époque qui furent le résultat d'accouplements faits dans les mêmes familles. Mais alors il n'y avait qu'un très petit nombre de chevaux de race pure; par conséquent, on n'avait pas le choix, et certes, il valait mieux donner un père à sa fille, un frère à sa sœur, etc., que de prendre un cheval sans qualités et sans origine prouvée.

Dans l'enfance du *turf* les chevaux vraiment de pur sang durent être en très petit nombre, et leur origine paraît incertaine, aussi bien que celle de *Godolphin-Arabian*. Dans des temps aussi éloignés de nous, il serait difficile de pouvoir remonter à une source bien pure, et de prouver des généalogies bien authentiques. Mais, quoi qu'il en soit de ces débuts, et particulièrement de celui de ce cheval justement célèbre, il n'en est pas moins vrai, et le fait est bien établi, qu'un grand nombre de chevaux supérieurs descendent de lui.

Les résultats avantageux obtenus dans les commencements des essais tentés pour améliorer l'espèce chevaline en Angleterre, au moyen d'accouplements d'individus appartenant aux mêmes familles, peuvent être expliqués par la bonté, la pureté du sang des individus dont nos ancêtres se servaient; mais il n'en est pas moins vrai et clairement prouvé, que ce système ne produisit pas un cheval égal en qualités à ceux qu'on fait aujourd'hui, en choisissant parmi les différentes races les individus qu'on suppose capables de bien s'appareiller. N'est-ce pas la preuve que les chevaux de l'époque actuelle sont supérieurs à ceux d'autrefois?

Au surplus, comment s'assurer de cette supériorité, si elle existe, comme j'en suis convaincu, plutôt par le raisonnement qu'autrement, ou de l'infériorité à laquelle croient plusieurs personnes, toujours disposées à vanter le passé aux dépens du présent?

Comment s'assurer, par exemple, si un cheval a dégénéré?

Quelles preuves peut-on fournir à l'appui de l'assertion contraire?

Le problème est donc fort difficile à résoudre, puisque, loin de pouvoir obtenir des renseignements certains sur le mérite comparatif des chevaux des temps anciens et des chevaux de notre époque, nous ne pouvons même être certains de la supériorité d'un cheval sur un autre cheval qui vivent et courent en même temps, à moins qu'on ne les fasse lutter plusieurs fois l'un contre l'autre, après avoir trouvé le moyen, ce qui ne laisse pas que d'être assez difficile, de les placer dans des conditions parfaitement égales, toutes proportions gardées d'ailleurs.

Je ne m'occuperai pas en ce moment des avantages ou des inconvénients de l'entraînement des chevaux dans le jeune âge ou plus tard. Cette partie de l'élève du cheval de course et de chasse est assez importante pour être traitée d'une manière toute spéciale; mais ce que je puis dire ici, c'est que nous possédons aujourd'hui des chevaux dont les travaux, à l'âge de 3 ans, surpassent ceux des chevaux beaucoup plus âgés, dans les premiers temps du *turf*, ce qui n'est certes pas une marque de dégénération.

Qui, dans les anciens temps, a jamais égalé les travaux de *Venisson*?

Qui, a 3 ans, courut quatorze fois, et gagna douze, et toujours dans des luttes de un à quatre milles?

Certes, cela prouve en faveur de la race actuelle, et *Venisson* est un cheval dont la généalogie est aussi pure que possible; car, à moins de retourner à la cinquième génération, ce même sang n'offre pas son pareil. Là nous retrouvons le sang d'*Herod* de deux côtés ; mais à une distance aussi éloignée, cela ne peut être autant estimé ni comparé, et peut donner lieu à quelque objection.

Indépendamment de ses courses à l'âge de 3 ans, *Venisson* voyagea beaucoup, et fit six cents milles sur les routes, pendant l'été, sans le secours du *cavaran*.

Si la vitesse, la vigueur, le fond et une bonne constitution sont les attributs d'un étalon, comme je le crois, *Venisson* peut être aussi justement estimé dans le haras qu'il le fut sur l'hippodrome.

Grey Momus est une autre preuve de ce que les chevaux de notre époque sont capables de faire. A l'âge de 3 ans, il gagna sept courses sur neuf, et le travail qu'il fit pour se préparer à ses luttes fut admirable ; mais il ne voyagea pas d'hippodrome en hippodrome, ainsi que le fit *Venisson*.

Prosody, jument alezane, née en 1818, par *don Cossack* et *Mitre* par *Waxy,* courut pendant plusieurs années, et gagna en tout trente-neuf fois. Cette jument est aussi pure que possible de sang trop rapproché. Le célèbre *Euphrates* présente aussi une généalogie sans mélange. Nous n'y trouvons aucun trait de consanguinité. jusqu'à la race de *Regulus,* à quatre ou cinq générations en arrière. *Liston* est du sang de *Highflyer* de deux côtés, mais pas plus rapproché que la troisième et quatrième génération ; ce qui est, à coup sûr, une distance tout à fait rassurante sur le tort que cela pourrait faire. Ce cheval extraordinaire gagna cinquante et une fois, et courut jusqu'à l'âge de 13 ans.

Le plus grand nombre de fois qu'un cheval ait gagné dans la même année a été observé dans *Isaac,* qui, en 1839, fut vainqueur dans trente-neuf courses. Il l'avait déjà été vingt deux fois en différentes années. On ne découvre aucune trace de consanguinité dans sa généalogie.

En résumé, je trouve que rien ne demande plus d'attention que l'investigation des généalogies respectives de l'étalon et de la poulinière, afin d'éviter des relations de parenté trop rapprochée.

Je conseillerai toujours de ne rien admettre de plus proche que la troisième génération. Ce degré me paraît même plus rapproché que la prudence et le jugement ne devraient le permettre

Éleveurs qui voulez réussir, gardez-vous de suivre l'exemple de vos confrères qui, étant possesseurs d'un étalon, lui donnent leurs juments sans s'occuper de leur généalogie, et, ce qui est d'une aussi grande importance, sans tenir aucun compte de leurs conformations respectives.

Dans un autre chapitre j'ai parlé de la taille des étalons et des poulinières. J'ajouterai, pour terminer celui-ci, qu'un éleveur qui possède un haras considérable, dans lequel se trouve des juments de toute taille et de familles différentes, aurait grand tort de les donner à un même étalon, par cela seul qu'il lui appartient Ce serait une économie bien mal entendue, un système des plus erronés et aussi contraire à ses intérêts qu'aux lois de la nature et aux principes de la science hippique.

On voit ce qu'a d'archaïque et de vieillot le langage du comte de Montendre. Mais il exprime bien ce qu'il veut dire et il n'est guère permis de s'y tromper. Il réprouve absolument les incestes comme contraires aux lois naturelles, ce qui, du reste, est absolument controuvé et l'exemple qu'il donne des animaux sauvages, qui évitent l'inceste en nous donnant ainsi un avertissement salutaire n'a jamais été observé et est un produit très pur de son imagination. Lorsque les jeunes renards, loups, etc., s'éloignent de leur berceau, ce n'est pas dans le but de se soustraire à un inceste menaçant, mais pour ne pas fonder un ménage sur un territoire de chasse trop rapproché de celui de leurs parents. Ceci dit pour les renards et les loups, qui sont monogames. Quant aux lièvres, ce sont des polygames qui s'unissent sans vergogne avec leurs enfants, leurs sœurs, leurs tantes, etc. Il est vraiment merveilleux de supposer que l'instinct du soi-disant *vagabondage,* qui revient tous les ans à la même époque chez les cerfs, les lièvres, les lapins et qu'on avait jusqu'ici attribué aux nécessités de la reproduction de l'espèce, se trouve imputé *au besoin de fuir une consanguinité trop rapprochée.* Voit-on d'ici les charmants animaux de nos forêts occupés à calculer, avant de se livrer à l'amour, le degré de parenté qui les sépare de la femelle convoitée! Voilà, certes, quelque chose de phénoménal.

Cependant ces idées, qui devraient paraître si désuètes au sujet de l'Inbreeding, sont celles de la majorité des Eleveurs de Pur sang en France actuellement. Nous voyons, en effet, apparaître ici la terreur de la dégénération.

Ce que pense à ce sujet un autre Officier des Haras, l'Inspecteur Hoüel. — Nous allons trouver cette préoccupation dans un autre auteur français un peu plus près de nous. Il s'agit d'un Inspecteur général des Haras, G. Hoüel, qui a écrit plusieurs volumes sur les questions hippiques et, dans ses dissertations il a réfléte, sur les questions à l'ordre du jour, les opinions générales des Eleveurs et de son Administration.

La préoccupation d'écarter les dangers des *unions consanguines* et de *rajeunir le sang,* suivant l'expression alors consacrée, par des Outcross, au moyen de l'Arabe importé directement, se fait jour souvent chez cet auteur et nous verrons qu'à son époque le cerveau des Eleveurs était pour ainsi dire obsédé par le désir de chercher chez les sujets les plus élevés de la Variété Pure, chez les Etalons les plus qualifiés pour les Courses, ce qu'on appelait alors des traces de dégénération.

On a peine à croire, aujourd'hui, à de pareilles terreurs imaginaires, mais nous verrons qu'elles ont laissé dans nos cerveaux plus modernes une trace qui est loin d'être effacée.

Dant un ouvrage daté de 1859 et intitulé : *Les Chevaux de courses en France et en Angleterre,* E. Hoüel donne cours, à plusieurs reprises, à ses préoccupations, reflets bien exacts de celles de l'époque où il vivait.

Nous lisons à la page 8 du 1er volume la tirade suivante :

On peut se demander, en effet, quel sera l'avenir du pur sang anglais? Se conservera-t-il sans dégénération, ou sans modification ? Le regarde-t-on comme fixé, et depuis quelle époque ? Si, au contraire, on croit à des modifications, le sang arabe ou oriental doit-il être employé pour les prévenir? Peut-on retrouver à notre époque des types arabes aussi parfaits et aussi puissants que ceux qui formèrent la branche anglaise, ou faut-il admettre, avec quelques auteurs, la dénomination de *vieux sang* et de *sang nouveau*, et croire que le dernier souffle des chevaux du prophète ·est désormais, et pour l'éternité, scellé dans la tombe des arabes *Darley* et *Godolphin?* – Le pur sang anglais peut-il, sans dégénérer et se modifier, être exporté par toute la terre, sous toutes les zones et dans toutes les conditions locales et atmosphériques; et, s'il en est autrement, quels sont les climats et les latitudes qui lui conviennent le mieux? Quelles sont enfin les contrées où il peut s'améliorer, se maintenir ou se détériorer?

Non moins curieux à lire l'extrait suivant où l'Inspecteur des Haras appelle à son aide, on ne sait quel auteur anglais, dont le nom aurait été utile :

C'est d'abord le sang barbe qui domine, sous *Elisabeth;* le cheval de cette race est presque le seul producteur admis dans l'amélioration fashionable; plus tard on en vient même à proscrire le sang arabe par suite de l'influence de *Newcastle,* et les chevaux de cette contrée sont forcés de se déguiser sous le nom de *Turks.* Bientôt même, malgré le mérite des reproducteurs orientaux, tels que : *Place's-White-Turk, Morocco-Barb, Byerley-Turk, Lister-Turk* et autres, la réputation du cheval oriental, comme père de chevaux de course, commence à baisser. L'étalon indigène reprend faveur et revient à la mode; mais *Darley-Arabian* paraît, entouré de la brillante phalange des *Curwen* et des *Toulouse-Barbs,* des *Akaster* et des *Selaby-Turks,* et le sang oriental est rétabli dans toute sa gloire pour un demi-siècle. Vers 1730 le sang indigène revient en vogue de nouveau, et il ne faut rien moins que l'apparition du célèbre *Godolphin* pour remettre en honneur le cheval d'Orient. Celui-là, c'est bien le cheval du hasard s'il en fut, et aussitôt se forme à sa suite une pléiade d'étalons méridionaux, parmi lesquels se font remarquer au premier rang les *Cullen-Arabian* les *Newcombe,* les *Gower-Dun-Barb* et autres, qui renouvellent la race d'Occident, et lui rendent le cachet d'énergie et de vitalité qu'elle a conservé jusqu'à nos jours. Mais ce cachet s'est-il conservé intact? ne serait-il point heureux qu'il fût rajeuni? — *That is the question?*

Un grand nombre d'amateurs et d'auteurs anglais pensent que des croisements judicieux avec des types supérieurs de la vraie race koël ne pourraient qu'avoir les meilleurs résultats; l'un d'eux s'exprime ainsi :

« Malgré l'excellence de notre race, des chevaux arabes sont encore importés et employés quelquefois à la monte; on doit désirer de voir se perpétuer cette coutume qui aurait pour effet d'arrêter les effets de la dégénération produite par l'action du climat ! »

Quoi qu'il en soit, on peut dire que depuis le commencement de ce siècle le croisement du cheval arabe avec la jument de pur sang anglais est totalement abandonné en Angleterre et ne paraît de loin en loin, comme le dit récemment un auteur anglais, que par *excentricité,* plutôt même qu'à titre d'*essai.*

On voit que, dans cette dernière citation, c'est le climat qui produit la dégénération. Mais le climat, on l'a vu dans l'extrait que nous avons fait du livre du comte Ach. de Montendre, a beaucoup de rapport avec la consanguinité. On trouvera, par ailleurs, dans cet ouvrage, des dissertations sur l'aspect de la question et des développements par les idées scientifiques modernes.

Nous revenons au même sujet dans le passage suivant de Hoüel :

On compte très peu d'étalons de pur sang, nés en Angleterre avant 1700, qui aient marqué dans les généalogies; à cette époque, et longtemps encore après, le cheval oriental était dans tout son éclat et formait la majorité des étalons employés à la production du racer.

Cependant, le mérite de quelques étalons supérieurs, tels que les *Childers*, les *True-Blue*, les *Bald-Gallovay*, et, plus tard, *Herod*, *Eclipse* et tant d'autres, firent renoncer à l'emploi du cheval d'outre-mer, jusqu'à ce qu'enfin il soit totalement abandonné, comme cela a lieu de nos jours.

Nous avons vu, dans la première partie, quels furent les éléments orientaux qui formèrent la race pure anglaise, ou la modifièrent à certaines époques; nous verrons maintenant se dérouler la liste des célébrités indigènes du turf britannique. Nous tâcherons de saisir çà et là les principaux traits des transformations qu'ils subirent par suite des temps, des habitudes, et par suite surtout du renoncement au type qui leur avait donné naissance.

Plusieurs enseignements importants doivent sortir de cet examen: d'abord contre l'opinion généralement reçue que l'on fait le cheval de race partout en Angleterre. Nous pourrons nous convaincre que non seulement plusieurs contrées importantes n'y ont point eu de part, mais encore que la patrie du cheval de course est même fort restreinte. Elle comprend d'abord le Yorkshire ou comtés du Nord, que l'on a appelés l'Arabie de l'Angleterre; puis les comtés du centre, depuis Oxford jusqu'à Nottingham. Enfin, les comtés de l'Est, comprenant les environs de Londres et les contrées de Norfolk et de Suffolk, ainsi qu'une petite partie des comtés du Sud, depuis Salisbury jusqu'à Rochester; mais la Cornouaille, le pays de Galles, l'Ecosse sont généralement impropres à la bonne production du cheval de pur sang. Et si longtemps les chevaux d'Irlande n'ont pas été regardés comme fashionables en Angleterre, ce n'est pas qu'il ne se soit produit, surtout dans ces derniers temps, quelques chevaux de mérite; c'est que le climat et le sol se prêtent peu, dans la plus grande partie, au développement et surtout à la bonne organisation du cheval de course.

Nous faisons cette remarque dans l'intérêt des personnes qui ont voulu faire partout en France le cheval de pur sang, sans considérer d'abord quelles conditions naturelles convenaient à cet élevage, et quelles étaient les localités qui pouvaient le plus conserver à la race ses qualités et son organisation native.

Nous verrons ensuite que, malgré le nombre considérable d'étalons que produit chaque année l'élevage anglais, un très petit nombre parvient à la célébrité, et que ce petit nombre est seul chargé de la production future; ce qui a pour effet, à la longue, une consanguinité prolongée et indéfinie. De là les imperfections centuplées par les alliances qui doivent amener tôt ou tard *la dégénération et la dégradation de l'espèce.*

Nous trouverons encore, dans cette étude, des données importantes sur le grand fait physiologique de la modification qui s'opère chez la race pure à mesure qu'elle s'éloigne du type oriental, soit par la taille, la conformation, la couleur, la vitesse, le fond, la santé, l'aptitude à contracter des tares, des défectuosités transmissibles.

En passant, citons la biographie de *Touchstone*, particulièrement intéressante chez l'auteur, qui avait vu lui-même ce phénomène, devenu pour nous un ancêtre de la Race ; les appréciations d'un témoin oculaire compétent sont toujours particulièrement curieuses à noter :

TOUCHSTONE, bain brun, par *Camel* et *Banter*, fille de *Master Henry*. - Né en 1831, chez le marquis de Westminster. Les performances de cet étalon sont aussi nombreuses que brillantes; il courut 27 fois et remporta 21 victoires, parmi lesquelles on compte le Saint-Léger. Il courut à 2 ans, en 1833, et plusieurs fois vainqueur; en 1834, il courut un grand nombre de fois, et obtint les plus beaux succès; à 4 ans, il fut encore plusieurs fois vainqueur, et battit, entre autres, pendant cette saison, *Général-Chassé* et *Hornsea*. En 1836, âgé de 5 ans, il gagna la coupe d'Ascot, celle de Doncaster et celle de Heaton-Park. En 1837, il finit sa carrière de course en battant facilement le célèbre *Rockingham*. Devenu étalon, il est regardé comme un des plus célèbres reproducteurs de l'Angleterre.

Touchstone avait 15 paumes 1/2 de hauteur; il était d'une très forte et très belle conformation. Malheureusement la dégénérescence de son sang se faisait remarquer dans ses membres, qui n'avaient pas toute la netteté et toute la densité désirables; aussi tous ses produits, quelques mérites qu'ils aient d'ailleurs, manquent-ils par cette partie essentielle comme tout ce qui descend de *Master Henry*. On ne saurait avoir trop d'égard à cette circonstance dans les accouplements. *Touchstone* doit être rangé néanmoins parmi les étalons de premier rang.

Il a produit plusieurs chevaux remarquables, au nombre desquels on cite : *Auckland, Blue-Bonnet, Surplice, Jack, Cotherstone, Orlando, Dilbar, Cœlia, Rosalind, Brocardo, Assault, Strongbow*. Il faisait la monte à raison de 40 souverains par jument.

Touchstone a produit trois vainqueurs du Derby: *Cotherstone, Orlando* et *Surplice;* c'est aussi le père de *Mendicant,* vainqueur des Oaks en 1846, de *Blue-Bonnet,* vainqueur du Saint-Léger en 1842 et de *Newminster,* vainqueur du Saint-Léger en 1851.

Si nous avons cité cette biographie de *Touchstone*, c'est pour montrer combien les craintes de dégénération de la Race Pure, par suite de la consanguinité intense qui y est pratiquée, sont chimériques. En effet, découvrir la dégénérescence de *Touchstone* en le regardant, nous semble, à nous qui ne l'avons pas vu, une prétention des plus exorbitantes. Car non seulement nous savons, comme Hoüel, que ce fut un cheval de courses incomparable; mais, en plus, un étalon des plus fashionables. Il est notamment, comme l'indique notre auteur, le père de *Newminster* qui a été préconisé comme un *sang royal,* le plus aristocratique et le plus pur. Sur lui ont été faits des *close-breedings* et des *incestuous-breedings* et toujours avec succès. Il apparaît donc bien que Hoüel, comme bien des contemporains, s'est complètement trompé en prenant cet *or pur* pour un *vil métal*. Il lui manquait certainement la *pierre de touche (Touchstone)* indispensable pour constater la pureté inaltérable de ce grand chef de ligne. Il aurait pu consulter avec fruit, pour son édification, le marquis de Westminster qui l'avait envoyé au Haras d'Eaton et qui lui prépara une carrière d'étalon incomparable. Il mourut à 31 ans, et il fit preuve jusqu'aux deux ou trois dernières années de sa vie de qualités prolifiques extraordinaires, car il donna tous les ans de 25 à 30 poulains et il mérita par les qualités qu'il leur transmit le surnom qui lui avait été donné de son vivant de *Premier Sire of England*.

Continuons de parcourir le 2e volume des *Etalons de Pur Sang*, de Hoüel.

Écoutons ce plaidoyer pour l'*Out-crossing :*

Pour revenir à notre sujet, nous disons donc que ce fut une grande faute de ne pas profiter des trésors que nous offrait le sang des *Massoud,* des *Bédouin,* des

Abouffar et autres, pour créer une race nationale qui, mélangée avec la race pure anglaise, eût facilité son acclimatation, car le sang arabe se façonne merveilleusement à tous les climats, à tous les genres d'alimentation et à tous les services. Un mélange judicieux du sang arabe et du sang anglais nous eût donné des types propres au croisement bien supérieurs à ceux mêmes qui nous viennent d'Angleterre, tel que nous l'avons vu par les *Eylau*, les *Young Massoud*, les *Kohel*, les *Eremos*, etc.

Si, depuis quarante ans, nous étions entrés dans cette voie, qu'a essayé d'ouvrir l'Administration des Haras, nous n'aurions plus besoin de recourir à l'Angleterre pour nos chevaux de tête, et nul ne peut dire que nous ne serions pas appelés à lui en fournir à notre tour. En effet, tout observateur impartial conviendra que *la race anglaise est atteinte d'une dégénérescence progressive* qui tient, comme causes générales, à l'éloignement de son type primitif et à l'action lente mais incessante du climat, et, comme causes spéciales, à l'abus des courses de jeune âge, au défaut d'exercice des étalons une fois qu'ils ont terminé leur vie d'hippodrome, à *la consanguinité forcée* qui s'établit dans cette race par l'effet même de son principe qui est de rechercher toujours le cheval qui est le plus en vogue, celui qui a le mieux couru ; or, le nombre de ces chevaux étant très restreint, il en résulte que tous les chevaux de courses descendent au bout de quelques années du même étalon, soit par la mère, soit par le père. Ajoutons à cela la vente des chevaux de tête, même les plus remarquables, ce qui diminue considérablement, chaque année, le nombre des bons reproducteurs. C'est ainsi que, depuis quelque temps, l'Angleterre a perdu le plus grand nombre des types purs de ses illustres familles.

Du sang d'*Émilius* il ne reste plus que deux étalons de troisième ordre, *Pompée* et *Mathématician.*

Fisherman, le seul représentant de sa famille, vient d'être vendu pour l'Australie, au prix de 3.000 guinées.

West-Australian, le meilleur cheval du sang de *Sorcerer*, est en France.

Il ne reste guère en Angleterre, dans les grands types, que le sang de *Walebone*, et *ce sang*, quelque bon et excellent qu'il soit, *s'entache chaque jour de consanguinité.*

En France, nous avons plus de variété qu'en Angleterre. Nous devons au sang d'*Émilius, Royal-quand-Même, Électrique* et *Prime-Warden ;* au sang d'*Émilius* et de *Brutendorff* croisé, *Cossak ;* au sang de *Walebone, Womersley, Caravan, Nunikirck, Brocardo, Strongbow ;* au sang de *Sultan* pur, *Flying-Dutchman.*

A l'heure qu'il est, il faut bien se pénétrer d'une chose, c'est que les courses n'ont de raison d'être sérieuse que pour la création d'une race pure procédant de l'arabe, soit par lui-même, soit par son dérivé le cheval anglais, et que cette race pure elle-même, il n'y a de raison d'être que pour l'amélioration des autres espèces. Chaque pays, dans le monde entier, ayant intérêt à améliorer ses races chevalines, doit donc adopter en principe les courses et le pur sang, comme l'ont fait les Anglais, dont ce sera l'éternel honneur; mais il n'est pas dit, pour cela, qu'on doit copier servilement ce qu'a fait cette grande nation. C'est en imitant avec intelligence ses institutions hippiques, et en les appropriant au sol, au climat, aux habitudes, aux mœurs et à la constitution politique de chaque pays, qu'on y parviendra.

Ce serait une grande faute aux nations méridionales d'aller chercher en Angleterre des types de la race de pur sang, qui n'y apporteraient qu'*un sang relativement dégénéré.* L'arabe pur doit régner dans tout l'Orient. L'Égypte, la

Turquie, la Grèce, la Russie méridionale, l'Italie, les côtes d'Afrique, l'Espagne, l'Amérique du Sud, doivent se créer des races pures par le sang arabe et des institutions de courses appropriées pour les poids, pour les distances, pour les âges, à leur climat et à leurs habitudes. La Russie du Nord, l'Allemagne, la Norwége, la Suède, la Prusse et l'Amérique du Nord, doivent importer chez eux le cheval anglais, soit pur, soit rafraîchi par le sang d'Orient, parce qu'il retrouvera dans ces contrées le milieu dans lequel et pour lequel il a été formé.

Quant à la France, nation mixte, elle peut faire le cheval anglais pur dans les contrées océaniques qui avoisinent l'Angleterre, qui n'en sont séparées que par un bras de mer, et qui semble encore en faire partie, par l'air qu'on y respire, le sol qu'on y foule, l'herbe qui y croît, et ce je ne sais quoi, enfin, qui donne aux productions d'une même latitude un cachet d'uniformité et d'ensemble qui se reconnaît à première vue. Mais dans l'intérieur, et dans le Midi surtout, le cheval oriental doit croiser l'espèce anglaise pour lui rendre les qualités de sobriété et de puissance vitale que demandent un soleil plus chaud et une acclimatation différente. Si depuis cinquante ans les beaux types arabes, mâles et femelles, importés en France eussent été employés à créer une race pure dans les plaines de Tarbes, s'ils eussent été développés par un système de courses approprié, l'Arabie eût compté une succursale de plus, et le monde entier y viendrait maintenant chercher le régénérateur, qui fait défaut, même dans les antiques berceaux de l'Irak et du Necdge.

Quant à l'Algérie, berceau de la race barbe, cette sœur de la race arabe, il n'y a qu'à frapper du pied pour lui rendre sa gloire première : quelques bons types arabes, un *Stud-Book* spécial, des courses, et le monde saluera encore une fois une de ces races éclatantes qui apparaissent de temps en temps dans la série des âges pour attester la puissance du génie de l'homme en élevant à son plus haut degré l'œuvre de Dieu. La création des races chevalines est semblable à celle des œuvres de l'esprit humain : elles appartiennent aux grands peuples et aux grands hommes. Les beaux-arts ont eu leurs siècles en Égypte sous les Ptolémées, en Grèce sous Périclès, à Rome sous Auguste, en Europe sous François Ier, Louis XII et Louis XIV. — La France en tient le spectre au dix-neuvième siècle; c'est à elle de s'emparer encore de celui de la race équestre qui chancelle aux mains de l'Angleterre, après avoir passé tour à tour par celles des rois de Judée, des califes d'Orient, des Maures de Barbarie et des Espagnols de Charles-Quint.

Certes, ce sont de belles phrases très prometteuses, mais, malgré l'*Inbreeding constant,* les performers extraordinaires, les étalons qualifiés, sont toujours sortis du *Thoroughbred,* tandis que le croisement arabe n'a jamais produit que des animaux sans relief pour le Stud, pour l'Armée, pour la Chasse et, cela depuis 1859, époque où écrivait Hoüel, jusqu'en 1911. Il est, du reste, probable qu'il en sera toujours ainsi.

Ce n'est ni le lieu, ni l'heure d'élever une polémique sur ce sujet ; mais, de cette revue dans les livres d'un auteur sympathique entre tous, nous garderons l'impression que les doctrines dont il s'était fait l'apôtre convaincu et qu'il défendait avec une honnêteté et une compétence au moins égale à celle de M. le marquis de Montendre, ont eu une énorme influence sur l'Elevage de l'époque et que ces rêves, ces

5

assertions sans aucune base, ces terreurs imaginaires, ces rigorismes désuets, ont encore aujourd'hui leurs partisans, leurs défenseurs, leurs incorrigibles publicistes qui se portent en protagonistes d'une doctrine réactionnaire qui est la négation des courses et de toute méthode sélective scientifique et rationnelle. C'est tout une école dont notre raison aura beaucoup de peine à triompher dans ce pays, parce que ses partisans prétendent imposer leur manière de voir non pas d'après une observation scientifique exacte, mais d'après leurs idées subjectives et incontrôlables. Il serait d'autant plus difficile à persuader les opposants aux idées sportives que la question posée se complique d'une équivoque politique et sociale. C'est pourquoi nous continuerons notre étude des écrivains sportifs sans vouloir remonter plus haut dans le temps et en arrivant de suite aux écrivains modernes.

Si les idées dont nous avons trouvé la trace chez M. le marquis de Montendre et chez M. l'inspecteur Houël ont été fort répandues, il faut avouer qu'aujourd'hui les Éleveurs en sont encore influencés. Les écrivains, eux, paraissent avoir complètement échappé à la préoccupation qui hantait si fort leurs devanciers. L'utilisation du procédé d'union, le résultat plus ou moins favorable obtenu, en un mot le véritable intérêt de l'éleveur, paraissent seuls avoir guidé leurs recherches et il semble bien que ce desideratum suffise amplement à nourrir leurs dissertations et à provoquer l'intérêt.

De temps en temps des écrivains hippiques de second plan, qui ne sont pas dans le mouvement sportif, reviennent bien sur la crainte de la fameuse dégénérescence. Mais leur voix se perd dans le bruit du sport et, pour éviter de combattre des moulins à vent, nous les ignorerons. Ils représentent en effet l'industrie de l'élevage et composent un clan anti-sportif que nous ne voulons pas encore considérer.

Nous exposerons la manière de voir sur l'*Inbreeding* et l'*Out-crossing* de quelques écrivains spéciaux seulement, car il faut se borner.

Nous choisirons : 1° M. le comte Lehndorf, inspecteur des Haras royaux de Prusse et directeur du Haras de Groditz ; 2° Bruce Lowe, auteur Australien, qui fait autorité en Amérique et en Angleterre ; 3° Lottery, publiciste Français, consciencieux et persistant, dont les travaux méritent l'estime et l'examen.

Evidemment tous les écrivains hippiques sportifs, quelqu'ils soient, ont disserté sur l'*Inbreeding*, mais aucun n'a attiré spécialement l'attention sur les nécessités, les conséquences et les conditions des *Unions consanguines* comme les trois auteurs dont nous venons de citer les noms.

Nous commencerons par le comte Lehndorf, dont le *Manuel des*

Éleveurs (Handbuch für Pferdezüchter) contient tout un chapitre sur le sujet qui nous préoccupe (*Inbreeding-Out-crossing*).

A cet effet le comte Lehndorf a fait suivre son travail de 145 tables de pedigrees d'étalons, depuis et y compris *Eclipse*, jusqu'à nos jours (l'édition visée porte la date de 1889). Naturellement, ces 145 tables poussées jusqu'à 5 générations, renferment un bien plus grand nombre d'étalons et chacun d'eux sert à établir les calculs de l'auteur.

Ce travail est plein de précisions et l'exposition en est méthodique. Nous ne saurions mieux faire que de reproduire ce chapitre qui ne peut qu'instruire et édifier le lecteur. La traduction que nous en avons faite n'a pas trop trahi, selon nous, la pensée de l'éminent écrivain.

« IN-BREEDING — OUT-CROSSING

« MANUEL DES ÉLEVEURS DU COMTE LEHNDORF [1]

« J'ai dit, dans le chapitre précédent, que je ferais mieux ressortir, suivant mon opinion, les avantages et les inconvénients de l'*Inbreeding* dans l'élevage du Pur sang, et je dois tenir cette promesse.

« Il est à regretter que nos zootechniciens tels que Nathusius, Settegast, Mentzel, Weckherlin, etc., n'aient pas plutôt choisi, pour base de leurs recherches dans cette direction, l'élevage du Pur sang, au lieu de prendre des moutons, des porcs, des bœufs et des chevaux d'espèce commune, ou même des chevaux de demi-sang. Selon moi, il n'y a pas d'espèce d'animaux qui convienne mieux pour cela que la race de pur sang, car il y a des faits incontestables, et les statistiques du *Racing-Calendar*, recueillies depuis 180 ans, en sont la preuve, pendant que le domaine qu'ont exploité ces zootechniciens (indications sur le poids brut à l'abatage, sur le poids de la tonte, le produit du laitage, etc., etc.), fournit rarement des documents officiels, et qu'ils ne peuvent s'appuyer que sur des observations personnelles ou sur des rapports de tiers et des indications d'autres écrivains, ou bien de documents sans valeur scientifique.

« On sait que le *Pur sang Anglais* remonte aux trois chefs de race : *Darley-Arabian, Byerley-Turk* et *Godolphin-Arabian* C'est une chose généralement acceptée que tous les chevaux de l'élevage d'aujourd'hui remontent, en ligne directe mâle, à ces trois souches originelles, pendant que la provenance du côté féminin, sous ce point de vue, n'est considérée que comme accessoire.

« Il est clair que cette opinion n'est pas absolument juste, car il

---

(1) Traduit de l'Allemand par l'Auteur.

saute aux yeux qu'un cheval peut, par sa mère, avoir deux fois autant de sang de sa ligne que par sa ligne paternelle, et cependant c'est à cette direction qu'on donne la préférence. Si on veut se faire une opinion générale sur l'élevage pur et notamment sur les familles qui ont obtenu les plus grand succès dans le cours des années, et si on veut rechercher l'origine de ces familles jusqu'au commencement du siècle dernier, il ne reste qu'à les ranger d'après les lignes paternelles, attendu qu'on ne peut pas établir un classement aussi net par le moyen des mères primitives.

« Pour faciliter un coup d'œil d'ensemble, j'ai disposé des tables dont les trois premières remontent jusqu'au milieu du dix-neuvième siècle, tandis que les suivantes indiquent la descendance des étalons dont les fils, petits-fils, etc., sont actuellement des chevaux qui font époque dans l'élevage du cheval pur et paraissent destinés à être des jalons au moyen desquels les éleveurs intelligents du siècle suivant se baseront pour dresser leurs pedigrees.

« Les étalons faisant la monte en Allemagne et en Autriche figurent également dans ces dernières tables.

« Il résulte de ces tableaux que la ligne de *Darley-Arabian* ou plutôt d'*Éclipse* a prédominé, notamment en Angleterre.

« La ligne *Byerley-Turk*, avec ses trois grands étalons : *Wild-Dayrell, Flying-Dutchman* et *Partisan,* a eu moins d'influence sur l'élevage anglais que sur celui des pays étrangers.

« Le fils le plus remarquable de *Wild-Dayrell, Buccaneer,* fut exporté en Autriche, après avoir donné en Angleterre seulement *Paul-Jones* et *See-Saw,* outre plusieurs juments très remarquables (telles que deux gagnantes des Oaks).

« *Flying-Dutchman* passa en France où il donna au stud ses deux meilleurs fils, *Dollar* et *Dutch-Skater.* Ce dernier, qui fit la monte quelque temps en Angleterre, semble, dans la suite de sa production, montrer moins de valeur. Il n'a encore donné aucun fils remarquable, à part *Insulaire* et *Dutch-Owen.*

« Le fils le plus illustre de *Partisan, Gladiator,* passa également en France où il engendra une grande quantité de juments remarquables, telle que la mère de *Gladiateur,* et où il rendit des services inoubliables au pur sang de France, par la fondation du groupement *Fitz-Gladiator.* Par bonheur pour l'Angleterre, *Gladiator* légua à sa patrie, avec *Sweetmeat,* une pierre de fondation du pur sang, et, dans sa fille *Queen-Mary* (et les filles de celle-ci : *Haricot, Blooming-Heather, Blink-Bonny,* etc.), la souche d'une famille de héros.

« Du reste, l'Angleterre n'a, d'autre part, rien trouvé de remarquable dans les descendants de *Partisan. Kingston* a aussi peu tenu ses promesses au stud que ses deux meilleurs fils *Ely* et *Caractacus*. Ce dernier fut, du reste, exporté plus tard en Russie.

« La ligne de *Glaucus* n'est plus représentée que par les fils du *Nabob* dont l'Angleterre ne possède que *Nutbourne*. Par contre, en France, on compte *Suzerain* et *Vermouth* (dont le fils, *Boyard*, est passé en Russie). Mais l'Autriche possède *Bois-Roussel*. L'Amérique eut aussi rarement dans un étalon, *Lexington*, issu de la descendance de *Byerley-Turk*, un sire plus illustre dans toute la race pure.

« La ligne de *Godolphin-Arabian*, enfin, représentée en ce moment seulement par *Melbourne*, se trouve réduite à un petit nombre de représentants. Parmi les fils de *Melbourne*, trois seulement acquirent une certaine célébrité en élevage, savoir : *Prime-Minister*, *West-Australian*, *Y-Melbourne*, et le dernier nommé a fourni de bonnes juments mais il a peu de chances de voir son nom transmis à la postérité par des fils, si *Péle-Méle* et son fils *Carlton* ne réussissent pas à apporter un succès durable.

« *West-Australian*, dont la descendance inspirait encore les mêmes craintes il y a quelques années, a, dans ces derniers temps, reçu un concours précieux par le fils de *Solon*, *Arbitrator* (avec son fils *Kilvar-lin*), *Philamon* et *Barcaldine*. *Prime-Minister*, dont le magnifique fils *Knight-of-the-Garter*, a laissé peu de traces sur l'élevage anglais, a eu une grande importance pour nous, grâce à son fils *Przedswit*.

« Le sang de *Melbourne*, par un phénomène extraordinaire, se transmet beaucoup mieux par les femelles que par les mâles, et c'est à cette circonstance qu'il faut attribuer le fait que la ligne, principalement du côté des étalons, est si faiblement représentée aujourd'hui. Il y a à peine dans tout le stud-book un étalon qui ait fourni des juments meilleures et qui ait mieux réussi dans la suite de l'élevage que *Melbourne* (*Blink-Bonny*, *Blooming-Heather*, *Canezou*, *Go-Ahead*, *Leila*, *Mentmore*, *Lass*, *The-Slave*, *Stolen-Moments*, *Sortie*, *The-Bloomer*, etc.), et il reste à ses fils (à savoir *West-Australian* et *Y-Melbourne*) à soutenir sa renommée.

« Si nous examinons la question de plus près au sujet de savoir quel genre de mélange de sang *en dedans* mérite surtout d'être recommandé dans la pratique, il vient de suite à l'idée qu'il ne saurait être question, en général, d'un croisement consanguin tel que l'entendent les zoologues ; attendu que tous les Pur sang sont plus ou moins apparentés, on est amené involontairement à une union très rapprochée et à se servir pour la reproduction, autant que possible, du sang des familles d'élite en choisissant dans celles-ci les individus les plus distingués. Les commencements du Pur sang fournissent sans doute un nombre considérable de cas d'unions incestueuses dont il faut logiquement chercher la raison dans les combinaisons qui ont été faites dans les accouplements pour améliorer encore ce qu'il y avait de bon et l'amener à se perpétuer.

« Dans la généalogie d'*Eclipse* se présente même le cas que la grand'mère de *Betty-Leedes* (celle-ci était l'arrière-grand'mère d'*Eclipse*) a dû être engendrée par *Spanker* avec sa propre mère. Plus la race pure se répandit, moins on eut besoin d'avoir recours à ces sortes d'unions consanguines. Mais du temps d'*Eclipse* (1764), et de ses descendants, cette tendance existait toujours, car on peut trouver dans le stud-book général une douzaine de chevaux qui ont été engendrés par des fils et des filles d'*Eclipse* (ces accouplements n'ont, du reste, rien produit de remarquable). Mais on trouve encore, dans notre siècle, des cas d'unions entre demi-frères et sœurs.

« Parmi les produits engendrés de la sorte en Angleterre, je n'en mentionnerai que deux sur lesquels je reviendrai plus tard, avec plus de détails, savoir : *Juliana* (1810), par *Gohanna* et *Platina* (tous deux fils de *Mercury*), et *Valentine* (1832), par *Voltaire* et *Fisher-Lass*, tous deux enfants de la même fille de *Phantom* (1816).

« Dans deux haras de l'Allemagne naquirent, en 1882, deux produits d'un accouplement identique, savoir : un foal, par *Hansart* et *Einleitung*, tous deux fils de *Prologue* (ce foal mourut en bas âge), et un foal *(Zrini)*, par *Hospodar* et *Souveraine*, tous deux enfants de *Monarque.*

« Outre cela, l'Allemagne a encore la gloire douteuse d'avoir produit deux chevaux de pur sang par accouplement du père avec sa fille, savoir : 1° *Y-Paragone* (1862), par *Paragone* et *Laterne* par *Paragone*; 2° *Nova-Moneta* (1869), par *Champagne* et *Barbelle* par *Champagne*. Ces chevaux ne montrèrent aucune aptitude. Le comte Henkel-Siemianowitz se servit pourtant de *Nova-Moneta* pour la reproduction.

« Un accouplement encore plus incestueux a eu lieu en 1849 dans le haras principal de Trakenen. La jument de pur sang *Vesta*, couverte par son propre fils *Virgile*, produisit, en 1850, la jument *Victorina*, sur l'aptitude et sur la valeur au stud de laquelle on ne peut faire aucune observation, attendu qu'elle mourut d'une inflammation de la rate, à l'âge de trois ans.

« Je ne sais pas si, dans ces derniers temps, il s'est produit des cas d'*Inbreeding* intense en Angleterre ; cependant les opinions restent toujours très partagées encore aujourd'hui au sujet de savoir jusqu'à quel degré l'*Inbreeding* commence à être avantageux et celui où la limite de la nocuité doit se fixer.

« L'élevage du Pur sang est un champ d'études et d'essais spécialement approprié pour cette question médicale, parce que la constatation ininterrompue des produits de ces diverses manières de procéder en élevage se fait publiquement et que nous avons sous les yeux le résultat dans une statistique incontestable de cent quatre-vingt ans. Assurément, les événements qui se passent en pur sang prouveront souvent le contraire de ce qui se produit dans les essais de l'élevage de demi-sang où l'analyse des faits dépend seulement du point de vue personnel des juges.

« Si nous examinons, par exemple, le pedigree de *Friponnier*, nous verrons qu'il est le produit d'un accouplement d'oncle et nièce, par conséquent d'une consanguinité très rapprochée. Bien que *Friponnier* ait été le cheval le plus vite de son époque, il ne s'est pas fait remarquer au stud parce que la *prépotence* (individual potentz) lui manquait pour transmettre l'aptitude à la course à ses descendants. On peut donc le citer dans l'élevage pur comme un exemple pouvant servir de leçon pour l'*Inbreeding*. *Friponnier* fut plus tard consacré au demi-sang ; il fit la monte à Trakenen et se montra bon reproducteur.

« Les écrivains zoologues, qui sont étrangers à l'élevage du Pur sang et qui n'attachent aucune importance à l'épreuve publique et aux performances, citeront *Friponnier* comme un brillant exemple de l'*Inbreeding* très rapproché.

« Avant d'aller plus loin sur ce sujet, il faut d'abord nous entendre sur ce que signifie dans l'élevage pur *Inbreeding* (élevage en dedans), *Inbreeding modéré* et *Out-crossing* (élevage en dehors). Si ces points ne sont pas bien définis, toute discussion à ce sujet reste inutile et il arrive, en fin de compte, ce qui est arrivé à Schwarznecker qui cite, à la page 395 de son livre, *Touchstone* comme un exemple d'*Inbreeding*, et, à la page 416, le même *Touchstone* comme un exemple d'*Out-crossing*.

« Les dissertations de Stonchenge sur le thème *Inbreeding* et *Out-crossing* sont dénuées de fondement et ne donnent aucune clarté, parce qu'elles ne sont pas basées sur un système solide. Lorsqu'il cite, par exemple, des étalons comme *Stockwell* et *Rataplan* comme *inbreds* et, par contre, *Partisan* et *Emilius* comme des *out-crossed*, ce que Schwarznecker copie tout simplement, cela n'a aucun sens, attendu que les premiers sont éloignés de quatre générations de leur souche paternelle et maternelle commune, et les autres de trois générations de la même manière. Cette proportion n'est pas altérée par le fait que, dans la série des 32 ancêtres de *Stockwell* et *Rataplan*, *Waxy* ne figure pas seulement deux fois, mais trois fois, car, dans ce cas, *Stockwell* et son frère auraient toujours 3/32 de *Waxy*, mais *Partisan* possède 2/8 ou 8/32 et *Emilius* $1/8 + 1/16 = 6/32$ d'*Highflyer*.

« Je suis d'avis qu'un cheval ne devrait être considéré comme *inbred* que quand moins de quatre générations se trouvent entre ses parents accouplés et l'ancêtre redoublé qui se trouve chez le père et chez la mère, c'est-à-dire lorsqu'ils se trouvent enfants ou petits-enfants d'un étalon ou d'une jument.

« Dans ce cas seulement, je dis que le produit est *inbred*. Par contre, je trouve que cette désignation ne s'applique pas au produit de l'accouplement d'arrière-petits-enfants du même ancêtre primitif (père ou mère). Il ne faut pas oublier, au surplus, que quand on parle, dans les pedigrees, de frères, de sœurs, etc., il ne s'agit presque toujours que de demi-frères et sœurs; par conséquent, il ne faudra pas attribuer aux termes de parenté les idées qui ont cours dans l'espèce humaine.

« Je regarde comme une union modérée entre parents (*Inbreeding modéré*) un accouplement de reproducteurs qui sont éloignés de 4, 5 ou 6 degrés de l'ancêtre commun. Que ces générations soient en nombre égal de chaque côté ou bien que l'un des individus accouplés se trouve plus rapproché que l'autre de l'ancêtre commun, c'est une chose complètement indifférente.

« L'ancienne école des Stud-Masters anglais se plaisait à croire que l'accouplement de parents très rapprochés et doués des plus rares qualités n'était pas à conseiller parce qu'elle donne ordinairement de mauvais résultats; mais que, par exception, des individus d'une valeur exceptionnelle sont résultés de cet accouplement et je me range à cet avis.

« A une époque plus rapprochée de nous, après la production de sujets exceptionnels, c'est-à-dire depuis l'apparition de *Friponnier,* des accouplements de divers genres, entre animaux très apparentés, ont été essayés en Angleterre; mais, en somme, les faits ont prouvé que la vieille maxime était encore la vraie : c'est-à-dire beaucoup d'insuccès, mais quelques produits extraordinaires comme *Galopin* et *Petrarch*.

« La grosse question est maintenant de savoir ce qu'est la force de transmission des qualités individuelles chez des étalons *inbreds*. Le courant d'opinion, dans ce côté de la question de l'*Inbreeding,* a naturellement produit en Angleterre un courant contraire considérable, et, parmi les effets qui résultent de ce mouvement d'idées, on entend souvent désigner comme *inbreds* des étalons qui, selon moi, ne sont pas du tout *inbreds*. Nous nous ferons une idée exacte de la chose si nous classons les étalons les plus connus sur le turf et au stud d'après le degré de parenté de leurs ancêtres et si nous cherchons ensuite à savoir quel est le degré qui a donné le meilleur résultat par rapport à la puissance individuelle de reproduction (individual potentz).

« Je crois bien avoir trouvé dans le *Racing-Kalender* et dans le *Stud Book* tous les exemples remarquables, mais il serait possible que j'eusse oublié plus d'un cas intéressant dans l'une ou l'autre catégorie, et je serais enchanté que des personnes passionnées pour l'élevage fussent excitées par les tableaux qui suivent à me fournir des suppléments d'information ou des rectifications. Cela pourrait être utile à la bonne cause que nous défendons.

« Comme je ne trouve pas de noms de chevaux célèbres qui résultent de l'accouplement entre propres frères et sœurs ou demi-frères et sœurs, je commencerai par les étalons dont les parents sont éloignés de leurs pères ou mères communs par une génération, puis par deux, par trois, etc., etc.

« (A cette place, dans le *Manuel des Eleveurs*, se trouvent les tableaux des six catégories et les pedigrees jusqu'à la cinquième génération de 145 chevaux, les plus illustres du *Stud Book*, et dont l'*Inbreeding* est souligné. Nous ne pouvons naturellement reproduire cette partie du *Manuel* du comte Lehndorf, mais nous publierons la liste de chaque catégorie au fur et à mesure que l'auteur les examinera).

« Le nombre d'étalons de haute valeur pour l'élevage pur, qui restent encore après tout compte fait de ces six catégories, c'est-à-dire les étalons dont les parents sont éloignés de plus de six générations du même ancêtre, et d'après un examen des plus attentifs, est des plus restreints.

« Et même beaucoup de ceux-ci, comme par exemple *Lord-Clifden, Teddington, See-Saw, Georges-Frédéric, Albert-Victor*, etc., ne peuvent montrer, en somme, que sept générations libres d'*Inbreeding*. On voit, par là, que presque tous les étalons remarquables de l'Angleterre et aussi de toute l'Europe ne proviennent pas d'un élevage entre parents très éloignés. Nous aurons donc moins à nous occuper de savoir si, en général, l'élevage entre parents est à conseiller, mais plutôt de préciser jusqu'à quel degré il donne de bons résultats.

« Il sera nécessaire, pour cela, de soumettre la puissance de reproduction des étalons à une critique dans les diverses catégories, mais il sera difficile de donner ici une taxation qui peut ne pas être admise par d'autres estimateurs. En tous cas, je me montrerai le plus impartial possible.

PREMIÈRE CATÉGORIE

1 génération libre d'*Inbreeding*

1.	*Barcaldine*	inbred sur	*Darlings-Dam*
2.	*Friponnier*	—	*Orlando*
3.	*Knight-of-St-George*	—	*Sir-Hercules*
4.	*The Miner*	—	*Birdcatcher*
5.	*Orest*	—	*Touchstone*
6.	*Wellingtonia*	—	*Pocahontas*

« Pour les six étalons de la première catégorie, nous savons que *Friponnier* n'a rien fait en pur sang. La meilleure réussite du vainqueur du Saint-Léger, *Knight-of-Saint-Georges*, a été la production de *Knight-of-Saint-Patrick* avec une jument comme *Pocahontas*, qui a fourni de meilleurs produits avec tous les autres étalons. *Knight-of-Saint-Georges* fut plus tard vendu en Amérique où il n'eut aucun succès. *The-Miner*, vainqueur de *Blair-Athol*, à York, n'a obtenu que de très médiocres réussites au Stud. Sa paternité, en ce qui concerne *Controversy*, est douteuse. *Barcaldine*, qui n'a jamais été battu, n'a, malgré de brillantes promesses, encore rien fourni de remarquable ; mais il peut passer pour douteux. On ne peut pas juger de la valeur en courses d'*Orest*, attendu qu'il n'a jamais foulé la piste à la suite d'un accident. Cependant, il a produit beaucoup de chevaux d'une certaine aptitude moyenne pour la course. On peut donc le classer parmi les grands sires douteux.

« *Wellingtonia* peut supporter la même critique, car il n'a, jusqu'ici, rien produit de remarquable, à l'exception de *Plaisanterie* qui est au-dessus de tout éloge.

DEUXIÈME CATÉGORIE

2 générations libres d'*Inbreeding*

1.	*Bendigo*	*inbred* sur	*Rataplan*
2.	*Blue-Gown*	—	*Touchstone*
3.	*Brutandorf*	—	*Pot 8 os*
4.	*Camballo*	—	*Touchstone*
5.	*Ceruleus*	—	*Touchstone*
6.	*Drone*	—	*Peruvian*
7.	*Election*	—	*Herod*
8.	*Galopin*	—	*Voltaire*
9.	*Humphrey-Clinker*	—	*Sir Peter*
10.	*Lowlander*	—	*Pantaloon*
11.	*Orville*	—	*Herod*
12.	*Partisan*	—	*Highflyer*
13.	*Pericles*	—	*Highflyer*
14.	*Petrarch*	—	*Touchstone*
15.	*Priam*	—	*Whiskey*
16.	*The-Saddler*	—	*Waxy*
17.	*Sleight-of-Hand*	—	*Peruvian*
18.	*Van-Amburg*	—	*Peruvian*
19.	*Wisdom*	—	*The-Baron*

« La deuxième catégorie renferme 19 étalons, parmi lesquels se trouve *Partisan*, père de *Gladiator*, de *Venison*, de *Mameluck* et de *Glaucus*, et qui occupe un rang si distingué que personne ne peut douter de sa valeur comme reproducteur. Quand même *Priam* n'a laissé aucun père de sa ligne, on doit cependant le ranger comme père de *Crucifix* et d'autres juments de valeur, telles que *Miss-Letty*, *Annette*, *Dolphin*, etc., parmi les pères à succès.

« Les prétentions de *Humphrey-Clinker* se basent surtout sur la paternité de *Melbourne*. Cependant, étant donnée la grande réputation de ce dernier, il mérite donc de passer pour suffisant.

« *The-Saddler* et *Brutandorf* sont à peu près égaux. Le premier base ses prétentions surtout sur *The-Provost*, le second sur *Physician* qui a eu une certaine importance pour l'Allemagne par ses fils *The-Cure* et, en particulier, *Blackdrop*.

« Ce qu'il y aurait de mieux serait de ranger les deux étalons dénommés plus haut parmi les douteux.

« Personne ne regardera certainement *Election* comme un reproducteur brillant.

« *Sleight-of-Hand* n'a, de son côté, produit aucun cheval de course de première classe.

« Sa paternité de quelques bonnes juments comme *Lady-Elisabeth* (mère de *Stolen-Moments*) ou de *Graf-Renards* (mère d'*Adonis* et de *Wimbledon*) ne lui donne cependant pas le droit d'être rangé parmi les grands sires.

« Ces deux propres frères *Drone* et *Van-Amburgh* y ont encore moins de droits.

« A part sa fille *Harriet*, mère de *Plenipotentiary*, *Périclès* n'a rien qui puisse soutenir ses prétentions et cela n'est certainement pas suffisant.

« On peut avoir des points de vue différents au sujet de *Blue-Gown*. Il n'a pas fourni de cheval de première classe, mais *Magician*, *Vitus* et *Blue-Bock* étaient des chevaux utiles. Je pourrais lui octroyer la cote de douteux, pendant que son propre frère *Ceruleus* peut être classé incontestablement parmi les étalons sans aucune valeur au Stud.

« Le nom d'*Orville* figure dans tant d'arbres généalogiques de chevaux de la plus haute valeur qu'il est impossible de lui refuser une place d'honneur.

« *Galopin*, *Petrarch* et *Wisdom* doivent être rangés tous ensemble parmi les grands sires.

« Par contre, je ne puis que qualifier *Lowlander* de douteux, ainsi que *Camballo* qui ne doit peut-être son recul qu'à sa maladie.

« *Bendigo* a sailli pour la première fois en 1888, mais ne compte encore aucun succès.

TROISIÈME CATÉGORIE

3 générations libres d'*Inbreeding*.

1. *Argonaut.*	*inbred* sur	*Selim*
2. *Beadsman*	—	*Tramp*
3. *Beaudésert*	—	*Sir-Hercules*
4. *Blacklock.*	—	*Highflyer*
5. *Buccaneer*	—	*Edmund v. Orville*
6. *Chatham.*	—	*Waxy u. Penelope*
7. *Cotherstone.*	—	*Waxy u. Penelope*
8. *Dalham*	—	*Touchstone*
9. *Elthiron*	—	*Peruvian*
10. *Emilius*	—	*Highflyer*
11. *Epirus.*	—	*Sir-Peter*
12. *Fitz-James*	—	*Touchstone*
13. *The-Flying-Dutchman*	—	*Selim*
14. *Hobbie-Noble*	—	*Peruvian*
15. *Isonomy*	—	*Birdcatcher*
16. *Knight-of-the-Garter.*	—	*Camel*
17. *Lowland-Chief.*	—	*Pocahontas*
18. *Macgregor*	—	*Banter*
19. *Melton*	—	*Stockwell*
20. *Merry-Hampton*	—	*Queen-Mary*
21. *Muncaster*	—	*Birdcatcher*
22. *Orlando*	—	*Selim*
23. *Oulston*	—	*Cervantes*
24. *Paradox.*	—	*Birdcatcher*
25. *Pero-Gomez.*	—	*Lady-Moore-Carew*
26. *The-Reiver.*	—	*Peruvian*
27. *Saint-Blaise.*	—	*Touchstone*
28. *Saint-Gatien.*	—	*Newminster*
29. *Saint-Giles*	—	*Pantaloon*
30. *Silvio*	—	*Birdcatcher*
31. *Tramp.*	—	*Eclipse*
32. *Vedette*	—	*Blacklock*
33. *Weatherbit.*	—	*Orville*
34. *Whiker*	—	*Herod*
35. *Windhound.*	—	*Peruvian*

« La troisième catégorie renferme 36 étalons parmi lesquels *Whisker*, *Orlando*, *Flying-Dutchman*, *Emilius*, *Weatherbit*, *Buccaneer*, *Blacklock*, *Beadsman*, *Tramp* et *Isonomy* doivent figurer incontestablement à la tête des sires.

« *Epirus* n'a que *Ephesus* et le vainqueur du Derby, *Pyrrhus-the-First*, qui se rangent à ses côtés comme des fils célèbres, mais nous ne devons lui attribuer de la valeur que pour cette raison.

« *Pero-Gomez* est le père de *Peregrine*, vainqueur des « Deux mille Guinées », mais comme il n'a plus produit de bons chevaux, on peut le ranger parmi les douteux.

« Les succès de *Vedette*, comme père de *Speculum* et de *Galopin*, doivent être respectés, vu leur grande importance.

« *Knight-of-the-Garter,* en sa qualité de père de *Przedswit* et de beaucoup d'autres chevaux utiles, doit être rangé aussi parmi les étalons à succès, et, en tout cas, parmi les chevaux utiles.

« Parmi les quatre propres frères, *Windhound* doit être regardé comme le père probable de *Thormanby,* le vainqueur du Derby, et, bien que *Elthiron* ne soit pas arrivé à la célébrité, il s'est cependant montré très utile en France. Mais *Hobbie-Noble* et *The-Reiver* doivent être désignés nettement comme des non-valeurs.

« *Cotherstone, Chatham, Oulston* et *Argonaut* ont mal réussi, ce qui est particulièrement curieux de la part de *Cotherstone* qui a été un des chevaux de course les plus heureux qui aient jamais foulé une piste.

« *Mac-Gregor* et *Dolham* semblent n'avoir produit aucun cheval remarquable.

« *Sylvio* et *Fitz-James* (le premier en France) dans ces derniers temps peuvent montrer tant de bons descendants que leur grande qualité comme reproducteurs est incontestable.

« La première année de *Muncaster* semblait justifier de grandes espérances, mais, depuis lors, il n'a rien pu produire de bon et, en conséquence, ont peut le ranger parmi les douteux.

« *Beaudésert* n'a encore rien donné de bon. *Saint-Giles* (vainqueur du Derby) a fourni, chez le comte Henkel, *Giles-The-First ;* cependant personne ne voudra le ranger parmi les illustres.

« Les six qui restent : *Lowlan-Chief, Melton, Merry-Hampton, Paradox, Saint-Blaise* et *Saint-Gatien* sont encore au début de leur carrière au Stud, et il faut qu'ils prouvent ce dont ils sont capables.

QUATRIÈME CATÉGORIE

1. *Adventurer*	*inbred* sur	*Orville*
2. *Arbitrator*	—	*Touchstone*
3. *Ayrshire*	--	*Touchstone*
4. *The-Bard*	—	*Melbourne*
5. *The-Baron*	—	*Waxy*
6. *Bay-Middleton* . .	—	*Sir-Peter*
7. *Cambuscan*	—	*Whalebone*
8. *Chippendale*	—	*Emilius*
9. *Economist*	—	*Eclipse* et *Herod*
10. *Energy*	—	*Sir-Hercules*
11. *Eurasian*	—	*Orlando*
12. *Flatcatcher*	—	*Waxy*
13. *Galliard*	—	*Birdcatcher*
14. *Hermit*	—	*Camel*
15. *Lanercost*	—	*Gohanna*
16. *Liverpool*	—	*Eclipse*
17. *Marsyas*	—	*Waxy*
18. *Melbourne*	—	*Termagant*
19. *The-Palmer* . . .	—	*Priam*

20. *Pantaloon*	inbred sur	*Eclipse* et *Hyghflyer*
21. *Plenipotentiary*. . .	—	*Sir-Peter*
22. *Potrimpos*	—	*Touchstone*
23. *Pumpernickel* . . .	—	*Touchstone*
24. *Przedswit*	—	*Marpessa*
25. *Rosicrucian*	—	*Priam*
26. *Sir-Hercules*. . .	—	*Eclipse*
27. *Sultan*.	—	*Eclipse* et *Highflyer*
28. *Sweetmeat*	—	*Prunella*
29. *Trumpeter*	—	*Selim*
30. *Wild-Dayrell* . . .	—	*Selim*

« La quatrième catégorie renferme trente étalons et, selon moi, à part quatre encore trop jeunes, aucun d'eux ne mérite une mention à cause de leur insuccès; cependant, bien que le nom de *Plenipotentiary* ait une célébrité qu'il ne mérite réellement pas, ses filles lui assureront toujours un rang honorable.

« Bien qu'*Economist* n'ait pas eu beaucoup de chance, il doit inspirer un grand respect comme père d'*Harkaway*.

« *Marsyas* et *Trumpeter* sont les seuls qu'on pourrait peut-être qualifier de douteux.

« *Przedswit* s'est assuré une bonne place par *Abonnent* et *Padischah*.

« *Lanercost* (père de *Tramp*), et *Flatcatcher* ont fourni une quantité de bonnes juments poulinières.

« Les autres noms sont assez connus pour que personne ne puisse rien objecter à leur classement.

« Les huit jeunes étalons suivants : *The-Bard, Ayrshire, Chippendale, Energy, Eurasian, Galliard, Potrimpos* et *Pumpernickel* sont encore trop jeunes pour qu'on puisse les apprécier.

CINQUIÈME CATÉGORIE

1. *Alarm*.	inbred sur	*Sir-Peter* et *Prunella*
2. *Andover*	—	*Buzzard* et *Waxy*
3. *Barnton*	—	*Hambletonian*
4. *Cambusmore* . . .	—	*Touchstone*
5. *Chamant*.	—	*Emilius*
6. *Charibert*	—	*Touchstone*
7. *Cossack*	—	*Sorcerer, Stamford* et *Y.-Gyantess*
8. *Cowl*	—	*Whiskey*
9. *Dandin*	—	*Camel*
10. *Defence*	—	*Eclipse* et *Highflyer*
11. *Flibustier*	—	*Tramp*
12. *Harkaway*	—	*Pot-8-os*
13. *Jon*.	—	*Sir-Peter*
14. *Kingston*	—	*Sir-Peter*
15. *King-Tom*	—	*Waxy*
16. *The-Lambkin* . . .	—	*Touchstone*

17. *Minting*	*inbred* sur	*Birdcatcher* et *Touchstone*	
18. *Newminster*. . . .	—	*Trumpator* et *Beningbrough*	
19. *Ormonde*.	—	*Birdcatcher*	
20. *Paragone*	—	*Orville*	
21. *Peter*	—	*Belshazzar*	
22. *Pyrrhus-the-First*. .	—	*Buzzard*	
23. *Robert-the-Devil* . .	—	*Touchstone* et *Birdcatcher*	
24. *Saunterer*	—	*Waxy* et *Penelope*	
25. *Scottisch-Chief*. . .	—	*Orville*	
26. *Springfield*	—	*Sultan*	
27. *Sterling*	—	*Whalebone*	
28. *Touchstone*	—	*Eclipse*	
29. *Van-Tromp*. . . .	—	*Buzzard*	
30. *Velocipede*	—	*Pot-8-os* et *Highflyer*	
31. *Venison*	—	*Eclipse*	
32. *Voltair*	—	*Highflyer*	
33. *Voltigeur*.	—	*Hambletonian*	
34. *Xenophon*	—	*Whalebone*	

« La cinquième catégorie nous offre trente-quatre étalons, parmi lesquels *Cambusmore*, *Lambkin*, *Minting* et *Ormonde* ne possèdent encore aucune descendance appréciable.

« Parmi les trente autres noms, nous ne pouvons désigner que *Cossak* et *Andower* comme des insuccès incontestables ; bien que le dernier nommé ait fourni quelques chevaux utiles tels que *Tramond* (à la vérité c'était avec la célèbre *Haricot*, ce qui prouve que la puissance de reproduction n'était pas du côté de l'étalon).

« *Barnton*, quoique père de *Fandango* et de *Ben-Webster*, n'a pas, en général, rendu beaucoup de services à la reproduction, c'est pourquoi je me refuse à le faire figurer parmi les sires à succès. L'appréciation sur lui est douteuse.

« *Van Tromp* ne s'est pas fait un nom en Angleterre, mais il a obtenu bien plus de succès en Russie.

« *Venison* est le père d'*Alarm* et de *Kingston*.

« *Paragone* est difficile à classer. Sa fille *Paradigm* et ses jolis succès en Allemagne lui assurent un rang honorable. Il doit être pourtant classé parmi les douteux.

« *Peter*, qui paraît léguer un mauvais tempérament, et *Robert-the-Devil* avec sa fécondité défectueuse (héritage paternel), ne peuvent également recevoir aucune meilleure appréciation.

« *Chamant*, *Charibert*, *Xenophon*, *Springfield* et *Dandin* ont, seulement dans ces derniers temps, mérité leurs éperons et, à l'exception de *Chamant* et de *Springfield*, n'ont sailli que des juments qui ne peuvent être rangées dans la première classe.

« *Defence*, *Pyrrhus-the-First* et *Cowl* se sont distingués par la production de bonnes juments poulinières, et *Alarm* n'a point fourni de chevaux remarquables, mais une quantité de chevaux utiles.

« Les autres, à savoir : *Touchstone, Voltaire, Voltigeur, Ion, Saunterer, Newminster, Velocipede, Harkaway, Kingston, King-Tom, Scottish-Chief, Flibustier* et *Cterling* ne seront discutés par personne.

SIXIÈME CATÉGORIE

1. *Beauclerc*	*inbred* sur	*Whalebone*
2. *Birdcatcher.*	—	*Eclipse*
3. *Blair-Athol*	—	*Whalebone*
4. *Breadalbane*	—	*Whalebone*
5. *The-Duke*	—	*Whalebone*
6. *Ely.*	—	*Sorcerer*
7. *Favonius.*	—	*Whiskey*
8. *Kilwarlin.*	--	*Touchstone*
9. *Kisber.*	—	*Sultan*
10. *Lamblon.*	—	*Whiskey*
11. *Lord-Lyon*	—	*Whalebone* et *Selim*
12. *Macaroni.*	—	*Sir-Peter*
13. *Ossian.*	—	*Sultan*
14. *Rataplan.*	—	*Waxy* et *Penelope*
15. *Rustic.*	—	*Whalebone*
16. *Saint-Albans*	—	*Whalebone*
17. *Savernake*	—	*Whalebone*
18. *Saint-Simon.*	—	*Sultan*
19. *Stockwell*	—	*Waxy* et *Penelope*
20. *Tristan*	—	*Sultan*
21. *Wenlock.*	—	*Whalebone*
22. *West-Australian*	—	*Trumpator*

« Enfin, la sixième catégorie renferme vingt-deux étalons dont il faut retrancher les jeunes pères qui n'ont encore aucun fils sur la piste. Savoir : *Kilwarlin, Ossian, Saint-Simon* et *Tristan* et dont les deux derniers donnent les plus belles espérances.

« *Lord-Lyon* s'est élevé, par la naissance de *Minting*, au-dessus de tout éloge.

« Les succès de *The-Duke* (père de *Bertram* et, en même temps, grand-père de *Robert-The-Devil*) ; ceux de *Favonius*, qui a fait la monte seulement très peu de temps, et ceux de *Wenlock* ne permettent pas de les classer autrement que comme douteux.

« *Beauclerc* peut être rangé parmi les étalons à succès.

« Il serait peut-être très difficile de porter un jugement équitable sur *Kisber*. On s'en est trop servi en Angleterre pendant quelque temps, ce qui l'a discrédité ; cependant, plusieurs de ses descendants, comme *Kinsky*, se sont fait un nom comme chevaux d'âge. Sous tous les autres rapports je suis disposé à lui faire une place parmi les étalons riches en réussites.

« *Breadalbane* a fait de beaux chevaux remarquables, cependant ses enfants (Handicapper), à peu d'exceptions près, étaient atteints d'une trop grande irritabilité nerveuse pour supporter un entraînement fatigant. Je pourrai, en conséquence, le ranger parmi les étalons n'ayant pas réussi en Pur sang.

« *Ely* est incontestablement un mauvais résultat.

« Il est assuré, et on doit le reconnaître, que les autres, à savoir : *Birdcatcher, West-Australian, Stockwell, Rataplan, Savernake, Saint-Albans, Macaroni, Blair-Athol* et *Lambton* ont montré de rares qualités de reproducteurs, et je pourrai en dire autant de *Rustic*, étant donnée la manière dont il a mis à profit les rares chances qui lui ont été offertes.

« Un tableau comparatif des étalons à succès et de ceux qui sont pauvres des six catégories différentes présentera les résultats suivants :

CATÉGORIES	NOMBRE DE SUJETS	RICHES EN SUCCÈS	ENCORE TROP JEUNES	DOUTEUX	NON-VALEURS
1re	6	»	»	3	3
2e	19	7	1	5	6
3e	35	17	6	2	10
4e	30	20	8	2	»
5e	34	24	4	4	2
6e	22	13	4	3	2

« En conséquence, le premier rang revient de droit à la quatrième catégorie, et ensuite à la cinquième et à la sixième. Il est nettement favorable pour les trois catégories qui, suivant moi, sont formées par des *Inbreedings* modérés, pendant qu'à partir de là le rang baisse d'une manière surprenante dans le sens de l'*Inbreeding* intense.

« Dans la troisième et la seconde catégorie, un tiers, et, dans la première même, deux tiers sont des résultats sans valeur.

« Il faut cependant remarquer que, pendant les dernières années, la proportion est plus favorable dans la seconde catégorie, et cela par les succès de *Galopin, Petrarch* et *Wisdom*.

« Il me semble que nous devrions avoir la plus grande confiance dans les étalons, toutes choses égales d'ailleurs, qui sont issus de l'*Inbreeding modéré*. Il me reste à savoir si des accouplements du même sang ont déjà eu lieu dans les générations précédentes, ce qui fortifierait l'*Inbreeding.*

« On devrait conclure en général de l'exposé ci-dessus que les juments provenant de l'*Inbreeding* modéré (peut-être encore d'une catégorie à sept générations libres) devraient être préférées, non seulement aux produits du *Close-breeding,* mais encore à ceux de l'*Out-crossing.*

« Je ne sais pas du moins comment on pourrait, avec tous les autres étalons du *Stud Boock,* composer une liste aussi complète que celle contenue dans les quatrième, cinquième et sixième catégories. Il va de soi qu'il ne s'agit pas seulement de l'échelle d'après laquelle le sang déjà apparenté doit être employé pour produire une *haute puissance individuelle de reproduction.* On ne peut naturellement atteindre ce but qu'en se servant toujours pour l'accouplement des meilleurs individus des familles d'élite.

« En ce qui concerne les juments, il serait très difficile d'en dresser une liste d'après leur degré d'*Inbreeding* comme pour les étalons, car le nombre en est trop grand pour qu'on puisse espérer trouver des résultats même approximativement exacts. Nous devons donc nous contenter de jeter un coup d'œil parmi les juments éprouvées pour voir si nous trouverons chez elles beaucoup de cas d'*Inbreeding* intense, ou bien encore si, dans cette classification, la valeur de l'élevage paraît se restreindre au fur et à mesure d'un *Inbreeding* trop intense.

« Parmi les juments qui doivent leur existence à des accouplements incestueux, je n'ai pu en trouver que deux qui aient produit un vainqueur de grandes épreuves, à savoir :

« *Juliana,* née en 1810, de *Gohanna* et de *Platina,* qui étaient tous les deux enfants de *Mercury,* fils d'*Eclipse.* Ce cas est d'autant plus étonnant que les mères de *Gohanna* et de *Platina* étaient des demi-sœurs, étant toutes deux filles d'*Herod.* Cette *Juliana* était la mère de *Mathilda,* vainqueur au Saint-Léger de 1827.

« *Valentine,* née en 1832, de *Voltaire* et de *Fisher-Lass,* qui étaient tous deux enfants de la même jument, née en 1816, qui provenait de *Pantom,* qui, lui-même, provenait d'une fille d'*Overton.* Cette même *Valentine* mit au monde, en 1844, *War-Eagle,* qui arriva second au Derby de 1847, et qui gagna ensuite le Doncaster-Cup, devant un seul adversaire (*The Hero*).

« Ce cas a pour nous (les Allemands) un intérêt tout particulier, parce que *War-Eagle* passa plus tard comme étalon de tête au haras de Frédéric-Guillaume, près de Neustadt-sur-la-Dosse.

« Parmi les juments renommées qui proviennent d'un accouplement entre parents, et qui étaient, en somme, *inbred* à une génération de plus que les précédentes, nous trouvons :

« 1. *Miss-Letty* (fille de *Priam* fortement *inbred* sur *Whiskey*. Elle-même *inbred* sur *Orville*); mère de *Weatherbit*.

« 2. *Knowleys*, mère de *General-Peels* (*inbred* sur *Camel*).

« 3. *Palma* (*inbred* sur *Orville*), mère d'*Adventurer*.

« 4. *The-Jewel* (*inbred* sur *Birdcatcher*), mère de *Przedswit*.

« 5. *Mandragora* (*inbred* sur *Birdcatcher*), mère de *Mandrake*, *Agility*, *Apology*, etc.

« 6. *Mineral* (propre sœur de la précédente, mère de *Wenlock*, *Schwindler* et *Kisber*.

« Les succès extraordinaires au Stud de *Mandragora* et de *Mineral* méritent d'autant plus notre attention que leur propre frère *The-Miner*, qui était lui-même un excellent cheval de course, ne s'est pas montré supérieur à la reproduction.

« 7. *Red-Rag*, mère de *Anarch* (*inbred* sur *Ellen-Horne*).

« 8. *Pazmanita*, mère de *Padischah* (*inbred* sur *Newminster*).

« A un degré plus loin de l'*Inbreeding*, nous trouvons un plus grand nombre de juments ayant fait leurs preuves :

« 1° *Marpessa* (*inbred* sur *Whiskey*), mère de *Pocahontas*, *Boarding School Miss*, et *Jeremy-Diddler*;

« 2° *Idalia* (*inbred* sur *Highflyer*), mère de *Pantaloon*;

« 3° *Necklace* (*inbred* sur *Emilius*), mère de *Macgregor*;

« 4° *Isoline* (*inbred* sur *Sir-Hercules*), mère de *Isola-Bella*, elle-même mère de *Isonomy*, *Saint-Cristophe*, *Braconnier*;

« 5° La gagnante des Oaks, *Feu-de-Joie* (*inbred* sur *Touchstone*), mère d'*Allumette*;

« 6° *Veitchen* (*inbred* sur *Touchstone*), mère de *Vergissmeinnicht* (*mère de* *Wer-Weiss*);

« 7° *Bay-Celia* (*inbred* sur *Camel*), mère de *The-Earl*, *The-Duke*, *Lady-Cecilia*;

« 8° *Elphine* (*inbred* sur *Beningbrough*), mère de *Lampton* et de *Warlok*;

« 9° *Finesse* (*inbred* sur *Highflyer*), mère de *Decoy*;

« 10° *Decoy*, fille de la précédente (*inbred* sur *Sir-Peter*), mère de *Drone, Sleight-of-Hand, Van-Amburg, Légerdemain, Phryne* et *Flat-catcher* ;

« 11° *Légerdemain*, fille de la précédente (*inbred* sur *Peruvian*), mère de *Toxophilite*.

« Ce dernier exemple mérite d'être pris en considération, par la raison que, comme *Mandragora, Mineral* et *The-Miner*, il semble indiquer qu'une descendance de parents aussi rapprochés exerce une influence moins favorable sur *la puissance individuelle de reproduction* de la jument que sur celle de l'étalon. *Légerdemain* est une propre sœur de *Drone* et de *Van-Hamburgh*, qui reproduisirent tantôt bien, tantôt mal. Par contre, *Légerdemain* produisit un cheval de tout premier ordre comme *Toxophilite*, et cela dans des circonstances difficiles, car, à l'âge de trois ans, pour éviter la fréquence des chaleurs, elle fut saillie par *Ion*, et, étant pleine, elle gagna en octobre de la même année le Cesarewitch, et mit bas le lendemain ; après quoi elle resta encore deux ans à l'entraînement, toutes choses qui n'étaient pas faites pour favoriser sa valeur au Stud.

« 12° *Thébaïs* (*inbred* sur *Touchstone*).

« On pourrait nommer, comme juments *inbreds,* avec un total de trois générations franches :

« 1° *Vulture* (*inbred* sur *Buzzard*), mère de *Orlando*.

« 2° *Peri* (*inbred* sur *Eclipse*), mère de *Sir-Hercules*.

« 3° *Seclusion* (*inbred* sur *Sultan*), mère du Derby-winner *Hermit* et de *Grotz-Strehlitzer-Religieuse*.

« 4° *Languish* (*inbred* sur *Sir-Peter*), mère de la gagnante des Oaks, *Ghuznee.*

« 5° *Gruyère* (*inbred* sur *Waxy* et *Pénélope*), mère de *Parmesan*.

« 6° *Mowerina* (*inbred* sur *Waxy*), propre sœur de *Cotherstone*, et mère de *West-Australian, Go-ahead, Old-Orange-Girl, Baragah, Westwick.*

« Sous le rapport de l'*Inbreeding*, il se présente un fait analogue à ce qui s'est passé pour *Mandragora, Legerdemain*, vis-à-vis de *The-Minner, Sleight-of-Hand, Drone, Van-Amburgh* ; tandis que *Cotherstone*, quoique cheval extraordinaire sur le turf, fait un fiasco complet au Stud, par contre, sa propre sœur, *Mowerina*, devient une des plus célèbres grandes reproductrices du Sud Book.

« *Queen Mary* appartient peut-être aussi à cette catégorie et alors elle serait *inbred* sur *Whalebone*. Mais, comme on ne sait pas au juste si *Moses* a été produit par *Whalebone* ou par *Seymour*, il n'y a pas lieu de citer *Queen-Mary* comme exemple

« Quant à ce qui regarde les résultats dans l'avenir, il est intéressant de savoir que l'on peut classer *Kinscem* (*inbred* sur *Slane*) dans cette catégorie de juments *inbred* à ce degré et aussi que *Bal-Gal* (*inbred* sur *Touchstone*) et *Walpurgis* (*inbred* sur *Touchstone*), sont les produits d'un semblable *Inbreeding*. Ce fait chez *Walpurgis* est encore accentué par le fait que sa mère *Veilchen* est déjà *inbred* sur *Touchstone*, par conséquent *Walpurgis* ne possède pas seulement comme *Bal-Gal* 3/16, mais bien 4/16 du sang de *Touchstone*.

« Parmi les *matrones* célèbres au Haras dont les tables d'origine présentent, en somme, quatre générations franches, je voudrais encore citer ici :

« 1° *Martha-Lynn* (remonte à *Sir-Peter*), mère de *Voltigeur*, *Vortex*, *Eulogy*, *Barnton*, *Maid-of-Hart*, *Vivandière*.

« 2° *Emma* par *Whisker* (remonte à *Eclipse*), mère de *Mündig*, *Mickle-Fell*, *Cotherstone*, *Mowerina*, *Lady of Silverkeld Well*, etc.

« 3° *Snowdrop* (remonte à *Beningbrough*), mère de *Gemma-di-Vergy*.

« 4° *Canezou* (remonte à *Sorcerer*), mère de *Fazzoletto*, *Basquine*, *La Bossue* (mère de *Boïard*).

« 5° *Ghuznee*, fille de *Languish* (*inbred* sur le même *Sir-Peter*), mère de *Meeanee*, *Storm*, *Scalade*, etc.

« 6° *Alice-Hawthorn* (remonte à *Beningbrough* et *Evelina*) mère de *Thormanby*, *Oulston*, *Terrona*, *Findon*, *Lady-Hawthorn*, *Sweet-Hawthorn*.

« 7° *Phryne* (remonte à *Waxy*). Elle a eu avec *Pantaloon* : *Elthiron*, *Windhound*, *Hobbie-Noble* et *The-Reiver* ; avec *Melbourne* : *Rambling-Katie* et *Blanche-of-Middlebie* ; avec *Flying-Dutchman* : *Katherine-Logie*.

« On pourrait écrire des livres entiers sur les combinaisons d'élevage qu'on peut observer chez *Phryne*.

« Nous avons vu chez les juments *inbred* avec seulement deux générations franches que *Finesse*, dont la fille *Decoy* et dont la fille *Legerdemain* sont *inbred* à un degré aussi élevé sur les trois étalons *High-*

flyer, Sir-Peter, Peruvian, par conséquent grand-père, père et fils, que *Legerdemain* représente donc ainsi un produit de triple *Inbreeding* et, par accouplement avec un sang étranger, donne un cheval de premier ordre comme *Toxophilite.* Sa mère *Decoy,* produit de double *Inbreeding,* donne avec *Pantaloon,* qui n'est éloigné d'elle que de deux générations, les quatre bons chevaux *Sleight-of-Hand, Drone, Van-Amburgh* et *Legerdemain.* Heureusement, ce qui permet de faire des comparaisons, *Decoy* a été aussi accouplée avec *Touchstone,* avec lequel elle se trouve à un degré moyen de parenté (quatre générations franches à partir de *Waxy*) et alors les produits sont : *Flatcatcher* (gagnant des 2.000 guinées), père de beaucoup de poulinières remarquables et, enfin *Phryne,* une des perles les plus précieuses du Stud Book *Decoy* a dû être certainement une jument d'une prépotence énorme pour avoir engendré six chevaux aussi bons que *Drone, Sleight-of-Hand, Van-Amburgh, Legerdemain, Flatcatcher* et *Phryne.* Mais on ne peut pas douter que les deux produits d'une parenté moyenne (ou modérée) ont une valeur d'élevage infiniment plus grande que les quatre produits de l'*Inbreeding* rapproché.

« Je suis disposé à penser que ces discussions et ces comparaisons indiquent que l'*Inbreeding* simple ou double chez les juments ne doit pas nous inspirer la défiance à l'égard de leur valeur reproductive, mais qu'en général un accouplement de parenté moyenne des meilleurs individus figurant dans les familles d'élite est le procédé le plus sûr pour obtenir de bonnes poulinières et on doit le préférer pour cette raison, parce qu'un accouplement de ce genre avec le même sang peut être répété au besoin sans danger, car on n'a pas à craindre qu'il en résulte un affaiblissement de la constitution. Si on continue à suivre ce principe, il est évident que la durée de la prospérité de la race pure court un certain danger, car, plus l'accouplement d'animaux qui se trouvent à un degré moyen de parenté se répète, plus l'*Inbreeding* dans le pur sang local devient intense et, dans peu de temps, on sera peut-être forcé, en Angleterre, d'importer des étalons émanant d'autres pays pour rafraîchir le sang.

« Il faudra peut-être songer à l'Amérique, car quand même les chevaux pur sang de l'Amérique tirent leur origine de l'Angleterre et sont encore plus ou moins apparentés avec leurs congénères anglais, l'apparence extérieure et la puissance de performances dont les chevaux américains, ont fait preuve dans ces derniers temps, indiquent que le sol de l'Amérique, très différent du nôtre, et en grande partie encore vierge, mais évidemment très favorable, a transformé toute la nature du cheval et l'a doué d'une force primitive telle, que la race engendrée en Amérique paraît propre à exercer, en dépit de l'*Inbree-ding*, une influence régénératrice de nature à fortifier les constitutions affaiblies dans les pays d'origine. »

(FIN DU CHAPITRE DU MANUEL DU COMTE LEHNDORF).

Il y a lieu de faire suivre cette reproduction du chapitre sur l'*In-breeding* et l'*Out-crossing* de quelques réflexions et observations desti-nées à préciser la manière de voir de l'auteur allemand. Il faut égale-ment commenter cette exposition du sujet en y apportant les dévelop-pements et les critiques qu'il comporte. Dans ces dissertations, des cor-rectifs, des extensions et des généralisations seront exposés.

Certainement, nous ne pouvons que louer la précision avec laquelle le distingué écrivain expose la *question de l'Inbreeding* Il le fait dans une langue élégante et châtiée (dont la traduction ne donne qu'une idée imparfaite) qui est pleine de charme pour le lecteur, et qui ne manque pourtant pas de vigueur.

Il faudrait plutôt se plaindre de l'excès de précision avec lequel est caractérisé l'*Inbreeding*. La définition est par trop concise et limitée. Il faut, suivant le comte Lehndorf, pour qu'il y ait *Inbreeding*, qu'un même nom se trouve répété deux fois dans les cinq premières généra-tions d'un pedigree. Certes, il y a là l'expression d'une exactitude indis-cutable. Mais la limitation est abusive et on enlève ainsi bien de l'élo-quence aux faits avec une aussi étroite qualification.

On doit se ranger à côté de l'éminent Directeur des Haras de Graditz pour railler les écrivains sportifs à l'usage des *hommes du monde*, écri-vains qui ne pensent qu'à faire de l'argent avec un bagage bien léger en Élevage. Les qualités de style sont bien inutiles à étaler dans les questions techniques. Il ne faut donc pas essayer d'égaler la célébrité du fameux *Stonehenge* dont les émules sont si nombreux en France, comme en Angleterre ou en Allemagne. Mais on peut être précis scien-tifiquement en élargissant singulièrement la conception de l'*Inbreeding* et de l'*Out-crossing*, en l'élevant à la hauteur du sujet. On peut bien limiter, si l'on veut, l'*Inbreeding* au sixième degré, mais il faut pour-tant parler de l'*in and in* qui forme le gros morceau des alliances dans le même sang.

N'est-il pas, en effet, facile de concevoir que si un étalon est *inbred* sur un ancêtre à la façon dont le conçoit le distingué écrivain alle-mand, si on lui donne une poulinière possédant ce même ancêtre, on fortifie le premier *Inbreeding*, quoique l'ancêtre répété puisse parfaite-ment ne plus figurer dans les six premières générations. Il n'en résultera pas moins pour cela que le produit sera *plus inbred* sur l'an-cêtre en question que son père.

Cherchons à nous faire mieux comprendre par un exemple. Examinons le cas de *Saint-Simon,* tel qu'il est donné dans le livre du comte Lehndorf.

SAINT-SIMON (1881)	*GALOPIN (1872)*	*Vedette (1854)*	*Voltigeur (1847)*	**Voltaire** (1826)	**Blacklock.** *Phantom M.*
				Martha Lynn (1837)	*Mulatto.* *Leda.*
			Mrs. Ridgway (1849)	*Ir. Birdcatcher* (1833)	*Sir Hercules.* *Guiccioli.*
				Nan Darrel (1844)	*Inheritor.* *Nell.*
		Flying Duchess (1853)	*The Flying Dutchman (1846)*	*Bya-Middleton* (1833)	**Sultan.** *Cobweb.*
				Barbelle (1836)	*Sandbeck.* *Darioletta.*
			Merope (1841)	**Voltaire** (1826)	**Blacklock.** *Phantom M.*
				Toch'er des (1817)	*Juniper.* *Sorcerer M.*
	SAINT-ANGELA (1865)	*King-Tom (1851)*	*Harkaway (1834)*	*Economist* (1825)	*Whisker.* *Floranthe.*
				Tochter von (1823)	*Nabocklish.* *Miss Toley.*
			Pocahontas (1837)	*Glencoe* (1831)	**Sultan.** *Trempoline.*
				Marpessa (1830)	*Muley.* *Clare.*
		Adeline (1851)	*Ion (1835)*	*Cain* (1822)	*Paulowitz.* *Paynator M.*
				Margaret (1845)	*Drayton.* *Switch (Zwilling).*
			Little Fairy (1841)	*Hornsea* (1832)	*Velocipede.* *Cerberus M.*
				Lacerta (1816)	*Zodiac.* *Jerboa.*

Je le trouve caractérisé par un *Inbreeding* au cinquième degré sur *Sultan.* Ceci est incontestable. Il est parfaitement constant que *Pocahontas* et le *Flying-Dutchman* sont cousins germains comme étant tous les deux petite-fille et petit-fils de *Sultan* et, dès lors, *King-Tom* et *Flying-Duchess* sont coussins issus de germains et, par conséquent, *Galopin* et *Saint-Angela* sont cousins du fait de *Sultan* leur arrière-arrière-grand-père commun. Cette vérité est tangible, mathématique et des plus intéressantes.

Certes, l'*Inbreeding* sur *Sultan* est excessivement confortable et on verra, dans une circonstance qui fera l'objet d'un autre chapitre, combien il faut y attacher d'importance. Mais on doit pourtant en convenir, *Saint-Simon* est en somme l'héritier du sang de *Blacklock* qui lui vient de tous côtés avec une abondance suggestive.

Évidemment le lecteur non averti, qui consulte le *Manuel des Éleveurs* du comte Lehndorf, croira que l'*Inbreeding* sur *Sultan* au cinquième degré est la source de la puissance de *Saint-Simon*, tandis qu'il n'en est qu'une des nombreuses sources.

Si une définition de l'*Inbreeding*, par sa précision étroite, tend à enlever aux événements de l'élevage toute leur signification et leur philosophie, elle devient insuffisante. Les Anglais ont inventé le mot *Inbreeding* et l'ont complété par l'*in and in* qui veut dire *Inbreeding* et encore *Inbreeding*. Il faut rentrer dans un des sangs de l'étalon, y retourner et y retourner encore. Si les efforts de l'Éleveur sont constatés seulement par la présence du nom d'un étalon répété deux fois dans les cinq ou six premiers degrés du pedigree d'un poulain, on cesse d'apercevoir la physionomie réelle et caractéristique de l'animal. C'est se servir, en effet, pour voir les phénomènes naturels de l'Élevage d'une lunette dont le champ est tellement limité que les observations ne permettent de tirer aucune conséquence.

La conception mathématique qui paraît avoir hanté l'auteur du *Manuel des Éleveurs*, comme du reste beaucoup de bon esprits, c'est le dosage du sang de chacun des ancêtres d'un animal déterminé. Il est admis que si un étalon ou une jument se trouve, par exemple, au quatrième degré du pedigree d'un poulain, ce poulain aura une proportion du sang de cet étalon ou de cette jument égal à $1/2^4$ ou bien $1/32$. Si donc le nom se trouvait répété deux fois à cette distance, son pourcentage serait de $2/32$ ou de $1/16$, et ce serait là tout le *mode d'action de l'Inbreeding* !

Or ce calcul mathématique est purement conventionnel, absolument inopposable et la vérité est que nous ne savons nullement dans quelle proportion tel ou tel ancêtre influe sur le produit et sur ses différents organes et caractères. Des ancêtres, plus ou moins éloignés, peuvent avoir plus d'influence que le père et la mère, des caractères tout entiers peuvent faire retour de fort loin et d'autres, provenant d'ancêtres rapprochés, disparaître complètement.

Cette théorie, appuyée par les faits, fera l'objet d'un chapitre spécial. Mais il semble très simple de démontrer que les proportions d'influence des ancêtres dans un produit sont très difficiles à fixer, puisque les poulains successifs de l'alliance du même père et de la même mère sont des plus variables.

Il faut donc admettre que nous ne connaissons pas la véritable proportion du sang de chaque ancêtre du foal, mais que, dans aucun cas, elle n'est celle qui est habituellement indiquée. De sorte que la règle admise est précisément le cas qui ne se produit jamais.

Au surplus, l'*Inbreeding* ainsi compris ne saurait jamais avoir qu'une influence des plus faibles et il ne faudrait pas s'en préoccuper.

Reprenons, par exemple, la *table de Saint-Simon* établie selon le Manuel. L'auteur admet que l'*Inbreeding*, dont il cherche l'effet sur les divers étalons est, dans le cas du fils de *Galopin,* produit par la double présence de *Sultan* au cinquième degré. Cette proportion de sang est dès lors de $\frac{2}{2^5} = \frac{2}{64} = \frac{1}{32}$. Ainsi ce serait cette proportion de 1/32 du sang de *Sultan* qui aurait fait de *Saint-Simon* probablement le plus grand cheval de courses et très certainement le plus grand étalon des temps modernes. Le fait seul d'émettre une semblable proposition suffit à la condamner. Le sang de *Sultan* est sûrement d'une valeur considérable et des étalons tels que *Bay-Middleton* et *Flying-Dutchman* sont là pour l'attester. Mais se pourrait-il que 1/32 d'un sang aussi précieux, venant hors de la ligne paternelle, c'est-à-dire simplement en ligne collatérale, puisse avoir une importance capitale dans la constitution d'un *Saint-Simon*?

Certes, s'il était admis qu'un nom, quelque célèbre qu'il soit, répété deux fois dans le pedigree d'un étalon, puisse, par la seule proportion que lui attribuent les zoologistes, prendre une si grande prépondérance, il n'y aurait guère lieu de faire des études spéciales sur l'*Inbreeding*. Et c'est, au contraire, parce que l'influence d'un nom illustre, répété deux fois dans un pedigree, a une signification bien plus considérable que la proportion mathématique qu'il représente, que les éleveurs ont adopté ce mode d'élevage et qu'ils en ont apprécié les bienfaits.

Ces idées sont pour ainsi dire courantes en Elevage et elles résultent de l'intuition et il n'y aurait pas lieu d'insister autrement. Mais lorsqu'on se trouve en présence d'affirmations et de prétentions nettement émises sur le sujet, il est indispensable de s'y appesantir. Plus tard, nous l'avons dit, nous exposerons la théorie de l'*Inbreeding* dans un chapitre spécial. Mais en ce moment, nous ne voulons pas fatiguer le lecteur et nous nous contenterons de faire pénétrer la conviction dans son esprit en dehors de toute théorie scientifique.

Cela est d'autant plus important que, lorsque nous étudierons les idées de Lottery, nous nous trouverons en face des mêmes erreurs systématisées. Il faut donc mieux en terminer et ne pas avoir à revenir sur la proposition simple et concise que nous allons énoncer ainsi qu'il suit : *La proportion de sang d'un ancêtre que donne sa place dans le pedigree conventionnel d'un cheval n'est nullement en rapport avec le degré d'influence qu'il a sur la constitution de ce cheval. Les caractères spéciaux, les aptitudes qui pourraient provenir de cet ancêtre sont variables dans la même alliance et peuvent au besoin disparaître, même si le nom de cet ancêtre était redoublé dans le pedigree, même si cet ancêtre était situé à une faible distance du sommet du pedigree.* Nous nous contenterons, pour le moment, de donner à notre pensée cette expression. Plus tard, la proposition recevra le développement et l'extension qu'elle comporte au point de vue théorique.

En nous plaçant au point de vue pratique, il est facile d'en donner une démonstration très simple.

Si on tente l'alliance d'un étalon de Pur sang et d'une jument de trait, les hommes de bureau qualifient le produit de *demi-sang,* c'est-à-dire que le père et la mère apportent chacun la moitié de leur sang. Dans la pratique, il en est tout autrement. Souvent le produit est disparate, les jambes tiennent du Pur sang par leur finesse, leur longueur, etc., et le corps a la lourdeur du cheval de trait. D'autres fois, des caractères purs sont répandus un peu partout et le surplus de l'ensemble se rapporte au cheval de trait. Mais, quelquefois, la balance penche fortement d'un côté. Dans tous les cas, il est impossible d'établir le rapport exact des influences et de démontrer que ce rapport est égal à l'unité.

Si le produit est une pouliche ou qu'elle soit alliée à un autre Pur sang, les professeurs d'Elevage disent qu'on a un 3/4 sang. Cette dénomination, l'expérience l'a prouvé, est purement fantaisiste, car on ne sait en réalité ce qu'il y a, et bien souvent les caractères du sang dominent, ou bien ceux du trait.

Si on redonne la pouliche 3/4 sang encore à un étalon de Pur sang on obtient, toujours en théorie, un 7/8 de sang qui n'aura plus qu'un huitième de trait. Mais tout cela est de la fantaisie et on n'aura, en général, qu'une pouliche des plus bizarres où on ne démêle plus rien, sinon souvent beaucoup de caractères du cheval de trait et généralement peu d'aptitudes à galoper.

Si on continuait cette expérience, on aurait un 15/16 de sang et il semblerait que ce devrait être presque un véritable Pur sang, tandis qu'il n'en est rien, ni au physique ni sous le rapport des aptitudes. Et on aurait beau persister à engendrer de nouvelles pouliches avec de nouveaux Pur sang, et à faire des 31/32, des 63/64 et même des 127/128 de sang, ce ne serait pas même une fraction insignifiante qui séparerait ces demi-sang du *Thoroughbred,* mais un abîme.

Il faut aussi remarquer que dans ces alliances, si on les recommençait dans chaque série de façon à obtenir plusieurs exemplaires issus de la même union, ces propres sœurs seraient des animaux dont les caractères naturels présenteraient des différences absolues.

C'est précisément parce que le redoublement d'un ancêtre à un degré quelconque du pedigree peut avoir une influence beaucoup plus grande que ne l'indique le pourcentage conventionnel, que l'*Inbreeding* provoque l'étonnement, la curiosité intense et aussi la terreur des Eleveurs. Les effets en sont quelquefois tellement bizarres, tellement remarquables ou même tellement insignifiants, que l'étude s'en impose.

Pour en revenir au *Manuel,* les observations qui précèdent nous indiquent que le procédé de l'auteur pour donner le degré le plus favorable de l'*Inbreeding*, c'est-à-dire celui où il faut placer un ancêtre célèbre redoublé pour obtenir le meilleur résultat, est particulièrement entaché d'erreur.

Puis, pour comparer les divers étalons entre eux, il faudrait que les conditions de leur naissance fussent égales par ailleurs. Or, il n'en est jamais ainsi. Les *Inbreedings* intenses étant peu pratiqués, il y a là, pour les premières catégories, une cause évidente d'infériorité. Puis les *lignes des étalons* sont inégalement fécondes en grands *Sires*. Celle d'*Eclipse* écrase les deux autres, *Herod* et *Matchem*. En conséquence, on ne peut comparer loyalement entre elles des valeurs qui ne sont pas de même ordre.

Il y a aussi la question d'efféminisme d'étalons, tels que *Barcaldine* et *Wellingtonia,* par exemple, dans la première catégorie, dont l'auteur n'a pas paru se préoccuper et qui ne saurait être négligée sans injustice. Ces étalons sont dans un état d'infériorité évidente, puisque leur nom tend à disparaître en ligne mâle, mais ils aident grandement leurs concurrents en leur fournissant des pouliches illustres. Leur rôle n'est pas le même. Est-il pour cela si inférieur ?

Ensuite, il y aurait encore à voir si la quantité peut être opposée victorieusement à la qualité. La présence de *Galopin* dans la deuxième catégorie suffirait à de bons esprits pour proclamer celle-ci supérieure à toutes les autres.

En fait, la classification du comte Lehndorf est frappée d'inexactitude, surtout parce qu'elle prend pour base la seule présence d'un nom redoublé dans les cinq premiers degrés du pedigree. Son critérium de l'*Inbreeding* est insuffisant.

Il laisse de côté tous les *Inbreedings* sur les *lignes mâles* et il ne connaissait pas les *lignes féminines ;* il ne pouvait donc pas tenir compte des *Inbreedings* sur ces courants. Il ne les aurait, du reste, pas admis.

Son travail est très abrégé, très écourté et sans vouloir user d'expressions désobligeantes, il ressemble à un vêtement un peu étriqué pour le sujet. Assurément, toutes les parties du *Manuel* sont forcément très condensées, et l'auteur a donné à l'*Inbreeding* une place proportionnée dans son ouvrage. C'est là évidemment une excuse suffisante et il ne faut pas douter que si le célèbre Directeur des Haras de Prusse écrivait aujourd'hui sur le même sujet, il serait forcé d'ajouter beaucoup de pages.

Pour terminer cette critique, nous allons montrer par le pedigree de *Saint-Simon* que nous avons choisi, comment le sang de *Blacklock* est réellement le sang prépondérant chez cet étalon qui en est issu directement par la ligne paternelle et sur lequel il est réellement *inbred,* quoiqu'en dise l'auteur allemand.

Nous ferons ici une analyse succincte au seul point de vue que nous indiquons, mais cette analyse ne représente nullement la philosophie de *Saint-Simon* qui lui vaudra un chapitre spécial dans les *Hautes Etudes sur l'Inbreeding.*

Voltigeur, fils de *Voltaire*, par *Blacklock*, ne comportait pas d'*Inbreeding* sur le sang de son grand-père, mais la mère de *Vedette* était petite-fille d'une fille de *Blacklock ;* ceci constitue un *Inbreeding* au troisième degré ; c'est exactement l'alliance de l'oncle avec la nièce à la mode de Bretagne.

Pour obtenir *Galopin*, l'*Éleveur* est encore revenu dans ce même sang de *Blacklock* par un *Inbreeding* plus sévère sur *Voltaire* au troisième degré (*Vedette* et *Flying-Duchess* sont cousin et cousine germaine). On aurait pu croire qu'une semblable persistance dans le sang de *Blacklock* était la limite extrême de l'effort de l'Éleveur et qu'après avoir obtenu *Galopin*, on ne pouvait pas aller plus loin. Cependant cet extraordinaire étalon devait encore être dépassé par un nouvel *Inbreeding* sur *Blacklock*. En effet, *Saint-Angela*, la mère de *Saint-Simon*, est une petite-fille de *Little-Fairy* par *Hornsea* par *Vélocipède* par *Blacklock*.

Nous verrons plus tard que l'*Inbreeding* sur *Sultan* a une grosse portée. Mais séparé de l'*Inbreeding* caractéristique sur les courants de *Blacklock*, il n'est pas à signaler.

Sans aller plus loin en ce moment et pour rester dans l'exposition élémentaire du sujet, insistons seulement sur l'*in and in* pratiqué : *Voltaire* a pour fils *Voltigeur*, exempt d'*Inbreeding* sur le nom de *Blacklock*. Mais nous revenons dans le sang du père de *Voltaire* par la mère de *Vedette*, arrière-petite-fille du même *Blacklock*.

C'est ici que se place le premier *in and in*. Pour obtenir *Galopin*, on ajoute à *Vedette* une petite-fille de *Voltaire* par *Blacklock*. Cette insistance sur le sang de *Blacklock* et d'autant plus vive qu'elle se produit par un inceste sur *Voltaire*. Enfin, pour obtenir *Saint-Simon*, il faut un autre courant de *Blacklock* qui vient par la ligne féminine de *Saint-Angela*.

Plus tard, dans des études plus élevées sur l'*Inbreeding*, nous démontrerons que l'*Inbreeding* sur *Sultan*, dans *Saint-Simon*, est bien le fait qui a provoqué le déclanchement de tout le système et le retour en avant de tous les courants de *Blacklock* et la haute valeur du produit.

Pour le moment, nous en resterons aux notions élémentaires qui sont la mise en évidence des *Inbreedings* sur les courants de *Blacklock*. Dans cette exposition limitée du pedigree de *Saint-Simon*, nous n'avons pas pour but l'analyse philosophique intégrale de la constitution du célèbre étalon. Loin de notre pensée de vouloir même en donner une faible conception. Nous n'avons pas d'autre prétention, dans cette dissertation, que de faire comprendre que la répétition d'un *nom illustre* dans les quatre ou cinq premiers degrés du pedigree d'un cheval ne saurait constituer *tout l'Inbreeding*.

En effet, la répétition, quintuplée comme dans *Saint-Simon, des courants sortis d'un cheval ou d'une jument,* dans un pedigree, empêche la présence d'autres noms qui pourraient alors constituer une sorte d'*out-cross* et la présence de ces courants répétés donne donc bien l'idée du même sang qui revient toujours, c'est-à-dire ce que les Anglais ont voulu désigner par le terme *Inbreeding,* en opposition à l'autre indication, qualifiée *Out-crossing.*

L'insistance sur cette proposition a pour but de montrer que les critiques des idées du comte Lehndorf sont primordiales et que l'*Inbreeding* selon l'évangile de cet auteur serait dénué de tout sens profond. Plus tard, dans la suite de ces études, on comprendra mieux notre insistance quand nous aurons révélé, par des observations répétées, les sources où ont puisé les Eleveurs pour constituer les aptitudes de la Race et les moyens qu'ils ont employé pour faire réapparaître avec une grande puissance celles qu'ils avaient découvertes. Mais, pour le moment, nous posons les bases de nos travaux et nous n'hésitons pas à citer un autre exemple des plus suggestifs et qui constitue un *Inbreeding* encore plus fort sur le sang fameux de *Blacklock.*

Nous voulons parler de *Flying-Fox.*

Flying-Fox et ses Inbreedings sur le sang de Blacklock. — Certes, si le comte Lehndorf avait pu comprendre ce phénomène dans son énumération, il l'aurait caractérisé par une place dans sa première catégorie.

En fait, le pedigree peut se limiter ainsi :

PEDIGREE DE *FLYING-FOX*

(Pour montrer son *Inbreeding* le plus apparent).

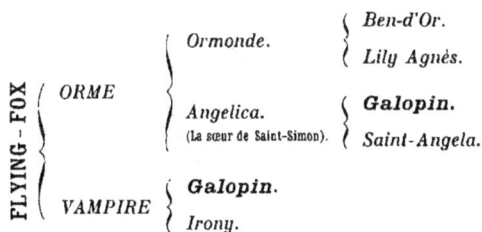

		Ormonde.	*Ben-d'Or.*
	ORME		*Lily Agnès.*
FLYING-FOX		Angelica. (La sœur de Saint-Simon).	**Galopin.**
			Saint-Angela.
	VAMPIRE	**Galopin.**	
		Irony.	

Il apparaît clairement que l'illustre fils d'*Orme* est le résultat de l'alliance de la tante *Vampire* (fille de *Galopin*) avec son neveu *Orme* (petit-fils de *Galopin*). Ceci est un tire-l'œil, mais aussi un trompe-l'œil.

En effet, c'est un fait brutal, qui paraît prépondérant et même qui empêche de voir autre chose. Mais, en regardant avec un verre grossissant, on s'aperçoit que ces deux puissants courants de *Galopin* avaient été préparés de longue date. Partons donc, pour examiner ce célèbre *racer*, de son ancêtre *Stockwell* ou plutôt du père de celui-ci, *The Baron*.

Sans nous attarder à des réflexions plus ou moins divergentes, concentrons notre attention sur ce fait que la mère du *Baron* était petite-fille de *Blacklock*.

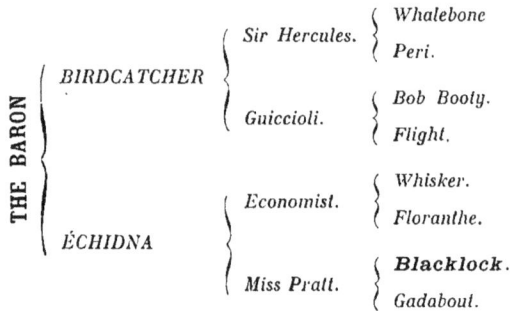

THE BARON	BIRDCATCHER	*Sir Hercules.*	*Whalebone*
			Peri.
		Guiccioli.	*Bob Booty.*
			Flight.
	ÉCHIDNA	*Economist.*	*Whisker.*
			Floranthe.
		Miss Pratt.	**Blacklock.**
			Gadabout.

Ce simple départ devait singulièrement favoriser, comme on va le voir, la survivance de la ligne mâle de l'*Emperor of Stallions*.

Ainsi muni, *Stokwell* donne à l'Elevage son fils *Doncaster* avec *Marigold*, dont la mère était propre fille de *Buzzard*, fils lui-même de *Blacklock*.

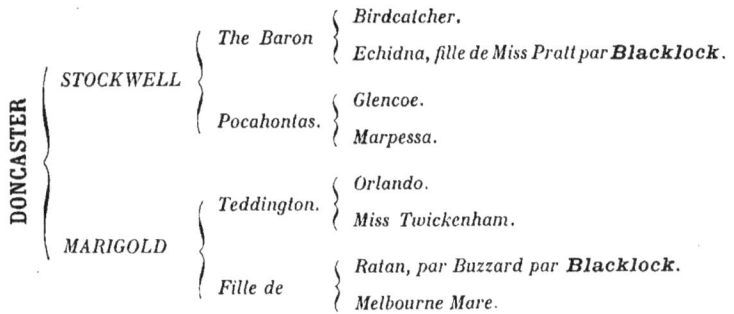

DONCASTER	STOCKWELL	*The Baron*	*Birdcatcher.*
			Echidna, fille de Miss Pratt par **Blacklock.**
		Pocahontas.	*Glencoe.*
			Marpessa.
	MARIGOLD	*Teddington.*	*Orlando.*
			Miss Twickenham.
		Fille de	*Ratan, par Buzzard par* **Blacklock.**
			Melbourne Mare.

Au point de vue strict du comte de Lehndorf c'est à peine si *Doncaster*, étalon si considérable, aurait trouvé place dans les tableaux du *Manuel* comme *inbred* et, de fait, il ne s'y trouve pas.

PEDIGREE DE *DONCASTER*
(pour dégager son *Inbreeding* sur *Blacklock*).

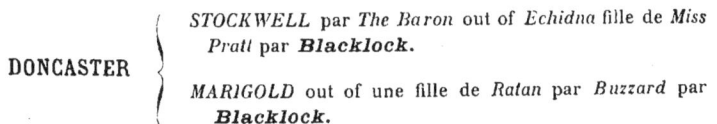

DONCASTER	STOCKWELL par *The Baron* out of *Echidna* fille de *Miss Pratt* par **Blacklock.**
	MARIGOLD out of une fille de *Ratan* par *Buzzard* par **Blacklock.**

Doncaster devrait donc être compris dans les étalons de la cinquième catégorie dont l'ancêtre commun est éloigné de cinq générations. C'est un étalon très important et l'oubli dont il a été l'objet de la part du comte Lehndorf, est regrettable en ce sens qu'un écrivain sérieux comme lui ne pouvait passer sous silence le père de *Bend'Or*, le grand-père d'*Ormonde*.

La mère de *Bend'Or*, *Rouge-Rose*, n'apporta dans son union avec *Doncaster* aucun courant de *Blacklock*, ce qui rejeta encore plus loin les deux courants de *Blacklock* signalés plus haut. Mais *Bend'Or*, en retrouvant chez *Lily-Agnès* trois courants du célèbre chef de ligne, dont deux lui venaient par *Lollypop*, la mère de *Swetmeat*, incestueux sur *Blacklock*, donnait *Ormonde* :

PEDIGREE D'ORMONDE

(Pour montrer ses *Inbreedings* suggestifs sur les *courants de Blacklock*).

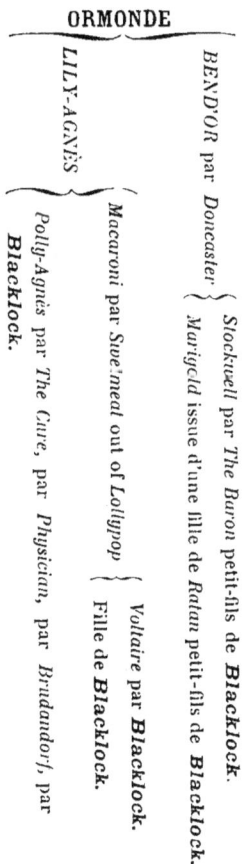

ORMONDE
- *BEND'OR* par *Doncaster*
  - *Stockwell* par *The Baron* petit-fils de **Blacklock**.
  - *Marigold* issue d'une fille de *Ratan* petit-fils de **Blacklock**.
- *LILY-AGNÈS*
  - *Macaroni* par *Swe'meat* out of *Lollypop*
    - *Voltaire* par **Blacklock**.
    - Fille de **Blacklock**.
  - *Polly-Agnès* par *The Cure*, par *Physician*, par *Brudandorf*, par **Blacklock**.

Si on néglige tous ces courants de *Blacklock* superposés et dont
l'un, qui vient par le canal de *Lollypop*, est particulièrement puissant,
comme nous le verrons plus tard, parce qu'incestueux et que l'on ne
voie dans *Ormonde* que le seul *Inbreeding* retenu par le comte
Lehndorf sur le *Birdcatcher* au quatrième et cinquième degré, on ne
peut raisonnablement se rendre compte de l'action du retour dans
le même sang et, par conséquent, on ne saurait de cette façon ni
bien voir ni surtout prévoir.

		The Baron (1842)	**Ir.Birdcatcher** / *Echidna*
	Stockwell (1849)	*Pocahontas* (1837)	*Glencoe* / *Marpessa*
Doncaster (1870)		*Teddington* (1848)	*Orlando* / *Miss Twickenham*
	Marigold (1860)	*Tochtcher von* (1851) (*Schw. z. Singapore*)	*Ratan* / *Melbourne M.*
	Thormanby (1857)	*Melbourne* ou *Windhound*	*Humphrey Clinker* / *Cervantes M.*
Rouge-Rose (1865)		*Alice Hawthorn* (1838)	*Muley Moloch* / *Rebecca*
	Ellen Horne (1844)	*Redshank* (1833)	*Sandbeck* / *Johanna*
		Delhi (1838)	*Plenipotentiary* / *Pawn Junior*
	Sweetmeat (1842)	*Gladiator* (1833)	*Partisan* / *Pauline*
Macaroni (1860)		*Lollypop* (1836)	*Starch* ou *Voltaire* / *Belinda*
	Jocose (1843)	*Pantaloon* (1824)	*Castrel* / *Idalia*
		Banter (1826)	*Master Henry* / *Boadicea*
	The Cure (1841)	*Physician* (1829)	*Brutandorf* / *Primette*
Polly Agnès (1865)		*Morsel* (1836)	*Pantaloon* / *Linda* (1825)
	Miss Agnes (1850)	**Ir. Birdcatcher** (1833)	*Sir Hercules* / *Guiccioli*
		Agnes (1844)	*Clairon* / *Annette*

Left bracket groupings: ORMONDE (1883) — BEND'OR (1877) comprising Doncaster (1870) and Rouge-Rose (1865); LILY-AGNÈS (1865) comprising Macaroni (1860) and Polly Agnès (1865).

La suite des événements va, en effet, nous instruire et confirmer
la prétention émise plus haut.

Ormonde, on peut le dire, fut un *Racer* phénoménal, mais ce fut un
Sire avare de vainqueurs

Un seul Cheval de courses, hors de pair et qui devait être aussi un grand Etalon, digne d'assurer la Ligne, sortit de ses flancs, *Orme.* Et avec quelle jument *le cheval du siècle,* comme on a appelé *Ormonde,* eut-il cette rencontre unique, heureuse, inespérée? Avec *Angelica,* la *propre sœur de Saint-Simon!* C'est-à-dire avec une jument qui, ainsi qu'on l'a vu, est précisément la propre sœur du représentant par excellence du sang de *Blacklock.*

PEDIGREE D'*ORME*

(Pour montrer les 9 courants de *Blacklock*).

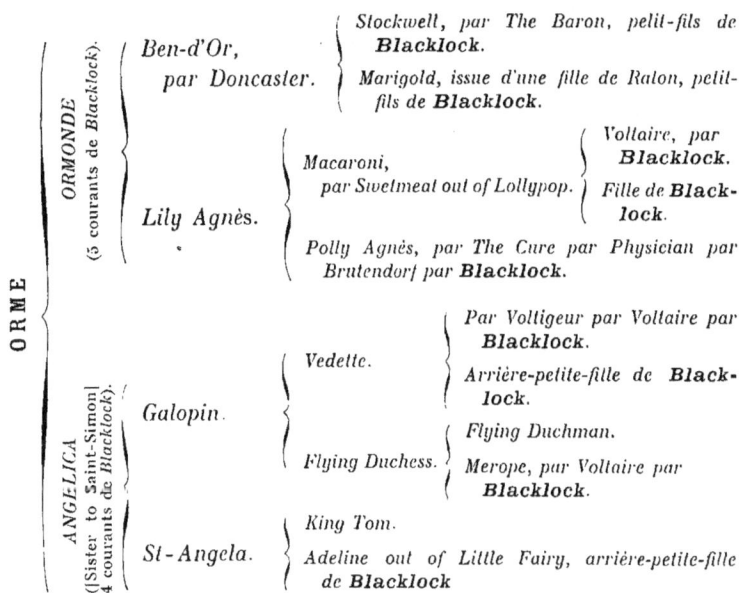

ORME	**ORMONDE** (5 courants de *Blacklock*).	Ben-d'Or, par Doncaster.		*Stockwell, par The Baron, petit-fils de* **Blacklock**.
				Marigold, issue d'une fille de Raton, petit-fils de **Blacklock**.
		Lily Agnès.	Macaroni, par Sweetmeat out of Lollypop.	*Voltaire, par* **Blacklock**.
				Fille de **Blacklock**.
			Polly Agnès, par The Cure par Physician par Brutendorf par **Blacklock**.	
	ANGELICA (Sister to Saint-Simon) 4 courants de *Blacklock*).	Galopin.	Vedette.	*Par Voltigeur par Voltaire par* **Blacklock**.
				Arrière-petite-fille de **Blacklock**.
			Flying Duchess.	*Flying Duchman.*
				Merope, par Voltaire par **Blacklock**.
		St-Angela.	King Tom.	
			Adeline out of Little Fairy, arrière-petite-fille de **Blacklock**	

Mais ce fut encore bien autre chose pour *Flying-Fox!* En effet, *Orme* a été plutôt un cheval efféminé, mais avare d'étalons et peu prolifique en vainqueurs, vu l'usage select qui en a été fait. Cependant, comme son père *Ormonde,* il devait donner un Cheval de courses phénomène et un étalon prodigue de gagnants, *Flying-Fox* et nous voyons ce spectacle d'un *Sire* tel que *Orme,* nourri de 9 courants de *Blacklock,* réussir le cheval le plus complet, l'étalon le plus merveilleux, précisément par un inceste sur *Galopin,* le représentant le plus autorisé du sang de la fameuse *Serrure noire.*

On peut bien dire, dès lors, que le grand *Sire* importé par M. Edmond Blanc et si prématurément disparu, et qui a été le repré-

sentant le plus autorisé de la meilleure descendance en ligne droite de *Stockwell*, doit beaucoup à sa ligne mâle, mais qu'en réalité il doit la plus grande partie de sa valeur au sang de *Blacklock*.

PEDIGREE DE *FLYING-FOX*

(Pour montrer ses *Inbreedings* sur le sang de *Blacklock*, au nombre de 12).

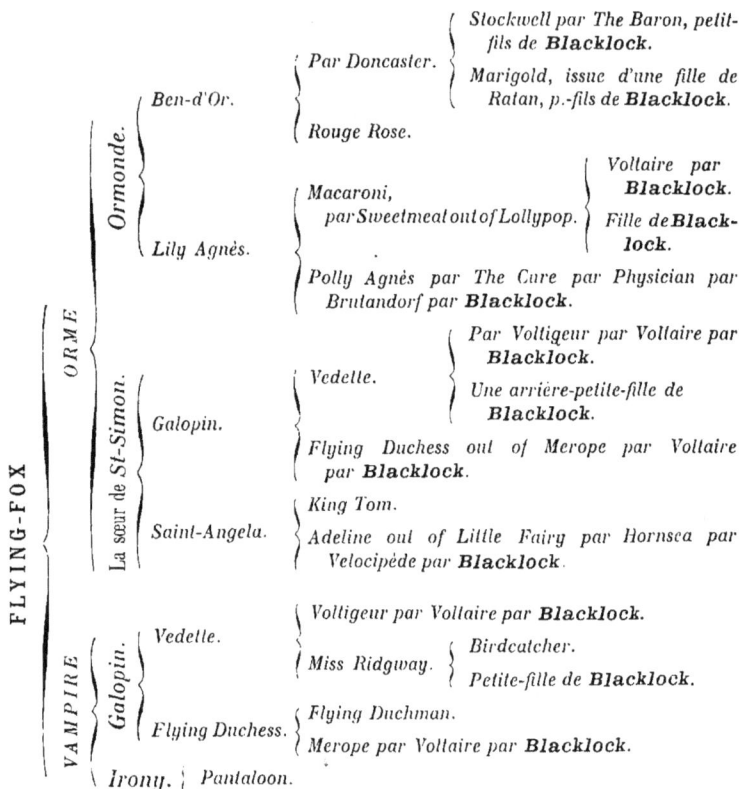

Si on montre seulement *Flying-Fox* comme incestueux sur *Galopin*, on risque de s'hypnotiser sur un fait brutal, grossier, vulgaire. La portée de l'inceste apparaît grossie, altérée comme l'image est déformée dans un miroir concave. Tandis que si on a suivi peu à peu les progrès de l'influence de *Blacklock*, la réussite de l'inceste de la tante *Vampire* avec son neveu *Orme* n'est ni aussi surprenante ni aussi incompréhensible. Ce n'est plus une rencontre de hasard mais une suite naturelle des idées de l'*Éleveur*, un aboutissement de ses efforts.

Si on examine le pedigree de *Flying-Fox* avec ses douze courants de *Blacklock* surajoutés depuis le premier de *The Baron*, on assiste aux efforts successifs de l'*Éleveur*, pris comme entité métaphysique. Le dernier effort, le plus violent, c'est évidemment l'*Inbreeding* incestueux sur *Galopin*, mais il n'intervient utilement que parce qu'il est le terme d'un crescendo, d'une gamme montée régulièrement. C'est l'*ut* de poitrine du chanteur qui arrache les applaudissements et qui ne pourrait se produire isolément.

L'inceste, par lui-même et non précédé d'autres *Inbreedings* que nous avons indiqués, n'aurait dû régulièrement rien produire d'immédiat. Dans une jument, même sans valeur en courses, l'*incestuous breeding* était une réserve précieuse destinée à être utilisée plus tard et à produire probablement une grande force. Mais chez un étalon, ceci aurait été sûrement un échec à tous les points de vue.

Si la réussite s'est produite dans le cas de *Flying-Fox*, malgré la brutalité du choc, c'est que celui-ci avait été amorti par une série d'*Inbreedings* éloignés sur le même courant de sang et que l'inceste n'était plus qu'une conclusion naturelle, qui a causé un retour en avant des 12 *Blacklocks* à la fois, comme cela c'est produit souvent dans les chevaux extraordinaires, et notamment pour *Plaisanterie* dont nous analyserons le cas particulier dans un chapitre spécial.

En ce qui concerne l'*Out-crossing*, l'exposition du comte Lehndorf est un peu écourtée et manque de développements.

La théorie des milieux qu'il pose en principe est conforme aux idées scientifiques et il faut tenir compte à cet écrivain d'avoir échappé à la hantise du croisement par une Variété (l'Arabe) trop différenciée aujourd'hui de ses descendants.

Il n'a pourtant pas été sans subir la suggestion particulière de ses collègues de France qui voyaient dans le Sang Arabe la panacée universelle pour empêcher une dégénération dont la sélection par la course à raison tous les jours. Il n'est pas tombé dans cette faiblesse et il paraît juste de le louer du silence qu'il a observé sur ce sujet.

Il ne faut pas s'étonner qu'il ait négligé de parler des *out-cross* produits par les *Familles* : cette question, quoique déjà à l'ordre du jour en Allemagne à l'époque où il écrivait son livre, n'a jamais été présentée sous cet aspect.

Les *Lignes impures* descendant de *Juments Anglaises* se croisent avec les *Lignes pures* qui se divisent elles-mêmes en *Juments Barbes* ou en *Juments Arabes*, et ces croisements provoquent par une heureuse disposition les mêmes résultats qui se sont produits lors de la fondation de la Race. Cette conception que nous développerons plus tard tend à remplacer la définition empirique des *lignes Sire, Runnings* et *Outside,* par une simple application des théories naturelles et scientifiques. Elle est susceptible d'être généralisée pour tous les élevages de Races pures sorties à l'origine de croisements entre Variétés sensiblement différentes et dont les *Livres* ont été tenus soigneusement, ceux de la Race bovine des *Shorthorns* ou *Durham,* par exemple. C'est ce qui nous amène naturellement à parler de *Bruce Lowe,* l'apôtre des *nombres* et de ses écrits, non pas bien entendu de la valeur de son système, mais bien plutôt de sa manière de considérer l'*Inbreeding* et l'*Out-crossing.*

FIN DU CHAPITRE Ier DU LIVRE DEUXIÈME

CHAPITRE II

Bruce Lowe et la question de l'*Inbreeding* et de l'*Out-crossing* dans son livre du système des nombres. — Conception large de l'auteur Australien. — L'*Inbreeding* sur les courants des chefs de ligne féminines ou nombres *(figures)*. — Les Incestes et les Chevaux de courses phénoménaux. — Les Reproducteurs phénomènes et le *Close-breeding*. — Barcaldine, Wellingtonia, Galopin, Wisdom, Partisan, Petrarch. — Le cas de *The Emperor*, père de *Monarque*. — L'Arabe comme *croisement en dehors*, d'après Bruce Lowe. — Vue incomplète de Bruce Lowe. — Quelques réflexions sur les *Out-cros ataviques* comme compléments nécessaires aux *Inbreedings* des lignes. — Quelques inconséquences dans le livre de l'auteur Australien.

Bruce Lowe et la question de l' « Inbreeding ». — Un des écrivains qui ont le plus écrit sur l'*Inbreeding* est certainement l'Australien Bruce Lowe. Dans son ouvrage sur le *Système des nombres*, il est plus souvent question de l'influence des *Unions en dedans* que de celle des *Familles*. On se rend compte que le publiciste inexpérimenté qu'était Bruce Lowe a étudié l'Elevage en général pour lequel il avait une intuition générale. Mais il a voulu tout systématiser dans un ordre d'idées d'où précisément le procédé doit être exclu. En effet, les lois qui régissent la reproduction des animaux domestiques sont des plus complexes sans doute, puisque nous ne connaissons sur l'*Hérédité*, par exemple, que des théorèmes généraux et quand même précieux ; sur la *Sélection*, des indications surtout négatives et, sur la *Variation chez les animaux domestiques*, des hypothèses incomplètes.

Quoi qu'il en soit, ses recherches sur l'*Inbreeding* méritent une analyse, parce qu'elles sont intéressantes et qu'elles reflètent non seulement les vues de l'auteur, mais un état d'esprit généralisé chez beaucoup d'éleveurs américains et australiens.

Quel que soit le degré de méthode scientifique qui a présidé aux études de Bruce Lowe, il apparaît néanmoins, sous certains aspects, comme un esprit avisé et renseigné.

Le fait qu'il a proclamé le premier que les meilleures juments engendraient les meilleures juments, comme on savait depuis long-temps que les meilleurs mâles donnaient les meilleurs mâles, est la preuve qu'il a deviné par une intuition extrêmement remarquable l'*Hérédité sexuelle* non seulement dans les *caractères sensibles*, mais dans les aptitudes qui constituent les *caractères naturels insensibles.* Aussi son livre est-il profondément attachant, autant par ses erreurs que par les vérités qu'il renferme et à plusieurs points de vue. Voilà pourquoi nous n'hésitons pas à exposer ses idées sur l'*Inbreeding* comme celles d'un esprit remarquable en élevage, même dans ses excès de systématisation.

Et, en effet, Bruce Lowe a traité les faits d'*Inbreeding* à peu près comme les relations des Familles. Cette question l'a passionné peut-être plus encore que ses *nombres.*

Je ne puis comprendre que, lorsque M. W. Allison a publié son livre après la mort de l'auteur, il l'ait intitulé : *Système des nombres,* car il aurait dû ajouter par exemple : *Avec une étude sur l'Inbreeding.* En effet, les considérations qui sont exposées dans cet ouvrage sur l'influence des divers *Inbreedings* est encore ce qui a été publié de plus curieux sur ce sujet.

Conception large de l'auteur Australien. — Nous allons donner une analyse aussi complète que possible du véritable *Traité de l'Inbreeding* qu'est son livre. Il apparaît nettement à cette lecture que, pour Bruce Lowe, comme du reste pour tous les véritables éleveurs, la grande préoccupation dans l'union de deux racers mâle et femelle est la question d'*Inbreeding.* Pour lui, dont l'instruction technique générale apparaît de suite comme bien inférieure à celle du comte Lehndorf, la conception est cependant plus large, plus complète, plus réelle et plus satisfaisante que celle du Chef des Haras de l'Empire d'Allemagne.

Elle apparaît plus clairement développée que dans le *Manuel des Éleveurs.*

L' « Inbreeding » sur les lignes féminines ou nombres. — Dans son chapitre V sur les *Sires,* voici un passage à propos de *Black-lock* :

« La concentration étonnante des courants Runnings dans son pedigree rend le sang prépotent et ses effets sont plus étendus que ceux de tout autre courant. Aussi, quand les *nombres* sont placés sur le pedigree, il est difficile de ne pas en être convaincu.

BLACKLOCK

- *WHITELOCK* (2).
  - Hambletonian 1.
    - King Fergus (6) par *Eclipse* (**12**) par *Marse* (**8**).
    - Dr. of ...
      - Highflyer (13) par *Herod* (**26**).
      - Dr. of Blank (15); Dr. of Regulus (**11**).
  - Rosalind.
    - Phenomenon (2).
      - Herod (**26**).
      - Frenzy par *Eclipse* (**12**).
    - Atalanta par *Matchem* (**4**).
- *DR OF* (2).
  - Coriander 4.
    - Pot-8-Os (38).
      - Eclipse (**12**) par *Marske* (**8**) par *Squirt* (**11**)
      - Sportsmistress.
    - Lavender.
      - Herod (**26**).
      - Dr of Snap (1).
  - Wildgoose.
    - Highflyer (13) par *Herod* (**26**) (see above)
    - Coheiress.
      - Pot-8-Os (38) par *Eclipse* (**12**) (above).
      - Manilla par *Goldfinder* (1).

« L'*Inbreeding* sur la ligne pure n°. 2 est direct, c'est-à-dire que cette ligne 2 est *inbreed* sur elle-même, puisque le père et la mère descendent de la *Burton's Barb Mare*.

« Dans les cas d'*Inbreedings*, il y a *une différence considérable dans la puissance des lignes directes sur les lignes collatérales, tout en faveur des premières*. Il est tout naturel qu'il en soit ainsi, autrement l'opinion d'après laquelle les *familles* conservent toujours leurs caractères primitifs n'aurait pas grande valeur. Dans le cas de *Blacklock*, nous trouvons non seulement sa mère dans la ligne 2, mais aussi son père *Whitelock*. On peut donc raisonnablement supposer que *Blacklock* est dans le Stud-Book le représentant le plus autorisé de cette famille Running, qui est pour ainsi dire sans égale, surtout quand nous trouvons une autre branche rapprochée de la même ligne qui entre en scène par *Phenomenon*, grand-père maternel de *Whitelock?*

« Comme conséquence de cet *étroit Inbreeding*, de la même ligne, les Stud Masters trouvent que le croisement magique double et triple de *Blacklock* explique la production de Chevaux de course phénoménaux des vingt dernières années, y compris les cracks comme *Vedette, Galopin, Peter, Ormonde* (4 courants), *Donovan, Bendigo, Barcaldine, Orme, Isonomy, La Flèche* et beaucoup d'autres, trop nombreux pour être cités, et le sang de *Blacklock* peut rivaliser en valeur égale, sinon supérieure, avec le grand courant rival de *Sir Hercules,* issu de la même famille n° 2, par *Whalebone* n° 1. »

C'est là une des pages les mieux pensées de Bruce Lowe et on ne saurait mettre en doute la force résultant d'un *Inbreeding* sur un très bon courant féminin.

L'Eleveur australien a eu raison d'attirer l'attention des Stud Masters sur une méthode d'élevage aussi correcte et qui est certainement un des fondements les plus sûrs de la valeur du sang de *Blacklock.* Il est impossible de mieux plaider la cause des *Inbreedings sur les familles,* dont nous avons cité et dont nous citerons tant d'exemples sur des sujets fameux au cours du présent ouvrage.

Il faut également appeler l'attention des Eleveurs sur le principe posé par Bruce Lowe de la différence de la puissance de l'*Inbreeding,* lorsqu'il a lieu par les lignes collatérales ou par les lignes directes. Cette question n'a pas été étudiée suffisamment ni par l'Eleveur australien ni par les autres écrivains sportifs, mais il y a là un côté très important.

L'Inbreeding sur les courants des lignes mâles. — Parmi les autres chapitres de son ouvrage où Bruce Lowe a paru aussi très heureux dans son appréciation des effets de l'*Inbreeding,* nous citerons particulièrement son Chapitre IX, qui est à lire tout entier : *De la manière de produire les grands Chevaux de courses (et de grands Etalons) en renvoyant à l'Etalon les meilleurs courants du sang de sa mère :*

C'est une des règles dont l'observation a le plus d'importance. Les Stud Masters ont assez généralement admis que le meilleur sang dans l'étalon doit être à une bonne place; mais je ne connais pas d'auteur qui ait nettement formulé cette règle que le meilleur sang de la mère de l'étalon doit être de préférence bien situé dans le pedigree de son père. Il y a un proverbe aussi vieux que le monde qui dit : il est le fils de sa mère, ou : elle est la fille de son père. Cela est parfaitement vrai, ainsi que j'ai pu m'en convaincre par mes observations. Mais il suffit de mentionner la règle généralement acceptée en physiologie, qu'un fils brillant tient ses talents de sa mère et que, quand les filles d'une famille sont plus brillantes que les fils, elles tiennent du père. Si nous partons de ce principe, nous verrons comme résultat naturel que la même règle trouve son application dans la science de la production chevaline. C'est pourquoi il paraît raisonnable que, quel que soit la bonté du courant de sang de la mère et qui l'a mis à même de produire un étalon remarquable, il paraît raisonnable, dis-je, de le rechercher encore dans les alliances à lui procurer.

Prenons *Carbine* comme exemple.

MUSKET

TOXOPHILITE (3).

Longbow (21).

Ithuriel (2).
> **Touchstone (14)**.
> Dr. of Velocipéde (3) par Blacklock (2, 2, 1).

. *Miss Bowe*.
> Catton (2).
> Dr. of Orville (8).

Dr of . . .

Pantaloon (17).
> Castrel (2).
> Idalia.

Dr. of Filho da Puta (**12**.)

DR. OF (3).

West Australian (7).

Melbourne (1).
> Hy. Clinker (8).
> Dr. of Cervantes (8).

Mowerina.
> **Touchstone (14)**.
> Dr. of Whisker (1).

Brown Bess.

Camel (24).
> Whalebone (1).
> Dr. of Selim (2).

Dr. of Brutandorf (**11**) pr **Blacklock** (2,2,1).

THE MERSEY (Dam of Carbine).

KNOWSLEY (3).

Stockwell (3).

The Baron (24).
> Birdcatcher (**12**).
> Echidna.

Pocahontas.
> Glencoe (1).
> Marpessa.

Dr. of . . .

Orlando (13).
> **Touchstone (14)**.
> Vulture.

Brown Bess.
> Camel (24).
> Dr. of Brutandorf (**12**) par Blacklock (2, 2, 1).

CLEMENCE (2).

Newminster (8).

Touchstone (14).
> Camel (24).
> Banter.

Beeswing.
> Dr. of Syntax (37).
> Dr. of Ardrossan (2).

Eulogy.

Euclid (7).
> Emilius (28).
> Maria (Sister to Emma).

Martha Lynn.
> Mulatto (3).
> Dr. of Filho da Puta (**12**).

Je ne doute pas que *Musket* n'ait dû sa supériorité à sa seconde mère de la ligne 3, *Brown-Bess*, attendu qu'elle renfermait dans sa seule personne non seulement la principale racine de cette splendide famille, mais encore d'étroites infusions de *Blacklock* (2), *Whalebone* (1) et *Selim* (2). Par conséquent, pour un étalon bâti comme *Musket*, on ne pouvait pas mieux choisir que *The Mersey* de la ligne 2, qui devait le jour à *Knowsley* (3) (par *Stockwell* [3]), provenant de la même *Brown-Bess* citée plus haut. Ç'a été un accouplement des plus scientifiques et en même temps une confirmation remarquable de la règle que je viens de formuler. Cependant, une seule hirondelle ne prouve pas l'été et je citerai encore quelques exemples, ainsi que les noms de beaucoup de grands chevaux produits de cette manière. Prenez *Barcaldine* et *Bendigo;* les deux chevaux étaient de première classe et ont été tous deux produits de cette façon.

PEDIGREE DE *BENDIGO*

(Pour montrer comment on renvoie à l'Etalon les meilleurs courants du sang de sa mère).

PEDIGREE DE *BARCALDINE*

(Pour montrer comment l'Eleveur est rentré dans le meilleur sang de la mère de l'Etalon).

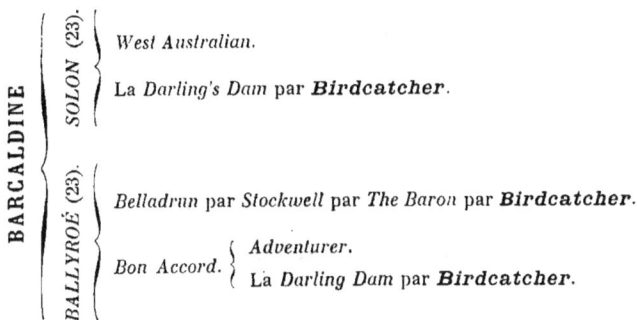

BARCALDINE
- *SOLON* (23).
  - *West Australian.*
  - La *Darling's Dam* par **Birdcatcher**.
- *BALLYROÉ* (23).
  - *Belladrun* par *Stockwell* par *The Baron* par **Birdcatcher**.
  - *Bon Accord.*
    - *Adventurer.*
    - La *Darling Dam* par **Birdcatcher**.

Nous avons ici une confirmation vraiment frappante de la règle et il n'y a pas à douter que sans *West-Australian, Melbourne, Adventurer,* croisements en dehors, l'*Inbreeding* de la famille 23 sur elle-même ou bien un retour aussi étroit des mêmes courants *Birdcatcher* et *Blacklock* n'aurait rien donné de bon.

Peu de personnes contesteront que *Sweetmeat,* avec sa mère sortie incestueusement de *Blacklock,* ait été l'élément le plus puissant de *Ben-Battle* et, assurément, jamais cheval n'a reçu un aussi fort retour de son meilleur courant dans la personne de *Hasty-Girl* avec 4 *Blacklock* dont 2 par *Velocipède.*

Notre auteur part de ce principe que les mâles tiennent de leurs mères les meilleures qualités et que les femelles puisent au contraire, dans le côté paternel, ce qu'elles ont de plus remarquable. Comme toutes les généralisations systématiques, cette conception n'est pas absolument juste, mais enfin le fait s'est produit fréquemment en Elevage pur. Bruce Lowe conclut donc : « C'est pourquoi il paraît raisonnable, quel que soit la bonté du courant de sang de la mère et qui l'a mis à même de produire un étalon remarquable, il paraît raisonnable, dis-je, de le rechercher encore dans les alliances à lui procurer. »

Et, après avoir cité un nombre considérable d'exemples de la réussite de cette méthode d'accouplements, l'écrivain sportif conclut : « C'est incontestablement le résultat d'une loi naturelle qui exige que le meilleur sang ou la meilleure ligne de la mère soit renvoyé à un étalon par les juments avec lesquelles on l'accouple. » Puis il ajoute : « Nous nous sommes expliqué assez longuement pour attirer l'attention des Stud Masters sur cette importante question. Il est de fait que (dans la plupart des cas), ils ont toujours fait inconsciemment des rencontres heureuses sur les *nombres* en faisant des expériences sur les individus tels que *Touchstone, Birdcatcher* et *Blacklock.* Je suis certain que cette rencontre heureuse des *nombres* est destinée à jouer dans l'avenir un rôle important en élevage, parce qu'en faisant l'*Inbreeding* sur les *nombres,* on est moins exposé à sacrifier le tempérament et l'endurance (*temper and staying*) qu'en faisant, comme autrefois, l'*Inbreeding* sur des individus. Les exceptions à cette rencontre heureuse du sang de la mère de l'étalon (ou du numéro de la famille) ne servent qu'à prouver la règle. En effet, quand un étalon est produit, comme *Sir Modred,* par l'union d'un étalon efféminé (*flashy*) avec une mère robuste (*stout*), on

$$
\text{SIR MODRED}
\begin{cases}
\text{TRADUCER} \begin{cases} \textit{The Lebel}, \text{ de la ligne } \textbf{Herod (Woodpecker).} \\ \textit{Arethuse, par Elis}, \text{ de la même ligne } \textbf{Herod (Woodpecker).} \end{cases} \\
\text{IDALIA} \begin{cases} \textit{Cambuscan}, \text{ de la ligne } \textbf{Eclipse.} \\ \textit{Dolabella, par Voltigeur}, \text{ de la même ligne } \textbf{Eclipse.} \end{cases}
\end{cases}
$$

irait au devant d'un échec en retournant dans le sang efféminé, dans le cas où l'on voudrait obtenir de grands Chevaux de course ou de grands étalons. Des chevaux des lignes *Herod* et *Matchem* surtout, ne peuvent se perpétuer en ligne mâle que par le robuste sang d'*Eclipse* (*stout Eclipse blood*). Par conséquent, c'est le sang de *Blacklock* et *Touchstone* (*Whalebone*) qui doit être donné à *Sir Modred* par des juments provenant de chevaux tels que *Saint-Simon* ou par des animaux ayant un double courant de *Stockwell*, attendu qu'aucun haras ne peut être organisé avec succès sans *Stockwell*. »

Le chapitre suivant, qu'il a intitulé : *Comment les grandes Juments de course sont produites en général*, n'est pas moins curieux au point de vue de l'*Inbreeding*, puisqu'il n'est que la contre-partie du précédent. Il débute ainsi :

« J'ai cherché à expliquer dans le dernier chapitre que les succès obtenus par un violent retour du sang de la mère de l'étalon provien- nent d'une loi naturelle (voyez Starkweather : *De la loi des Sexes*), ce qui prouve clairement qu'un fils doué exceptionnellement tient ses talents de sa mère. On peut donc conclure naturellement qu'une fille tient ses facultés intellectuelles de son père. . . . .

. . . .

« Jusqu'à un certain point, il en est de même des animaux comme de la race humaine. Chez les animaux, le cas n'est pas toujours exact, parce que, chez les Chevaux de courses, la qualité qu'on recherche le plus n'est pas autant une affaire de cerveau, qu'une question de vitalité et de force musculaire. »

Tout ceci est assez embrouillé mais l'auteur, en revenant sur l'*Inbreeding*, se fait mieux comprendre :

« Un examen attentif de plusieurs centaines de pedigrees nous a convaincu que quelques étalons produisent non seulement un plus grand nombre d'excellentes pouliches que de poulains, mais aussi que ces pouliches sont généralement le résultat d'une rencontre heureuse du sang du côté droit du pedigree de l'étalon. »

En un mot, Bruce Lowe veut dire que l'*Inbreeding* est placé dans l'ascendance féminine de la mère de la pouliche et dans la ligne mâle du père. Il aurait pu exposer son idée sous la forme de la réciproque du théorème qui est le titre de son chapitre IX : *Manière de produire les bonnes pouliches de courses (et les bonnes poulinières) en renvoyant au père les meilleurs courants de sa ligne paternelle.*

En 1888, quand feu Andrew Town, de Richemont, par Sydney, m'écrivit pour me prier de choisir dans son haras 20 juments qu'il voulait accoupler avec son nouvel étalon, j'examinai soigneusement son pedigree et, voyant que *Sir Hercules* (Aust.) et *Rous' Emigrant* (imp.) étaient sans doute les meilleurs courants de sa mère, je lui conseillai de donner toutes les juments de son haras possédant ce courant surtout par *Yattendon*, qui réunissait les deux, à *Trenton*. Le résultat a été très satisfaisant, car avec les quelques juments *Yattendon*, il a produit *Bliss* et son frère *Trenchant* (un J. C. Derby) avec *Bridesmaid* par *Yattendon; Gaillarda* provenant de *Paresseuse* par *Yattendon;* aussi *Gerard* provenant de *Geraldine* par *Yattendon* etc. Avec des *Yattendon Mare* outside, *Trenton* a engendré *Lady Trenton*, jument de premier ordre (Sydney Cup), provenant de *Black Swan* par *Yattendon* et *Etra Weenie* (*dead heat* aux Oaks), provenant de *Nellie* par *Tim Whiffler* (imp.) provenant de *Sappho* par *Sir Hercules* (Australie).

Chester (Australie) sortait d'un *Stockwell Mare*. Ses fils, *Carlyon, Cranbrook* et *Camoola*, proviennent de mères ayant un courant étroit de *Stockwell*. Son meilleur fils a été *Abercorn*. Son pedigree est donné plus bas.

Il a été un digne rival de *Carbine* et beaucoup sont d'avis qu'il l'a égalé sous tous les rapports.

La mère d'*Abercorn* réunit certainement le sang des deux côtés du pedigree de *Chester*. Mais, comme les courants les plus puissants du pedigree de *Cinnamon* sont *Blacklock* et *Sir Hercules*, on peut prétendre la même chose en faveur de *Stockwell*, qui provient en outre de la même ligne 3 que *Cinnamon*, de sorte que c'est une rencontre heureuse non seulement des noms, mais encore des familles, comme dans *Carbine*.

Ces quelques exemples suffiront pour faire voir au lecteur comment on peut obtenir la rencontre heureuse.

Dans la mère de *Saint-Albans* (*Bribery*, par *The Libel*), nous avons *The Libel* provenant de *Pasquinade*, sœur de *Touchstone* et le meilleur fils de *Saint-Albans, Springfield*, provient de *Viridis* par *Marsyas* par *Orlando* par *Touchstone*.

La troisième mère d'*Hermit* est par *Belshazzar*, fils de *Blacklock*, et *Peter* le plus brillant de ses fils, provient de *Lady Masham*, dont la seconde mère est de *Belshazzar*.

La mère de *Highflyer* avait pour père *Blank*, fils de *Godolphin Barb*, provenait d'une *Regulus* (12) *Mare*, son meilleur fils *Sir Peter Teazle* était sorti de *Miss Cleveland* par *Regulus* (12).

ABERCORN

- **CHESTER (8)**
  - **Yattendon (17)**
    - *Sir Hercules* **(3)**.
      - *Cap-à-pie* (5) par *Colonel* **(8)**.
        - *Whisker* (1).
        - *Dr. of Sultan* **(8)**.
      - *Paraguay* par *Sir Hercules* (2).
    - *Cassandra.*
      - *Tros* **(12)** par *Priam* (6) par *Emilius* (28).
      - *Alice Grey* par (imp.) *Rous' Emigrant* (4, 2, 1).
  - **Lady Chester.**
    - *Stockwell* (3).
      - *The Baron* (24).
        - *Birdcatcher* par **Sir Hercules** (2).
        - *Dr. of...*
          - *Economist* par *Whisker* (1).
          - *Miss Pratt* par **Blacklock** (2).
      - *Pocahontas* par *Glencoe* (1).
    - *Austry*
      - *Harkaway* par *Son of Whisker* (1).
      - *Lelia* (2) par *Emilius* (28).
- **CINNAMON (3).**
  - **Goldsborough (13).**
    - *Fireworks* (10).
      - *Kelpie* (1) par *Weatherbit* **(18)** par *Sheet Anchor* **(18)**
      - *Gaslight* par **Sir Hercules** par *Whalebone* (1).
    - *Sylvia.*
      - *Fisherman* par *Heron* (19) par *Bustard* (35).
      - *Juliet* **(11)** par *Touchstone* **(14)** par *Camel* (28) par *Whalebone* (1).
  - **Brown Duchess.**
    - *Whalebone* (3).
      - *Speculation* (imp.).
        - *Scipio.*
        - Second dam Sister to *Whalebone* (1).
      - *Paraguay* (imp.) par **Sir Hercules** (2) par *Whalebone* (1).
    - *Clove*
      - *Sweetmeat* with **Blacklock** (2, 2, 1) twice.
      - *Hybla* par *The Provost* (4) par *The Saddler* (3).

Sultan provenait de *Bacchante* par *Ditto* (frère de *Walton* par *Sir Peter*). Son fils *Bay-Middleton* (jamais battu) était sorti de *Cobwell* par *Phantom*, fils de *Walton*.

La seconde mère de *Lord Clifden*, *Volley*, était par *Voltaire* par *Blacklock* et son fils *Wenlock* (Léger) provenait d'une *Rataplan Mare* inbred sur *Sir Hercules* et *Blacklock*, tous deux chevaux de la famille n° 2. La mère de *Lord Clifden* était de la même ligne.

La mère de *Parmesan* est bel et bien inbred sur *Whalebone*, *Whisker* et *Wire*. Son fils, *Favonius* (Derby), provient de *Zephir* (par *King-Tom*) avec 4 courants de *Whalebone*, *Whisker* et *Web*.

Vexation, grand'mère de *Blue-Gown*, gagnant du Derby, était par *Touchstone*. Son père, *Beadsman*, provient de *Mendicant* par *Touchstone*.

Il y a une autre phase de cette espèce de rencontre heureuse qui a trait aux exemples précédents et qui est intéressante et instructive, attendu qu'elle prouve le penchant que quelques étalons ont pour leur ligne maternelle, de préférence à celle dont leurs pères sont sortis. Je donnerai le pedigree sous une forme différente, pour être plus bref et parce que le lecteur en tirera profit. On verra ainsi du premier coup d'œil comment les nombres se placent bien.

Il donne l'exemple de *Rêve-d'Or* (Oaks) et voici ce qu'il dit : « *Rêve-d'Or* est le produit d'une rencontre heureuse chez son père du sang de *Melbourne*, de *Touchstone*, de *Hampton* dans *Lord Clifden,* sa troisième mère étant une *West-Australian Mare.* Ceci est encore un exemple frappant, attendu que *West-Australian* est par *Melbourne* et une *Touchstone Mare.*

Pour mieux faire saisir au lecteur le sens exact des *Inbreedings* et de leur place, je donnerai le pedigree de *Rêve-d'Or* que Bruce Lowe néglige de donner :

Le point départ du raisonnement de Bruce Lowe dans cette question ne saurait être accepté sans discussion. C'est la fameuse loi des sexes de *Starckweather*. Les mâles tiennent leur valeur de leur mère et les femelles de leur père. Ceci est encore à démontrer, car j'ai vu beaucoup d'exemples du contraire dans l'humanité, aussi bien que chez les animaux domestiques.

Mais où il est bien mieux inspiré c'est dans la suite du chapitre X. En effet, il ne pouvait échapper à un éleveur aussi averti que les grandes juments sont surtout produites par certains étalons d'une constitution efféminée. Laissant donc de côté *la loi des sexes* qui est complexe, Bruce Lowe dit : « En attendant, nous devons nous contenter de chercher la raison pour laquelle les pouliches de tel ou tel étalon sont si supérieures à ses poulains. » Et il passe en revue des étalons

8

considérables, tels que *Petrarch,* père de *Busybody* et *Miss Jummy* (gagnante des Oaks), et de *Throstle* (gagnante du Saint-Léger), *Sweatmeat, Parmesan,* etc., et il étudie d'une façon très heureuse la cause de l'efféminisme de ces producteurs de grandes pouliches.

Nous ne le suivrons pas dans ce développement qui est loin d'être étranger à la question de l'*Inbreeding,* mais, au contraire, parce que nous désirons traiter nous-même l'*Efféminisme* dans un chapitre spécial où les citations auront leur place.

Les Incestes et les Chevaux de course phénoménaux. — C'est surtout dans son chapitre XI sur les *Chevaux de course phénoménaux* que nous retombons dans des considérations sur l'*Inbreeding.* Le début du chapitre est très curieux, et il faut le citer tout entier : « Selon moi, l'ambition de tout éleveur de chevaux de course est de produire quelque chose de phénoménal dans le sens qu'on attache à cette expression dans le langage du Turf. Beaucoup de performers ainsi appelés phénoménaux, depuis et y compris *Flying-Childers* jusqu'à *Ormonde* doivent, sans doute, leurs qualités extraordinaires à des expériences d'étroite consanguinité. Dans la plupart des cas, ces expériences ont été de grosses bévues au point de vue des résultats attendus, parce que l'expérience nous a montré que n'importe quel cheval produit, par exemple, comme la troisième mère de *Flying-Childers* ne pouvait rien donner de mieux qu'un sprinter de troisième ordre. Il n'existe aucune annale du Turf des performances de *Lollypop,* mère de *Sweetmeat,* mais on peut dire sûrement qu'elle n'était qu'un sprinter, si elle a couru, même sous n'importe quelle forme. Peut être dans ces deux cas, les éleveurs s'attendaient, sans doute, à obtenir de brillants résultats, ou bien ne faisaient-ils ces expériences que pour voir jusqu'à quel degré de parenté on pouvait unir les géniteurs de l'espèce chevaline sans inconvénients ? Cependant nous autres, hommes modernes, nous nous occupons moins de leurs motifs que de l'effet curieux produit par un *Inbreeding* aussi anormal sur les chevaux de course du temps passé et du temps présent. Car il est bien évident qu'une union incestueuse sur les meilleurs courants de sang (comme dans le cas de *Lollypop*) a pour effet de concentrer une proportion plus considérable de force vitale dans les veines d'un sujet qu'il n'en recevrait dans les circonstances ordinaires, quoique cet accroissement de vitalité ne doive peut-être pas pouvoir être utilisé dans les générations immédiatement suivantes ou même plus éloignées. »

C'est toujours un grand plaisir de lire ce début quoique, certainement, tout n'y soit pas irréprochable, mais la question du *Close-breeding* y est bien affirmée, comme la base inébranlable sur laquelle repose tout l'élevage, puisqu'aucun grand reproducteur et aucun grand cheval de course n'a pu naître depuis la fondation du Turf sans être pourvu d'incestes comme caractère essentiel de son pedigree.

C'est ainsi, du reste, que Bruce Lowe attaque la question sans transition : « Les légendes, racontant les performances de *Flying-Childers* sont quelque peu obscures au milieu des brouillards des traditions et ce serait beaucoup trop exiger de nous, si on s'attendait à nous voir accepter la légende suivant laquelle il franchissait 82 pieds 1/2 en une seconde ou à peu près un mille en une minute. Cependant il a incontestablement montré ses talons à tous les chevaux de course ses contemporains, et il a dû faire des choses bien étonnantes pour avoir tant fait parler de lui. Son pedigree montre que sa mère était le produit d'une union incestueuse.

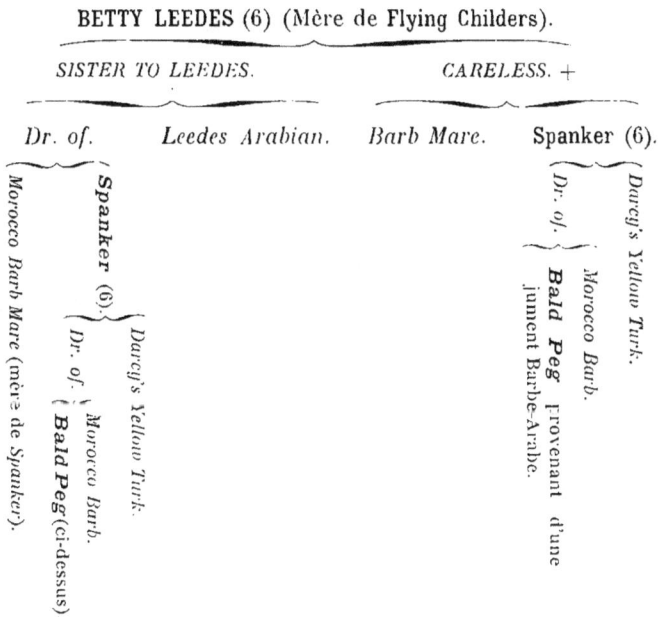

BETTY LEEDES (6) (Mère de Flying Childers).

SISTER TO LEEDES.			CARELESS. +	
Dr. of.	Leedes Arabian.	Barb Mare.		Spanker (6).

Morocco Barb Mare (mère de *Spanker*).

Spanker (6). — Dr. of. { *Morocco Barb.* — *Darcy's Yellow Turk.* — **Bald Peg** (ci-dessus).

Dr. of. { *Morocco Barb.* — **Bald Peg** provenant d'une jument Barbe-Arabe. — *Darcy's Yellow Turk.*

« On verra par ce pedigree que *Spanker* fut accouplé à sa propre mère et de cette union naquit une pouliche qui fut alliée à *Leedes-Arabian*. Le résultat de cet autre croisement fut une pouliche *Sister-to-Leeds* et celle-ci, à son tour, a été livrée à *Careless*, fils de *Spanker*, revenant dans le sang *Spanker* et lui donnant par ce moyen une intensité ainsi plus grande. *Betty-Leedes*, produit de cette curieuse combinaison, a été heureusement accouplée avec *Darley-Arabian* qui était non seulement un *out-cross* complet, mais encore le meilleur étalon oriental qu'on aie

jamais introduit au *Stud anglais,* si on peut en juger par ses descendants
en ligne mâle. Il est à regretter que *Betty-Leedes* n'aie pas produit de
filles, parce qu'alors nous aurions pu avoir le spectacle de leur progéniture avec *Marske* (8) et, selon toute probabilité, on aurait ainsi
obtenu une autre ligne mâle d'*Eclipse* outre la production d'un Cheval
de Course Phénoménal. La supériorité d'*Hérod* et d'*Eclipse* est due en
grande partie à cette union incestueuse, surtout dans le cas d'*Hérod*,
où le nom de *Flying-Childers* (produit comme nous l'avons vu) se présente une fois par sa mère, fille de *Blaze,* fils de *Flying-Childers* et ou
l'*Inbreeding* se trouve encore répété doublement, ou peu s'en faut, par
les deux courants de *Y-Bald-Peg* et la mère de *Jigg.* Cela suffit amplement pour expliquer les aptitudes d'*Hérod* pour la course et aussi la
bonté de ses filles surtout quand elles sont croisées avec *Eclipse* si
riche en sang Sire. En vérité, jamais deux chevaux ne se sont si bien
complétés et c'est *Hérod* qui a le plus d'obligation dans cette combinaison. »

Les Reproducteurs phénomènes et le « Close breeding ».
— Les derniers commentaires sont peu à la portée des lecteurs qui
débutent. Il suffit cependant pour les comprendre de mettre sous
leurs yeux deux pedigrees réduits à leurs *Inbreedings* sur *Spanker*
et ils verront que les réflexions de Bruce Lowe sont très sages. *Eclipse*
a le sang incestueux tout entier dans le côté mâle, tandis que chez
Hérod l'inceste sur *Spanker* est dans la mère avec deux courants dans
le père.

PEDIGREE D'*ECLIPSE*

(Pour montrer l'inceste de *Spanker* et de sa mère.)

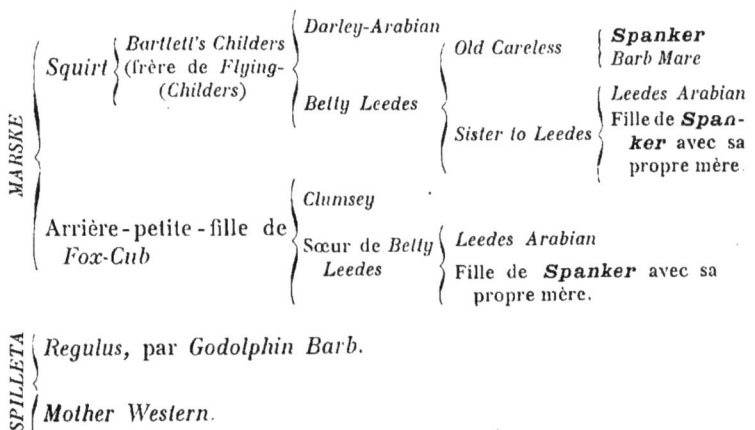

SPILLETA { Regulus, par *Godolphin Barb.*

Mother Western.

PEDIGREE D'*HEROD*

(Pour montrer la place de l'inceste de *Spanker* avec sa mère et les courants
qui viennent le renforcer.)

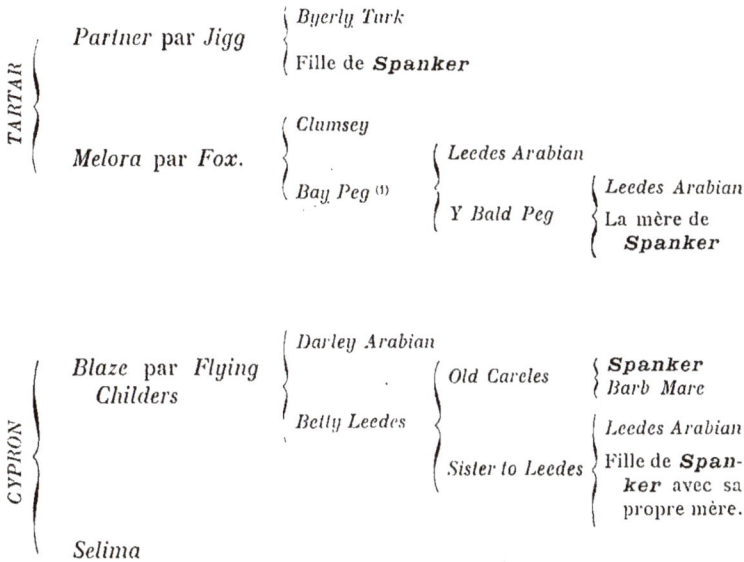

TARTAR

Partner par *Jigg*
- *Byerly Turk*
- Fille de **Spanker**

Melora par *Fox*.
- *Clumsey*
- *Bay Peg* [1]
  - *Leedes Arabian*
  - *Y Bald Peg*
    - *Leedes Arabian*
    - La mère de **Spanker**

CYPRON

Blaze par *Flying Childers*
- *Darley Arabian*
- *Betty Leedes*
  - *Old Careles*
    - **Spanker**
    - *Barb Mare*
  - *Sister to Leedes*
    - *Leedes Arabian*
    - Fille de **Spanker** avec sa propre mère.

Selima

Nous voyons donc apparaître les incestes à la base de la race pour donner des Racers et Sires phénomènes, tels qu'*Herod* et *Eclipse*.

Bruce Lowe continue en donnant l'exemple de *Gladiateur*. Nous reviendrons sur ce phénomène dans une analyse spéciale.

Mais véritablement, le chapitre de Bruce Lowe est absolument typique et comme il est, somme toute, facile à suivre avec les pedigrees, nous soumettons au lecteur les passages suivants :

On trouvera peut-être qu'il est un peu trop tôt de classer *Domino*, le cheval sensationnel américain, de deux ans, en 1893, parmi les chevaux phénoménaux ; cependant les courses qu'il a faites à deux ans, en portant de lourds poids et avec une jambe douteuse, désigneront à jamais l'année de 1893 comme l'année de *Domino*. Son pedigree ressemble beaucoup à celui des grands craks du monde et mérite d'être cité.

_____

(1) *Bay Peg*, incestueuse sur *Leedes Arabian*, produit du père et de la fille.

DOMINO.

MAIMIE GREY (27).   HIMYAR (2).

Lizzie G. (37)	Enquirer +.	Hira.	Alarm (15)

Alarm (15)
- Eclipse (1) (imp.)
  - Orlando (13).
    - Touchstone (14).
    - Vulture.
  - Gaze.
    - Bay Middleton (1) by Sultan (8).
    - Flycatcher by Dr. of Cobweb.
- Maud (imp.)
  - Stockwell (3).
    - The Baron by Birdcatcher (11)
    - Pocahontas by Glencoe.
  - Dr. of.
    - Lanercost (3) by Liverpool (11)
    - Sister to Hornsea by Velocipede (3) by Blacklock.

Hira.
- Lexington (12).
  - Boston (40) by Timoleon + by Sir Archy (41).
  - Alice Carneal by Sarpedon (41).
- Higera.
  - Ambassador.
    - Plenipotentiary (6) by Emilius.
    - Dr. of Whisker (1)
  - Flight.
    - Leviathan by Muley (7).
    - Dr. of Sir Charles (12) by Sir Archy.

Enquirer +.
- Leamington (14).
  - Faugh-a-Ballagh (11) by Sir Hercules (2) by Whalebone (1).
  - Pantaloon (17) by Castrel (2)
  - Dr. of.
    - Dr. of Blacklock (2) by Whitelock (1).
- Lida.
  - Lexington (12) by Boston (40).
  - Lize.
    - (Am.) Eclipse.
    - Gabriella (3).
      - Sir Archy (41).
      - Calypso, with a lot of close inbreeding at bottom of pedigree to Fearnought.

Lizzie G. (37)
- War Dance (27).
  - Lexington (12) by Boston (40).
  - Reel by Glencoe (1).
    - Sultan (8) by Selim (2).
    - Dr. of Trump (3).
- Dr. of.
  - Lecompte (27).
    - Boston (40).
    - Reel by Glencoe (1).
      - Sultan (8) by Selim (2).
      - Dr. of Trump (3).
  - Edith.
    - Sovereign by Emilius.
    - Judith by Glencoe (1).
      - Sultan (8) by Selim (2) by Buzzard. (3)
      - Dr. of Trump. (3)

Edith, provenant d'une Glencoe Mare, a été unie à son cousin Lecompte, provenant aussi d'une jument Glencoe Reel; le résultat qui était une fille fut alors accouplé avec un autre des fils de Reel, War Dance, et produisit Lizzie G, son père War Dance était également un fils de Lexington. Lizzie G, produit de cette union incestueuse, fut accouplée avec *Enquirer*, fils de *Leamington* et de *Lida*, par *Lexington* (ci-dessus). Ce double croisement de *Lexington* avec un courant de *Leamington* a eu l'effet d'une heureuse diversion sur l'*Inbreeding* antérieur et intense sur *Glencoe*, et le produit de cette union, *Maimie Grey*, devait être bien taillée pour la course. Ce qu'il fallait faire avec une jument ainsi *inbred* c'était de l'accoupler avec un cheval *outbred* n'ayant qu'un filet de son sang le meilleur et le plus fort pour servir d'anneau intermédiaire. Il serait difficile de trouver un cheval plus *outbred* que *Hymyar*, c'est pour cette raison qu'il réussira toujours le mieux avec un fort retour sur son sang vigoureux de *Blacklock*, *Bircalcher* et *Glencoe*, comme on le voit dans ce cas.

Si je n'ai pas précédemment élucidé cette question, c'est qu'on ne saurait faire trop fortement sentir aux Stud-Masters la nécessité d'accoupler toujours un étalon *outbred* avec des juments étroitement *inbred* sur ses meilleurs courants et *vice versa*. Je me suis efforcé de prouver au chapitre VIII que la vitalité des chevaux de courses est due aux infusions des familles Runnings 1, 2, 3, 4 et 5. De plus, que ces familles ne réussissent pas quand elles sont croisées entre elles, mais ont besoin d'être greffées sur les souches plus grossières et plus masculines des familles Sires ou des familles Outsides.

Dans le cas en question, il y a un retour persistant au n° 27, attendu que le *Lecompte* et *War Dance* sont des rameaux du tronc de *Maimie Grey* (27), mais ce fort *Inbreeding* sur 27, seul, n'aurait produit que de mauvais résultats sans l'influence de *Glencoe*. L'incomparable *Boston*, père de *Lexington*, a été probablement un des chevaux de courses les plus phénoménaux des premiers temps du turf en Amérique. Il a pris part à 45 courses, courant d'abord dans 40 et, parmi celles-ci, il y avait 30 heats de 4 milles et 9 de 3 milles

Son pedigree, comme celui de la plupart des chevaux de courses extraordi-

DR. OF CLOCKFAST (imp.) (troisième mère de *Boston*).

DR. OF (40).		CLOCKFAST (19).	
Y. Kitty Fisher.	*Symme's Wildair* (40).	*Miss Ingram.*	*Gimcrack* (23).

Kitty Fisher (imp.) (ci-dessus) by *Cade* by *God. B.*

Fearnought (32) (imp.) by *Regulus* (**11**).

Dr. of: { *Jolly Roger* (2) (imp.) — *Dr. of* **Kitty Fisher** (imp.) by *Cade* by *God. B.* (ci-dessous).

Fearnought (32) (imp.) by *Regulus* (**11**).

Dr. of Sedbury.

Regulus (**11**).

Miss Elliot.

Cripple by God B.

naires, était curieusement *inbred* au bas du pedigree du père et de la mère, et ressemble à celui de *Gladiateur*, sous ce rapport. Sa cinquième mère, par *Kitty-Fisher* était par *Fearnought* importé (fils de *Regulus*) (11), provenant de l'importé *Kitty-Fischer*, par *Cade*, fils de *Gololphin Barb.*

Y *Kitty-Fischer* a été accouplée avec *Symme's-Wildair*, fils de l'importé *Fearnought* (par *Regulus*), provenant d'une fille de l'importé *Jolly-Roger*, provenant de l'importée *Kitty-Fisher* (ci-dessus, par *Cade*). Cette naissance a été incestueuse comme on peut le voir par le tableau. Pour le reste du pedigree de *Boston*, voyez *Lexington*, page 119.

On remarquera aussi que *Clockfast* provenait d'une *Regulus Mare*, et qu'un autre courant de *Regulus* pénètre par *Alderman* (père de la seconde mère de *Boston*), fils de *Pot-8-Os*, provenant d'une *Regulus Mare*. *Timoleon*, père de *Boston*, eût pour seconde mère une fille du même *Symme's-Wildair* qui figure dans le tableau ci-dessus de la mère de *Boston*, de sorte que l'*Inbreeding* sur *Fearnought* a été plus intense et plus efficace, parce qu'il arrivait par le même canal, c'est-à-dire *Kitty-Fisher* et il n'en fallait pas davantage pour produire un bon cheval de course, grâce au grand rapprochement de *Godolphin Barb.* Mais l'*Inbreeding* s'est

CALYPSO + (quatrième mère d'Enquirer).

DR. OF DARE DEVIL (imp.)		*BELLAIR* (15).	
Sallard Mare.	*Dare Devil* (**12**).	*Y. Selima.*	*Medley* (imp.) (**3**).

Piccadilla.

Fearnought (imp.) (32) (above).

Hébe.

Magnet by Herod (26).

Bl. Selima.

Yorrick.

Aminda.

Gimcrack (23).

{ *Cripple.*
{ *Miss Elliot.*

{ *Snap* (1).
{ *Miss Cleveland.*

{ *Regulus* (**11**) by *God. Barb.*
{ *Midge.*

Fearnought (imp.) (32).

Selima (imp.).

{ *Regulus* (**11**) by *God. Barb.*
{ *Silvertail.*

{ *God. Barb.*
{ *Large Hartley mare.*

{ *Chrysolite.*
{ *Out of Proserpine, Sister to Eclipse.*

{ *Regulus* (**11**).
{ *Silvertail.*

{ *Fearnought* (32) by *Regulus* (**11**).
{ *Dr. of Godolphin.*

encore continué par la mère de *Timoleon*, fille de *Saltram* (7), par *Eclipse*, fils de *Marske* et de *Spiletta*, par *Regulus* (père de *Fearnought*), de plus on trouve encore deux courants de *Regulus* en se reportant en arrière dans le pedigree. Ici encore, comme dans *Gladiateur* et *Emperor of Norfolk*, on verra qu'il y avait disette de sang Sire au sommet, par conséquent l'*Inbreeding* sur *Regulus* (11) avait une beaucoup plus grande importance qu'elle n'en aurait eu dans des circons-

LEXINGTON

ALICE CARNEAL (12).

- **Rowena.**
  - Sumpter (4).
    - Sir Archy (41).
      - Diomed (6) (above).
      - Rockingham Mare.
    - Dr. of.
      - Robin Redbreast.
      - Dr. of Obscurity (3).
  - Lady Grey.
    - Robin Grey +.
      - Royalist (28). { Saltram (7) by Eclipse (12). / Dr. of Herod.
      - Dr. of Grey Dioned by Medley (imp.) (3).
    - Maria.
      - Melzer (40).
        - Medley (3).
        - Symme's Wildair (40) by Fearnought. { Vampire. / Kitty Fisher (imp.) (above). } Kitty Fisher:
      - Dr. of.
        - Highflyer.
        - Dr. of. { Fearnought (32) by Regulus (11). / Dr. of Ariel.

- **Sarpedon (41).**
  - Emilius (28).
    - Orville (8).
      - Beningbrough (7) by King Fergus by Eclipse (12).
      - Evelina.
    - Emily.
      - Stamford by Sir Peter (3).
      - Whiskey (2) Mare.
  - Icaria.
    - The Flyer (17).
      - Vandyke jun (12). { Walton by Sir Peter (3). / Dr. of Pol-8-os by Eclipse (12).
      - Acata by Beningbrough (9) by Joe Andrews (4) by Eclipse (12).
    - Parina.
      - Dick Andrews (9) by Joe Andrews (above).
      - May by Beningbrough (above).

BOSTON (40).

- **Dr. of.**
  - Ball's Florizel +.
    - Diomed (6) (above).
    - Dr. of Shark (1) by Marske (8) by Squirt (11).
  - Dr. of.
    - Alderman (26). { Pot-8-os (38) by Eclipse (12) by Marske (8) by Squirt (11). / Lady Bolingbroke by Squirrel.
    - Clockfast (19) by Gimcrack (23).
    - Dr. of. { Symme's Wildair (40) by Fearnought (above). / Y Kitty Fisher: Kitty Fisher (imp)

- **Timoleon +.**
  - Sir Archy (41).
    - Dioned (6).
      - Florizel (5). { Herod / Cygnet Mare.
      - Sister to Juno. { Rockingham (24) by Highflyer. / Tabitha by Trentham (5).
    - Dr. of.
      - Eclipse (12) by Marske (8) by Squirt (11). Virago by Snap (1).
      - Dr. of Symme's Wildair (40) { Fearnought (32) by Regulus (11). / Dr. of Jolly Roger (2) (imp.)
  - Dr. of.
    - Saltram (7).
      - Eclipse (12) by Marske (8) by Squirt (11).
      - Dr. of Symme's Wildair (40) by Fearnought.
    - Dr. of.
      - Saltram (7) by Eclipse (12).
      - Dr. of Herod.

tances ordinaires. D'un autre côté, ce pedigree fait comprendre ce que j'ai déjà indiqué précédemment comme la bonne méthode à employer pour les accouplements et qui consiste à examiner avec la plus grande attention le côté de la mère dans le pedigree de l'étalon et, quand vous aurez découvert le meilleur courant et le plus puissant (dans ce cas *Regulus*), accouplez-le avec des juments étroitement *inbred* sur le même sang. Bien que grand cheval de course incontestablement, *Boston* était très pauvre en sang Sire dans ses degrés ascendants et quand on examine son pedigree, on ne trouve un nombre Sire que lorsque l'on arrive à *Eclipse* (12) au quatrième degré. Pour produire un fils avec des chances de

BENDIGO

| HASTY GIRL (9). | | | BEN BATTLE (4). | |

| *Irritation.* | *Lord Gough* (**12**). | | *Y. Alice.* | *Rataplan* (**3**). |

Patience.

king of Trumps(2).

Battaglia.

Gladiateur (5).

Sweet Hawthorne by Sweetmeat(21).

Y. Melbourne (26).

Pocahontas by Glencoe (1) by *Sultan* (**8**) by *Selim* (2).

The Baron (24).

{ *Newton Lass* { *Dr. of Velocipede* (**3**) by *Blacklock* (2, 2, 1).

{ *Assault* (20) by *Touchstone* (**14**). { *Helman Platoff* (2) by *Britandort* (**11**) by *Blacklock* (2, 2, 1).

{ *Velocipede* (**3**) by *Blacklock* (2, 2, 1). { *Miss Gill by Viator.*

{ *Espoir.* { *Liverpool* (**11**). { *Esperance.*

{ *Rataplan* (**3**) by *The Baron* (24) by *Birdcatcher* (**11**) by *Sir Hercules* (2).

{ *Monarque* (19). { *Dr. of Gladiator* (22).

{ *Gladiator* (22). { *Dr. of Voltaire.* { *Blacklock* (2, 2, 1). { *Dr. of Blacklock* (2, 2, 1).

{ *Melbourne* (1). { *Pantaloon* (17). { *Dr. of Glencoe* (1).

{ *Clarissa.*

{ *Birdcatcher* (**11**) by *Sir Hercules* (2). { *Economist by Whisker* (1). { *Miss Pratt by Blacklock* (2, 2, 1).

{ *Echidna.*

perpétuer la ligne, il fallait absolument qu'on lui accouplat des juments de lignes Sires et quant à ce qui concerne *Eclipse* (12), comme c'était son courant le meilleur et le plus fort, il fallait s'attendre à ce que son plus grand fils, *Lexington* dut son existence à *Alice Carneal* de la ligne (12).

Quoique n'appartenant pas à la catégorie de *world-beaters*, *Enquirer* était tout à la fois un cheval de course et un bon étalon, et il ne sera pas hors de propos de faire figurer une partie du pedigree de sa mère à côté de celui de la mère de *Boston* que nous venons de donner, parce qu'il y a une grande ressemblance dans l'origine ancienne. *Enquirer* avait pour père l'importé *Leamington* et provenait de *Lida* par *Lexington* qui provenait de *Lise* par *American Elipse* (3), qui provenait de *Sabiella* par *Sir Archy*, qui provenait de *Calypso* par *Bellair*, et ensuite une jument américaine.

Si nous nous reportons au pedigree de *Lexington*, et que nous notions l'*Inbreeding* incestueux sur *Fearnought* dans *Boston*, inbreeding qui est continué et accentué par *Maria*, quatrième mère de *Lexington*, inbred également sur *Fearnought* avec un courant de *Maley*, on concluera que *Lida*, mère d'*Enquirer* était un type de pedigree *inbred* américain et convenant parfaitement pour un croisement en dehors avec un cheval fortement né dans la ligne mâle d'*Eclipse*, tel que *Leamington*.

Peu de personnes nieront que *Bendigo* ne soit en droit d'être classé parmi les coureurs phénoménaux ; d'ailleurs, son pedigree ne s'écarte aucunement de la règle qui domine évidemment dans la production d'animaux de ce genre, excepté cependant qu'ici l'*Inbreeding* sur *Rataplan* est plus étroit qu'il ne l'est ordinairement dans les chevaux doués d'une forte dose de résistance. Par contre, il y a de magnifiques croisements en dehors de *Y-Melbourne, Gladiator* et *Pantaloon*.

La quatrième mère de *Bendigo*, *Newton-Lass* a été produite par un accouplement de cousins, huitième fils et huitième fille de *Blacklock;* sa fille, *Patience*, a été accouplée avec *King of Trumps*, aussi un huitième fils de *Blacklok*, accentuant ainsi l'*Inbreeding* sur *Blacklock* et *Hasty-Girl* a encore reçu un autre courant *Blacklock* par *Rataplan*. La seconde mère de *Ben-Battle* provenait de *Sweatmeat*, dont la mère a été incestueusement accouplée avec *Blacklock*.

Sans aucun doute, *Salvator* peut être classé comme le meilleur all-round de course américain des derniers temps. Sous le rapport de l'*Inbreeding* intense sur certains courants, sa mère, *Salina*, ne fait pas exception aux grands exemples que j'ai cités dans ce chapitre. La neuvième mère de *Salina* avait pour père *Fearnought* (fils de *Regulus*), sa huitième mère avait pour père *Highflyer* (fils d'*Highflyer*), sa septième mère provenait de *Mebzar*, fils de (imp.) *Medley* provenant de *Kitty-Fisher*, fille de (l'imp.). *Kitty-Fisher* qui occupe une si large place dans les pedigrees de *Boston* et de *Lexington*, et *Kitty-Fisher* avait pour père *Symme's Wildair*, fils de l'importé *Fearnought* et de l'importé *Kitty-Fisher*. Cela prouve que *Mebzar* a été uni incestueusement à (l'imp.) *Kitty-Fisher*. En outre, la sixième mère de *Salina*, *Lady Grey*, avait pour père *Robin-Grey*, dont la mère était fille de *Grey-Diomed*, fils de (l'imp.) *Medley* (3) cité plus haut. Cette combinaison présente une série de curieux *Inbreeding* dans les 6e, 7e et 9e rangs de *Salina* sur *Fearnought* et son fils *Symme's Wildair*. Egalement, *Medley* avec un *inbreeding* incestueux sur l'imp. *Kitty-Fisher* par *Mebzar*. En haut de tout cela viennent (par les 5e, 4e et 2e mère de *Salina*) des courants respectifs d'*Orphan* par *Ball's-Florizel* (fils de *Diomed*), *Trumpeter, Tranby*, fils de *Blacklock* (2), *Trustee*, fils de *Catton* (2) et *Whisker* (1) ; enfin, *Glencoe* (1). *Salina* elle-même avait pour père *Lexington* dont la troisième mère était précisément la *Lady Grey* qui figure comme la sixième mère de *Salina*, répétant ainsi tout l'*inbreeding* indiqué plus haut ; d'un autre côté, nous avons vu que *Boston*, père de *Lexington*, était dans sa propre personne fortement *inbred* sur *Symme's Wildair* et sur son père *Fearnought*, de plus sa quatrième mère avait été aussi incestueusement accouplée à *Fearnought* et *Kitty-Fisher* (importé) Dans tout le cours de mes recherches, je n'ai pas rencontré de cas

SALVATOR

- **SALINA (12).**
  - *Lightsome.*
    - *Levity.*
      - *Dr. of Tranby (21) by Blacklock (2, 2, 1).*
      - *Dr. of Whisker (1).*
        - *Catton (2).*
        - *Trustee (7).*
  - *Lexington (12).*
    - *Glencoe (1).*
      - *Dr. of Tramp (3).*
      - *Sultan (8) by Selim (2).*
    - *Alice Carneal.*
      - *Dr. of Sumpter (4) by Sir Archy (41).*
      - *Sarpedon (41) by Emilius (22).*
    - *Boston (40).*
      - *Dr. of Ball's Florizel.*
      - *Timoleon (41).*
        - *Dr. of Saltram.*
        - *Sir Archy (41).*
- **PRINCE CHARLIE (12).**
  - *Eastern Princess.*
    - *Tongris.*
      - *Dr. of Glaucus (3).*
      - *Sesostris (12).*
    - *Surplice (2).*
      - *Crucifix.*
      - *Touchstone (14).*
  - *Blair Athol (10).*
    - *Blink Bonny.*
      - *Queen Mary.*
      - *Melbourne (1).*
    - *Stockwell (3).*
      - *Dr. of Glencoe (1).*
      - *The Baron (24).*

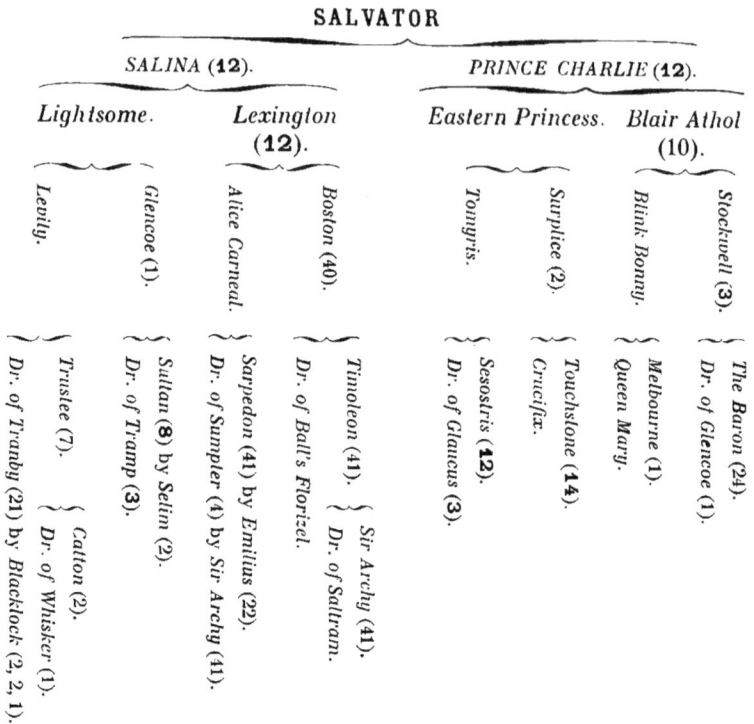

d'*Inbreeding* aussi remarquable que celui-ci et, on peut le regarder comme plus intense qu'on pourrait le croire après un examen superficiel, attendu que *Lightsome*, mère de *Salina* et *Lexington*, descendent tous deux de la vieille *Montagu Mare* (12). Il devait en être ainsi, parce que ni *Lightsome* ni *Lexington*, à part cela, n'avaient beaucoup de sang Sire dans leurs veines. Il est vrai qu'ils descendent directement d'une bonne famille Sire (12), ce qui explique pourquoi, comme nous l'avons déjà dit, la famille *Levity* a obtenu des succès si persistants en Amérique où il y avait si peu de sang Sire dans les vieux pedigrees. Le fait qu'un plus grand nombre de bons étalons sont sortis de cette famille que de n'importe quelle autre en Amérique est une preuve éclatante de la valeur du système des nombres et des choix des familles Sire, ce qui était déjà un fait acquis longtemps avant que j'eusse vu un pedigree américain. Revenons à *Salina*, comme je l'ai déjà dit, on peut la classer comme une jument extraordinaire *inbred* sur les vieux courants de sang américain et, c'est pour cela qu'il lui fallait un étalon d'une origine opposée, mais renfermant dans ses veines un trait d'union commun à l'un et à l'autre. Elle a été heureusement accouplée avec *Prince Charlie* (imp.) dont la mère *Eastern Princess*, ainsi que son grand-père *Sesostris* descendaient directement de la même vieille *Montagu Mare*. Outre ce puissant intermédiaire, il y avait une rencontre heureuse de *Glencoe* à trois et cinq degrés. On peut bien dire que *Salvator* doit sa grandeur aux grosses bévues faites en *Inbreeding* par quelques Stud-Masters Américains des premiers temps, qui ne cherchaient évidemment que des résultats immédiats, ne songeant nullement aux bons effets à obtenir plus tard. Je vais indiquer ici la naissance de Dr *Hasbrouck*, le champion du mille en Amérique. Sa mère, *Sweetbriar*, fournit un autre exemple de mères *inbred*. Nous venons de voir comment, dans le cas de la mère de *Salvator*, il y avait une quantité extraordinaire d'*Inbreeding* sur *Fearnought* et *Kitty-Fisher* (imp.). Sous ce rapport, *Sweetbriar* se rapproche beaucoup d'elle. Elle a pour père *Virgil*, fils de *Vandal*, provenant d'*Impudence* par *Lexington*. Or, puisque la quatrième mère de *Vandal*, *Lady Grey* est la troisième mère de *Lexington*, nous avons une répétition du même *Inbreeding* intense sur *Fearnought* et son fils *Symme's-Wildair* ainsi que sur *Kitty-Fisher* (imp.). Il y a aussi dans *Lexington* un *Inbreeding* considérable sur *Dioméde*, et cet *Inbreeding* est encore accentué par le courant *Vandal*, attendu que la troisième mère de ce cheval a pour père *Orphan* produit d'une union entre un fils et une fille de *Diomed*. En vérité, les premiers Stud-Masters Américains avaient un faible pour les expériences de consanguinité étroite, car nous trouvons la troisième mère de *Virgil*, *Peggy-Smith* par *Cook Whip*, accouplée avec *Cripple* dont la mère *Grecian Princess* avait aussi pour père *Cook-Whip*. De plus, *Cook-Whip* était sorti de *Speckleback*, fille de *Randolph's Celar* (fille de *Mede's-Celar*), provenant de *Speckleback* par *Mede's-Celar*.

Chose assez curieuse dans tout le pedigree *Sweetbriar*, il n'y a qu'un courant de vitesse provenant des frères *Castrel* et *Selim* par *Glencoe* ; il ne faut donc pas s'étonner, comme je l'ai déjà fait remarquer, qu'elle s'est bien rencontrée avec un cheval comme *Sir Modred* descendant en ligne masculine de *Castrel* et *inbred* sur les frères *Selim* et *Castrel*. De plus, il portait dans ses veines un courant de *Blacklock* qui devait se rencontrer heureusement avec le *Blacklock* dont *Sweetbriar* avait hérité par la mère de *Vandal*.

Morello, âgé maintenant de quatre ans, a été placé par de bons juges dans la liste des meilleurs chevaux de courses américains de n'importe quelle époque. Plus d'un connaisseur en course le regarde comme le meilleur de tous les chevaux, bien que je ne partage pas cette opinion. Il a pour père *Eolus*, provenant de *Cerise* par *Macaroni*. Son pedigree confirme la règle en pareil cas et peut être étudié avec profit.

Ce pedigree montre un *Inbreeding* considérable sur la célèbre *Cub Mare* (imp.) qui figure comme la procréatrice de tant d'illustres chevaux américains. L'origine de cette *Cub Mare* remonte à la *Layton Barb Mare* nº 4, une des meilleures lignes Running. Si l'accouplement de rejetons de la même famille tend à reproduire les qualités de la race actuelle, *Miss Obstinate* a dû être douée de tous les caractères distinctifs de la ligne 4, parce que son père *Sumpter* (par *Sir Archy*, par *Diomed*), revendiquait la *Cub Mare* pour sa quatrième mère, cette même *Cub Mare* étant sa septième mère. De plus, la mère de *Miss Obstinate* avait pour père *Tiger* dont la quatrième mère était la même *Cub Mare*. *Mary Morris*, fille de *Miss Obstinate* avait pour père *Medoc*, petit-fils de *Diomed*. *Sumpter* (voyez plus haut) était aussi un fils de *Sir Archy* par *Diomed*. Si nous ajoutons ceci au fait que *Fanny Washington*, mère d'*Eolus* a été *inbred* sur *Sir Archy* (41) à trois degrés, nous trouverons une répétition des conditions qui ont produit *Gladiateur*, *Boston*, etc., seulement dans ce cas, l'*Inbreeding* sur *Sir Archy* a été accompagné et renforcé par le curieux *Inbreeding* sur le nº 4 que nous avons déjà signalé, ainsi que par quatre courants de *Blacklock*, un de *Sir Hercules* et quatre de *Whalebone* et *Whisker*. *Morello* n'est pas trop bien fourni de courants Sire dans ses degrés ascendants et il lui faudra un retour vers ces courants dans ses juments pour triompher de tout cet élément non Sire.

Foxhall est en droit placé parmi les plus grands chevaux de courses américains sinon au premier rang. Jusqu'à cette année-là, il a été le seul cheval, excepté *Rosebery* qui ait gagné le double event du Cesarewitch et du Cambridgeshire, et il portait respectivement 7 stones 12 livres et 9 stones. Dans cette dernière course, ce bon cheval, *Tristan*, du même âge (3 ans), a été battu avec seulement 7 stones 9 livres, ce qui suffit pour faire voir que *Foxhall* a été un cheval étonnant ce jour-là. Si le lecteur veut consulter le pedigree, il verra que *Capitola*, première mère de *King-Alphonso* était presque par le sang une propre sœur de *Mollie Jack-*

FOXHALL.

JAMAICA (15).		KING ALFONSO +.	
Fanny Ludlow.	*Lexington* (**12**).	*Capitola.*	*Phaeton* (9).
Mollie Jackson.	*Dr. of Sarpedon* (41) by *Emilius* (28) by *Orville* (8).	*Dr. of Margrave* (2) by *Muley* (6) by *Orville* (8).	*King Ton* (3).
	Boston (40).	*Vandal* (**12**).	
	Éclipse (1) (Imp).	*Merry Sunshine* by *Storm* (20) by *Touchstone* (**14**).	
Dr. of **Margrave** (2) (ci-dessus).	*Timoleon* by *Sir Archy* (41).	*Glencoe* by *Sultan* (8).	*Harkaway* (2).
Vandal (**12**)	*Dr. of Ball's Florizel.*	*Dr. of **Tranby** (21) by *Blacklock* (2, 2, 1).	*Dr. of **Glencoe** (1).
*Dr. of **Tranby** (21) (son of Blacklock).*	*Orlando* (13) by *Touchstone* (**14**).		
Glencoe (1).	*Dr. of Bro Middleton* (1).		

son, troisième mère de son fils *Foxhall* Ces juments étaient toutes deux par *Vandal*, provenant de *Margrave Mare* et comme *Vandal* était sorti d'une jument *Tranby*, fils de *Blacklock*, nous avons là une nouvelle preuve de l'immense valeur de ce sang qui figure dans les pedigrees de la plupart des grands chevaux de courses modernes. Ce fait établit mieux que tous les arguments que je pourrais produire le bien fondé de la théorie des mombres, parce qu'il n'y a pas dans le Stud Book un cheval aussi *inbred* sur les trois grandes familles Running 1, 2 et 4. Sous ce rapport le pedigree de *Foxhall* offre une ressemblance frappante avec un autre cheval de course merveilleux, *Barcaldine*, en tant que les premières mères des deux étalons sont presque les propres sœurs de sang des troisièmes mères de leurs étalons respectifs. Il faut remarquer que, dans le cas de *Foxhall*, l'*inbreeding* sur *Vandal* (12) était absolument nécessaire à son accouplement avec des nombres non Sires, tels que 9 et 15, et un *inbreeding* sur *Margrave* (2) et *Blacklock* (2). La meilleure manière de réussir avec *Foxhall* sera de lui livrer des filles d'*Isonomy*, *Saint-Simon* ou *Sterling*, provenant de bonnes lignes Running, attendu que la seule chance qu'il ait de produire des chevaux de course se trouve avec des juments combinant les courants Sires et Running.

Le pedigree d'*Ormonde* peut être regardé comme un autre exemple d'*inbreeding* intense dans le pedigree de la mère dans ce cas, sur *Blacklock* et sur 2 en général.

ORMONDE.

LILY AGNES (16).		*BEND OR* (1).	
Polly Agnes.	Macaroni (**14**)	Rouge Rose.	Doncaster (5).

Stockwell (3).
  { The Baron (24).
    { Birdcatcher (**11**) by Sir Hercules (2) by Whalebone (1).
    { Echidna.
      { Economist by Whisker (1).
      { Dr. of Blacklock (2, 2, 1).
  { Pocahontas by Glencoe by Sultan.

Marigold.
  Teddington (2).
    { Orlando (13) by Touchstone (**14**).
    { Miss Twickenham.
  Dr. of.
    { Ritan.
    { Dr. of Melbourne.

Thormanby (4).
  Windhound (3).
    { Pantaloon (17) by Castrel (2).
    { Dr. of Touchstone (**14**).
  Alice Hawthorn.
    { Muley Moloch.
    { Rebecca by Lottery (**11**).

Ellen Horne.
  { Red Shank.
  { Delhi by Plenipotentiary (6).

Sweetmeat (21).
  *Gladiator (**22**).*
    { Partisan (1).
    { Pauline.
  Lollipop.
    { Voltaire (**18**) by Blacklock (2) by Whitelock (2, 1).
    { Belinda by Blacklock (2) by Whitelock (2, 1).

Dr. of.
  Pantaloon (17).
    { Castrel (2) by Buzzard (3) by Woodpecker (1).
    { Idalia by Peruvian by Sir Peter (3).
  Banter.
    { Master Henry (3) by Orville (8).
    { Boadicea.

The Cure (21).
  Physician (6) by Brutandorf (**11**) by Blacklock (2) by Whitelock (2) by Hambletonian (1).
  Morsel by Mulatto (5) by Catton (2).

Miss Agnes.
  Birdcatcher (**11**) by Sir Hercules (2) by Whitebone (1).
  Clarion (6) by Catton (2) or Sultan (8).
  Agnes.
    { Priam (6).
    { Annette.
      { Emilius (28).
      { Dr. of Whiskey (2).
      { Dr. of Don John (2) by Waverley (2) by Whalebone (1).

Il serait difficile de découvrir dans toute la rangée du Stud Book un pedigree aussi fortement *inbred* sur 1, 2, 4 (et 3), que celui de *Lily-Agnes*. Il renferme trois courants de *Blacklock*, avec un *inbreeding* incestueux dans le cas de *Lollipop*, accentué par le courant additionnel de *Blacklock*, ainsi que par une foule d'autres courants du n⁰ 2. Exactement, comme chez la mère de *Domino*, toute cette pureté de la partie du fond du pedigre est greffée sur un courant outside qui s'améliore rapidement (16). Il est facile de remarquer que la ressemblance ne s'arrête pas ici, mais comme dans *Maimie Grey*, nous ne trouvons aucun des nombres Running 1, 2, 3 ou 4 dans les quatre premiers degrés. Pour porter la ressemblance encore plus loin, nous trouvons le père, *Bend Or* (comme *Himyar*) provenant directement d'une famille Running et des familles Running (1 et 3) fortement représentées dans les 1ᵉʳ, 2ᵉ et 3ᵉ degrés.

Les exemples précédents de *Flying-Childers*, *Domino*, *Gladiateur*, *Ormonde* et, à un moindre degré, d'*Herod* et d'*Eclipse*, me mettent en droit de prétendre que la clef des nombres fournit une explication pratique et satisfaisante des causes de supériorité phénoménale qu'on rencontre parfois chez les Chevaux de courses. On n'apprendrait pas une nouvelle aux éleveurs Anglais, Américains et Australiens, en leur disant que les meilleurs courants du Stud Book sont *Eclipse*, *Herod*, *Matchem*, *Sir Peter*, *Whalebone*, *Sir Hercules*, *Blacklock*, *Glencoe*, *Touchstone*, *Birdcatcher*, *Stockwell*, *Isonomy*, *Galopin* et d'autres de mérite à peu près égal. Le commençant le plus inexpérimenté en trouve des preuves palpables à chaque page du *Racing Calandar*. On s'est toujours demandé pour quelles raisons clairement définies des chevaux étaient si grands, quoique ces raisons fussent fondées sur de sains principes physiologiques, tels qu'ils avaient été posés par des maitres aussi illustres que Darwin, Spencer et d'autres, dans leurs traités sur les Lois de l'Hérédité et de la Survivance du plus apte. Ces lois ont une telle influence dans le Stud Book que, comme il a déjà été dit, sur 2.800 et quelques juments figurant dans la 13ᵉ édition du Stud Book, environ 1.000 descendent en ligne féminine de quatre juments célèbres qui forment la base de ce que j'ai appelé les familles Running propres, 1, 2, 3 et 4. Beaucoup de familles se sont éteintes au point de n'avoir plus que 4 ou 5 représentants. Je ne me suis pas donné la peine de parcourir le dernier volume XVI, mais on peut se tenir pour dit que 1, 2, 3, 4, tiennent encore la tête.

Mais où l'auteur Australien est plus logique encore à propos de l'*Inbreeding*, c'est dans le chapitre XII intitulé : *The Breeding of Sprinters*. Ce court chapitre est éloquent et il faut le citer tout entier :

Il y a une si grande ressemblance entre la plupart des pedigree des chevaux phénoménaux ou des *sprinters*, qu'on est forcé d'en conclure qu'aucun cheval ne peut arriver aujourd'hui à la célébrité s'il n'est doué d'une forte dose de vitesse. Pourvu qu'il possède cette force de réserve, il ne lui faut, dans la plupart des cas, qu'un bon caractère et une parfaite constitution, un dressage accompli pour le mettre à même de fournir de longues courses avec succès et de gagner sur n'importe quelle distance. Un examen attentif des pedigree des grands chevaux de deux ans ou des merveilles de *sprinting*, fera voir qu'il y a soit un *Inbreeding* considérable dans la mère ou le père, soit une rencontre heureuse, étroite, de quelqu'ancêtre commun des deux côtés du pedigree. Dans un but pratique, je préfère que l'*Inbreeding* soit chez la mère du jeune cheval, parce qu'il y aura plus de chance pour qu'elle produise des Chevaux de courses de pères différents.

Si le lecteur veut se reporter au pedigree de *Domino*, page 116, il verra que sa seconde mère est fortement *inbred* sur *Glencoe* et, comme je l'ai déjà démontré, *Domino* tire sa grande vitalité et ses influences répétées du sang n⁰ 1, admirablement croisé en dehors par trois courants de *Lexington*; ces derniers auraient par eux-mêmes été impuissants sans la vitalité que leur a communiqué l'*Inbreeding* sur *Glencoe*. Dr *Hashouck* et *Salvator*, proviennent tous deux de mères *inbreds*, ainsi que je l'ai déjà fait voir. Pour faire contraste à ceux-ci, occupez-vous de la production de chevaux tels que *Carbine, Barcaldine*, etc. La mère du dernier, *Ballyroe*, est bel et bien *inbred* sur *Birdcatcher* à 3 et 4 degrés, mais l'intensité de l'*Inbreeding* qui a produit *Barcaldine* provient de la rencontre heureuse de la *Darling's Dam*, des deux côtés du pedigree, à 2 et 3 degrés. *Galopin* était un cheval très brillant de 2 et 3 ans, aussi n'a-il presque jamais été battu. Il est le résultat d'une rencontre heureuse de *Voltaire*, à 3 degrés de chaque côté. En Australie, un poulain d'une vitesse remarquable (*Strathmore*) a gagné toutes ses courses importantes à l'âge de 2 ans, si je ne me trompe, et aussi le V. R. G. Derby et Léger à 3 ans. Sa mère, *Ouida*, avait pour père *Yattendon*, dont la seconde mère, *Alice Grey*, avait pour père *Rous-Emigrant* (4) (imp.). La seconde mère de *Ouida* était la jeune *Gulnare*, ayant pour père *Gohanna*, frère d'*Alice Grey*. La première mère de *Ouida* avait pour père *Little-John* (3), fils de *Problem* par *Theorem* (1) et sa troisième mère avait aussi pour père *Theorem*. Comme cet *Inbreeding* avait eu lieu sur les lignes Running 1, 3 et 4, *Ouida* possédait une grande vitalité qu'elle a transmise à son fils *Srathmore*. *Stromboli*, que j'ai conduit plus tard en Amérique, a eu le malheur de courir contre ce poulain et il a joué le second rôle dans plus d'une circonstance. Néanmoins, *Stromboli* a fait preuve de vitesse et de résistance dans plusieurs occasions et a gagné le A. J. C. Derby et la Sydney Cup, deux milles en 3 min. 31 sec. 1/4 Sa troisième mère, *Lilla*, avait pour père *New-Chum*, fils d'une de nos bonnes juments de courses, *Industry* par *Theorem* (1) et *Lilla*, provenait d'*Eva* par *Y. Marquis*, fils de *Little-John*, dont la mère *Problem*, aussi par *Theorem*, était une propre sœur d'*Industry*. Il faut remarquer que ces deux rivaux, *Strathmore* et *Stromboli*, proviennent de lignes très semblables et qu'ils ont tous deux également un courant d'*Yattendon* et, bien que personne de nous ne soit disposé à croire que *Flying-Childers* a couru 1 mille en 1 minute, il était, à n'en pas douter, doué d'une vitesse phénoménale et nous avons vu ailleurs la manière incestueuse dont sa mère a été engendrée. *Peter* (Middle Park Plate) était probablement doué d'une plus grande vitesse que n'importe quel cheval contre lesquels il a lutté et sa mère a été *inbred* sur le nombre 2 par *Blacklock, Selim*, etc., et ceci s'applique aussi aux mères d'*Ormonde, Bendigo, Australian Peer* et *Lamplighter* (Am.). *Lucky-Dog*, par *Darebin*, provenant de *Lou-Lanier*, a montré une grande aptitude pour la course pendant la dernière saison, alors qu'il n'avait que 2 ans. Il est le propre frère de *Kildeer*, qui a fait tomber tous les records d'Amérique et promet de gagner quelques bonnes courses qui feront honneur à son propriétaire, M. Siméon G. Reid, amateur intelligent et enthousiaste des pedigrees, et qui est en train de fonder un haras précieux de chevaux de courses au Sud de la Californie. *Lou-Lanier* a pour père *Lever* (fils de *Lexington* et de *Levity*, provenant de la mère de *Vandal*). J'ai déjà fait voir comment *Lexington* et *Vandal* ont été *inbred* sur *Kitty-Fisher* (importé). Mais, comme je l'ai déjà fait remarquer, cet *Inbreeding* ne s'est pas fait sur du sang Running, car cela n'aurait pas produit de bons résultats, à moins d'être mêlés avec des infusions de *Glencoe* (1), *Whisker* (1) et *Blacklock* (2). Nous trouvons dans *Lou-Lanier* ce même mélange heureux parce que sa seconde mère, *Re-Union*, était le produit d'un croisement d'*Union*, fils de *Glencoe*, avec *Galopade* (jeune), une fille de *Glencoe*, frère et sœur de père. Il est donc clair que, pour obtenir une grande vitesse, il faut un *Inbreeding* étroit sur le côté seul de la mère ou par une rencontre heureuse du même sang des deux côtés du pedigree, comme dans le cas de *Galopin*. On peut donc aussi obtenir de la vitesse en obtenant des produits d'un étalon *inbred* comme *Galopin*, témoins *Donovan*, provenant de *Mowerina*, dont l'*Inbreeding* n'était nullement remarquable; elle remontait à *Touchstone* à 3 et 4 degrés, avec trois forts croisements de *Melbourne, Pantaloon* et *Bay-Middleton*, de sorte que nous pouvons raisonnablement attribuer la vitesse étonnante de *Donovan* à l'*Inbreeding* de son père. *Wisdom* est un riche exemple d'un père *inbred* qui a produit une suite de chevaux doués d'une grande vitesse (voyez *Surefoot* et *Sir Hugo*, gagnants respectifs des 2.000 G. et du Derby).

Ce qui précède suffit pour montrer qu'*Inbreeding intense* et grande vitesse sont

9

synonymes. D'ailleurs, nous ne pouvons pas espérer obtenir une vitesse remarquable dans d'autres conditions.

Bruce Lowe et le comte Lehndorf.

— Enfin, nous allons citer le chapitre XIV avec tristesse, car nous voyons une grande faiblesse dans les convictions de l'auteur. C'est évidemment une chance pour nous qui écrivons notre impression sur les Ecrivains Sportifs en *Inbreeding* et en *Out-crossing* que de lire la critique du comte Lehndorf, par Bruce Lowe. On ne saurait être mieux servi.

Voici ce fameux chapitre XIV, que nous allons commenter ensuite spécialement :

Une comparaison attentive des pedigrees des grands étalons du monde fait certainement voir que la majorité ne sont pas *inbred,* pour nous servir du terme employé. Le comte Lehndorf, dans ses *Horses Breedings Recollections,* nous a fourni une table très utile de la plupart des grands étalons anglais, table qui montre que chez la plupart des étalons de premier ordre, on ne trouve d'ancêtre commun qu'à quatre ou six degrés de l'un ou l'autre côté de la table. Mais ces faits doivent frapper tout observateur attentif de pedigree et ils ont été signalés il y a bien des années par M. Reynolds et par moi. Pour ceux qui n'ont pas vu l'ouvrage en question, je vais citer quelques exemples en prenant *The Miner,* parce que

THE MINER.

MANGANESE (4) (Premier courant).	*RATAPLAN* (3) (Premier courant).
Moonbeam *Birdcatcher* (**11**)	*THE BARON* (24) (Second courant).
(Second courant). (Second courant).	*BIRDCATCHER* (**11**) (Troisième courant).

son cas est mieux connu que la plupart des cas de naissance consanguine, de cette manière je montrerai comment je calcule les degrés de parenté. Nous avons ici *Birdcatcher* à deux et trois degrés. On a dit que *The Miner* avait échoué au haras, tandis que ses sœurs *Mandragora* et *Mineral* y ont obtenu de grands succès. *Orest* et *Knight of Saint-George* ont le même degré d'inbreeding. *Wisdom* (père de *Surefoot* et de *Sir Hugo*) est même plus étroitement sorti d'un consanguin, attendu qu'il a pour père *Blinthoolie* (fils de *Rataplan*), provenant d'*Aline* par *Stockwell,* frère de *Rataplan,* mais ces deux courants paraissent se comporter vis-à-vis l'un de l'autre d'une manière plus serrée que n'importe quel courant moderne. Quelques-uns des chevaux avec *inbreeding* à un degré plus éloigné ou à trois degrés, tels que *Galopin* (*inbred* sur *Voltaire* à trois degrés), *Partisan* (*inbred* sur *Highflyer* à trois degrés), *Petrarch* (*Touchstone* à trois degrés), *The Baron* (*Whalebone* par *Whiskey* à trois degrés), sont à peu près les meilleurs d'une liste peu étendue. Le comte Lehndorf a cité aussi *Priam* mais sans raison, attendu qu'il est *inbred* sur *Whiskey* à deux et quatre degrés et l'expérience m'amène à conclure que cela ne nuit pas autant aux aptitudes pour la course que trois degrés.

Dans la liste des étalons *inbred* à trois et quatre degrés, il faut citer *Vedette* (*Blacklock* 3 et 4), *Orlando* (*Castrel* et *Selim*), *Isonomy* (*Birdcatcher* 3 et 4), *Weatherbit* (*Orville,* une fois à 3 et deux fois à 4 degrés), *Lexington* (*Sir Archy* 3 et 4), *King-Tom* (*Whister* et *Web* à 3 et 4), *Flying-Dutchman* (*Selim* à 3 et 4), *Emilius* (*Highflyer* à 3 et 4), *Tramp* (*Eclipse* à 3 et 4), *Windhound* (*Peruvian,* 3 et 4) et beaucoup d'autres, y compris *Blacklock* (*Highflyer* 3 et 4).

En dehors de ceux-ci, viennent *Sultan* (*Highflyer* et *Eclipse* à 4), *Pantaloon*

(*Highflyer* et *Eclipse* à 4), *Lanercost* (*Gohanna* à 4), *Wild Dayrell* (*Selim* à 4), *Flatcatcher* (*Waxy* à 4), *Cambuscan* (*Whalebone* à 4), *The Palmer* (*Priam* à 4), *Sir Hercules* (*Eclipse* à 4 [deux fois] et à 5 [une fois]), *Touchstone* (*Eclipse* 4 et 5), *Harkaway* (*Pot-8-Os* à 4 et 5), *Voltigeur* (*Hambletonian* à 4 et 5), *Saunterer* (*Waxy* à 4 et 5), *Plenipotentiary* (*Highflyer* à 4 [une fois] et au cinquième degré). Voici un cas où cet étalon (*Plenipotentiary*) a été positivement plus *inbred* sur *Highflyer* qu'*Emilius* avec deux courants de *Highflyer* à 3 et 4. *Venison* a été aussi *inbred* sur *Highflyer* à 4 degrés.

Sterling (*Whalebone* à 4 et 5), *Kingston* (*Sir Peter* à 4 et 5), *Stockwell* (*inbred* sur *Whalebone*, *Whisker* et *Web* à 4 degrés), *Macaroni* (sur *Castrel* et *Selim* à 3 et 5), *Blair-Athol* (*Whalebone* deux fois et sur *Whisker* une fois à 5 degrés), *Saint-Albans* (*inbred* sur *Castrel* et *Selim* à 4 une fois, et à 5 deux fois) également sur *Whalebone* à 5 degrés, *Favonius* (*inbred* sur *Wire* au quatrième degré, *Whisker* trois fois et *Whalebone* au cinquième degré), *Hermit* (*inbred* sur *Sultan* à 4 et 5 degrés et sur *Whalebone* à 5 et 6).

Lord *Clifden* (*inbred* sur *Orville* à 5 et 6 degrés), *Yattendon* (*Partisan* à 5), *Chester* (*Whisker* et *Whalebone* 4 et 5, 6 et 7; aussi *Orville* à 5 et 6, *Sultan* à 5), *Muskel* (*Touchstone* à 4), *Carbine* (*Touchstone* à 3 et 5), *Spendthrift* (*Emilius* à 4 et 5), *Leamington* (*Sir Peter* à 5), *Sir Modred* (*Idalia* à 4 et 5), *Saint-Simon* (*Blacklock*).

Iroquois (*Whalebone* et *Whisker* à 4 et 5), *Orme* (*Pocahontas* à 4 et 5), *Ormonde* (*Birdcatcher* à 4 et 5), *Common* (*Touchstone* à 4 et 5), *Springfield* (*Camel* à 5), *Peter* (*Belshazzar* à 4 et 5).

Les exemples précédents tendent à prouver que les grands étalons ne sont, en règle générale, que modérément *inbred*, ou, autrement, *outbred*. En même temps, il faut convenir que, parmi les consanguins, c'est-à-dire la parenté de cousins, il y quelques animaux réellement de premier ordre, tels que *Galopin*, *Wisdom*, *Partisan*, *Petrarch*; d'ailleurs, nous ne devons pas oublier de tenir compte du fait que les éleveurs modernes ont généralement eu de la répugnance pour la consanguinité; on aurait donc à choisir parmi un moins grand nombre de poulains. Cependant, jusqu'à preuve du contraire, on peut regarder comme certain que les chevaux *outbred* sont meilleurs étalons. Les étalons *inbred* ont une tendance, celle de produire des *sprinters* plutôt que des *stayers* et c'est pour cette raison qu'ils deviendront probablement plus à la mode dans ces temps dégénérés de courses à courte distance. Pendant que les étalons *outbred* remportent la palme au point de vue de la valeur dans les haras, le contraire paraît se produire pour les mères. Les pages du Stud Book fourmillent d'exemples qui le prouvent et les nombreux cas que j'ai cités dans le cours de ce traité contribueront à le confirmer.

Y a-t-il raison pour qu'il en soit ainsi? En cherchant la solution de tout écart apparent des opérations générales de la nature, il faut étudier les lois générales ayant trait au sujet et remonter aux résultats qui se produisent lorsque les animaux sont abandonnés à la sélection naturelle. La plupart des animaux vivant en troupeau, sinon tous, se reproduisent incestueusement et il s'en suit que les femelles du troupeau doivent devenir plus *inbred* que les mâles. Supposons le cas d'un étalon sauvage au milieu d'un harem de femelles, en supposant qu'il conserve sa vigueur et son autorité sur le troupeau jusqu'à ce qu'il ait au moins quinze ans; il va sans dire que quand il approchera de cet âge, il cohabitera avec ses filles, ses petites-filles et ses arrière-petites-filles. Par conséquent, pendant qu'il reste toujours au même point pour ce qui concerne ses courants de sang, ses femelles sont forcées de devenir de plus en plus *inbred*. Plus tard, un mâle plus jeune du même troupeau peut-être le supplantera, bien que l'usurpateur soit aussi *inbred* de la plupart de ses juments, le même cours d'*Inbreeding* recommencera maintes fois et ne sera interrompu que quand des excursions dans des troupeaux voisins introduiront de nouveaux courants de sang dans le harem et empêcheront la continuation jusqu'à un certain point. On serait tenté de croire que la Nature a constitué la femelle de telle sorte qu'elle peut mieux que le mâle résister aux effets de l'*Inbreding*, et si j'ai raison de supposer que le simple fait d'être fécondée à plusieurs reprises par le même étalon, fait qu'elle lui devient *inbred*, il s'en suivrait certainement que si une loi de compensation de ce genre n'existait pas, les plus jeunes membres d'une nombreuse famille (provenant du même père et de la même mère) dégénéreraient rapidement. J'ai déjà fait voir, en m'occupant de la loi de la saturation, que quand les pedigrees du père et de la mère présentent une grande similitude, tel est réellement le résultat; mais quand ils diffèrent beaucoup pour les courants de sang, les accouplements consécutifs sont souvent une cause d'amélioration ou peuvent, en tous cas, être continués impunément jusqu'à un certain point. Cela peut expliquer pourquoi, dans l'espèce humaine, on ne remarque aucun mauvais effet apparent sur les plus jeunes membres d'une famille nombreuse, parce qu'il y a rarement de l'*Inbreeding* dans les pedigrees. Nous pouvons regarder comme un fait certain que la dégénérescence dans la progéniture des cousins s'accentuera certainement avec chaque conception, à moins que le mâle ne soit physiquement et intellectuellement de beaucoup supérieur à la femelle et, dans ce cas, les plus jeunes enfants devraient être supérieurs aux aînés. De 1870 à 1880, j'étais intéressé à un haras de chevaux pur sang. Mon associé, sans me consulter, accoupla une jument (*Preserve*) avec *Yattendon;* quand j'en fus informé, j'émis l'opinion que le produit serait trop *inbred* pour faire un bon cheval de course, mais que si c'était une pouliche, elle ferait certainement une bonne jument poulinière. Le produit fut une pouliche (*Persephone*), très belle jument baie, mais qui a échoué piteusement en course. Cependant, elle a bien réussi au haras de M. Tom Cook (N. S. W.) et elle est la mère d'une jument très vite, *Vespasia*, par

PERSEPHONE (Aus.).

PRESERVE.		YATTENDON (17)	
Plotina.	*Chevalier* (18).	*Cassandra.*	*Sir Hercules* (**3**).
Pricilla.	*Tros* (Aus.)	*Alice Grey.*	*Cap-à-Pie* (5).
Plover (26) by *St. John* (9).	*Dr. of* **Rous' Emigrant** (4).	*Tros* (**12**).	*Dr. of.*
{ *Cap-à-Pie* (5). / *Dr. of Dover, sister of Partisan* (1). }	{ *Tros* (imp.) (**12**) (above). / *Dr. of Colonel* (**8**) (above). }	{ *Priam* (7) by *Emilius.* / *Dr. of Partisan.* }	{ *Colonel* (**8**) by *Whisker.* / *Dr. of Sultan* (**8**). }
{ *St. Nicholas* (6). / *Emilius.* }		{ **Rous' Emigrant** (4) / *Gilbare* (imp.) }	{ *Sir Hercules* (2) by *Whalebone* (1). / *Dr. of Partisan.* }

Vespasian (imp.), un beau croisement en dehors pour sa mère *inbred*, dont l'origine est ci-contre.

Les courants de sang dans le père et la mère offrent une très grande ressemblance à quatre degrés. Des deux côtés, nous trouvons répétés les noms de *Cap-à-Pie* et de son père *The Colonel*, également importé, *Tros* (imp.), *Rous-Emigrant* et, un peu plus loin, *Partisan* (4 fois), *Emilius*, *Whisker* et *Whalebone*. Mais nous n'avons qu'à nous reporter aux cas nombreux que j'ai cités de mères *inbred* ayant obtenu des succès, tels que *Vulture* (mère d'*Orlando*) étroitement *inbred* sur *Selim* et *Castrel;* la mère de *Flying Childers;* la mère de *Highflyers*, *inbred* sur *Godolphin Barb;* la mère de *Whalebone* et de ses frères, *inbred* sur le même courant. Ces exemples semblent prouver que les conditions requises pour produire des étalons et les mères à succès sont bien différentes, sinon diamétralement opposées et on ne peut raisonnablement résoudre ce problème qu'en supposant l'existence d'une loi naturelle de compensation parmi tous les animaux vivant en troupeau, loi qui arrête la dégénérescence inévitable et rapide qui se produirait, sans cela, à la suite d'unions incestueuses.

Au lieu de s'insurger sur la définition du comte Lehndorf, Bruce Lowe l'adopte, pour se mettre avec l'auteur allemand de pair à compagnon. Toutes ses belles dissertations sont abandonnées. On se demande pourquoi cette brusque volte-face, cet abandon de ses bases larges et si justes. Que deviennent les *Inbreedings* sur les courants, sur les lignes? Evanouis! Mais en lisant ces quelques lignes, on voit de suite le bout de l'oreille. Bruce Lowe veut justifier son titre : *Inbred Dams and Outbred Sires.* Pour faire triompher son opinion, il revient sur toutes ses définitions, sur toutes ses conceptions, sur toutes ses dissertations, et il rend au mot *inbred* son sens restreint *as we use the term*. Il adopte l'Evangile selon saint Lehndorf. Et dans quel but? Oh! bien misérable! Le désir d'établir une formule, une loi, un système! Au lieu de voir dans les *Mères inbred* et *Etalons outbred* une conséquence naturelle de l'Elevage, une nécessité inéluctable, un moyen et non un *desideratum,* il part en guerre pour établir par ses constatations le bien fondé de son théorème. Hélas! les *lois naturelles* ne s'expriment pas avec cette simplicité. Surtout lorsqu'elles s'appliquent à des animaux domestiques; elles se compliquent alors des conséquences de la *sélection méthodique,* si discutée, si instable et si peu sévère. Nous ne connaissons ces fameuses lois que par leur complexité même et nous ne pouvons jusqu'à présent en extraire que des théorèmes négatifs.

Bruce Lowe s'est complètement égaré dans ce maquis où le comte Lehndorf avait tenté de tracer quelques percées, sans du reste y parvenir. L'Australien fait bien de timides réserves, mais on dirait vraiment qu'il craint de les affirmer. Une phrase, en effet, montre qu'il n'est, dans tout cela, victime que de lui-même et d'une sorte d'auto-suggestion : « Il faut convenir, dit-il, que parmi les *consanguins,* c'est-à-dire la parenté de cousins, il y a quelques animaux réellement de premier ordre, tels que *Galopin, Wisdom, Partisan, Petrarch;* d'ailleurs, nous ne devons pas oublier de tenir compte du fait que les Eleveurs modernes ont généralement eu de la répugnance pour la consanguinité; par conséquent, on aurait donc à choisir parmi un moins grand nombre de poulains. »

A propos des conclusions du comte Lehndorf, nous avons déjà protesté et nous avons donné cet argument. Bruce Lowe ne considère que les cousins germains; mais la première catégorie, encore plus forte en *Inbreeding*, renferme *Barcaldine* et l'immortel *Wellingtonia*.

Ces deux étalons sont incestueux sur deux juments, *Pocahontas* et la *Darling's Dam* Si on cherchait non pas la catégorie la plus nombreuse, mais la catégorie qui a produit la plus grande proportion d'étalons, ce serait assurément la première. Mais Bruce Lowe passe là-dessus et, non seulement il n'insiste pas contre les conclusions du comte Lehndorf, mais il va plus loin, il déclare que les meilleurs étalons non seulement ne sont pas *inbred* à un degré éloigné, le 5ᵉ ou le 6ᵉ, mais encore qu'ils sont *outbred*. Enfin, il examine les juments et déclare que, contrairement aux étalons *inbreds* (lisez très consanguins) qui donnent des *sprinters,* les juments *inbred* se comportent à l'inverse. Puis il se perd dans une dissertation obscure sur un troupeau de chevaux imaginaire dans une nature irréelle.

Le cas de The Emperor, père de Monarque. — La vérité, autrement simple, est que les Eleveurs se livrent de moins en moins à des expériences d'étroite consanguinité pour des raisons que nous établirons plus tard et qui sont complexes, et que si les étalons ne sont pas de premier ordre en courses, ils sont castrés et vendus au service, tandis que les juments sont volontiers, par suite d'une sévérité bien moindre de la sélection méthodique, livrées à la reproduction et deviennent utiles par leur production. *Wellingtonia* aurait bien pu ne pas être employé à la reproduction, car il était bien modeste comme succès en courses, mais ce fait ne lui eut fait perdre aucune parcelle de sa valeur, qui eut été simplement ignorée. Combien d'autres consanguins ont-ils ainsi manqué dans la première catégorie. *The Emperor,* par exemple, qui, dans sa seule année de monte, a donné *Monarque,* ne devait-il pas y être compté? Mais ce consanguin qui, chose des plus bizarres, était encore incestueux sur une jument comme *Barcaldine* et *Wellingtonia,* ayant succombé prématurément, est une victime de l'oubli.

En somme, il est à peu près probable qu'il y a autant de mâles que de femelles dans les *close-breeding,* seulement la reproduction utilise naturellement moins d'étalons que de poulinières, à cause des exigences de la sélection méthodique.

Laissons donc de côté, avec tristesse, ce chapitre de Bruce Lowe et ne prenons pas au sérieux son théorème, et jetons un coup d'œil d'ensemble sur le surplus de son œuvre.

Ce grand Eleveur intuitif a certainement une conception très heureuse de la force de l'*Inbreeding* en général et il n'a pu que montrer les exemples avec une certaine adresse sans pouvoir en analyser les moyens mis en œuvre. Il a parfaitement entrevu la puissance des lignes redoublées, comme dans les cas de *Blacklock* et de *Gladiateur* par exemple. De même, les courants de mâles surajoutés constamment lui sont apparus comme la cause prépondérante de la sortie d'aptitudes et de transmetteurs d'aptitude, comme dans *Galopin* et *Saint-Simon*, que nous avons cités. Mais l'analyse du mode d'action lui a complètement échappé parce qu'il ignorait le principe naturel produit par le fait physiologique de l'*Inbreeding dans la conception du foal*. Il a voulu surtout se glorifier d'avoir découvert un *système* pour diriger les Eleveurs par suite d'une sorte d'empirisme et cette idée des *nombres* doit quand même lui être portée à son crédit. Sa vision intuitive ne découle pas d'une idée scientifique, mais les observations qu'il a faites sont très justes, en dehors de tout *système*. Il aurait pu voir, si ses connaissances eussent été plus généralisées, que les *nombres*, c'est à dire les *familles* et les *courants (lignes mâles)*, représentent les éléments nécessaires dont le jeu constitue dans la nature l'*Inbreeding* et l'*Outcrossing*, c'est-à-dire d'un côté le principe de la *consanguinité*, qui a besoin d'être accompagné constamment par un perpétuel *croisement*. Mais n'entrons pas plus avant dans la théorie, qui doit ressortir à un moment donné de l'exposition du sujet que nous devons traiter avec toute l'ampleur qu'il comporte. Plus tard, nous en admirerons la simplicité et la logique naturelles.

L' « Arabe » comme croisement en dehors d'après Bruce Lowe. — Pour terminer notre dissertation sur Bruce Lowe, il faut citer de lui un curieux chapitre qui ne manque pas de charmes, car c'est presque un roman et il a pour titre : *L'Arabe comme Out-cross* (The arab as an out-cros). Dans ce court extrait, on verra que, sous le prétexte d'une dégénération spéciale, l'apôtre de l'*Inbreeding* devient celui de l'*Out-crossing* par l'*Arabe*. On voit donc combien ces questions préoccupent les écrivains sportifs. Voici l'extrait :

Il a été souvent avancé et cela par des gens compétents d'Angleterre que les pur sang du pays ont besoin de quelques croisements en dehors provenant d'Amérique et d'Australie, les pays les plus convenables pour puiser de nouvelles infusions de sang. Dans un pays comparativement petit comme l'Angleterre, il y a nécessairement un échange continuel d'animaux passant d'un haras dans un autre, par suite des ventes annuelles de stocks de pur sang et c'est pour cette raison seule que l'*Inbreeding* y est plus fortement marqué que dans n'importe quel autre pays. Un pareil *Inbreeding* a, à n'en pas douter, eu pour résultat un état défectueux de membres et de voies respiratoires, ainsi qu'une faiblesse de tempérament et un changement de sang tel que celui que nous suggérons contribuerait beaucoup à remédier à ces maux. Les conditions extrêmement favorables dans lesquelles le stock pur sang est élevé en Australie où le climat est si tempéré, désigne ce pays comme le plus propice pour cet effet. Dans la plupart des Stud farms d'Australie, quand les poulains ont été mis bas, dans un box spacieux et renfermés pendant quelques jours avec la mère, on les lâche dans de petits paddocks et on les rentre rarement le soir tant qu'ils n'ont pas été sevrés. Après le sevrage, les poulains courent ensemble le jour, par troupes de 6 à 12, selon le nombre des paddocks et on les rentre le soir à l'écurie pendant l'hiver et les premiers mois du printemps. A mesure que l'été avance on change de manière de procéder. Les jeunes restent dans leur box spacieux jusqu'à ce que le soleil ait perdu de sa force, après quoi on les lâche pour la nuit. On procède ainsi pour deux raisons, d'abord pour les soustraire aux essaims importuns de mouches et pour empêcher leur robe de se brûler au soleil. Mais, dans les deux cas, les poulains prennent tous les exercices suffisants, durcissent leurs os et leurs muscles, se développent en animaux à jambes de fer, à la respiration puissante et à la santé robuste, de sorte qu'ils conviennent parfaitement pour des croisements avec leurs contemporains anglais moins favorisés qu'eux. Cependant, après tout, ce changement ne serait pas très sensible, attendu qu'un examen des pedigrees des deux races, nous montre exactement les mêmes ancêtres communs à moins de six, sept ou huit degrés en remontant. Ce qu'il faut réellement pour faire un *out-cross* complet, c'est l'*Arabe* qui est la seule source où l'on puisse l'obtenir. En se servant de celui-ci on peut obtenir plusieurs avantages marqués, entre autres la densité de l'ossature, de bons pieds, caractère admirable, constitution saine, chevaux silencieux, ne sont pas les moindres. En recommandant l'usage de l'Arabe, j'y mets une réserve, c'est qu'il ne faut choisir que les performers publics de premier ordre les mieux conformés. On me regardera peut-être comme un théoricien ou quelque chose de pire si j'affirme qu'à un degré du premier croisement, la vitesse actuelle et l'endurance du cheval de course anglais se trouveraient rétablies, pendant que, à partir de ce degré, la force d'endurance se trouverait augmentée d'une manière sensible. En effet, cette expérience a été tentée avec un plein succès en Australie et, pour le prouver, je n'ai qu'à citer des chevaux de course aussi brillants que *Loup-Garou* par *Lord of Liani* (imp.), provenant d'*Hélie* par *Majies* (imp.), provenant de *Lallah-Rookh* par *Satellite*, étalon arabe importé. *Loup-Garou* a gagné l'Australian Jockey Club Derby, A.-J.-C. Derby à Sydney et le Victoria Racing Club Derby à Melbourne. C'était un cheval d'environ 16 mains et d'une vitesse effrayante. A la dernière saison de courses (1893), l'A.-J.-C. Derby a été gagné par *Tranchant* par *Trenton*, provenant de *Bridesmaid* par *Yattendon*, provenant d'*Espérana* par *Glaucus*, cheval Arabe importé. *Satellite* et *Glaucus* ont été tous deux d'excellents performers dans les Indes, et beaucoup de chevaux du premier croisement *Glaucus* ont couru, entre autres *Peter-Fin*. Ce n'est pas chose rare. *Folly* par *Grand Master*, provenant de *Sweetlips* par *Shanghaï*, cheval Arabe, importé était une jument douée d'une très grande vitesse et qui a gagné beaucoup de courses en bonne compagnie. *Espérana* (8), mère de *Tranchant* par *Glaucus* (Arabe), était douée d'une vitesse rare et a gagné aussi beaucoup de courses. *Banshee* par *Glaucus* (Arabe), a produit quelques excellents chevaux de courses, comme on le verra par la liste suivante : *Piora*, gagnant de Clarence River Produce Stakes (Two year Old); *Bulgimbar*, cheval de premier ordre (par l'importé *Pitsford*), a battu le célèbre *Barb* au Maiden Stakes, 1 mille 1/2, et a gagné de gros handicaps en portant de lourds poids ; *Boquet* par *Middlesex* (imp.), pouliche très vite ; *Banagher* par *Kelpie* (imp.), un autre des fils de *Banshee*, s'est distingué comme cheval de course. Un cheval supérieur à n'importe lequel de ceux mentionnés avec le croisement Arabe a été *Dagworth* par *Yattendon*, provenant de

Nutcut par l'importé *Pitsford*, provenant d'*Amber* par *Glaucus*. *Dagworth* a gagné le Hanckesbury handicap, le Metropolitan et fait *dead heat* pour le Randwick Plate (3 milles) avec *Reprieve*, le meilleur cheval du jour, aussi par *Yattendon*. Mais je crois avoir cité assez d'exemples pour prouver clairement que le croisement du cheval Arabe avec des juments anglaises en Australie, a donné les meilleurs résultats, et les éleveurs anglais n'ont pas besoin de craindre qu'un pareil croisement entraine une perte de vitesse ou de force vitale après que l'obstacle du premier croisement a été évité. Sans aller si loin, nous avons eu, à la dernière réunion de Goodwood, un exemple du second descendant d'une jument Arabe (imp. par M. Wilfred Blunt, de Crabbet Park), gagnant une course en bonne compagnie. Cet animal, *Alfragan*, a été élevé et dressé par Lord Bradford et a pour père *Chippendale*, provenant d'une jument par *Bend'Or*, sortie de *Boulisk*.

Mais nous n'avons qu'à nous reporter au volume premier des Stud Books anglais pour trouver des vingtaines de cas où des chevaux éloignés de un ou deux degrés de pères orientaux se sont montrés les champions du jour. *Matchem* avait pour père *Cade*, fils de *Goldophin Barb* ; *Eclipse* provenait de *Spiletta* par *Regulus*, fils de *Godolphin Barb*. On obtiendra des résultats beaucoup plus prompts en se servant, comme en Australie, d'étalons Arabes de préférence aux juments Arabes, bien que ces dernières communiqueraient une influence plus permanente, pourvu qu'on emploie les juments ayant les meilleures performances et de la plus haute origine, et il faudra se procurer des descendants de quelques-unes des importations de Crabbet Park, si des éleveurs étaient disposés à suivre l'exemple de Lord Bradford.

Quelques réflexions sur les « out-cross ataviques » comme compléments nécessaires aux « Inbreedings » des lignes.

— *Chimère !* qui l'eut dit ? *Rodrigue !* qui l'eut cru ? C'est Bruce Lowe qui prône l'*Arabe* comme croisement en dehors ! L'homme, dont tout le livre est un hymne à l'*Inbreeding* en Pur Sang, est assailli par une crainte terrible ! Il a peur que cette espèce ne vienne à dégénérer. L'inventeur des nombres, c'est-à-dire des *trois espèces de descendance des femelles* de la race n'en a pas aperçu la philosophie ! Il n'a pas vu que si ces trois sortes de juments sont nécessaires dans un animal de haute classe, c'est qu'elles produisent le seul croisement salutaire et indispensable hors duquel il n'y a pas production d'aptitude, parce que l'animal produit en dehors de ce principe salutaire serait incapable de dévoiler cette aptitude. Voilà l'inconvénient révélé des méthodes empiriques ! Et cependant l'auteur sait bien que le principe des lignes pures, impures et autres ne se perd jamais et qu'il est aussi vivace que le premier jour. C'est lui qui a écrit cette phrase si suggestive dans son chapitre V, à propos du pedigree de *Blacklock* qui reçoit la ligne n° 2, par son père et par sa mère : « L'*Inbreeding* sur la ligne n° 2 est direct, c'est-à-dire que cette ligne n° 2 est *inbred* sur elle-même, puisque le père et la mère descendent de la *Burton's Barb Mare*.

« Dans les cas d'*Inbreeding*, il y a une *différence considérable dans la puissance des lignes directes sur les lignes collatérales tout en faveur des premières*. Il est tout naturel qu'il en soit ainsi, autrement l'opinion, *d'après laquelle les familles conservent toujours leurs caractères primitifs, n'aurait pas grande valeur.* » (*Itis only natural that it should be so, else the contention that families, never lose their original characteristics would be without much value*).

Vue incomplète de Bruce Lowe. — Il n'est pas possible de voir plus clair dans une question, d'approcher de plus près de la vérité et cependant de passer à côté. Je ne puis mieux comparer Bruce Lowe dans ses recherches qu'à un explorateur des régions antarctiques qui tiendrait à découvrir le Pôle Nord et qui passerait dessus sans s'en apercevoir.

Si on relit attentivement les deux phrases de lui que nous venons de citer, on voit bien que Bruce Lowe a saisi le fait de l'*Inbreeding des lignes* et qu'il l'a dénommé, analysé avec force. Or, tout son livre est fait pour démontrer que si les meilleures lignes de juments étaient toutes seules, elles ne pourraient pas produire de grands chevaux. Mais l'idée d'*Out-crossing* produite par les autres lignes qu'on a appelées impures, ne lui vient que sous forme d'un pouvoir mystérieux qu'il leur attribue et de la place nécessaire de quelques-unes d'entre elles dans les premiers degrés d'un pedigree de cheval de haute classe.

Cette vision vague, trouble, *intraduite* par le mot propre, a été le tourment de la vie d'éleveur de Bruce Lowe. C'est peut-être heureux, car s'il avait conçu la vérité si simple et si conforme à ses propres idées, il n'aurait peut-être pas écrit son livre qui est si curieux à plus d'un titre.

Ainsi, il n'est pas sans utilité de lire le charmant chapitre II qu'il consacre à l'*Origine de la Vitalité du Pur sang* (*The origin of the Vitality of the English Racehorse*). C'est un des plus intéressants au sujet de cette question de l'*Out-crossing* que nous avons pour but d'étudier, comme le principe non pas contraire à l'*Inbreeding*, mais complémentaire et qui doit être pratiqué aussi avant, pendant et après chaque alliance.

Le pourquoi un cheval est-il si supérieur aux chevaux de course ses contemporains s'impose à l'apparition de chaque performer d'une qualité exceptionnelle. On a à chaque réunion de courses la preuve évidente qu'il y a une plus grande accumulation de force vitale dans les veines d'un animal quand on le compare à un autre. Cette supériorité de force pour la course ne vient pas nécessairement de ce qu'il possède une symétrie plus parfaite où qu'il est en meilleur état ; car nous voyons fréquemment un cheval plus petit et de moins bonne mine vaincre ses adversaires qui sont plus gros, qui ont plus belle apparence et qui sont dans le même état que lui. La supériorité vient sans doute d'une plus grande concentration de vitalité ou de force nerveuse chez l'animal. Une étude attentive des pedigrees des grands chevaux de course doit toujours révéler d'excellentes raisons de leur valeur relative et la source de cette vitalité. La principale difficulté pour les personnes qui étudient cette question a été de reconnaître au milieu d'une pareille variété de courants quels sont les plus puissants Quelques écrivains fondent leurs théories sur la quantité de sang d'*Eclipse* contenu dans le pedigree, d'autres penchent pour *Herod* ou *Matchem*. L'un vous dira que c'est la jument qui fournit toutes les qualités requises pour les courses, tandis qu'un autre dit : donnez-moi un bon étalon et je me charge de faire produire des chevaux de courses à des juments de toute sorte et de toute condition. Il y a beaucoup de vrai dans toutes ces opinions, mais elles ne sont, après tout, que des théories, et la plupart ne sont basées que sur quelques cas choisis pour prouver certains points contestés, tandis qu'on pourrait citer autant d'exemples pour prouver le contraire Pour qu'une théorie ait une valeur réelle il faut qu'elle soit basée sur un lit de rochers de résultats indiscutables et indéniables, tels le fait que la ligne *Eclipse* est la ligne dominante des trois grandes lignes mâles. En vérité, parmi les théories sur la production chevaline, c'est à peu près la seule qui ait été prouvée. Cette vérité est si apparente que nous ne pouvons pas hasarder un doute dans le sens contraire. Par le fait, ce n'est plus une théorie car elle est devenue un simple fait statistique. De même, je suis en droit de prétendre que le système des nombres est tiré des résultats statistiques des trois grandes courses classiques anglaises, Derby, Oaks et Léger, depuis leur institution en 1776, 1779, 1780; il est par conséquent basé aussi sur le principe solide du jugement par les résultats

Quand le Stud Book anglais a été rédigé pour la première fois il ne renfermait qu'environ 100 juments originelles ou de souche. De celles-ci il y en a à peu près 50 qui sont représentées dans le dernier volume du Stud Book et, dans ce nombre, il n'y en pas 20 qui jouent un rôle important dans les pedigrees des chevaux modernes, tandis qu'il n'y en a qu'environ 9 qui paraissent indispensables dans le pedigree de n'importe quel cheval hors ligne de notre époque. Tout cheval de course d'aujourd'hui renferme, en fait, dans sa table, la totalité des neuf, soit par ligne directe ou collatérale, en remontant vers l'origine. Mais je prétends que quelques-unes des branches de ces familles d'élite doivent être représentées dans les trois premiers degrés du pedigree et la mesure de la vitalité possédée par l'individu, les autres conditions étant naturellement égales, sera en proportion de la quantité d'*inbreeding* sur ces neuf familles d'élite. J'expliquerai plus loin en quoi consiste la nature de ces conditions. J'ai divisé ces neuf familles en deux classes, Running et Sire, ou en d'autres termes, féminine et masculine. Ces deux qualités sont répandues dans toute la nature et, sans elles, il ne pourrait naturellement pas y avoir de reproduction dans la vie animale ou végétale. Cependant il ne s'ensuit pas que parce qu'une jument est une jument, elle doive nécessairement avoir un tempérament féminin. Les éleveurs comprendront ce que j'entends en disant que nous trouvons souvent la vigueur réelle et l'*inbreeding* sur *Eclipse* (courant nettement masculin) du côté maternel du pedigree, et du côté paternel de la table des courants mous, débilités, efféminés de *Bay-Middleton*, *Orlando*, etc. de la ligne d'*Herod*. Il est bien clair pour moi que la mollesse tient à l'origine Barbe par opposition au sang Royal ou au vieux sang anglais car, tandis que les familles descendues de ces juments Barbes importées ont été fécondes en vainqueurs de courses classiques, les grands Sire du Stud anglais descendent pour la plupart des juments Royales et Anglaises nées dans le pays. Les races Arabe et Barbe sont incontestablement la forme la plus pure qu'on connaisse des chevaux qu'on désigne sous le nom de pur sang Toutes les autres variétés proviennent de celles-ci, et les grandes différences qu'on remarque à présent pour la forme et la grosseur des diverses races de chevaux de traits, de carrosse et de poneys, sont uniquement le résultat d'une évolution due au climat, du genre de travail et du pâturage. Le Barbe et l'Arabe sont identiques au point de vue de la race et de leurs dérivés, on peut les classer sous le même titre; ils représentent sans doute jusqu'à nos jours dans toute sa pureté les grandes sources d'où est sorti notre Stock actuel de chevaux de courses anglais.

Par conséquent, en fait de lignées pures, notre cheval de course pur sang tant vanté ne saurait être comparé à un vrai spécimen d'Arabe du Nedgean ou Anazeh ni aux chevaux d'Abd-el-Kader. Il est vrai qu'un cheval de course anglais de premier ordre dépasserait les meilleurs chevaux de races du désert dans une course de un ou dix mille. Mais malgré cela il doit cette supériorité aux infusions de sang oriental qui sont venues se croiser sur le sang Royal ou le cheval indigène. Pendant que ce sang du désert jouait un rôle si important en faisant le cheval de courses de nos jours ce qu'il est, il n'a pu comme je l'ai déjà fait voir, se maintenir que dans trois cas : Dans la ligne masculine par *Darley-Arabian*, *Byerly-Turk* et *Godolphin-Barb;* de ces trois, le premier, lentement mais sûrement, éteint les représentants des deux autres et nous en verrons plus tard la raison évidente.

Voyons maintenant si les juments introduites en Angleterre à une époque déjà éloignée doivent être reconnues comme des juments orientales. Il est possible que quelques-unes des juments appelées « *Royal-Mares* » fussent d'origine orientale pure, mais en l'absence de registre authentique tendant à prouver le fait, on n'a pas jusqu'ici jugé à propos de les considérer comme telles et cela avec raison. Dans l'édition revue du premier volume du Stud Book anglais publié en 1891, il est établi que Charles Ier avait trois juments marocaines à Tutbury en 1643, mais nous ne trouvons rien qui remonte jusqu'à elles. Les seules authentiques sont : *Natural Barb Mare* Mr *Tregonwell*, *Burton's Barb Mare*, *Layton's Barb Mare*, *à Barb Mare* (dam *Old Bald Peg*, voyez *Flying Childers*) et une *Barb Mare* de dam *Dodsworth* aussi deux autres appelées *Natural Barb Mare*. Les descendants des trois dernières sont presque tous morts. Pendant qu'il y a 7 juments Barbes, nous ne trouvons aucune mention de juments Arabes, du moins d'après ce que j'ai pu voir; il n'en figure aucune dans le volume 17 du Stud-Book anglais. La chose peut s'expliquer par la difficulté qu'on avait au dix-septième siècle à se procurer des chevaux arabes purs, surtout des juments, et on dirait que les éleveurs de chevaux du désert sentaient parfaitement qu'en se défaisant de bonnes femelles ils couraient le risque de perdre la suprématie dans le monde de l'élevage du cheval.

C'est un axiome reconnu chez les physiologistes et les éleveurs pratiques de toute espèce de bétail que la valeur d'une famille tient surtout à la pureté de son origine. Dans le cas des chevaux de pur sang, cette loi fondamentale de la nature a été suffisamment prouvée par le fait intéressant que les descendants de *Tregonwell's Natural Barb Mare*, *Burton's Barb Mare* et de *Layton's Barb Mare* ont gagné à peu près le tiers des courses classiques anglaises (Derby, Oaks, Léger), depuis que ces courses ont été instituées. Je crois qu'on regardera cela comme un fait extraordinaire et frappant si l'on réfléchit qu'ils avaient à lutter contre au moins cent familles rivales. Dans l'édition revue du premier volume auquel j'ai fait allusion plus haut, on cherche à prouver que la *Byerly-Turk Mare* (dam of the Two True Blues), famille de *Stockwell*, descend de la *Burton's Barb Mare*. Mais il n'y a pas de preuves suffisantes pour soutenir cette opinion et il faut regarder la famille comme distincte jusqu'à preuve du contraire. Cependant, si on doit la juger d'après ses succès aux classiques, elle peut fortement prétendre à être de pure descendance, attendu que non moins de 42 des trois grandes courses classiques (Derby,

Oaks, Léger) sont ou ont été gagnées pas ses descendants. Ceux qui étudient les pedigrees apprendront, j'en suis certain, avec intérêt, que ces trois magnifiques lignées de courses qui ont pour souches respectives : *Tregonwell's Natural Barb Mare, Burton's Barb Mare* et *the dam of the Two True Blues*, ont réellement conquis la suprématie dans cette grande lutte classique qui commence en 1776, et qui est continuée jusqu'à 1894 inclusivement ; elles ont gagné à peu près plus du tiers du total de toutes les autres familles réunies. La chose paraît moins surprenante quand on poursuit plus loin les recherches que, comme leurs grands contemporains mâles dans cette lutte pour les honneurs du Turf, elles ont réussi uniquement par leur mérite et leur fécondité supérieure à écarter la plupart de leurs rivaux.

Toutes ces qualités les ont sans doute grandement favorisées ; mais, quoi qu'il en soit, il reste un fait maintenant acquis, c'est qu'elles sont maintenant beaucoup plus nombreuses que les autres familles, excepté celle de la *Layton Barb Mare* qui suit de près les trois autres, et les quatre réunies forment plus du tiers des juments figurant dans le dernier volume du Stud Book anglais. On peut tirer une utile leçon de ces faits : de même que nous choisissons la lignée d'*Eclipse* pour les pères, de préférence aux lignées d'*Herod* et de *Matchem*, parce que c'est la lignée dominante : nous devons aussi choisir les juments et les étalons dans les lignées les plus heureuses dans les courses si nous voulons réussir dans l'élevage des chevaux de course.

Si l'on veut voir comment les choses se passent dans la pratique, il faut prendre pour exemple les quatre éleveurs les plus heureux qu'on aie jamais eu en Angleterre ; à savoir : le duc de Grafton, les lords Jersey, Egremont et Falmouth. Ces nobles seigneurs avaient à leur époque à peu près le monopole des Mille et Deux Mille Guinées, le Derby, Oaks et Léger. Il est clair qu'ils connaissaient parfaitement la valeur des juments descendues des trois premières lignées : *Tregonwell's Natural Barb Mare, Burton's Barb Mare* et *dam of Two True Blues*, attendu que la plupart de leurs gagnants provenaient de ces trois lignes. Lord Jersey tira la plupart de ses produits de la première famille par les descendants de *Prunella* et ses principaux gains furent obtenus par les animaux suivants dont l'origine remonte à *Tregonwell's Natural Barb Mare* : *Riddlesworth* (2.000 Guinées, 1831), *Glencoë* (2.000 Guinées, 1834) ; *Ibrahim, Bay-Middleton* et *Achmet*, en 1835-36-37 ; *Cobweb* et *Charlotte-West*, l'un Mille Guinées et *Bay-Middleton*, le Derby, et *Cobweb*, les Oaks. Le duc de Grafton a obtenu encore plus de succès avec cette famille, car il a gagné les 2.000 Guinées cinq fois avec *Pindavice, Reginald, Pastille, Dewise* et *Turcoman* ; les Mille Guinées, quatre fois avec *Rowena, Whizgig, Tontine* et *Problem* ; le Derby, trois fois avec *Pope, Whalebone* et *Whisker*; pas moins de six fois les Oaks avec l'aide de *Pelisse, Morel, Music, Minuet, Pastille* et *Turquoise*. Lord Grosvenor a gagné les Oaks avec *Cérès*, le Derby avec *Rhadamanthus* et *Doedalus*. Lord Egremont n'a pas gagné de courses classiques avec des descendants de cette famille, mais il a tiré de la *dam of the Two True Blues*, trois Derby et un Oaks. On ignore peut-être généralement que le duc de Grafton a accompli un exploit sans précédent en gagnant cinq fois de suite les Milles Guinées, une année manquée, et qu'il a remporté ensuite trois victoires successives dans cette même course classique.

Lord Falmouth était habile éleveur dans toute la force du terme. Non seulement il ne se bornait pas en général à ces trois lignées primitives, mais il est bien évident qu'il accouplait ses juments d'après des principes scientifiques et ses succès ont été pleinement établis par la liste formidable qui suit des célébrités classiques et autres : *Queen-Bertha* (Oaks), *Spinaway* (Mille Guinées et Oaks), *Wheel of Fortune* (Mille Guinées et Oaks), *Jeannette* (Oaks et Léger), *Busybody* (Mille Guinées et Oaks), *Charibert* (Deux Milles Guinées), *Sylvio* (Derby et Léger), aussi *Queen's Messenger*, *Blanchefleur*, *Gertrude* (jument de 1ᵣᵉ classe), *Paladin*, *Fame*, *Silverhair*, *Chevisaunce*. On peut faire remonter l'origine des chevaux ci-dessus et de beaucoup d'autres vainqueurs à la *Tregonwell's Natural Barb Mare* (1)

Les descendants de *Burton's Barb Mare* (2) lui ont donné *Cantinière* et sa pouliche flying *Bal Gal*, aussi *Dutch-Oven* (Léger). *The dam of the Two True Blues* (3) a donné *Hurricane* (Mille Guinées) et *Atlantic* (Deux Mille Guinées), *King-Ban* (envoyé en Amérique où il s'est montré étalon excellent), et d'autres trop nombreux pour entrer dans des détails à leur sujet. Les exemples ci-dessus, qui prouvent combien il est sage de s'attacher aux lignes femelles gagnantes, peuvent servir de leçon aux Stud Masters et les engager à procéder de même.

Autant que mon jugement et mes recherches me permettent d'émettre une opinion, il semble que la vitalité de tout cheval de courses, jusqu'à un certain point, est en proportion de la quantité de sang de ces quatre grandes lignes de courses contenue dans ses veines. Je ne voudrais pas que les Stud Masters concluent de cela que ces familles doivent être accouplées seules, à l'exclusion des autres familles, même si une pareille façon de procéder était possible, parce qu'il est essentiel que les lignes de courses moins heureuses, j'en désignerai cinq comme ligne Sire, soient judicieusement accouplées avec elles pour produire de grands chevaux de course. C'est simplement suivre la loi naturelle des physiologistes, connue sous le nom d'accouplement des Contrastes (sujet qui a été admirablement traité par Starkweather dans sa *Law of Sex*). Comme on obtiendrait de mauvais résultats en accouplant deux êtres humains grands, osseux, ayant le même tempérament ; de même pour les chevaux, il serait désastreux d'accoupler un cheval ayant de gros os, de seize mains de hauteur, du type et du courant *Melbourne* avec une jument construite de la même manière. Nous lui choisirions plutôt une épouse *inbreed* sur du sang d'une qualité plus noble, comme *Sweetmeat*, *Kingston*, *Macaroni*, etc., et en procédant de la sorte, chaque individu fournira à l'autre les éléments qui auraient fait défaut s'ils étaient restés séparés.

On sent dans ces dernières lignes que l'écrivain explique les effets du croisement et qu'il ne le nomme pas par son nom, ce qui l'éclairerait de suite, car le *mot* qui caractérise le fait est bien souvent une nécessité des conceptions humaines. Pour n'avoir pas saisi le sens profond du mélange indispensable des familles et pour ne pas l'avoir baptisé de son nom réel, Bruce Lowe a enfourché le *dada empirique*, le *Système des Nombres;* à chaque instant, à la lecture de son livre, on sent qu'il côtoie la vérité, on croit qu'il va la nommer et toujours il retombe dans je ne sais quel mystère, dans une sorte de superstitieuse croyance en des forces cachées dans les nombres, tandis qu'il ne faut y voir que la nécessité de faire des *Inbreedings* sur les mêmes familles les plus illustres, tout en les mélangeant avec d'autres moins fortes, mais qui ont reçu la consécration de la sélection pour la conservation de leur caractéristique indestructible. Ainsi, dans son chapitre III, que

Bruce Lowe intitule : *Identification des Lignes,* nous lisons des passages très curieux sur le sujet de ces *croisements ataviques.*

A quoi sert d'accoupler avec soin votre jument de façon à lui fournir la dose exacte du sang de *Stockwell* qui apparaît à trois ou quatre degrés du pedigree, si vous oubliez de vous enquérir des succès remportés par les familles sur lesquelles *Stockwell* a été greffé ?

N'est-il pas évident dès maintenant, pour mes lecteurs, que s'il y a un plus grand nombre de gros chiffres ou de familles non gagnantes, la puissance de *Stockwell* ne pourra rien contre une aussi mauvaise combinaison et le résultat à peu près certain sera un échec, même si le *yearling* se montre supérieur sous le rapport des formes, de la symétrie, de la puissance et de l'ossature, à ses rivaux du *ring* de la vente. C'est en raison de ces avantages, qu'il atteint les chiffres les plus élevés. Mais tous ces points essentiels sont de peu d'utilité au poulain quand il vient à courir, s'il y a une lacune du sang des familles nᵒˢ 1, 2, 3, 4 et 5 (pour donner la vitalité nécessaire) unies aux familles de Sire nᵒˢ 3, 8, 11, 12, 14. Tout en appréciant pleinement les bons effets que les *Royal Mares* et de *sang indigène anglais* ont exercé sur le cheval de course d'aujourd'hui, nous ne pouvons pas nous dissimuler le fait que leur descendance est dans quelques cas sujette à caution. Si cette supposition est exacte toutes les fois que ces lignes sont accouplées les unes avec les autres sans prédominances de sang Running *comme correctif,* il y aurait tendance (suivant les hommes compétents) *à revenir à la souche primitive.* C'est un axiome reconnu parmi les Eleveurs et il explique sans doute la taille et la grosseur supérieure qu'on remarque si souvent dans les jeunes produits provenant de parents qui ne manquent pas eux-mêmes de qualité, bien qu'ayant une obscure origine, et l'avantage de la clef des nombres est de révéler aux Stud Masters, sous forme simple et concise, quelle est celle des familles primitives qu'il réunit dans un accouplement donné.

Après un essai d'à peu près vingt ans sur les pedigrees passés et présents des chevaux de courses anglais, américains, australiens, M. Reynolds (et plus récemment M. H. C. White) et moi, nous sommes arrivés à la conviction absolue que ce système est indispensable dans l'élevage des chevaux de courses, de premier ordre avec quelques certitudes, c'est-à-dire autant que ce terme peut être appliqué à une science aussi incertaine que la physiologie et quand il s'agit de sa branche la plus incertaine : la production des chevaux de courses. Il ne saurait en être autrement, à cause de la diversité curieuse des courants de sang qui ont été réunis dans le pedigree de tous les chevaux de courses anglais de nos jours.

Après avoir remis les nombres à mon ami M. Frank Reynolds, quelques années après 70, nous avons étudié soigneusement cette question des Sires et nous nous sommes assurés que les performances au Stud de tous les Sires éminents du Stud Book remontaient à *Eclipse,* le roi des Sires, et il en est résulté que seulement une demi-douzaine de quelque importance ont été trouvés en dehors de ces cinq familles : 3, 8, 11, 12, 14 (où très peu *inbred* sur elles) et dans ce petit nombre (*Blacklock* par exemple) n'ont jamais remporté un succès marqué, si ce n'est avec des juments venant directement de ces cinq familles de Sires ou étroitement *inbred* sur elles. D'un autre côté, je n'ai pas pu découvrir un seul cheval marquant produit dans les cent dernières années, dont le pedigree ne comprend pas quelques-uns des nombres de Sire et de Running aux trois premiers degrés. En d'autres termes, tout grand cheval de courses et Sire de ce siècle devra contenir dans ses trois premiers degrés d'ascendance un ou plus des chiffres suivants : 1, 2, 3, 4, 5, 8, 11, 12, 14.

A chaque page, pour ainsi dire, du volume : *Du Système des Nombres*, les sollicitations pour le mélange des familles, les exemples de ces nécessités de croiser des origines très selects avec des souches plus grossières mais éprouvées, reviennent avec une inlassable persistance.

Malgré les citations déjà si nombreuses que nous avons faites de cet auteur si curieux, il faut encore citer un extrait de son chapitre IV, qu'il a intitulé : *Classification des Familles :*

Maintenant que j'ai passé en revue les différentes familles et parlé de leurs spécialités et de leurs particularités en identifiant chacune d'elles par un chiffre, je me propose d'en faire trois catégories générales, à savoir : les lignes *Runnings*, *Sires* et *Outsides*. Les lignes *Runnings* nᵒˢ 1, 2, 3, 4 et 5, ont droit à cette distinction en raison du rang éminent qu'elles occupent parmi les vainqueurs classiques. Ainsi que je l'ai fait voir précédemment, les nᵒˢ 1, 2, 3, ont gagné respectivement 42, 44 et 42 fois chacune des grandes courses classiques. Le nᵒ 4 vient ensuite avec 28 gains et le nᵒ 5 suit avec 24 gains. Les nᵒˢ 6 et 7 sont ceux qui approchent le plus de ceux-là, le premier à 17 gains, le second 14. Les gains du nᵒ 6 ont été obtenus au début par *Diomède*, *Eléonore*, *Priam*, etc., mais pendant les cinquante dernières années, à l'exception de *Musjid* (vainqueur du Derby de 1859), cette ligne n'a rien produit en fait de vainqueurs classiques. Le nᵒ 7 n'a pas non plus produit de vainqueurs (sauf *Donovan*, Derby et Léger), depuis que *West Australian* a triomphé en 1853.

Les lignes *Sires* **3, 8, 11, 12, 14**, ont bien mérité cette distinction, attendu que depuis et y compris *Eclipse*, tous les pères à succès du monde *(all the succesfull Sires of the world)* sont les descendants directs des juments de ces familles; ou, s'ils n'appartiennent pas réellement à ces lignes féminines, leurs pères ou les pères de leurs mères sortaient d'une de ces cinq familles

En cas d'exception à ce qui vient d'être dit, l'étalon ainsi engendré n'a donné de bons produits que quand il a été accouplé avec des juments provenant de familles *Sires* ou dont les ancêtres avaient une forte dose du sang de ces familles, ce qui prouve clairement que les *Sires* d'une haute valeur ne peuvent être produits sans leur aide. Afin de mieux faire voir la quantité de sang *Sire* et sa position dans une généalogie, j'ai cru bon de me servir de chiffres gras pour indiquer les noms des *Sires*.

Les nombres *Outsides* renferment tous les numéros en dehors des cinq nombres *Runnings* et des cinq *Sires*. De ce qu'ils occupent cette position, il ne faut pas conclure qu'ils ne jouent aucun rôle dans les pedigrees.

Beaucoup de chevaux de courses figurant comme phénomènes dans l'histoire des courses doivent, en ligne féminine, leur origine à ces familles *Outsides*. D'ailleurs, je ne peux pas découvrir dans ce siècle (le XIXᵉ) un seul exemple d'un cheval de courses célèbre né dans les lignes *Outsides* seules aux trois premiers degrés de parenté et sans l'aide des familles *Runnings* et *Sires* à un degré très rapproché. Le fait s'explique très facilement d'après les lois de l'Hérédité. Etant donné l'obscurité de leur origine, il y a lieu de supposer qu'il y a eu de nombreux croisements de courants grossiers avant qu'il en ait été fait mention dans le Stud Book;

par conséquent, même aujourd'hui, quand le degré de parenté est trop rapproché, il arrive souvent qu'on voit se reproduire la souche primitive de la famille, qu'elle soit d'origine poney, flamande ou carrossière.

La même loi naturelle s'appliquerait aux pures lignes *Runnings* 1, 2 et 4. Quoique admirables comme lignes de gagnants, leurs descendants ne réussissent nullement comme étalons, s'ils sont le produit d'unions entre parents, à moins qu'il n'y ait de fortes infusions de 3, **8**, **11**, **12**, **14**, parce qu'une union de ce genre pourrait reproduire les caractères distinctifs de leur pure origine orientale et, de même qu'un Stud Master ne voudrait aujourd'hui accoupler un étalon arabe avec ses juments il doit, de même, se garder de prendre pour étalon un cheval de courses étroitement apparenté *(very closely inbred)* à ces trois lignes pures 1, 2 et 4, depuis un grand nombre de générations. La conclusion logique à tirer de ce raisonnement est que toutes les qualités possédées par les familles *Sires*, qualités qui les rendent si précieuses sous ce rapport, seront certainement augmentées et fortifiées par un étroit *inbreeding* entre elles; du reste, comme nous le verrons, la plupart des étalons remarquables du Stud Book ont été engendrés de cette manière. Ceux qui étudient les *pedigrees* comprendront facilement qu'au moment où on a commencé à réunir tous les éléments actuels du cheval de courses anglais, des membres isolés des familles *Sires* et *Runnings* figuraient rarement dans les pedigrees et presque jamais en grande quantité. Aujourd'hui il n'est pas rare (en comparaison) de trouver dans un pedigree plusieurs membres de la même famille. Il est nécessaire d'appeler l'attention des Stud Masters sur ce fait pour qu'ils puissent mieux apprécier la haute valeur de certains noms anciens ou limites figurant dans le Stud Book, notamment *Eclipse*, *Blacklock*, *Whalebone* et *Sir Hercules*.

Quelques inconséquences de l'auteur Australien. — A

lire ces lignes d'une façon attentive, on pourrait presque croire que Bruce Lowe avait des bases sérieuses et scientifiques, car, dans son langage intuitif, il semble invoquer la loi du retour, provoquée par des unions persistantes entre les *familles pures* ou *entre familles impures sans mélanges*. Les premiers procédés devant, suivant lui, faire réapparaître l'*Arabe pur* et le second le *cheval indigène*, lesquels seraient incapables, aujourd'hui, de gagner une course.

Ces notions sont très saines et dénotent un esprit d'Eleveur des plus distingué. Toutefois, il y a une contradiction des plus flagrantes dans ce passage du chapitre IV : « *De même qu'aucun Stud Master ne voudrait aujourd'hui accoupler un étalon Arabe avec ses juments, il doit, de même, se garder de prendre pour étalon un cheval de course tout à fait étroitement* inbred (very closely inbred) *sur ces trois lignes pures, 1, 2 et 4, depuis un grand nombre de générations,* » et l'article que nous avons reproduit également et intitulé : *L'Arabe comme Out-cross*.

Ces inconséquences, ces contradictions, enlèvent beaucoup d'autorité à l'enseignement du grand Eleveur intuitif qu'était Bruce Lowe. Quoiqu'il en soit, ces deux extraits nous montrent bien que, pour éviter de reproduire l'Arabe, l'auteur Australien conseille le croisement des lignes pures avec les familles impures. Dans le chapitre sur l'Arabe comme étalon de croisement, il n'a plus peur de le voir faire retour, ce qui ne manquerait pourtant pas de se produire au bout de bien peu de temps. Les Stud Masters ont donc parfaitement raison ne ne pas se servir de l'Arabe pour faire du cheval de courses, malgré toute la belle énumération que nous fait Bruce Lowe des succès de *Lord Bradfort.*

FIN DU CHAPITRE II DU LIVRE DEUXIÈME

CHAPITRE III

Faible part des écrivains français dans la question de l'*Inbreeding* et l'*Out-Crossing*. — Clarté du style du comte Lehndorf. — Possession d'un répertoire technique complet, par Bruce Lowe. — Identité des expressions techniques anglaises et allemandes. — Leur précision. — Le comte Lehndorf et les écrivains sportifs allemands. — Bonne foi et bonhomie de Bruce Lowe. — Une comparaison des difficultés de la question posée par les écrivains sportifs, choisie dans l'ordre astronomique. — L'*Inbreeding* ne saurait servir de critérium à la qualité et à la faculté de production. — Les autres forces qui sont invoquées isolément ont le même inconvénient. — Supériorité de la ligne mâle d'*Eclipse* sur celles d'*Hérod* et de *Matchem*. — Influence des femelles primitives. — Tableau de la puissance de reproduction des Mâles, sous l'influence des forces diverses employées en Elevage. — Quelques dissertations comparatives pour rester dans l'ordre astronomique. — Un schéma de la courbe *Eclipse*, *Stockwell*, *Flying-Fox*. — Véritable raison de l'influence de la *ligne mâle* et de la *ligne féminine*.

Part des Ecrivains sportifs Français. — La part des auteurs Français qui ont écrit sur l'*Inbreeding* pendant ces dernières années est bien faible. Le comte Lehndorf et Bruce Lowe semblent avoir eu beaucoup d'influence sur nos écrivains sportifs. Leurs œuvres paraissent avoir fait une grande impression sur le développement de la Presse Sportive Française. La grande distinction du Directeur des Haras Allemands, la lumineuse exposition d'idées de l'Eleveur Australien ont médusé ou conquis les écrivains sportifs français. En tous cas, ces deux étrangers ont particulièrement pesé sur l'Elevage Français et sur ceux qui écrivent sur les Chevaux de course dans les journaux spéciaux.

Parmi nos jeunes publicistes, les uns se sont nettement rangés comme disciples, les autres ont eu l'idée d'égaler la gloire de Bruce Lowe en inventant des *Systèmes d'Elevage*. L'esprit scientifique ne les a pas inspirés. L'empirisme, la statistique qui forment la base des écrits allemands et anglais et dont les conclusions manquent entièrement du contrôle sévère de la raison, de la méthode scientifique et de la conscience, ont été toujours réputés comme des critériums intangibles de la réussite des écrivains auprès du public. La *Systématisation* qui avait si bien réussi à Bruce Lowe a troublé nos publicistes et ses lauriers les ont empêché de dormir. Il est naturellement venu à leur esprit de faire, par exemple, avec les *mâles* ce que le génial Australien avait trouvé pour les *femelles*. Il leur aurait suffit pour lui être supérieurs de se guider uniquement sur des notions naturelles précises que Bruce Lowe ignorait. La connaissance des théories sur l'Hérédité, la Sélection naturelle, la Sélection méthodique, la Variation naturelle, la Possession des études faites par les maîtres de la *Biologie générale*, les Considérations philosophiques et naturelles sur la *Vie* ou la *Mort des organismes*, leurs modes de reproduction dans tous les règnes, auraient constitué pour eux un bagage qui eût été nécessaire, mais suffisant, pour juger de haut des questions d'élevage qui ne sont plus que des cas particuliers des études générales bien possédées et bien assimilées.

Certes, l'étude particulière de l'élevage du *Cheval de course* (Race-Horse) aurait dû être l'objet de leur prédilection. Surtout le *Langage des Eleveurs* doit être le début des études techniques. Celui qui veut connaître le *Coran* doit posséder la langue Arabe. Celui qui veut le prêcher à ses adeptes doit pouvoir s'exprimer de façon à se faire comprendre.

Clarté du style du comte Lehndorf. — Quoi de plus clair que la langue si châtiée du comte Lehndorf. Son style est parfait d'élégance, de précision. Il parle allemand, mais son langage d'éleveur est bien plus clair que celui de nos écrivains français. Qu'importe l'idiome, pourvu que l'expression soit juste, la phrase bien construite, l'idée facile à saisir. Certes, il n'est pas donné à tout le monde de s'exprimer avec un talent comparable à celui du *Directeur des Haras Allemands*.

Possession d'un répertoire technique complet par Bruce Lowe. — Au contraire, Bruce Lowe n'est pas un écrivain; son style est sans qualité, il est relâché, commun, mais la possession de son sujet en des termes techniques est telle chez lui que sa pensée se révèle avec la plus grande clarté. Il est facile à lire malgré son manque de haute culture qui perce à chaque instant. Il possède par excellence le *Langage du véritable Eleveur*.

Chez les deux écrivains le mot technique est le même, quoique dans une langue différente. Prenons quelques exemples pour bien faire saisir notre critique et montrer qu'il ne s'agit pas d'une observation sans portée ou sans importance et dès lors mesquine.

Identité des expressions techniques anglaises et allemandes. — Comment le comte Lehndorf intitule-t-il son chapitre sur l'*Inbreeding* et l'*Out-crossing?* Il y consacre trois termes : Inzucht, — Verwandtschaftszucht, — Fremdzucht. — Eh! bien le radical *Zucht* est la traduction du mot *breeding* en allemand. Dès lors *Inzucht* veut dire *Inbreeding* littéralement. Le second terme indique nettement l'alliance entre parents, c'est-à-dire un *Inbreeding* sur des sujets plus éloignés, et le troisième terme indique l'élevage à l'aide de *sujets étrangers* (Fremd, du dehors), c'est bien la traduction du fameux terme anglais *Out-crossing*. C'est le mot croisement en français dans son sens scientifique et rationnel.

Comment appelle-t-il le Pur sang que les Anglais désignent sous le nom de *Thoroughbred*, c'est-à-dire *parfaitement né : Wollblut*, qui veut dire littéralement *Plein de sang*. Dès lors, le *Vollblutzucht* c'est l'élevage du Pur sang. Quand à notre expression *Demi-sang*, elle est traduite littéralement : *Halbblut*.

Les *mères primitives* sont appelées par l'écrivain allemand : *Stamm Mütter*, littéralement *Mères-souches*. Mais le mot Stamm employé seul indique la *souche paternelle*, c'est la traduction des termes *Line* ou *Male line or Female line,* si souvent employés par Bruce Lowe.

Ainsi, la phrase suivante que nous trouvons au début du chapitre que nous avons cité du *Manuel des Eleveurs* est-elle bien facile à saisir :

Es ist klar ersichtlich, dass diese Rechnung eigentlich nicht massgebend sein sollte, denn ein Pferd kann Durch seine Mutter leicht doppelt so viel Blut ihres Stammes in sich haben als von dem Stamm, welchen der Vater väterlicherseits entspringt, und doch wird es dem letzteren zugezählt.

Il est clair que cette opinion (la valeur négligeable de la considération des mères) *n'est pas absolument juste, car il saute aux yeux qu'un cheval peut, par sa mère, avoir deux fois autant de sang de sa ligne que par sa ligne paternelle elle-même et cependant c'est à cette direction qu'on donne la préférence.*

Le comte Lehndorf et les écrivains sportifs Allemands. — Dans le cours de son manuel, dont la première édition date de 1881, le comte Lehndorf avait indiqué le principe des *Tables* que ses compatriotes *Hermann Goos* et *Frentzell* devaient établir quelques années après. Dès cette époque il avait déjà tracé des tableaux des principales familles d'élite (*Elite Familien*), ce qui prouve que les *Stamm-Mütter* lui étaient familières et souligne l'importance qu'il leur accordait. Mais à cette époque, comme nous le voyons par la phrase citée dans l'alinéa précédent, la force provenant des lignes féminines n'était pas reconnue par les éleveurs et on n'attachait d'importance qu'à la *ligne mâle*.

Quand l'écrivain allemand aborde la question de l'*Inbreeding* il s'exprime tout à fait clairement lorsqu'il annonce qu'il va s'occuper de savoir quel mélange de sang en dedans mérite surtout d'être recommandé « Welche art von Blut mischungen innerhalb der Wollblutzucht ». L'expression est pleine de précisions et son allemand est plus facile à comprendre que le langage bizarre de nos écrivains nationaux qui, cependant, parlent français et cela nous le verrons dans l'examen que nous allons en faire dans le chapitre suivant. Quand il veut parler des *incestes*, le mot allemand est presque français comme en anglais du reste (*incestuons breeding*) et il emploie l'expression très claire : *Incestzucht*.

Lorsqu'il arrive à serrer de près la question, l'auteur Allemand éprouve le besoin de préciser la définition et il dit :

« Avant d'aller plus loin sur ce sujet, il faut d'abord nous entendre sur ce que signifie, dans l'Elevage pur, *Inbreeding, Inbreeding modéré* et *Out-crossing*. Si ces points ne sont pas bien définis, toute discussion à ce sujet reste inutile et il arrive, en fin de compte, ce qui est arrivé à Schwarznecker qui cite, à la page 395 de son livre, *Touchstone* comme un exemple d'*Inbreeding* et, à la page 416, le même *Touchstone* comme un exemple d'*Out-crossing*. »

Doch ehe wir in diese Materie tiefer eindringen, müssen wir uns zuvörderst darüber verständigen, was wir den nun eigentlich bei der Vollblutzucht unter „Inzucht" (In-breeding) „mässiger Verwandtschaftszucht,, und „Fremdzucht" (Out-crossing) verstehen wollen. Stehen diese Begriffe nicht fest, so bleibt jede sachliche Diskussion unmöglich, und es ergeht einem schliesslich wie SCHWARZNECKER, welcher z. B. S. 395 seines Buches Touchstone als Beispiel vorteilhafter Verwandtschaftszucht und S. 416 denselben Touchstone als Beispiel von Fremdzucht (Out-crossing) aufführt.

On voit les précautions que prend l'auteur, qui nous prévient bien qu'il ne veut pas parler sur un sujet à la manière de bavards sans fondement qui, laissant dans l'obscurité et le vague le sens des expressions, ne sont pas embarrassés de s'en servir pour soutenir leur thèse et, au besoin, pour la combattre. Mais ce n'est pas fini et il revient à la charge avec énergie contre un autre écrivain sportif allemand :

« Les dissertations de *Stonehenge* sur les termes *Inbreeding* et *Out-crossing* sont dénuées de fondement et ne donnent aucune clarté, parce qu'elles ne sont pas basées sur un système solide. Lorsqu'il cite, par exemple, des étalons tels que *Stockwell* et *Ratoplan* comme *inbreds* et, par contre, *Partisan* et *Emilius* comme des *out-crosseds,* ce que *Schwarnecker* copie tout simplement, cela n'a aucun sens, attendu que les premiers sont éloignés de quatre générations de leur souche paternelle et maternelle commune et les autres de trois générations de la même manière. Cette proportion n'est pas altérée par le fait que dans la série des trente-deux ancêtres de *Stockwell* et *Rataplan*, *Waxy* ne figure pas seulement deux fois mais trois fois car, dans ce cas, *Stockwell* et son frère auraient toujours 3/32ᵉˢ de *Waxy*, mais *Partisan* possède 2/8ᵉˢ ou 8/32ᵉˢ et *Emilius* 1/8ᵉ + 1/16ᵉ = 6/32ᵉˢ de sang d'*High-flyer*. »

Auch Stonehenges Erörterungen über das Thema »In-breeding« und »Out-crossing« sind planlos und geben kein klares Bild, da sie nicht nach einem festen System durchgearbeitet sind. Wenn er z. B. Hengste wie Stockwell (66) und Rataplan (66) als In-breed aufführt und dagegen Partisan (56) und Emilius (20) als Out-crossed bezeichnet, was Schwarznecker einfach abschreibt, so hat das absolut keinen Sinn, denn erstere sind von ihrem, väterlicher- und mütterlicher-seits gemeinschaftlichen Stammvater doppelt und dreimal so weit entfernt als die letzteren. Dieses Verhaltnis wird auch dadurch nicht etwa alteriert, dass in der Reihe von Stockwells 32 Ahnen Waxy nicht bloss zwei-, sondern dreimal vor-kommt; denn danach hätt Stockwell immer erst ³/₃₂ Waxy-Blut in sich, Partisan aber besitzt ²/₈ gleicht ⁸/₃₂ und Emilius ¹/₈ + ¹/₁₆ = ⁶/₃₂ Highflyer-Blut.

On voit que, dans son texte même, le *Directeur des Haras alle-mands* fait sentir la cravache aux écrivains de son pays et, véritable-ment, il n'est pas mauvais de prévenir les Eleveurs, qui s'engouent de certains publicistes, du peu de valeur technique de leurs idoles.

L'auteur Allemand a voulu montrer dans une note dans quelle piètre estime il tenait certains publicistes.

Voici la traduction de cette note, qui jette un jour curieux sur la presse sportive allemande, laquelle, du reste, ne diffère pas tant qu'on pourrait le croire de la nôtre sous les mêmes points de vue :

« C'est une habitude, en Allemagne, de regarder comme une autorité quiconque écrit sur les chevaux en se servant de la langue anglaise, soit dans les livres, soit dans les journaux. Par le fait, on écrit là-dessus autant de sottises en Angleterre que chez nous, avec cette différence cependant c'est que, là-bas, les fanatiques du sang sont en grande majorité, tandis qu'ici ce sont les fanatiques du *modèle* qui sont en plus grand nombre [1]. Stonchenge, *alias* M. Walsh, en dernier lieu rédacteur en chef du *Field* (*Le Champ*), était un littérateur très distingué, mais il n'avait jamais entraîné ni élevé un seul cheval. C'est pour cela qu'il fut obligé de se faire aider quand il composa son livre : *British Rural Sports* (*Les Sports champêtres anglais*). C'est grâce aux *Courses de Levriers* que M. Walsh devint une des sommités du Sport. Il passait pour une autorité, en Angleterre, dans cette spécialité; mais il a encore écrit *De rebus omnibus et quibusdam aliis*, entre autres, par exemple, sur l'*Economie domestique*, etc..... »

(1) Cette phrase est d'une application courante en France.

Bonne foi et bonhomie de Bruce Lowe. — Si nous examinons l'œuvre de Bruce Lowe au point de vue de la clarté de ses explications et de l'emploi des termes techniques désignant les faits dont il parle, il semble ne pas avoir été inférieur au comte Lehndorf en clarté et en précision. Les nombreux extraits cités précédemment le démontrent suffisamment. Mais, ce qui est difficile à exprimer, c'est la bonhomie confiante qui vous conquiert de suite et la bonne foi évidente de cet éleveur Australien qui va droit au but, sans expressions amphigouriques ni raisonnements abstraits et abstrus. Je veux citer un passage très curieux de son chapitre V :

Pour ce qui regarde la victoire que *Bend'Or* a remportée au Derby de 1880, je peux dire que, dans la saison précédente j'avais, en Australie, examiné les pedigrees de tous les *two-year olds* qui avaient remporté d'importants Events et j'étais certain que *Bend'Or* et *Robert The Devil* occuperaient le premier et le deuxième rang dans l'ordre indiqué, en partie à cause de leurs performances supérieures à deux ans, mais surtout parce qu'ils provenaient tous deux de la ligne n° 1. Je soutins mon opinion jusqu'à parier cinq livres avec un ami qui s'intéressait beaucoup aux courses et aux pedigrees, mais qui était un peu sceptique au sujet de la valeur du système des nombres. Quand on apprit par dépêche, en Australie, que *Bend'Or* avait battu *Robert The Devil* d'une tête et que je vis que j'avais gagné mon pari, j'en éprouvai naturellement une très grande joie et je choisis *Illuminata* (1) et une autre pouliche dont j'ai oublié le nom dans la même famille, en pariant avec mon ami quitte ou double dans le cas, naturellement, où les chevaux partiraient. Quand le compte-rendu détaillé de la course nous arriva, aucune des pouliches n'était partie. Pendant que je suis en train d'écrire, le fils d'*Illuminata*, *Ladas*, est le premier favori pour le Derby de 1894, ayant déjà gagné, pour Lord Rosebery, les Deux mille guinées. Dans l'année de *Silvio*, 1877, quand les Australiens apprirent par le télégraphe le résultat des Deux mille guinées, *Chamant*, *Brown Prince* et *Silvio*, j'examinai d'un bout à l'autre leurs pedigrees respectifs et j'exprimai à des amis ma conviction intime que *Silvio* gagnerait le Derby et que, s'il y avait dans la course d'autres chevaux n° 1, ils prendraient les places; je déclarai aussi que la même chose arriverait aux Oaks et qu'à défaut de n° 1, les n° 2 obtiendraient les premières places. Le résultat du Derby a été que, sur 13 partants, il y avait seulement 3 chevaux n° 1 et ils occupaient les trois premières places dans l'ordre suivant : *Silvio*, *Glen Arthur* et *Rob-Roy*. Il n'y avait pas, aux Oaks, de représentant du n° 1 mais *Placida*, le seul n° 2, a gagné la course des pouliches. J'ai déjà dit que j'attachais autrefois un peu trop d'importance à l'animal provenant directement des grandes lignes gagnantes mais j'ai eu lieu, depuis, de modifier mes opinions, en voyant se répéter plusieurs fois le cas, tel que le cas particulier d'*Ormonde*, où un animal peut être descendu par la ligne féminine d'une famille comparativement Outside et renfermer cependant dans ses veines beaucoup plus de courants puissants de n° 1, 2, 3, 4 et 5, qu'un autre cheval provenant directement d'une de ses lignes. Quand on eut des doutes au sujet de savoir quelle était réellement la mère de *Bend'Or*, on me cette fit objection : s'il est prouvé, après tout, que *Bend'Or* appartient à une famille Outside, que devient votre théorie?

ORMONDE.

LILY AGNES (16).		BEND'OR (2).	
Polly Agnes.	Macaroni (**14**).	Clémence.	Doncaster (5).

Stockwell (3).
{ The Baron (24) by Birdcatcher (**11**) by Sir Hercules (2).
{ Pocahontas by Echidna. { Economist. { Dr. of Blacklock (2, 2, 1).

Marigold.
{ Teddington (2). { Orlando (13) by Touchstone (**14**). { Miss Twickenham.
{ Dr. of Ratan (9) by Buzzard (**8**) by Blacklock (2, 2, 1).

Neuminster (**8**).
{ Touchstone (**14**). { Camel (24) by Whalebone (1). { Banter by Master Henry (3).
{ Beeswing.

Eulogy.
{ Euclid (7) by Emilius (28) by Orville (**8**).
{ Martha Lynn by Mulatto (5) by Catton (2).

Sweetmeat (21).
{ Gladiator (22) by Partisan (1).
{ Lollipop. { Voltaire (**12**) by Blacklock (2, 2, 1). { Dr. of Blacklock (2, 2, 1).

Dr. of.
{ Pantaloon (17). { Castrel (2). { Idalia.
{ Banter. { Master Henry (3) by Orville (**8**). { Boadicea.

The Cure (6).
{ Physician (21) by Brutandorf (**11**) by Blacklock (2, 2, 1).
{ Morsel by Mulatto (5) by Catton (2).

Miss Agnes.
{ Birdcatcher (**11**) by Sir Hercules (2).
{ Agnes. { Clarion (6). { Prian (6) Emilius (28). { Annette { Dr. of Don John (2).

J'avoue que ce ne fut pas sans un certain tremblement que j'arrivai à considérer *Clémence*, alors je trouvai, à ma grande satisfaction, qu'elle figurait dans la ligne nᵒ 2 et je crois qu'on conviendra que le pedigree est beaucoup plus satisfaisant que celui qui est généralement accepté En se reportant aux nombres de *Bend'Or* (dans le pedigree accepté), on verra qu'il manquait de nombres Sires, seulement deux dans trois degrés ascendants. Le pedigree ci-dessus présente un grand progrès à cet égard.

Évidemment, cet écrivain sportif poursuit le but de convaincre le lecteur de l'excellence de son système et il montre d'abord son enthousiasme, puis ses doutes et enfin comment il est arrivé à une conception plus raisonnable, par suite de son honnêteté d'observateur.

Les expressions techniques qui font le charme du *Langage des*

Eleveurs sont souvent employées par Bruce Lowe, mais ces termes ne manquent ni de précision ni de clarté. Il s'en sert souvent, et toujours d'une façon si juste, si heureuse.

Donnons-en quelques exemples : Dans une dissertation sur *Chester* (chap. V), il dit : « Bien que *Whisker* remonte en ligne mâle à *Eclipse,* il était sorti de *Penelope* par *Trumpator* (de la ligne de *Matchem*), la mère de *Penelope, Prunella* par *Highflyer* (*Herod*) et *Highflyer,* provenait d'une *Blank Mare* (*Matchem*); cela explique pourquoi les sangs de *Whalebone* et de *Whisker* sont également précieux des deux côtés d'un pedigree. On ne saurait mieux les définir qu'en les appelant des *courants flexibles.* » (*It is best described as a pliable strain*).

Le mot anglais *pliable* est tellement à la portée des éleveurs Français, qu'il suffit de le prononcer à la française pour le traduire très éloquemment. Il représente l'idée de *flexibilité* (*flexibility* est également employé), de souplesse, c'est-à-dire quelque chose qui se prête bien, sans difficulté, aux divers usages auxquels on le destine.

Le comte Lehndorf a surtout voulu, dans son chapitre du *Manuel des Eleveurs,* considérer les divers degrés de l'*Inbreeding* comme si cette particularité pouvait être la cause de la qualité des étalons au point de vue de la reproduction. Quoique la thèse soit des plus risquées, on peut cependant dire qu'elle a été exposée dans les termes les plus choisis et les mieux appropriés. Ainsi, pour indiquer l'idée de la supériorité de certains étalons, il parle de *leur haute puissance de reproduction (hohe individual potenz zu erzeugen).* Les écrivains Français se servent du mot *prépotence* pour exprimer la même idée. Chez Bruce Lowe, on trouve une autre manière de s'exprimer qui est également très claire. Voici, par exemple, un passage de son chapitre V sur les *Sires :*

« Je désire aussi appeler l'attention du Stud Master sur la tendance qu'ont à se *perpétuer (to perpetuate themselves)* les étalons fortement *inbreds* des deux côtés sur *Eclipse* et à travers des familles de *Sires.*

.   .   .   .

« Cette force de *perpétuation* de puissance d'étalon (*this power of perpetuation and Sire potency*) est encore marquée quand des branches principales de la même *famille* ont été *inbred* sur elles-mêmes, etc..... »

Précision du Langage des Eleveurs chez les écrivains étrangers. — On voit ici combien la conception des deux écrivains étrangers sur la prépotence des étalons, par suite des *inbreedings* qui les caractérisent, est différente. L'auteur Allemand considère la question de l'*Inbreeding* chez un étalon comme devant servir de classement au meilleur degré à rechercher par les Eleveurs et il conclut à un *Inbreeding* modéré comme ayant donné le meilleur résultat en ce qui concerne la force de reproduction.

Tandis que Bruce Lowe indique que les étalons *inbreds* qui peuvent avoir la prétention de remporter beaucoup de succès au Stud doivent avant tout remplir des conditions déterminées et que l'*Inbreeding* doit être réalisé concurremment avec d'autres contingences. Nous verrons plus tard que la question est encore plus complexe que ne l'a aperçue Bruce Lowe.

Mais, nous le répétons, l'examen qui a été fait par le comte Lehndorf comporte une telle simplicité, qu'il ne peut porter aucun enseignement.

Conception simpliste du sens de l'Inbreeding. — Rechercher un caractère général qui permette à l'Eleveur de prévoir que son poulain aura une plus ou moins grande chance de reproduire ses qualités, est une entreprise impossible. Bien plus compliquées sont les conditions qui auraient besoin d'être remplies par les sujets qui servent à la statistique pour assurer à celle-ci une signification un peu plus certaine !

Et le comte Lehndorf a bien compris ce que sa méthode avait d'arbitraire, lorsqu'il nous dit avant de faire sa classification et alors qu'il vient de constater qu'il n'y a pas, à proprement parler, d'étalons qui ne soient pas *inbreds :* « Nous aurons donc moins à nous occuper de savoir si, en général, l'élevage entre parents est à conseiller, mais plutôt à prévoir jusqu'à quel degré il donne de bons résultats. Il sera nécessaire, pour cela, de soumettre la puissance de reproduction des étalons à *une critique* dans les diverses catégories, mais il sera difficile de donner ici une *taxation,* qui peut ne pas être admise par d'autres estimateurs. En tous cas, je me montrerai le plus impartial possible. »

Et de fait, il suffit de voir combien sa classification a vieilli, pour comprendre que les étiquettes dont il a gratifié beaucoup d'étalons sont erronées.

L'*Inbreeding* renferme-t-il réellement, sous cette forme simple d'un même nom, répété deux fois au 3e, 4e ou 5e degré, le secret de l'Elevage, c'est-à-dire peut-on le considérer comme le thermomètre de la qualité et de la force de la reproduction? Cette conception a pu être celle du comte Lehndorf et de beaucoup d'Eleveurs et d'Écrivains Sportifs, mais, déjà, Bruce Lowe avait idée de la complexité du problème.

Comparaison empruntée à l'astronomie. — Il est utile de montrer par un exemple la multiplicité des questions que nous croyons tous les jours avoir été solutionnées depuis longtemps et qui ne sont pourtant pas susceptibles de solutions mathématiques définitives.

Après les travaux de Copernic, de Galilée et de Tycho-Brahé, Képler vint révéler au monde des astronomes ses *Lois sur les Planètes*. A l'aide de ces lois et aussi par la force d'un génie supérieur, Newton donna le *Principe de la gravitation universelle*. C'est dans un éclair de génie qu'il identifia l'*attraction* et la *pesanteur* à la surface de la terre. Mais, le livre de Newton : *Principes mathématiques de la Philosophie naturelle,* n'était qu'une théorie mathématique rigoureuse, mais ne résolvait pas la question du *Système des Mondes*. Il ne solutionnait qu'un cas théorique inexistant, qu'on a appelé le *Problème des deux Corps*. La *complexité* de la question de la gravitation universelle vient du nombre infini des corps qui se trouvent dans l'espace. Sans tenir compte des étoiles, dont l'action sur les corps de notre système planétaire est négligeable, il est évident que les attractions des *planètes* entre elles et celles des *comètes,* exercent les unes sur les autres des *actions perturbatrices* qui modifient les orbites. Pour déterminer *rigoureusement* le mouvement d'un corps du système planétaire, il faudra tenir compte de toutes les forces perturbatrices, variables à chaque instant. Ainsi posé, le problème devient inabordable aux méthodes mathématiques. C'est ainsi que, du temps de Newton, on s'était posé le *Problème des trois Corps* qui, depuis ce temps, n'a pas reçu de solution, malgré les efforts des savants du monde entier depuis et avant la mort de Newton, en 1727. Les lois de Képler, comme le démontre l'observation, ne sont donc aussi que des lois théoriques que, dans la pratique, on doit considérer comme très rapprochées et dont on a reconnu l'imperfection, expliquée par les *perturbations,* à l'aide d'observations plus précises que celles qu'avait pu faire Tycho-Brahé, qui observa à l'œil nu, les lunettes n'étant pas encore inventées.

Newton a rendu bien compte de toutes les irrégularités et il en prévoyait bien l'explication, mais il ne put que léguer à ses successeurs la résolution du *Problème des Perturbations*. Cependant, sa loi de l'*Attraction Universelle* est approximativement suffisante pour nous donner la clef du mouvement des planètes, car la prépondérance du soleil sur toutes les planètes est tellement grande, que l'attraction qu'elles peuvent exercer les unes sur les autres est facile à corriger. En effet, le soleil et les planètes, et leurs satellites ainsi que les comètes, étant considérés comme faisant une *masse* totale de 700, le soleil, à lui tout seul, représente 699/700es et tous les corps restant dans le système planétaire ne forment que 1/700e.

On voit à quelles complexités entraîne l'étude de questions qui devraient avoir cependant une précision mathématique. Que dire, dès

lors, des problèmes de l'Elevage, qui ne sont évidemment pas susceptibles de solutions exactes?

Dissertation sur la force des lignes mâles. — La question
de l'*Inbreeding,* que les auteurs veulent bien lier aux facultés de reproduction, ne peut pas être isolée des contingences et jugée en dehors
de considérations qui ont peut-être une puissance supérieure sous ce
rapport.

Si, par exemple, on ne considère que la force de la ligne mâle,
nous allons montrer quel enseignement elle nous donne.

TABLEAU DES CATÉGORIES D'ÉTALONS
DU MANUEL DU COMTE LEHNDORF SUR LEUR ORIGINE MALE
JUSQU'A *ECLIPSE, HEROD* ET *MATCHEM*

DEUXIÈME CATÉGORIE

		Ligne :	Inbred sur :
1.	*Partisan* (1)...........	*Herod*.....	*Highflyer* 13.
2.	*Humphrey-Clinker* (8)....	*Matchem* ..	*Sir Peter* (3).
3.	*Orville* (8).............	*Eclipse*....	*Herod* 26.
4.	*Galopin* (3)............	*Id.*	*Voltaire* (12).
5.	*Petrarch* 10	*Id.*	*Touchstone* (14).
6.	*Wisdom* 7	*Id.*	*The Baron* 24.
7.	*Priam* 6...............	*Id.*	*Whiskey* (2).

TROISIÈME CATÉGORIE

		Ligne :	Inbred sur :
1.	*Whisker* (1)............	*Eclipse*....	*Herod* 26.
2.	*Orlando* 13............	*Id.*	*Selim* (2).
3.	*Flying-Dutchman* (3)....	*Herod*.....	*Id.*
4.	*Emilius* 28............	*Eclipse*....	*Hyghflyer* 13.
5.	*Weatherbit* (12)........	*Id.*	*Orville* (8).
6.	*Buccaneer* (14).........	*Herod*.....	*Edmund* (12) par *Orville* (8).
7.	*Blacklock* (2)	*Eclipse*....	*Highflyer* 13.
8.	*Beadman* 13	*Id.*	*Tramp* (3).
9.	*Tramp* (3).............	*Id.*	*Eclipse* (12).
10.	*Isonomy* 19............	*Id.*	*Birdcatcher* (11).
11.	*Vedette* 19.............	*Id.*	*Blacklock* (2).
12.	*Knight of the Gester* (3)...	*Matchem*...	*Camel* 24.
13.	*Silvio* (1).............	*Eclipse*....	*Birdcatcher* (11).
14.	*Fitz-James* (4)	*Id.*	*Touchstone* (14).
15.	*Windhound* (3).........	*Herod*.....	*Peruvian* 27.
16.	*Elthiron* (3)	*Id.*	*Id.*
17.	*Epirus* 13.............	*Id.*	*Sir Peter* (3).

QUATRIÈME CATÉGORIE

		Ligne :	Inbred sur :
1.	*Plenipotentiary* 6........	*Eclipse*....	*Sir Peter* (**3**).
2.	*Economist* 36	*Id.*	*Eclipe* (**12**) et *Herod* 26.
3.	*Przedswit* 28......... ...	*Herod*.....	*Marpessa* (4).
4.	*Lanercost* (**3**)..........	*Eclipse*....	*Gohanna* 24.
5.	*Flatcatcher* (**3**).........	*Id.*	*Waxy* (18).
6.	*Adventurer* (**12**)	*Id.*	*Orville* (**8**).
7.	*Arbitrator* 27..	*Herod*.....	*Touchstone* (**14**).
8.	*The Baron* 24...........	*Eclipse*....	*Waxy* (18).
9.	*Bay Middleton* (1).......	*Herod*.....	*Sir Peter* (**3**).
10.	*Cambuscan* 19...........	*Eclipse*....	*Whalebone* (1).
11.	*Hermit* (**5**)........	*Id.*	*Camel* 24.
12.	*Liverpool* (**11**)	*Id.*	*Eclipse* (**12**).
13.	*Melbourne* (1).	*Herod*.....	*Termagrut* (4).
14.	*The Palmer* (**5**)	*Eclipse*....	*Priam* 6.
15.	*Pantaloon* 17..........	*Herod*.....	*Eclipse* (**12**) et *Hyghflyer* 13.
16.	*Rosicracion* (**5**).........	*Eclipse*....	*Priam* 6
17.	*Sir Hercules* (2)	*Id.*	*Eclipse* (**12**).
18.	*Sultan* (**8**)..............	*Herod*.....	*Eclipse* (**12**) et *Hygflyer* 13.
19.	*Sweetmeat* 21	*Id.*	*Prunella* (1).
20.	*Wild-Dayrell* 7..........	*Id.*	*Selim* (2).

CINQUIÈME CATÉGORIE

		Ligne :	Inbred sur :
1.	*Alarm* 19...	*Herod*.....	*Sir Peter* (**3**) et *Prunella* (1).
2.	*Chamant* (**5**)...........	*Id.*	*Emilius* 28.
3.	*Charibert* (1)...........	*Id.*	*Touchstone* (**14**).
4.	*Cowl* (2)...............	*Id.*	*Whiskey* (2).
5.	*Dandin* 27.............	*Eclipse*....	*Camel* 24.
6.	*Defence* (**5**)...........	*Id.*	*Eclipse* (**12**) et *Hyghflyer* 13.
7.	*Flibustier* (**5**)	*Herod*.....	*Tramp* (**3**).
8.	*Harkaway* (2)...........	*Eclipse*....	*Pot-8-Os* 38.
9.	*Ion* (4).................	*Herod*.....	*Sir Peter* (**3**).
10.	*Kingston* (**12**)........ ..	*Id.*	*Id.*
11.	*King Tom* (**3**)......... .	*Eclipse*....	*Waxy* 18.
12.	*Newminster* (**8**)	*Id.*	*Trumpator* (**14**) et *Beningbrough* 7.
13.	*Pyrrhus The First* (**3**)	*Herod*.....	*Buzzard* (**3**).
14.	*Saunterer* (27)	*Eclipse*....	*Waxy* 18 et *Penelope* (1).
15.	*Scottish-Chief* (**12**).......	*Id.*	*Orville* (**8**).
16.	*Springfield* (**12**).........	*Id.*	*Sultan* (**8**).
17.	*Sterling* (**12**)......... ..	*Id.*	*Whalebone* (1).
18	*Touchstone* (**14**).........	*Id.*	*Eclipse* (**12**).
19.	*Vélocipède* (**3**)...........	*Id.*	*Pot-8-Os* 38 et *Highflyer* 13.

CINQUIÈME CATÉGORIE *(suite)*

		Ligne :	Inbred sur :
20.	*Voltaire* (**12**)............	*Eclipse*....	*Hyghflyer* 13.
21.	*Voltigeur* (2).......... ...	*Id.*	*Hambletonian* (1).
22.	*Xenophon* 23............	*Id.*	*Whalebone* (1).
23.	*Van Tromp* (**3**).........	*Id.*	*Buzzard* (**3**)
24.	*Venison* (**11**)............	*Herod*.....	*Eclipse* (**12**).

SIXIÈME CATÉGORIE

		Ligne :	Inbred sur :
1.	*Beauclerc* 10...........	*Eclipse*....	*Whalebone* (1).
2.	*Birdcatcher* (**11**)...	*Id.*	*Eclipse* (**12**).
3.	*Blair Athol* 10	*Id.*	*Whalebone* (1).
4.	*Kisber* (4)...............	*Herod*....	*Sultan* (**8**).
5.	*Lambton* 9........	*Eclipse*....	*Whiskey* (2).
6.	*Lord Lyon* (1)...........	*Id.*	*Whalebone* (1).
7.	*Macaroni* (**14**)......... .	*Herod*.....	*Sir Peter* (**3**).
8.	*Rataplan* (**3**)............	*Eclipse*....	*Waxy* 18 et *Penelope* (1).
9.	*Stockwell* (**3**)	*Id.*	*Id.*
10.	*Rustic* (2)...............	*Id.*	*Whalebone* (1).
11.	*Saint-Alban* (2).........	*Id.*	*Id.*
12.	*Savernack* (2)...........	*Id.*	*Id.*
13.	*West-Australian* 7...	*Matchem*..	*Trumpator* (**14**).

	Éclipse.	*Herod.*	*Matchem.*
Première catégorie....	0	0	0
Deuxième catégorie ..	5	1	1
Troisième catégorie....	11	5	1
Quatrième catégorie...	12	8	0
Cinquième catégorie...	15	9	0
Sixième catégorie.....	10	2	1
TOTAL.........	53	25	3

Supériorité de la ligne mâle d' « Eclipse ». — Pour cela, reprenons le tableau des étalons *riches en succès*, tel que l'a établi le comte Lehndorf. Sa sélection porte sur 80 étalons. Si nous remontons en ligne mâle jusqu'aux trois chefs de ligne, *Eclipse, Herod* et *Matchem,* nous trouvons que la ligne d'*Eclipse* en fournit à elle seule 53, celle d'*Herod* 25 et celle de *Matchem* seulement 3. Que conclure de là? Un fait brutal, à savoir, que la ligne *Eclipse* fournit presque deux fois autant de grands Sires que les deux autres lignes réunies. Mais il ne faudrait pas s'imaginer que, sans le secours des deux autres lignes, elle aurait pu se perpétuer. Rien ne le prouve et on ne saurait l'affirmer. Une étude des plus ardues s'impose donc sur la façon dont cette ligne d'*Eclipse* a pu ainsi triompher et quel genre de secours lui ont apporté les deux autres. Pourquoi, dans la majorité des cas, elle a pu les écraser tout en les aidant, d'autre part, à se maintenir pour lui fournir les femelles nécessaires à sa puissante constitution, en produisant ainsi une sorte de *croisement* constant qui lui était sans doute indispensable.

Recherches statistiques sur la valeur des Nombres au point de vue de la Force de la Reproduction.

— Si nous cherchons, en numérotant les familles des étalons choisis par le comte Lehndorf, à savoir quelles sont les familles qui donnent le plus de *Sires à succès* nous ne trouvons pas au contraire de familles particulièrement désignées :

Nous trouvons que la famille		1	produit	7	étalons à succès;
—	—	2	—	8	—
—	—	3	—	14	—
—	—	4	—	3	—
—	—	5	—	5	—
—	—	6	—	2	—
—	—	7	—	3	—
—	—	8	—	4	—
—	—	9	—	1	—
—	—	10	—	3	—
—	—	11	—	3	—
—	—	12	—	7	—
—	—	13	—	3	—
—	—	14	—	3	—
—	—	15	—	0	—
—	—	16	—	0	—
—	—	17	—	1	—
—	—	18	—	0	—
—	—	19	—	4	—
—	—	21	—	1	—
—	—	23	—	1	—
—	—	24	—	1	—
—	—	27	—	3	—
—	—	28	—	2	—
—	—	30	—	1	—
	Total.			80	étalons à succès.

Que prouve ce tableau dont les chiffres indiscutables n'en sont pas moins déconcertants pour certaines familles ? Seulement que la question est mal posée, que le problème n'est pas précisé, que les données en sont inexactes et la solution trouvée sans portée et sans valeur.

Les sources de la Puissance de Reproduction. —

Penser et vouloir démontrer que la *statistique* sur 80 étalons choisis plus ou moins arbitrairement, va nous donner la clef du problème de l'Elevage et les sources de la force de perpétuation (The power of perpetuation and Sire potency) ou de la prépotence individuelle (Individual potentz), est une illusion naïve dont un esprit scientifique ne saurait se payer. Il apparaît au contraire clairement que les sources de la force en course, de la reproduction, de l'aptitude, sont soumises à des attractions variables, comme celles de la gravitation universelle, qui se modifient constamment par suite d'un mouvement ininterrompu, d'un équilibre permanent dont les lois sont trop complexes pour pouvoir être facilement mises en théorèmes. Evidemment l'étude approfondie du sujet nous donnera quelques aperçus de ces forces qui agissent dans certains cas et dans d'autres restent sans action. De même que certaines planètes en passant dans certaines positions produisent des *perturbations* qui cessent lorsque leur éloignement est suffisant, de même agissent en élevage les forces qu'on appelle *la ligne mâle, la ligne féminine (nombres* de Bruce Lowe), *l'Inbreeding* ou les *Inbreedings,* leur situation, les effets du *Retour, les Inbreedings et les Out-crossings des lignes mâles et des lignes féminines et leurs positions respectives* et, en un mot, tout ce qui constitue l'étude intégrale des unions.

Nouvelle comparaison astronomique. —

Le moment est venu de donner encore par une comparaison précise et en revenant encore sur un exemple astronomique, une idée de la complexité des faits scientifiques exacts que l'on soupçonne souvent, que l'on approche quelquefois, et qu'enfin, à force de travail, on arrive à découvrir à l'aide de données éprouvées et indiscutables.

Après la découverte fortuite de la planète *Uranus,* par Herschel, les astronomes successifs avaient étudié avec soin son orbite. En particulier Laplace (1749-1827), après de nombreuses observations, en tenant compte des attractions de Jupiter et de Saturne, avait cru pouvoir donner une monographie complète de son mouvement et prédire ses positions dans 10, 20, 30 ans, etc. Mais presqu'aussitôt (1840) la planète *Uranus* échappait aux prévisions des calculs de *Laplace* et mettait tous les astronomes dans le plus grand embarras. L'idée qu'une planète inconnue était peut-être la cause des irrégularités d'Uranus vint alors à l'esprit des astronomes de l'époque. Particulièrement, *Le Verrier,* astronome français, en eût la conviction et après deux années de tâtonnements, de calculs les plus compliqués, le 31 août 1846, il annonça devant l'Académie des Sciences, que la planète inconnue, cause des perturbations d'Uranus, devait se trouver dans telle région du ciel ; et Galle, de Berlin, sur ses indications, découvrait immédiatement à la place indiquée la planète qui fut appelée *Neptune.* C'est la planète qui est la plus loin du soleil, dont elle met 165 ans à faire le tour.

Ainsi malgré la complexité des attractions secondaires des planètes les unes sur les autres, les lois de Kepler et le Principe de Newton sur la gravitation universelle permettent aux astronomes de tenir compte des perturbations et de déterminer avec une très grande approximation les orbites irréguliers des diverses planètes.

Cette complexité est en effet comparable à celles des diverses forces naturelles qui agissent sur les organismes et dont la connaissance aussi grande que possible doit nous guider pour calculer le degré d'aptitude des sujets qui viennent à naître de certaines unions. Mais l'étude des Grands Etalons et des Grandes Juments peut seule nous donner des vues justes sur les conditions que doivent présenter les unions pour que nous puissions prédire, sinon à coup sûr, du moins avec une approximation suffisante le retour des grands *Sires,* et des Dams illustres qui jalonnent le Stud Book.

Un schéma de la courbe " Eclipse-Stockwell - Flying-Fox ". — Si nous voulons rester dans l'ordre des comparaisons astronomiques où nous nous sommes engagés, on pourrait imaginer que les étalons extraordinaires qui ont propagé la descendance d'*Eclipse* ne sont que des *reproductions* sous des aspects divers de ce grand chef de ligne. Cette hypothèse, du reste, on le verra plus tard, doit être considérée comme une réalité. Prenons, par exemple, la ligne d'*Eclipse* par *Stockwell* et *Flying-Fox* et imaginons schématiquement la marche d'Eclipse sur son orbite.

On peut se demander la *nature des forces* qui mènent sur cette courbe du succès ces brillants météores qui sont de la part des Eleveurs l'objet d'observations incessantes.

On peut penser certainement que ces forces peuvent être divisées en deux catégories. Pour se maintenir dans cette *ligne* et posséder cette *puissance de perpétuation* dont parle Bruce Lowe, les grands Sires n'en sont pas moins les esclaves de forces naturelles et méthodiques. Les unes tendant à les maintenir dans les limites de l'attraction vers la

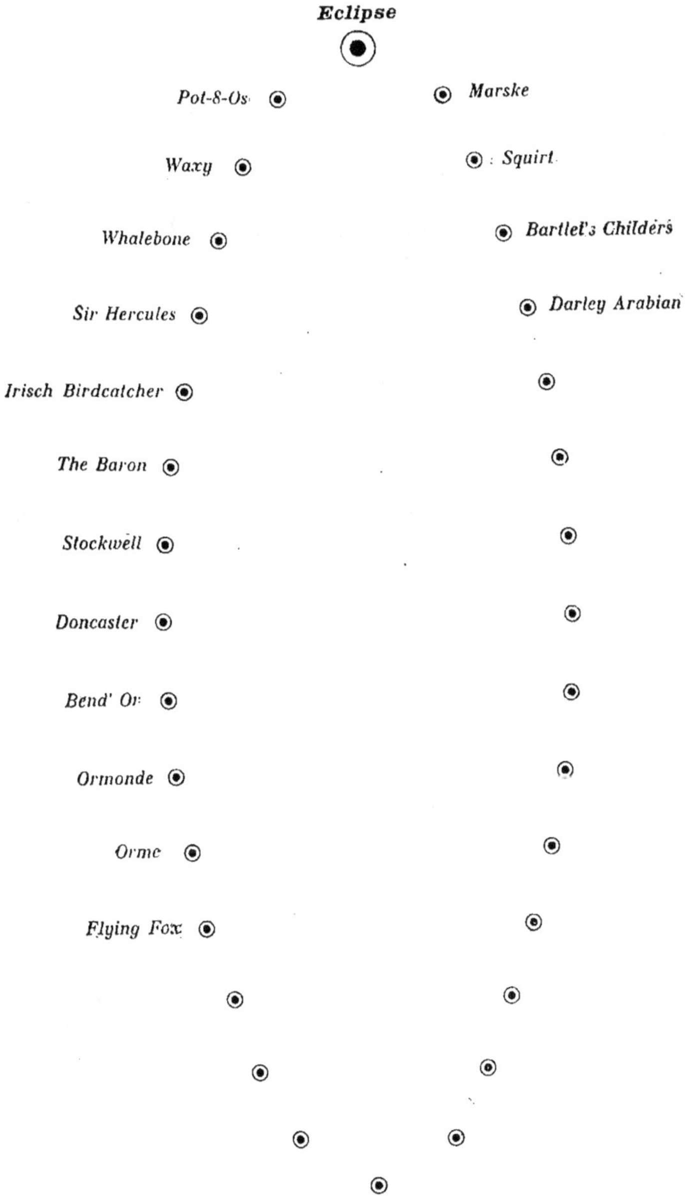

Eclipse
◉

Pot-8-Os ◉   ◉ Marske

Waxy ◉   ◉ Squirt

Whalebone ◉   ◉ Bartlet's Childers

Sir Hercules ◉   ◉ Darley Arabian

Irisch Birdcatcher ◉   ◉

The Baron ◉   ◉

Stockwell ◉   ◉

Doncaster ◉   ◉

Bend' Or ◉   ◉

Ormonde ◉   ◉

Orme ◉   ◉

Flying Fox ◉   ◉

◉   ◉

◉   ◉

◉   ◉

◉

source de la vitesse et des diverses aptitudes de courses constituées à un degré maximum, les autres, au contraire, tendant à leur faire perdre ces caractères spéciaux dont les éleveurs font le but de leurs efforts.

Aussi bien il apparaît que comme le soleil est le foyer où toutes les planètes puisent la force d'accomplir, sur leurs orbites, les évolutions régulières plus ou moins longues en obéissant aux deux forces égales et contraires émanées du grand Centre, source de toutes les actions naturelles, force d'attraction (centripète) et force de répulsion (centrifuge); de même les grands Sires arrivent à se maintenir sous l'impulsion de deux forces contraires, une force centripète : la *sélection par la course* et une force centrifuge : la *variation naturelle*. Supprimez *la sélection par la course, la variation naturelle* reprend ses droits, les aptitudes s'atténuent, disparaissent au bout d'un temps très court et les *brillants météores* sont dispersés dans toutes les directions comme une poussière impalpable.

Et la comparaison semble juste parce qu'il n'est pas douteux que si la force d'*attraction solaire* venait à cesser tout-à-coup, non seulement les planètes seraient lancées dans l'espace en suivant la tangente à leur orbite au point précis où la suppression les surprendrait, mais encore leur masse serait immédiatement divisée en une multitude de morceaux, sans lien, puisque l'attraction universelle est le principe qui agglomère les planètes elles-mêmes autour de leur propre centre.

Conception réelle des Forces d'aptitude à la course. — Parmi les forces de consolidation de l'aptitude à la course, forces sélectives et de concentration dont la carrière de courses d'un Etalon nous donne le contrôle se trouvent les *Inbreedings* sous leurs diverses formes et modes et c'est pourquoi leur étude constitue une des passions naturelles et intuitives du véritable éleveur.

Parmi les forces qui tendent à éloigner les aptitudes et à les diminuer se trouvent les *Out-crossings* dont la nécessité est aussi grande que le principe contraire de la même manière que la *gravitation* et la *force centrifuge* également équilibrée sont indispensables au bon fonctionnement du système planétaire. Aussi étudierons-nous dans cet ouvrage les *Out-crossings* avec autant de soin que les *Inbreedings* parce que leur utilité est équivalente en élevage de Thoroughbred. Il est bon du reste de constater en passant que cette étude des *Out-crossings* n'a jamais été faite par aucun écrivain sportif au point de vue de la Race pure. Les seules allusions qui y aient été faites concernent, comme nous l'avons déjà fait remarquer, les croisements de la Race Anglaise pure avec la Race Arabe pure. Nous examinerons aussi ce point de vue qui, en principe, apparaît comme une rétrogradation.

Parmi les forces d'attraction qui maintiennent les grands Sires dans leur *ligne* se trouve la force de la *ligne* même *(male line)*. C'est ce que les écrivains sportifs français ont appelé *la Filiation*. En France, il s'est trouvé beaucoup de partisans pour cette idée que cette ligne du pedigree n'avait pas plus d'importance que telle autre qu'on appelle *collatérale,* tandis que, ainsi que nous l'avons vu, Bruce Lowe, dans son gros bon sens, attribue beaucoup plus d'importance à la ligne mâle d'un étalon et à sa ligne maternelle. Nous montrerons que cette force de la *ligne mâle* s'émousserait sans le secours de la *sélection,* mais qu'en élevage de Pur sang, la ligne mâle n'est pas autre chose qu'un puissant *Inbreeding.* Cette idée nouvelle est d'une telle simplicité que lorsqu'elle sera exposée, elle apparaîtra comme une évidence.

Quant à la ligne féminine, elle a absolument pour les femelles la même importance que la ligne mâle pour les Sires. Cela, du reste, tombe sous le sens et l'*Inbreeding* sera invoqué d'une façon identique et pour les mêmes causes qui concernent les mâles.

Ainsi, la force de perpétuation, l'individual potentz du comte Lehndorf, la prépotence des écrivains français est en réalité dépendante de plusieurs variables. Aussi la prétention d'en découvrir la meilleure condition en la faisant dépendre seulement d'un nom répété au deuxième, troisième et quatrième degré, ou même plus loin, ne saurait même pas être discutée.

Le problème comporte plusieurs inconnues et est d'un degré élevé si on se sert du langage algébrique pour mieux faire comprendre la complexité de la position de la question.

Il ne s'agit donc pas tant de résoudre une équation difficile à poser, que de déterminer quelques vérités générales qui serviront à approcher la solution d'aussi près que possible sans avoir la prétention de prédire ce qui peut se passer dans chaque cas particulier.

Il faut reconnaître du reste que le comte Lehndorf, dans son chapitre de l'*Inbreeding* n'a pas voulu résoudre le problème de l'Élevage qui, du reste, n'existe pas puisqu'il y a d'innombrables problèmes en Élevage et qu'il a bien spécifié que dans son esprit « il ne s'agit pas seulement de l'échelle d'après laquelle le sang déjà apparenté doit être employé pour produire *une haute puissance individuelle de reproduction.* On ne peut naturellement atteindre ce but qu'en se servant pour l'accouplement des meilleurs individus des familles d'élite ». Mais ses conclusions que les *Inbreedings* ont eu les meilleurs résultats dans la quatrième catégorie de sa classification et ensuite dans la cinquième et la sixième, ne sont pas justifiées suffisamment et cela pour les raisons que nous avons énumérées

Les circonstances qui amènent les *Inbreedings* tentés à avoir leur plein effet sont très variables. Il en est de ces événements naturels comme des marées qui sont plus fortes aux syzygies qu'aux quadratures à cause de la combinaison des attractions solaires et lunaires. De même les marées des équinoxes sont plus fortes que les marées ordinaires des syzygies, surtout si la lune est dans le plan de l'équateur. Eh! bien, il est des cas très précis en Élevage où les *Inbreedings* sont amenés à avoir leur maximum d'effet et d'autres, au contraire, où ils ne produisent rien et même facilitent des actions et des réactions sur des sujets autres que ceux sur lesquels l'*Inbreeding* a été fait.

La comparaison des marées a pour but de faire comprendre que la *force de reproduction* qui s'exerce dans certaines alliances peut avoir dans d'autres cas des effets opposés et la suite de nos études nous montrera que cela se produit ainsi pour l'*Inbreeding* et pour l'*Out-crossing*.

FIN DU CHAPITRE III DU LIVRE DEUXIÈME.

CHAPITRE IV

L'écrivain sportif Lottery et l'*Inbreeding*. — Obscurité générale de la conception de ce sujet chez l'auteur Français. — Un article du *Jockey* qui expose les vues de l'auteur sur la question. — Critique des idées exprimées. — Rivalité et dédain de Lottery à l'égard de Bruce Lowe. — Conclusions philosophiques à tirer des écrits sportifs sur l'*Inbreeding*. — Inanité de la théorie des dosages. — Le livre de Lottery improprement intitulé *Croisements Rationnels*. — Influence de Bruce Lowe sur Lottery à propos de son *Traité d'Elevage*. — Injustice de Lottery pour l'éleveur Australien. — En résumé, le travail de *Lottery* sur l'*Inbreeding* est une statistique dans le genre de celle du *Comte Lehndorf*. — Absence de dissertation, de raisonnements analytiques. — Réflexions inspirées par la *Méthode Empirique*. — Comparaison entre les trois écrivains sportifs : Comte Lehndorf, Bruce Lowe, Lottery. — Quelques données sur le plan du présent ouvrage. — Complexité des phénomènes de l'Elevage. — Conception de la Race Pure comme un *corps en mouvement*. — Pas de phénomènes isolés. — L'*Inbreeding* et l'*Out-crossing* ne peuvent être étudiés dans la Race Pure en dehors des autres contingences.

L'écrivain sportif Lottery et l'Inbreeding. — L'écrivain sportif qui a pour pseudonyme Lottery[1] est peut être celui qui a le plus écrit sur l'*Inbreeding*. En revanche, l'*Out-crossing* l'a peu préoccupé. Il est à croire que la nécessité du *Croisement* n'a pas beaucoup troublé sa conception de l'élevage du *Thoroughbred*. Cette constatation n'est pas une critique car, en somme, cet élevage se reproduit sur lui-même et, si l'on donne au terme *Out-crossing* son sens étroit, il est bien certain que les éleveurs ne vont pas chercher actuellement de reproducteurs étrangers au Stud Book pour améliorer l'espèce des Race-Horses et il faut reconnaître que la conception nouvelle que nous apportons, si elle était dans l'air, n'a jamais été formulée. Mais si certains écrivains en ont eu l'intention, l'auteur que nous allons étudier n'y a jamais fait allusion, comme beaucoup d'autres avant lui.

Lottery est très répandu dans la *Presse Sportive*. — L'*Acclimatation*, journal des Races Pures, a publié de lui de nombreux articles et notamment une traduction de quelques chapitres de l'ouvrage de *Bruce Lowe* sur le *Système des Nombres*. Le *Jockey*, journal quotidien des courses, lui ouvre également ses portes toutes grandes, de sorte que sa physionomie esthétique est très connue.

---

(1) Alias J. VUILLIER.

Toutes les fois que *Lottery* examine le pedigree d'un Racer, sa principale préoccupation paraît être d'en énumérer les *Inbreedings*, sans en constater les conséquences ou les tendances qui en découlent. La conception qu'il a de la définition du terme lui-même paraît se rapprocher beaucoup de celle du comte Lehndorf. Il faut lui rendre cette justice que, comme son célèbre confrère Allemand, l'écrivain Français possède son *Stud Book* sur le bout du doigt. La pratique journalière de l'examen des pedigrees, a fait de lui, sur ce point, un maître dans toute l'acception du terme. C'est, en effet, un grand avantage pour les éleveurs de trouver dans des organes sportifs spéciaux, tels que le *Jockey*, un guide sûr qui mâche la besogne et épargne des recherches longues et fastidieuses. Nous allons voir si, dans le bagage de cet écrivain, dans cette masse d'articles, d'études, de systèmes, se dégage, sur le sujet qui nous occupe, une doctrine rationnelle, basée sur des principes naturels et scientifiques.

Obscurité générale de la conception de l'auteur Français. — Quelle est tout d'abord, d'après ses écrits, la conception nette de Lottery et sa définition de l'*Inbreeding*. Si le reproche de manquer d'indulgence n'était pas des plus sensibles à un critique impartial, il viendrait de suite à l'esprit de signaler la sensation d'obscurité qu'on éprouve à ce sujet à la lecture de ses travaux sur la question. Il y a un manque de clarté général dans toute sa monographie de la Consanguinité, au point qu'on se demande, non pas si l'auteur a bien su ce qu'il voulait dire, mais si la façon dont il s'est expliqué était bien susceptible d'être comprise. On croirait volontiers qu'il brouille la question volontairement pour avoir sujet à dissertation inutile.

Nous allons de suite faire juge le lecteur de la méthode d'exposition de l'auteur Français, qui paraît être celui de nos compatriotes qui a traité le sujet avec le plus de compétence. Voici un article paru dans le journal *Le Jockey*, en décembre 1906, où l'auteur a résumé sa conception sur tous les points de la controverse qui nous occupe.

Un article du « Jockey » sur l'Inbreeding, par Lottery.

L'*Inbreeding* est la préoccupation la plus vive de maints éleveurs. Elle a sa raison d'être. Beaucoup toutefois ne possèdent sur cette question que des notions incomplètes et, j'ose le dire, parfois erronées. Peut-être trouve-t-on que le sujet mérite d'être traité dans ses grandes lignes.

En général, quand on parle d'*inbreeding*, ou de croisement en dedans, pour employer le terme français, on envisage le ou les noms répétés à un degré rapproché dans l'origine d'un produit. Je ne sache pas qu'il ait été question ailleurs que dans les *Croisements rationnels* de noms répétés aux générations éloignées, c'est-à-dire aux générations dépassant la sixième, septième, etc., jusqu'aux premiers noms inscrits dans le Stud-Book. Nous ne nous occuperons donc pas aujourd'hui de l'*inbreeding* éloigné. Aussi bien il suffit que l'on connaisse cette loi d'une précision rigoureuse que j'ai déterminée jadis, loi conçue dans ces termes : il y a une différence très sensible dans le dosage des sangs ; ce dosage se précise avec les années et détermine la limite à laquelle il est permis de pousser les *inbreedings* éloignés. Cette loi a servi de base au système des dosages. Je n'ai pas besoin de faire ressortir son importance. Ceux qui l'ont étudiée et mise en pratique en connaissent la valeur ; les autres n'ont peut-être pas toute qualité voulue pour la juger impartialement.

Donc, nous laisserons de côté aujourd'hui l'*inbreeding* éloigné et n'envisagerons que ce qui fait la préoccupation de la plupart des éleveurs, c'est-à-dire l'*inbreeding* rapproché.

Et d'abord, cet *inbreeding* peut-il avoir une influence sur la vitesse, la tenue ou le tempérament des produits qui le possèdent ? Bruce Lowe a dit, dans le chapitre qu'il consacre aux sprinters, que grande vitesse et intense *inbreeding* sont synonymes. Il a envisagé à cet effet quelques chevaux vites pris un peu au hasard, chevaux dont la plupart d'ailleurs ne possédaient pas un *inbreeding* très intense, et il en a conclu très rapidement à une règle générale. L'influence de Bruce Lowe s'est fait sentir depuis l'apparition du livre de W. Allison, d'une façon prépondérante et beaucoup ont ajouté créance à sa méthode qui avait le mérite d'être la première connue et aussi de posséder une simplicité la mettant à la portée de tous les éleveurs, sans travail préparatoire.

Malheureusement, en ce qui concerne les croisements en dedans, il a été un peu vite et contribué à propager une erreur.

Après avoir établi les pedigree des 654 chevaux de grande classe ayant fait leurs preuves sur le turf anglais depuis l'origine des courses sérieuses, vers 1748 jusqu'en 1901, j'ai classé ces pedigree par ordre d'*inbreedings* et suis arrivé à constater qu'un seul cheval de valeur était né avec deux fois le même nom aux deuxième degré, ce cheval, gagnant du Derby de 1824, ayant nom *Cedric*. Immédiatement après, je trouvais que 15 chevaux renfermaient un courant semblable aux deuxième et troisième degrés. Parmi ces 15 chevaux figuraient trois étalons remarquables nommés *Delpini*, *Barcaldine* et *Flying-Fox*, qui, soit dit en passant, infirmaient dans une certaine mesure la règle émise par Bruce Lowe au paragraphe VII de son sommaire, règle attribuant aux étalons *inbred* une infériorité sur les autres.

Ces 15 chevaux de valeur, qui étaient les animaux nés avec le croisement en dedans le plus intense — *Cedric* excepté, et *Cedric* avait gagné le Derby (2.400 mètres) — auraient dû faire preuve de vitesse plutôt que de fond. Or, parmi eux se trouvaient au moins autant de gagnants de courses à longues distances que d'autres. La liste et les performances en sont données au chapitre IV du tome 1er des *Croisements rationnels*. Je n'y reviendrai pas.

Donc, de ce côté, aucun souci. Un cheval *inbred* du deuxième au troisième degré — et l'expérience prouve qu'il ne faut pas tenter de croisements en dedans plus forts — peut très bien avoir du fond. Son *inbreeding* n'est pour rien dans ses aptitudes, du moins en général et jusqu'à présent. Si le nom répété appartient à un animal exclusivement vite, peut-être le produit possédera-t-il seulement de la vitesse. Cela je l'ignore, n'ayant pas étudié la question qui, d'ailleurs, n'a pas une très grande importance, les croisements en dedans ne devant se faire, comme je l'établirai tout à l'heure, que sur des animaux de tout premier ordre, exceptionnels à coup sûr au haras et ayant donné des produits bons en général sur toutes les distances.

J'ai constaté qu'un ancêtre commun aux deuxième et quatrième degrés se trouvait dans 6 des 654 chevaux étudiés ; que 5 animaux renfermaient au troisième degré deux ancêtres représentés chacun deux fois ; que 16 contenaient deux fois un même nom au troisième degré et un autre ancêtre commun aux troisième et quatrième degrés, que 67 possédaient un même nom répété deux fois au troisième degré, que 125 avaient un nom commun aux troisième et quatrième degrés, que 29 avaient un nom répété aux troisième et cinquième degrés, que 31 avaient un nom inscrit deux fois au quatrième degré, etc. Les chevaux n'ayant aucun *inbreeding* avant le cinquième degré étaient au nombre de 16 seulement. 15 chevaux avaient deux frères au troisième degré ou un frère et une sœur ; 31 avaient un frère ou une sœur, ou deux frères, l'un au troisième, l'autre au quatrième degré, etc. En résumé, l'*inbreeding* rapproché s'étendait (négligeant *Cedric*) de l'*inbreeding* genre *Flying-Fox* (du 2ᵉ au 3ᵒ degré) jusqu'à l'*inbreeding* commençant au cinquième degré, en passant par des types très divers. Le type de beaucoup le plus fréquent était celui comprenant un courant commun aux troisième et quatrième degrés. Après lui venait le type comprenant deux courants répétés au troisième degré. Si l'on veut se conformer aux règles de la sélection, il est donc bon de chercher à obtenir dans les pedigree des produits à naître de croisements en dedans, le parti le plus sage consistant à se rapprocher du type le plus fréquent.

Examinons à présent sur quels noms se sont produits ces *inbreedings*. En ce qui concerne les *inbreedings* antérieurs à celui où deux noms sont représentés chacun deux fois au troisième degré, *inbreedings* auxquels se rattachent 23 des 654 chevaux étudiés, les noms répétés sont les suivants : *Herod*, 6 fois ; *Crab*, 2 fois ; ensuite *Cade, Blank, Matchem, Highflyer, Walton, Pot-8-Os, Sorcerer, Whiskey, Stamford, Orville, Défiance, Sir Hercules, Darling's dam, Rataplan, Galopin.* A l'exception de *Défiance*, jument que l'on trouve deux fois dans le pedigree de *The Emperor* et de *Darling's dam*, jument répétée dans *Barcaldine*, les autres noms sont ceux d'animaux de grand ordre.

257 chevaux possèdent un *inbreeding* partant du troisième degré. Les noms répétés dans ces 257 chevaux sont au nombre de 66 seulement et désignent *Herod* 42 fois, *Highflyer* 35 fois, *Eclipse* 23 fois, *Godolphin* 21 fois, *Sir Peter* et *Touchstone* 13 fois, *Blank* 11 fois, *Partner* 10 fois, *Tartar* et *Orville* 9 fois, *Matchem* et *Pot-8-Os* 8 fois, *Regulus* et *Snap* 7 fois, *Birdcatcher* et *Stockwell* 6 fois, *Woodpecker* et *Walton* 5 fois, *King-Fergus* 4 fois, *Cade, Blacklock, Camel, Bay-Middleton* 3 fois, etc. Il n'est pas besoin que je fasse remarquer la haute qualité de ces animaux.

Dans les pedigree où l'*inbreeding* le plus rapproché se produit sur un ou plusieurs noms répétés au quatrième degré ou communs au quatrième degré et à un degré supérieur, les noms répétés représentent 75 animaux seulement, parmi lesquels *Highflyer* figure 48 fois, *Eclipse* 34, *Sir Peter* 29, *Regulus* et *Woodpecker* 21, *Pot-8-Os* 18, *Partner, Herod* et *Touchstone* 15, etc. On pourrait être étonné de voir *Herod* auparavant en tête occuper cette fois un rang aussi modeste. Cela n'a cependant rien que de très naturel, car dans les types de pedigree envisagés, à part 42 chevaux possédant un même nom inscrit deux fois au quatrième degré et une fois au cinquième ou trois fois au quatrième degré, les autres ne contiennent qu'un ou plusieurs noms inscrits deux fois au quatrième degré ou une fois au quatrième degré et une fois au cinquième. Dans le cas où le nom est répété deux fois au quatrième degré, la proportion de sang du cheval qu'il désigne est de 2/16, puisqu'il y a 16 ancêtres au quatrième degré, et que le nom s'y trouve deux fois. Or, 2/16 équivalent à 512/4096, c'est-à-dire à une fraction très inférieure à celle qui correspond au dosage d'*Herod* dans les bons produits, c'est-à-dire à 750/4096. Donc quand un étalon ne possédait qu'un courant d'*Herod* au quatrième degré (et à plus forte raison s'il n'en possédait qu'un au cinquième), il *n'était pas possible* d'obtenir avec lui un bon produit si la jument qui lui était livrée ne renfermait pas elle-même *Herod* à un degré plus rapproché. Les éleveurs d'alors eussent été heureux de connaître cette particularité.

Les frères ou frères et sœurs qui ont servi de croisement en dedans le plus rapproché dans l'origine de certaine chevaux sont *Whalebone* et *Whisker* (ensemble ou séparément avec un ou plusieurs frères et sœurs) qui figurent 41 fois, *Castrel*, *Rubens* ou *Selim* 31 fois, *Stockwell* et *Rataplan* 14 fois, *Flying* et *Bartlett Childers* 10 fois, *Touchstone* et *Pasquinade* 4 fois, *Birdcatcher* et *Faugh a Ballagh* 3 fois, *Voltigeur* et *Volley* 3 fois, *Lanercost* et *Otisina* 2 fois, *Plenipotentiary* et *Plenary* 2 fois, *Newminster* et *Honeysuckle* 2 fois, etc

Sans insister davantage, il est de toute évidence, pour les lecteurs qui ont des notions assez sérieuses sur la valeur des chevaux de pur sang aux diverses époques que les animaux dont les noms sont reproduits à plusieurs reprises constituent la sélection des sangs dans chaque famille depuis l'origine. Si l'on envisage en outre chacun des noms en question comme je l'ai fait au chapitre III, on arrive à la remarque suivante, savoir : que les éléments mâles des trois premiers degrés qu'ils contiennent ont, à quelques exceptions près, servi d'*inbreedings* à leur époque ; que les éléments femelles sont généralement représentés par d'excellentes poulinières.

Il reste maintenant à tirer une conclusion de cette étude en ce qui concerne les *inbreedings* que l'on peut tenter actuellement.

Quelques-uns ont déjà fait leurs preuves et sont parfaitement indiqués. C'est le cas, par exemple, de *Galopin*, *Lord Clifden*, *Hermit*, *King Tom*, *Sterling*, *Blair Athol*, *Bend' Or*. Je ne parle plus de *Stockwell*, *Newminster*, *Thormanby*, *Vedette* dont la consécration est définitive. Parmi les premiers nommés, quelques-uns ont une valeur très supérieure aux autres. En premier lieu, on doit citer *Galopin* Ce nom se trouve, en effet, répété aux deuxième et troisième degrés dans *Flying Fox*, *His Lordship*, *Duke of Westminster*. Il existe deux fois au troisième degré dans *Joshua*, *Festino*, *Athi*. Il est une fois au troisième degré et une fois au quatrième (cas du type le plus fréquent) dans *Our Lassie*, *Novio*, *William Rufus*, *Henri the First*, *Chevening*, *Reine Margot*, *Golden Measure*, *Florizella*, *Colonia*, *Flair*. Dans *Jardy*, il existe une fois au troisième degré et deux fois au quatrième, ce qui équivaut à deux fois au troisième degré.

Il est deux fois au quatrième degré dans *My Pet II* et *Slieve Gallion*. Le seul fait pour *Galopin* d'être aux deuxième et troisième degrés dans un animal comme *Flying Fox* laisse deviner toute sa valeur aux degrés supérieurs. Nul doute que des chevaux de très grand mérite naissent par la suite avec un *inbreeding* plus rationnel sur son nom.

On a attribué à l'*inbreeding* sur *Hermit* des méfaits sans nombre, racontars d'entraîneurs. Cet *inbreeding* que je ne vois aux deuxième et troisième degrés que dans un produit d'ordre assez modeste, *Week End*, par *Right Away*, existe deux fois au troisième degré dans *Dieudonné*, *Khasnadar*, *Madagascar*, *Mavronero*, *Vergia*, *Delaunay*. Il est une fois aux deuxième et quatrième degrés dans *Lorlot*, une fois aux troisième et quatrième degrés dans *Fels*, deux fois au quatrième degré dans *Finasseur*.

Lord Clifden répété existe dans *Challenger, Brienne, Wild Oats, Sant-Brendun.* Il ne figure pas aux deuxième et troisième degrés quoique ayant été tenté assurément. Maints éleveurs essaient, en effet, un *inbreeding* de cette force sur des animaux de valeur même modeste. L'expérience prouve cependant surabondamment que le résultat ne peut être que défavorable. L'*inbreeding* sur *King Tom* à partir du troisième degré et plus fréquemment du quatrième degré est confirmé dans *Fascination, Forfarshire, Sinopi, Bonarosa, Saint-Amand, Perseus, Shah Jehan, Procope.* L'*Inbreeding* sur *Sterling* a produit *Game Chick, Farnus, Profane, Cythera.* Celui sur *Blair Athol* a donné *Priole* et *Ganelon.* L'*inbreeding* sur *Bend' Or* du deuxième au troisième degré existe dans *Amour, Frontier* et *Crédence II.* C'est une indication sérieuse pour la valeur de l'*inbreeding* à un degré moins intense sur ce nom. On trouve *Doncaster,* père de *Bend' Or,* deux fois au troisième degré dans *Chevening.*

Parmi les animaux plus jeunes ou du même âge que ceux indiqués et qui sont les auteurs d'excellents produits, il y a lieu de citer *Saint-Simon, Hampton, Isonomy, Barcaldine.*

Saint-Denis, par *Saint-Simon* et une fille de *Blue-Green,* qui est lui-même par *Cœruleus* et *Angelica,* la sœur de *Saint-Simon,* renferme comme on peut s'en rendre compte un *inbreeding* du premier au troisième degré sur *Saint-Simon* et sa sœur. Je n'en ai pas trouvé de semblable dans les 654 chevaux dont j'ai parlé tout à l'heure. A cause de la production d'*Orme,* on peut être assuré que l'*inbreeding* sur *Saint-Simon* et *Angelica* sera fréquent par la suite. Nul doute qu'il ne donne de bons résultats. Le croisement en dedans sur *Saint-Simon* a déjà été tenté maintes fois. Il n'a toutefois pas encore donné, que je sache, de bons résultats. Dès que son éloignement sera suffisant (deux fois 3e degré), il fera certainement parler de lui, car il est dans les conditions que je relatais dans le courant de cette étude.

Hampton, répété aux deuxième et troisième degrés, se trouve dans le poulain d'*Ayrshire* et *Pace Egger.* Comme les auteurs de *Saint-Simon,* ses auteurs se trouvent dans les conditions voulues pour qu'un *inbreeding* sur son nom soit régulier à partir d'un éloignement suffisant. D'ailleurs, à examiner attentivement les listes que j'ai citées, on se rend compte que le nombre des *inbreedings* sur certains noms, renfermés dans des animaux de mérite, est, approximativement en proportion directe de la valeur au haras des étalons portant les noms en question.

Isonomy existe aux deuxième et troisième degrés dans *Ulalume,* par *Gallinule.* D'un mérite très supérieur à son père que l'on trouve cependant répété, *Isonomy* figurera certainement à plusieurs reprises dans le pedigree de bons animaux.

Je suis, par contre, beaucoup moins affirmatif pour *Barcaldine* dont certains auteurs comme *Solon* et *Belladrum* ont été de mérite modeste. D'ailleurs, son nom n'est encore répété dans aucun bon produit.

Pour résumer cette étude en quelques lignes, je dirai que l'influence de l'*inbreeding* ne se manifeste pas sur les aptitudes du produit, que l'on ne doit pas tenter d'*inbreeding* d'une force supérieure à celle du deuxième au troisième degré, cet *inbreeding* étant déjà rare et ne s'étant produit que sur des animaux d'une très haute qualité ;

Que le type d'*inbreeding* de beaucoup le plus fréquent et vers lequel par conséquent on doit tendre est celui du troisième au quatrième degré ;

Que l'*inbreeding* ne doit avoir lieu que sur des noms de très haut mérite au Stud ;

Que, par cela même, il importe de rechercher des poulinières contenant aux trois premiers degrés un ou plusieurs de ces noms de qualité ;

Que, parmi les chefs de race récents, l'*inbreeding* sur *Saint-Simon, Bend' Or,* *Hampton, Isonomy* est appelé à se confirmer.

Enfin, il est une chose que je n'ai pas mentionnée et qui a cependant son importance. Elle consiste en ce que sur les 16 chevaux n'ayant aucun *inbreeding* avant le cinquième degré se trouvent *Matchem, Woodpecker, Voltigeur, Lord Clifden, Blair Athol, Lord Lyon, Doncaster, Bend' Or* et *Saint-Frusquin*, c'est-à-dire une proportion très élevée d'étalons remarquables.

LOTTERY.

Critique des idées exprimées. — La lecture attentive de cet article inspire diverses réflexions. Tout d'abord on y relève une inexactitude. L'auteur, en effet, affirme qu'il a été le premier à parler des noms répétés dans les degrés éloignés du pedigree et cela dans ses *Croisements Rationnels*. Or, cet ouvrage de Lottery a paru en 1902 et M. W. Allison a publié le manuscrit de Bruce Lowe en 1895. Cela ne pouvait être ignoré de l'écrivain du *Jockey* puisqu'il publiait une traduction (?) du *Système des Nombres* dans le journal l'*Acclimatation*, en 1898.

Or, nous l'avons vu dans le chapitre II, il n'y a pas une page dans le livre de Bruce Lowe où il ne soit question d'*Inbreedings éloignés*, c'est-à-dire situés aux 6ᵉ, 7ᵉ, 8ᵉ, 9ᵉ degrés et même au-delà. Pour éviter de compter les degrés *Bruce Lowe* avait même inventé une expression qui a fait fortune depuis : l'*Inbreeding sur les Courants* de tel ou tel étalon. Enfin, dans un éclair de génie, l'auteur Australien avait noté et signalé l'influence de l'*Inbreeding sur les Nombres,* c'est-à-dire sur les *Familles* et dans ce cas le *nom* de la jument repété deux fois dans le pedigree était souvent au 20ᵉ degré ou plus loin encore.

Mais il y a mieux sur la question de prééminence que s'attribue si légèrement Lottery. Car l'auteur du présent livre avait publié en septembre 1902 un livre intitulé : *Le Langage des Eleveurs* [1] qui n'avait que la modeste prétention d'expliquer le véritable sens des mots dont on se sert en élevage de Thoroughbred. Il importait, à cette époque comme aujourd'hui, pour exprimer des idées précises, d'employer des termes bien définis. *Le Langage des Eleveurs* répondait sans doute à un besoin car l'édition fût enlevée presqu'entièrement de suite. Malgré le peu de publicité faite autour de cette publication il est à peine besoin de dire que Lottery n'a pas dû l'ignorer. Pour montrer combien cette question était déjà à l'ordre du jour, voici la définition, donnée dans cet ouvrage, de l'*Inbreeding*. C'est bien dans ce volume, consacré aux écrivains sportifs, le lieu de reproduire le *Chapitre V* du *Langage des Eleveurs* :

Beaucoup de personnes trouveront sans doute superflu qu'on vienne définir

---

(1) *Le Langage des Eleveurs,* par E. NICARD, 1902, chez Mazeron frères, Nevers.

·l'*Inbreeding* dont le nom suffit largement à expliquer la signification, et cependant je considère ce chapitre comme très important parce que j'ai eu à constater à plusieurs reprises que ce terme était presque toujours mal interprété en France. Il n'y a pas bien longtemps, je causais avec un jeune éleveur, ardent à la production, bourré d'études sur le Stud-Book, la mémoire farcie de noms de chevaux de courses, et je lui montrais le pedigree d'un étalon dont le père et la mère contenaient à un degré assez rapproché le même nom et je lui disais que c'était un *inbreeding*. Mais alors, s'écria-t-il, c'est un inbreeding *en dehors !* Je fus tellement stupéfait d'une semblable hérésie que je me promis de consacrer un paragraphe à ce qu'on appelle en France l'*Union en dedans* et l'*Union en dehors.* J'aurais pu adopter ces deux expressions françaises et éviter ainsi, comme je l'ai fait jusqu'ici, de me servir de mots anglais qui sont toujours gênants pour la pro-nonciation et la vulgarisation des idées. Ce n'est donc pas sans raison que je me suis vu contraint de maintenir ici des expressions anglaises et, je dois le dire, ce n'est pas non plus sans chagrin. En effet, je n'ai pas trouvé l'équivalent exact en français de l'idée contenue dans ce mot *Inbreeding* telle que je vais l'expliquer. Les Allemands ont conservé aussi les deux expressions anglaises qui forment le titre de ce chapitre, quoique leur langue, plus souple que la nôtre, leur ait permis une traduction plus facile. Lorsqu'ils ne disent pas *inbreeding* les Allemands disent *inzucht* ou aussi *Verwandtschaftszucht* et alors pour traduire *Out-crossing*, ils disent très justement *Fremdzucht.* Ceci permet de commenter dans les trois langues les expressions opposées d'*Inbreeding* et d'*Out-crossing*.

Cependant, avant d'entrer dans le cœur de la dissertation, je tiens à m'expli-quer aussi sur le mot *pedigree* qui est anglais mais qui, si je puis m'exprimer ainsi, est depuis longtemps naturalisé français. C'est pourquoi je n'ai pas la prétention de rien à apprendre à personne en disant ici que le *pedigree* d'un cheval, sa généa-logie, sa table d'origine sont des expressions synonymes. Mais il y a des conven-tions qui existent et qui permettent de consulter facilement un pedigree et d'en parler sans l'avoir sous les yeux. Ce sont ces conventions que j'ai vu souvent enfreindre par ignorance, sans doute, et que je tiens à exposer une fois pour toutes parce que leur connaissance seule permet d'écrire et de lire correctement un pedigree.

De plus, en Russie, pour les chevaux, et bien ailleurs, pour l'espèce bovine, on ne considère que la ligne directe paternelle et la ligne directe de mère en mère. Cette conception est imparfaite. Il est bien certain que, dans un cheval de courses comme dans toute autre variété animale, ces deux lignes que j'appellerai, et on verra pourquoi tout à l'heure, les deux lignes extérieures du pedigree sont les deux plus importantes, mais il est impossible, sous peine de commettre des erreurs grossières, de négliger le surplus comme on l'apprendra dans la suite de ces études. En effet, un cheval de courses aussi bien que n'importe quel animal qui se reproduit sexuellement est le produit du père et de la mère qui partagent égale-ment leur influence dans la constitution générale ; puis nous avons deux grands-pères et deux grand'mères, quatre arrière-grands-pères, quatre arrière-grand'-mères, seize ancêtres, par moitié mâles et femelles, au quatrième degré, trente-deux au cinquième, soixante-quatre au sixième, cent vingt-huit au septième degré, etc. Un véritable pedigree de cheval de courses, pour être examiné et lu avec profit, doit se prolonger jusqu'à *Eclipse, Herod* et *Matchem* d'où descendent actuellement tous nos mâles. Mais le plus souvent on s'arrête à des générations plus rapprochées et on ne va pas plus loin que les têtes de lignes telles que *Stock-*

well, Touchstone, Flying-Dutchman, Blacklock, Whalebone ou le *Birdcatcher,* ou dans la ligne de *Whisker : Harkaway,* etc.

Pour construire un pedigree horizontalement ou verticalement, il faut inscrire tout d'abord le nom du cheval dont on étudie l'origine et tirer un trait : puis on partage son tableau en deux par une ligne perpendiculaire. A droite on écrit le père et à gauche celui de la mère, et on procède de même pour chacun des deux autres et ainsi de suite jusqu'au degré que l'on veut atteindre. Tout autre manière de procéder est incommode, dangereuse et peu convenable. Du reste, c'est une règle adoptée afin de permettre les discussions, les remarques et la certitude de s'entendre à distance.

Tel était un pedigree il y a encore quelques années. Aujourd'hui, un tel pedigree serait incomplet. Pour faciliter une lecture complète et suggestive, chaque nom d'étalon doit être suivi du numéro de la famille qui l'a produit. Ce nombre est celui qui est indiqué par les tables d'Herman Goos et correspond avec ceux de Bruce Lowe dont les conséquences et déductions peuvent être discutées, mais non le principe qui est l'influence maternelle. Lorsqu'on a étudié les caractères paternels et maternels des lignes mâles et des familles, la lecture d'un pedigree doit vous renseigner sur les tendances probables du sujet, et toute personne qui s'est livrée à cette étude avec une grande attention, ne tarde pas à devenir habile à discerner les points les plus importants dans les diverses aptitudes d'un cheval de courses, étalon ou jument.

Comme rien ne remplace l'exemple, je donnerai le pedigree d'un cheval très connu, *Galopin.*

GALOPIN.

VEDETTE (19).

Voltigeur (2).

Voltaire (**12**).
- *Blacklock* (2, 2, 1).
- *Fille de Phaëton* (6).

Martha Lynn.
- *Mulato* (5).
- *Leda* par *Filho da Puta* (**12**).

Fille de

Birdcatcher (**11**).
- *Sir Hercules* (2).
- *Guiccioli.*

Nann Darrel.
- *Inheritor* (4).
- *Nell* par **Blacklock** (2, 2, 1).

FLYING-DUCHESS (3).

The Flying Dutchman (3)

Bay Middleton (1).
- *Sultan* (**8**).
- *Cobweb*

Barbelle.
- *Sandbeck* (**8**)
- *Darioletta.*

Mérope.

Voltaire (**12**).
- *Blacklock* (2, 2, 1)
- *Fille de Phaëton* (6).

Mère de Vélocipède.
- *Juniper* (9).
- *Fille de Sorcerer* (6).

Ce pedigree est établi jusqu'au quatrième degré seulement. Mais on voit aisément comment on continuerait si on avait une place plus grande et si cela était nécessaire.

Après cette digression indispensable sur la construction d'un *pedigree*, nous revenons à notre *inbreeding*.

Continuant notre méthode, nous répéterons que nous n'avons pas pour but ici de nous livrer à l'étude des conséquences et des résultats naturels produits par la pratique de cette méthode d'élevage. Notre désir immédiat est moins ambitieux, il consiste à expliquer simplement le mot et la chose pratiquée sans en tirer aucune déduction et dans le but simplement d'éclairer nos futures dissertations.

Le mot anglais *inbreeding* veut dire littéralement *naissance dans*. Mais cette traduction terre à terre n'explique rien et il faut la commenter. Le mot *breeding* est un participe présent employé substantivement et dont le sens est si vaste qu'il faut plusieurs expressions françaises pour bien le faire comprendre. On peut le traduire par naissance ou origine, production, élevage, race, procédé d'élevage, système d'unions. Appliqué à la considération générale d'un mode d'élevage, l'*inbreeding* indique que les produits qui en sont sortis ont été obtenus par l'alliance de deux animaux possédant du même sang et, appliqué à un animal en particulier, l'*inbreeding* indique que l'animal provient du retour dans le même sang. Dans ce dernier cas, cette appellation concerne le fait naturel par lequel le père et la mère d'un cheval se trouvent avoir un ancêtre commun. On dit alors que le produit est *inbred* sur tel ancêtre qui se trouve au premier, au second ou au troisième degré d'un pedigree ou plus loin.

Ainsi, par exemple, *Galopin* est *inbred* sur *Voltaire* au troisième degré. *Vedette* et *Flying-Duchess*, les père et mère de *Galopin* sont respectivement petits-fils et petite-fille de *Voltaire*. C'est-à-dire que *Galopin* est le produit de deux cousins germains.

En un mot, on voit que l'*inbreeding* anglais n'est pas autre chose dans ce cas que la *consanguinité* dans le langage français. Cependant le mot étranger est ici pris dans un sens beaucoup plus général, car la *consanguinité* en France désigne des animaux ayant un degré de parenté rapproché, tandis que l'*inbreeding* désigne n'importe quel degré de parenté ; l'ancêtre sur lequel le produit est *inbred* pouvant se trouver à une génération reculée sans que pour cela le fait naturel soit moins important à souligner.

C'est alors que les éleveurs anglais ont cru devoir caractériser par des qualicatifs les *inbreeding* entre parents plus rapprochés. Ils ont dit que chez *Galopin*, par exemple, il y avait *close breeding*, et chez *Flying-Fox*, entre autres, il y avait *incestuous breeding*. Pour *Flying-Fox*, en effet, son père, *Orme*, est par *Ormonde* et une fille de *Galopin*, et sa mère, *Vampire*, est aussi une fille de *Galopin*. C'est donc l'union de la tante avec le neveu.

Mais il existe encore d'autres formes d'*inbreeding*, ce sont ceux qui ont lieu sur les courants mâles ou les courants femelles, c'est-à-dire les familles. Lorsqu'un étalon se trouve répété à un degré très éloigné dans les lignes mâles d'un pedigree, on dit qu'il y a *inbreeding* sur les courants de cet étalon. Cette conception est venue lorsqu'on a connu la puissance de l'hérédité sexuelle. Aussi, au moment où l'on a admis l'influence maternelle directe, les *inbreeding* sur les familles ont été notés avec soin. Ainsi, par exemple, on dit que *Galopin* est *inbred* trois fois sur le courant de *Blacklock* et trois fois sur la famille 12. La mère de *Galopin*, *Flying-Duchess*, est le résultat d'une alliance entre le *Flying-Dutchman* et la propre descendance de sa mère en ligne féminine directe. On dit alors que *Flying-Duchess* est *inbred* sur la famille 3. Mais nous allons voir encore un nouveau mode d'*inbreeding*, car ceux que nous avons examinés ne constituent que des *inbreeding* simples. Lorsqu'on unit deux descendants d'un même ancêtre, on obtient, comme nous l'avons dit, un produit *inbred* sur cet aïeul. Mais si ce produit est de nouveau uni à un autre descendant du même individu, il y a ce qu'on appelle *breeding in and in*. Littéralement : la naissance a lieu en dedans de tel sang, et encore en dedans. L'*in and in* peut avoir lieu comme pour l'*inbreeding* simple sur les individus, les courants ou les familles. *Galopin*, par exemple, a été produit à l'aide d'un *in and in* sur *Blacklock*. En effet, *Vedette*, père de *Galopin*, était le résultat d'un *inbreeding* simple sur *Blacklock*, par l'union de son père, *Voltigeur*, petit-fils du célèbre chef de ligne, avec sa mère qui en était une arrière-petite-fille. Eh bien ! l'éleveur, en accouplant *Vedette*, *inbred* sur *Blacklock*, avec *Flying-Duchess*, arrière-petite-fille du même étalon, a produit l'*in and in*.

Cet *in and in* a été souvent redoublé, triplé, etc., et l'un des exemples d'*in and in* les plus remarquables est *Plaisanterie,* qui, au cinquième degré de son pedigree, contient huit fois les trois courants identiques : *Whalebone, Whisker* et *Webb* (*Waxy* et *Pénélope*). C'est-à-dire que sur trente-deux courants de ce cinquième degré, le quart est rempli par un produit de l'union extraordinaire *Waxy* et *Pénélope*.

Les plus grands chevaux du Stud-Book sont, du reste, tous, jusques et y compris *Eclipse*, des produits du *breeding in and in* et même de plusieurs *in and in* soit sur des individus, des courants et des familles.

Si on réfléchit que tous les étalons actuellement vivants descendent en ligne droite mâle des trois grands sires fondateurs de la race, *Eclipse, Herod* et *Matchem ;* de plus, que ces trois chefs étaient très proches parents ; que, d'autre part, toutes les juments existantes actuellement descendent en ligne féminine directe de quarante juments primitives dont une vingtaine surtout sont très usitées, on voit qu'aucune union ne peut être faite actuellement par un *out-crossing* ou croisement en dehors, mais a toujours lieu au moyen de constants *inbreeding*. Ce résultat n'a pas été obtenu volontairement, il est le fait de la sélection par les courses qui a éliminé les chevaux et les juments d'autres descendances.

Mais il n'en est pas moins vrai que, depuis l'apparition d'*Eclipse, Herod* et *Matchem*, aucun *out-crossing* à succès n'a pu se produire. C'est pourquoi les éleveurs anglais ont abandonné l'alliance avec le cheval oriental. Si des *out-crossing* sont actuellement pratiqués en France par le moyen de l'étalon arabe, ils n'ont plus pour but la production du cheval de courses et aucun de ces produits ne peut prétendre à rivaliser avec ceux de l'*inbreeding*. Nous n'avons pas à donner ici les raisons naturelles d'un semblable état de choses. Nous ne pouvons que le constater dans un chapitre qui n'a aucune prétention à l'analyse des résultats des alliances et dont le but bien défini est d'expliquer le sens précis des locutions d'élevage.

L'étude des conditions dans lesquelles a été pratiqué l'*inbreeding* en Angleterre et en France est des plus importantes pour l'éleveur de chevaux de courses, et quelle que soit la longueur d'un pareil travail, il y trouvera toujours du profit. Le comte Lehndorf, dans son Manuel, l'a bien compris, et il met sous les yeux du lecteur une série de cent quarante-cinq pedigree de chevaux illustres, dont l'*inbreeding* est souligné.

En France, ce mode d'élevage est pratiqué généralement à regret, et quand on l'aperçoit à temps, on l'évite. Mais bien souvent on ne le voit pas et on croit qu'on a fait une union en dehors, ce qui est impossible. Il est bien certain que les gens qui ont réalisé les plus beaux *inbreeding* et même les plus sévères *breeding in and in* ne l'ont pas fait exprès, car la consanguinité est un objet d'horreur en France, et le préjugé est tellement puissant à ce sujet qu'il est impossible de chercher à remonter un courant aussi absurde sans s'exposer aux plus grands dangers.

En Angleterre, où l'élevage fait l'objet d'observations et d'études constantes, toutes les races, variétés et sous-variétés, ont été obtenues et se perpétuent par la pratique continue de la consanguinité. Le préjugé n'existe pas plus pour les chevaux que pour les espèces bovines, ovines, porcines, canines, etc. Ce n'est pas que la pratique des divers modes de l'*Inbreeding* soit toujours des plus faciles, mais c'est que les éleveurs savent qu'en dehors de cette méthode il n'y a pas de salut en élevage proprement dit pour les races qualifiées de pures.

Ces observations générales sont faites sans arrière-pensée et sans vouloir en déduire aucune conclusion. Elles ont pour but d'exciter la curiosité du lecteur studieux et désireux d'entamer une semblable et si complète étude.

Si on veut pousser plus loin encore l'exposition de ces considérations générales, on doit réfléchir que les Arabes surveillent d'une manière absolument jalouse les alliances de leurs variétés de chevaux préférés, ils n'admettent aucun croisement avec n'importe quelle autre race, par conséquent doivent forcément se livrer à la pratique de l'*inbreeding* et même de toutes les formes de cet élevage qui sont le *close breeding*, l'*incestuous breeding* et le *breeding in and in*. La Sélection de leurs animaux, au lieu de se faire par la course, a lieu en partie par le mode naturel, c'est-à-dire une grande sobriété, une aptitude à supporter les fatigues dès le jeune âge et une longue adaptation aux circonstances locales ; les meilleurs sont réputés ceux qui franchissent le plus rapidement d'énormes distances. Il n'est pas rare de voir un étalon servir dans la même journée deux juments séparées par un éloignement de cent kilomètres. Il est probable que si on voulait produire des chevaux de courses arabes, il suffirait de l'institution d'épreuves nombreuses, et qu'une race sortirait assez facilement d'une sélection rapide. Mais là encore il faudrait se livrer aux pratiques de l'*inbreeding*, puisqu'en commençant, les premiers sujets, mâles ou femelles, seraient nécessairement en nombre très restreint, et que ce serait de leur alliance et de celle de leurs descendants que sortirait la nouvelle variété.

Il est donc impossible de ne pas accorder une importance de premier ordre à l'étude de l'*inbreeding* dans l'élevage des chevaux de courses. La façon dont il est pratiqué depuis et avant l'arrivée d'*Eclipse* doit surtout attirer l'attention des éleveurs. Aussi l'observation des pedigree des grands chevaux de courses ne saurait être faite avec trop de soin à ce point de vue spécial et il semble bien que jusqu'ici cette analyse n'ait guère été l'objet d'études sérieuses en France. Bien des grands éleveurs jettent annuellement des millions dans une sorte de rage de production et tous ces efforts sont faits la plupart du temps en pure perte et ne produisent de résultats que par suite de hasards heureux. L'examen du pedigree du futur foal indiquerait cependant la plupart du temps qu'il ne saurait être un grand cheval de courses, parce qu'il n'y a pas une correspondance suffisante dans la constitution de chacun des ascendants. On attache une importance énorme à la commodité des écuries et des boxes, à la qualité des herbages, aux bons soins dont on entoure les animaux, mais la naissance (*breeding*) de ceux-ci n'est l'objet d'aucune autre recherche que celle qui consiste à unir un grand étalon à une grande jument dont l'union ne peut provoquer le retour d'un ancêtre illustre. Mais je m'arrête sur ce sujet qui dépasse la limite de l'ambition de ce chapitre de connaissances élémentaires et je veux terminer par la constatation de l'*inbreeding* et de ses pratiques dans la production des chevaux de courses au trot.

Après avoir déclaré, contrairement aux faits, qu'il avait été le premier à parler des *Inbreedings* éloignés, Lottery aurait dû, semble-t-il, faire de leurs effets, de leurs conséquences, l'objet de sa controverse. Pourtant il écrit aussitôt : « *Nous ne nous occuperons donc pas aujourd'hui de l'Inbreeding éloigné.* »

Continuons donc à examiner la suite de la dissertation de Lottery sur les *Inbreedings* rapprochés. L'article du *Jockey,* par son obscurité, voulue ou non, aura sans doute rebuté plus d'un lecteur. Nous allons essayer d'éclaircir ce qu'il y a de trouble par suite du répertoire personnel de l'auteur.

Ainsi nous lisons : « En général quand on parle d'*Inbreedings* ou de *Croisements en dedans* pour employer le terme Français..... » Certes, la langue Française est la plus claire du monde, mais dans un langage technique il faut éviter l'amphibologie. Que l'on ne veuille pas employer le mot *Inbreeding* cela se comprend. Je concède volontiers que le meilleur moyen d'expliquer ses idées est de les exprimer dans sa langue. Cependant le terme *Croisement en dedans* forme pour ainsi dire une antinomie. Il eut été si simple de remplacer le mot *Inbreeding* par sa traduction littérale qui est *Union en dedans, alliance en dedans.* Malgré toute l'indulgence à laquelle a droit un compatriote on ne peut se soustraire au devoir de proscrire des termes qui se heurtent.

Ce qu'il faut voir de plus clair dans l'article du *Jockey* reproduit plus haut, c'est qu'il a pour but de renvoyer le lecteur, pour plus ample informé sans doute, au volume publié par l'auteur de l'article sous le nom de *Croisements Rationnels* qui est lui-même impropre et qui pourrait se traduire en langage technique par celui de *Unions Raisonnées.*

Il faudra à chaque instant, en examinant les écrits de Lottery et surtout son livre cité plus haut, traduire constamment. Le labeur n'est pas mince et dépasse de beaucoup les difficultés à surmonter pour la traduction de Bruce Lowe ou du comte Lehndorf qui sont si faciles à lire, même pour un Français peu versé dans les langues anglaises ou allemandes.

L'article du *Jockey* n'est qu'un résumé du livre de Lottery. Il aurait du reste parfaitement suffi à traiter la question de l'*Inbreeding* comme la comprend l'auteur. Il s'est posé les mêmes questions que le comte Lehndorf. Il en a poursuivi la solution par les mêmes moyens empiriques. Seulement, au lieu de 145 chevaux sur lesquels se base l'auteur Allemand et dont il donne soigneusement les pedigrees, Lottery en a trouvé 654 entre 1748 et 1901. Quels sont ces chevaux? Quelle est leur valeur en course? Pourquoi ont-ils été choisis entre des milliers? Le lecteur l'ignore. Mais il faut avoir confiance dans l'auteur et croire avec une foi robuste que son travail a été fait loyalement.

Pourtant ses conclusions sont sans plus de force que celles du comte Lehndorf parce qu'elles sont issues du même mode de raisonnement.

Et même la dissertation de l'auteur Français est tellement voilée qu'on n'aperçoit pas comme chez l'écrivain Allemand la faiblesse de ses taxations et de ses classifications. Elles sont cependant tout aussi arbitraires, car en plus elles sont tendancieuses vers un but fixé à l'avance et qu'elles doivent atteindre dans l'esprit de l'auteur.

Rivalité de Lottery à l'égard de Bruce Lowe. — Examinons les conclusions de l'article de Lottery sans parti pris et avec un désir de trouver dans les résultats d'une étude profonde des points d'appui qui nous manquent et qui peuvent être utile à l'élevage.

1° « *L'influence de l'Inbreeding ne se manifeste pas sur les aptitudes du produit* ». — La phrase, un peu dans le style habituel de l'auteur, est obscure et veut être traduite en Français. Elle paraît, en effet, présenter plutôt une contre-vérité évidente.

On croirait tout d'abord que l'écrivain sportif a voulu prétendre que l'*Inbreeding* ne sert à rien et je croirai volontiers que compris de cette façon il n'a pas d'influence. Mais ce n'est pas le fond de la pensée de Lottery qui derrière sa phrase sybilline, vise un adversaire, un autre écrivain sportif. Il ne l'attaque pas en face, car il est trop fort pour lui. C'est un poids lourd pour lui, poids léger.

Traduisons donc ce langage spécial : « *Le close breeding* (union entre parents très proches) *ne provoque pas l'aptitude à la vitesse dans le produit, il n'empêche pas l'endurance ni ne porte pas atteinte à la qualité du tempérament.* »

Tout d'abord, le premier commentaire, la première critique qui se présente à l'esprit à la lecture du théorème de Lottery, c'est sa forme négative. Certes, un théorème négatif n'est pas sans valeur mais il n'a pas la même portée, la même signification qu'une donnée affirmative. Si on se reporte au chapitre sur Bruce Lowe, il apparaît de suite que la conclusion de Lottery vise le chapitre de Bruce Lowe intitulé : *De la Production des Sprinters*. Il s'élève violemment contre les conclusions de ce chapitre et on sent vibrer la rivalité dans l'insistance qu'il apporte à rechercher la lutte contre cet écrivain sportif dont le succès avait été jusque-là sans conteste. Voici une tirade de Lottery : « Bruce Lowe a dit, dans le chapitre qu'il consacre aux Sprinters, que *grande vitesse et inbreeding intense* sont synonymes..... L'influence de Bruce

Lowe s'est fait sentir depuis l'apparition du livre de William Allison d'une façon prépondérante et beaucoup ont ajouté créance à sa *méthode,* qui avait le mérite d'être la première connue et aussi de posséder une simplicité la mettant à la portée de tous les éleveurs, sans travail préparatoire. »

En réalité, dans cet article du *Jockey,* Lottery se pose en antagoniste de Bruce Lowe et oppose chapitre à chapitre. A-t-il le meilleur dans la lutte où il s'engage? Il importe peu. Cependant il est permis de considérer le chapitre de *Bruce Lowe* sur les *Sprinters* comme un des plus orthodoxes de sa conception de l'*Inbreeding.* En effet, si les conclusions de Bruce Lowe sont exagérément affirmatives, celles de Lottery sont tristement négatives. Le publiciste Australien, qui était plutôt un éleveur intuitif, montre qu'en accumulant par des *incestes* les principes de vitesse, on obtient des animaux très vites comme il fallait s'y attendre et il en cite des exemples confortables en indiquant que l'*Inbreeding intense* (close breeding) est la source de leur vitesse, sans aller pourtant jusqu'à conclure (et c'est là l'équivoque créé par Lottery) que ces animaux sont nés eux-mêmes d'un *Inbreeding intense.* Deux des phrases de l'auteur du *Système des Nombres* ont des allures de maximes à graver au frontispice d'un monument à l'Elevage. Tout d'abord la première de son chapitre XII sur les *Sprinters* : « Il y a une si grande ressemblance entre la plupart des pedigrees des *Chevaux phénoménaux* et des *Sprinters* qu'on est forcé d'en conclure qu'aucun cheval ne peut arriver aujourd'hui à la célébrité s'il n'est doué d'une forte dose de vitesse. » Puis la dernière pensée du même chapitre, en l'interprétant conformément au raisonnement de l'auteur et non tendancieusement : « Ce qui précède suffit pour montrer qu'*Inbreeding intense* et *Grande vitesse* sont synonymes et d'ailleurs nous ne pouvons pas espérer obtenir une vitesse remarquable dans d'autres conditions. »

Pour nous résumer, lorsque Lottery vient conclure de son enquête sur 654 chevaux et qu'il nous annonce que l'*Inbreeding n'a aucune influence sur les aptitudes du produit,* il semble qu'on pourrait exiger quelque chose de plus intéressant. Si l'*Inbreeding* n'a aucune influence, pourquoi le pratique-t-on avec tant de passion? Pourquoi s'en préoccupe-t-on outre mesure? Que devient, dans ce cas, le début de cette longue étude de l'auteur Français : L'*Inbreeding* est la préoccupation la plus vive de maints éleveurs. Elle a sa raison d'être. »

Si la préoccupation a sa raison d'être il semblerait juste d'en conclure que l'*Inbreeding* a aussi sa raison d'être pour produire certains effets, certains avantages; qu'il est précieux à employer dans tel ou tel cas et c'est ce que l'auteur oublie de nous dire.

Semblable en cela aux éleveurs qu'il veut éclairer, il apparaît que l'analyse des événements du sport lui soit pénible. Pour les éleveurs qui sont des intuitifs et non des analystes, l'impossibilité d'expliquer leurs actes est naturelle. Ils ne motivent pas leurs déterminations les plus graves. Mais, au contraire, l'écrivain sportif chargé d'interpréter les résultats avantageux doit chercher les causes inconscientes qui ont pu décider les directions adoptées par les éleveurs disparus, afin de provoquer parmi les contemporains d'heureuses imitations raisonnées et conscientes. Il faut qu'il développe les actions des hommes, les relations qui ont existé avec les contingences de l'époque, et même, dans les actes accomplis, ce que leurs auteurs n'ont pas toujours su distinguer ni expliquer ou bien qu'ils n'ont entrevu que vaguement à travers les brumes de l'intuition. Il faut en un mot que sa dissertation pénètre jusque dans les profondeurs du génie inconscient qui détermine souvent la production des chefs-d'œuvre naturels de la Littérature, de l'Art et de cet art particulier si passionnant qui s'appelle l'Élevage.

Au lieu de ces dissertations raisonnées, si fréquentes chez l'australien Bruce Lowe, que nous apporte Lottery? A peu près l'équivalent de ce qui nous est venu précédemment par le canal du comte Lehndorf. Oui, il s'agit dans ce cas d'une statistique des plus aléatoire, des plus arbitraire, sur 654 chevaux qu'on ne nous indique pas, au lieu d'une opération identique sur 145 étalons que l'auteur Allemand nous met sous les yeux et dont il nous donne au moins la *taxation* et l'*estimation,* tandis que l'écrivain sportif Français ne nous donne rien. Et quelle est la première et seule conclusion de cet énorme travail? Une négation!

Voyons donc quels sont les autres enseignements que tire Lottery de ce labeur monumental dont la base est si fragile qu'il suffit, comme nous l'avons vu à propos du comte Lehndorf, de l'éclairer pour en montrer les ruines.

« *Que l'Inbreeding ne doit avoir lieu que sur des noms de très haut mérite au Stud.* » Cette recommandation impérative est illusoire. On va le comprendre. Lorsque l'Éleveur fait un *Inbreeding* sur un étalon au 4e degré, par exemple, c'est que cet étalon s'est propagé jusque-là et cela lui donne confiance. Mais combien de fois l'avenir, qui sera toujours un inconnu pour l'homme, vient plus tard lui apporter des déceptions et détruire la confiance qu'il avait eue momentanément.

L'*Inbreeding* peut avoir lieu, au 4e degré, soit sur les deux lignes mâles du père et de la mère : c'est alors que l'étalon s'est propagé en ligne mâle à 4 degrés et cela peu inspirer une certitude de travail sur un étalon de haut mérite. Mais la confiance est la même s'il a lieu dans la ligne mâle du père et dans la ligne maternelle de la mère ou, réciproquement, dans la ligne mâle de la mère et dans la ligne maternelle du père. S'il se trouve dans les deux lignes féminines des deux géniteurs c'est toujours un excellent étalon efféminé et il peut parfaitement en résulter une très bonne pouliche, quand même le nom répété n'aurait pas au 4ᵉ degré des descendants mâles d'une grande valeur.

Mais il y a une autre raison qui empêchera toujours l'éleveur de suivre de pareilles recommandations. C'est que l'*Inbreeding* est justement la *pierre de touche* de la qualité. Il est, pour ainsi dire, au bout de quelques générations, le thermomètre qui indique le degré de valeur des étalons. Ce qui fait qu'on ne connaît véritablement les étalons *prépotents,* non seulement qu'après leur mort, mais bien souvent longtemps après et si les *Inbreedings* sur le nom d'un étalon ne réussissent pas, c'est que celui-ci sera éliminé par la sélection opérée par *les courses.*

Troisième conclusion de Lottery : « *Que, par cela même, il importe de rechercher des poulinières contenant aux trois premiers degrés un ou plusieurs de ces noms de qualité.* » Certes, le conseil est bon mais, pour le suivre, il faudrait être devin et l'Eleveur essaie bien de deviner les meilleurs étalons mais lorsque la confirmation ou l'infirmation arrive il est mort depuis longtemps.

Quatrième conclusion de l'étude de Lottery : « *Que parmi les chefs de race* (!?) *récents, l'Inbreeding sur Saint-Simon, Bend' Or, Hampton, Isonomy, est appelé à se confirmer* ». Ces sires, qui seront peut-être des chefs de lignes, ont par cela même des chances de se trouver plus tard souvent répétés dans les pedigrees. Mais la conclusion est dubitative et montre précisément l'embarras des Eleveurs puisque parmi tant de brillants météores, Lottery n'en trouve que quatre susceptibles de voir l'*Inbreeding* se confirmer sur leurs noms.

On voit combien la récolte est maigre.

Conclusions philosophiques à tirer. — Est-ce à dire que le travail de l'écrivain Français ait été inutile ? Loin de là, et les faits qu'il a signalés dans son travail, qui est de 20 ans plus jeune que celui du comte Lehndorf, vieillira comme celui de l'écrivain Allemand. Voilà tout. Leurs constatations sont des plus utiles mais pour un autre but que celui qu'a poursuivi leur auteur.

Au point de vue philosophique, surtout, il y a beaucoup à glaner. Le fait, par exemple, que des cerveaux supérieurs, tels que le comte Lehndorf et le publiciste Lottery, se soient acharnés à énumérer les *Inbreedings* de tous les chevaux distingués du Stud Book, à pointer le nombre de chacun d'eux à chaque degré correspondant, à faire ainsi des catégories et à étudier leur importance respective sans autre préoccupation que le fait lui-même, dénué de toutes ses contingences et de toutes ses ambiances, est la preuve la plus certaine que ces cerveaux attachaient une importance au fait lui-même. Sans l'analyser, sans essayer de connaître le mode d'action, la nature des effets produits dans les descendants, sans vouloir se préoccuper des résultats généraux obtenus par une semblable pratique, des précisions suggérées par des faits particuliers, les deux écrivains sportifs, l'Allemand et le Français, ont travaillé l'examen de la matière et trituré les faits dans l'espoir que leur statistique leur fournirait à elle seule un enseignement empirique. Cet acharnement, il faut le répéter, est la preuve la plus certaine de l'obsession que cause le fait de l'*Inbreeding* sur le cerveau de l'Eleveur.

Inanité de la théorie des Dosages. — Leur analyse incomplète ou sommaire du fait a été la simple constatation d'un dosage imaginaire résultant de la méthode conventionnelle dont on se sert pour écrire les pedigrees en Angleterre. C'est du reste cette méthode qui a mis en évidence les *Inbreedings* car si on écrit le pedigree *à la Russe,* [1] ceux-ci n'apparaissent plus à l'œil non plus que les dosages. Car *le dosage,* tel que l'ont compris les deux auteurs, n'est pas même un mode susceptible d'être passé dans une théorie. C'est un calcul mathématique d'autant plus faux qu'il est plus exact. Quand on écrit un pedigree à l'anglaise, l'ordre le plus parfait règne dans l'animal qu'on obtient ainsi sur le papier, tandis que naturellement lorsque l'animal est né il y a lieu de s'apercevoir aussitôt que le résultat, non seulement est fort différent de ce que le papier indique, mais que si l'alliance est répétée on obtient des exemplaires les plus divers du même immuable pedigree. Cette simple remarque, si fréquente hélas! en élevage, démontre d'une façon indiscutable que le dosage *de chaque ancêtre varie à chaque successive réédition d'une même alliance.* Par conséquent vouloir faire passer dans une théorie les conséquences de faits notoirement inexacts est la preuve indiscutable du peu de valeur ou même de la non valeur de la théorie.

Les faits naturels de n'importe quel ordre sont certainement soumis à des lois plus ou moins complexes, mais l'homme ne connaît pas ces faits, pas plus qu'il ne connaît la nature des forces qui régissent la matière. C'est pourquoi il a inventé la théorie, qui se substitue à la réalité, dans le but d'obtenir une loi. Mais la théorie doit être basée sur les faits et il faut encore démontrer qu'elle se moule sur eux en les

---

(1) Voir *Le Langage des Eleveurs,* chez Mazeron frères, 1902.

épousant en toute circonstance et que tout se passe bien en théorie comme dans la réalité. Sans cela le raisonnement basé sur une théorie imparfaite vous conduit aux conséquences les plus absurdes.

Le livre de Lottery. — Nous avons analysé avec quelque longueur l'article de Lottery paru dans le *Jockey* de décembre 1906, parce que cet article de journal n'est pas autre chose que le résumé, sous une forme succincte d'un volumineux travail paru en 1902 sous la signature du même Lottery (J. Vuillier), dont le titre : *Les Croisements Rationnels dans la Race Pure* est signalé dans l'article cité en entier. Ce gros livre, qui porte en sous-titre : « Traité technique d'Elevage », ne nous intéresserait pas autrement si la plus grande partie n'était consacrée à des recherches sur les *Inbreedings*. C'est pourquoi nous allons lui donner un coup d'œil malgré son aspect des plus rébarbatifs. Il n'est, il faut le répéter, que la longue paraphrase de l'article du *Jockey* en ce qui concerne l'*Inbreeding*, par conséquent pour la partie seule qui nous intéresse.

L'enquête ouverte par le comte Lehndorf est donc reprise par l'auteur français Lottery.

Elle est agrandie, décuplée et mise en théorèmes. Nous allons relater ces théorèmes que l'auteur appelle des lois (!?), en les commentant et les expliquant suivant les vues de l'auteur dont le langage est quelquefois un peu voilé et a besoin souvent d'être traduit en expressions techniques pour recevoir un peu plus de précision.

Toutes les conclusions de l'auteur sont basées sur l'examen des 654 chevaux dont il est question dans l'article du *Jockey* précité. L'auteur a pris les mêmes précautions oratoires que le comte Lehndorf. Il n'est pas inutile de citer le passage du premier chapitre ou l'auteur indique sur quels chevaux il établit sa statistique :

Pour faire une étude approfondie des pedigrees des chevaux anglais de grande classe, je n'ai pas jugé utile de me préoccuper de la période de formation où les origines sont nécessairement incomplètes à un degré très rapproché et où la valeur des renseignements que nous possédons sur les animaux est elle-même, en ce qui concerne sinon leur origine du moins leur qualité, très sujette à caution. J'ai commencé à l'année 1748, année d'*Herod* et j'ai établi jusqu'au 6e degré inclus les pedigrees des gagnants des 2000 guinées, Derby, Oaks, Saint-Léger et ceux de tous les produits, qui sans avoir pris part à ces courses classiques, soit qu'elles n'existaient pas encore, soit qu'ils n'aient pu les disputer pour une raison quelconque avaient cependant fait preuve d'une très haute valeur et mérité à tous égards, d'être considérés comme de grands chevaux. Je n'ai pas voulu envisager les chevaux nés hors de la Grande-Bretagne et n'ayant pas gagné une course classique anglaise, car les éléments de comparaison avec les produits anglais manquent le plus souvent, et j'aurais pu de la sorte enregistrer comme animal d'ordre élevé un cheval qui à Epsom se serait montré seulement de seconde classe. J'ajoute en outre que les 654 pedigrees étudiés depuis 1748 jusqu'en 1901, en ne m'occupant que du turf anglais, constituent par leur nombre des éléments d'appréciation et de comparaison d'une exactitude suffisante et qui me paraît devoir satisfaire les plus difficiles.

On voit que c'est absolument le langage du comte Lehndorf et que sa méthode va être suivie.

Théorème Ier. — *Les pedigrees des chevaux anglais de grande classe présentent une grande diversité en ce qui concerne les places occupées par les noms répétés.*

Si nous voulons traduire la pensée de l'auteur en *langage technique*, nous dirons : *il n'y a pas de règle, après examen minutieux des pedigrees des 654 chevaux de grande classe sur la place que doit occuper l'Inbreeding dans un pedigree.* Cette conclusion, mise sous cette forme, indique bien que les recherches de l'auteur sur les avantages de l'*Inbreeding* à telle ou telle place ont été vaines. Nous avons expliqué plus haut pourquoi il devait nécessairement en être ainsi. Nous n'insisterons pas. L'*Inbreeding* isolé ne signifie évidemment rien par lui-même, et toute recherche faite de bonne foi doit aboutir dans cet ordre d'idées à un procès-verbal de carence.

Pourtant l'auteur ne se contente pas de cette peu fructueuse récolte et, pour corroborer les déclarations du comte Lehndorf, il ajoute :

La conclusion que permet de tirer cette étude est que les différents chevaux de classe qui ont paru sur le turf anglais, depuis l'origine jusqu'à nos jours, se rangent dans des types de pedigrees très divers. Le type de beaucoup le plus fréquent toutefois est celui dont l'inbreeding existe sur un seul nom au 3me et 4me degrés. Il est permis de dire qu'on ne doit pas rechercher de croisements en dedans plus rapprochés que celui du 2me et 3me degrés.

En ce qui concerne la valeur des étalons des différents types, on ne peut se prononcer d'une façon très nette. Il y a eu des célébrités dans presque tous. Faisons remarquer seulement que les étalons ne présentant pas d'inbreeding avant le 5me degré ont paru se distinguer en plus grand nombre que ceux des autres catégories.

Quant aux poulinières ayant donné naissance aux produits étudiés, je relève les noms de 4 présentant 2 courants semblables au 2me degré, de 22 présentant 2 courants semblables, l'un au 2me, l'autre au 3me degré et de 66 présentant 2 courants semblables au 3me degré. Les autres se rangent dans les types moins inbred. Ces chiffres cadrent approximativement avec les chiffres des étalons correspondants, sauf pour l'inbreeding du 2me degré, mais la différence n'est pas telle qu'on puisse s'y arrêter et il y a lieu de dire aussi que les poulinières ayant donné des produits de haute classe, appartiennent à toutes les catégories.

On croirait lire les conclusions du *Manuel des Eleveurs* et nous ferons les mêmes réserves formulées à l'occasion du travail allemand.

THÉORÈME II. — *Les noms sur lesquels se sont produit les Inbree-dings sont très peu nombreux; ils constituent dans chaque famille mâle la sélection des sangs depuis la formation de la race.*

Si nous nous sommes bien pénétrés de l'idée de l'auteur, nous allons la traduire aussi clairement que possible.

Les chevaux classiques anglais ont tous des Inbreedings rapprochés sur des sujets illustres et qui sont en très petit nombre. Ce très petit nombre de sujets représente dans les lignes mâles la sélection la plus parfaite des meilleurs courants de sang.

Une semblable démonstration corrobore les idées générales que nous avons démontrées dans le Chapitre Iᵉʳ de ce volume. Si on fait de la consanguinité sur des individus ou sur des familles tarés ou affectés de certaines impuretés, la sélection impitoyable les supprime. Si au contraire la consanguinité a lieu sur des sujets d'élite, sains au point de vue physiologique, parfaitement adaptés aux conditions de la vie et aux luttes pour l'existence, les familles n'en éprouvent aucun inconvénient. Ce qui est vrai dans l'humanité, doit l'être à plus forte raison, pour la Race pure des chevaux de courses.

Si l'interprétation que j'ai donnée du théorème II n'est pas fausse, ce théorème devient une évidence. J'espère ne pas avoir trahi la pensée de l'auteur (tradutore, traditore) qui aurait pu être exprimée avec plus de clarté. Nous ne retrouvons plus là la précision, la limpi-dité, la technicité des deux auteurs étrangers.

THÉORÈME III. — *Les éléments mâles des trois premiers degrés con-tenus dans les noms répétés ont eux-mêmes, à quelques exceptions près, servi d'Inbreedings à leur époque, les éléments femelles sont en général représentés par d'excellentes poulinières.*

Traduisons : *Si on considère les pedigrees des Sires sur lesquels sont faits les Inbreedings des chevaux classiques, les trois premiers degrés de ces pedigrees renferment généralement des noms d'illustres étalons et de très bonnes poulinières.*

Ce théorème est un peu corrollaire du précédent et le contraire aurait étonné. Puisque les noms des étalons qui ont servi à faire les *Inbreedings* des chevaux classiques sont *la sélection des sangs* il s'en suit tout naturellement que leurs pedigrees sont des plus fashionnables.

THÉORÈME IV. — *L'influence des croisements en dedans différents ne paraît pas se manifester d'une façon sensible sur la vitesse, la tenue ou le tempérament.*

Nous avons disserté sur ce résultat négatif quelques pages plus haut à propos de l'article du *Jockey.*

THÉORÈME V. — *Les étalons obtiennent en général leurs meilleurs sujets par l'apport des sangs sur lesquels se sont produits les Inbreedings de l'époque ou par le retour sur l'un ou plusieurs de ces sangs s'ils les possèdent déjà.*

L'obscurité de ce théorème me fait penser à ceux de Bruce Lowe qui sont si clairs. L'auteur a voulu dire simplement que si on veut avoir un bon produit avec un étalon, il faut lui apporter ce qui lui manque ou bien redoubler ce qu'il avait de bon

Mais quand on veut s'exprimer en langage technique on peut le faire avec autant de force et de précision qu'on le désire.

Traduction en langage technique du théorème V : *Les étalons obtiennent en général leurs meilleurs sujets avec des juments contenant les mâles les plus réputés sur lesquels ont eu lieu des Inbreedings riches en succès ou en redoublant ces noms illustres s'ils les possédaient déjà.*

Evidemment cela paraît très simple au premier abord, mais celui qui a fait de l'élevage sait combien il est difficile de réaliser de semblables conditions qui sont du reste connues depuis bien longtemps et que Bruce Lowe notamment avait précisées d'une façon que nous avons soulignée dans la critique de son ouvrage.

Ici se termine dans l'ouvrage de Lottery la partie qui concerne les observations sur l'*Inbreeding*. Le surplus de l'ouvrage est consacré à une sorte de procédé d'élevage qui nous a paru peu facile à comprendre et qui, comme tous les systèmes, est inapplicable. L'influence de Bruce Love sur l'éclosion de ce livre est évidente, mais nous sommes forcés de nous borner, et la critique d'un semblable ouvrage n'est plus dans notre domaine actuel.

Si nous voulions résumer notre impression sur le travail de Lottery en ce qui concerne l'*Inbreeding,* il y aurait d'abord lieu de remarquer que ce travail n'a plus aucun rapport avec le surplus de son livre sur les dosages. Il n'est plus question des 5 premiers théorèmes qui ont pourtant coûté beaucoup d'efforts à l'auteur et qui cependant pourraient être énoncés *de plano* par tout éleveur possédant le Stud Book.

Néanmoins, ce travail consciencieux sur les 654 chevaux classiques d'Angleterre, s'il ne prouve rien que nous ne sachions, est un exemple à donner comme étude. Avec les 145 chevaux du comte Lehndorf et leur examen, l'Elevage possède là des confirmations très exactes des idées admises depuis longtemps et dont beaucoup, du reste, sont discutables. Ainsi, par exemple, nos deux auteurs recommandent aux Eleveurs de ne pas tenter d'*Inbreedings* sévères et de rester dans une honnête moyenne, c'est-à-dire l'union entre cousins et petits-cousins. Mais Bruce Lowe leur apporte un argument bien fort contre leur thèse qui est du reste aussi la sienne. Il reconnaît que les *chevaux*

*extraordinaires depuis et y compris Flyng-Childers doivent sans doute
leurs qualités phénoménales à des expériences d'étroite consanguinité.*

Dans nos études postérieures nous verrons que tous les phénomènes du Turf ont à la base de leurs pedigrees des incestes d'une
violence inouïe. Il y a là, comme le dit Bruce Lowe, en excellents
termes, une concentration de toutes les aptitudes du cheval de course
qui *fait retour* dans des générations suivantes et qui permet la production de tous les phénomènes connus, tels que *Eclipse, Herod,
Matchem, Gladiateur, Sweatmeat, Barcaldine, Plaisanterie,* etc.

Influence de Bruce Lowe sur Lottery. — Mais revenons à
l'auteur Français. Son livre nous a paru avoir été surtout écrit pour
combattre le *Système des Nombres de Bruce Lowe*. Il a été dédaigneux
dans quelques passages pour l'auteur Australien si simple, si limpide,
si plein de bonhomie et dont le livre ne renferme pas un seul grain
de sel pour les écrivains sportifs de son temps ni pour ceux d'autrefois.

Bruce Lowe est un conteur agréable. Il commente ses idées, il les
orne de comparaisons, il disserte et son livre peut passer pour une
composition susceptible d'être lue avec plaisir.

On n'en saurait dire autant du livre de Lottery qui ne renferme
pas une ligne de dissertation sur les sujets d'élevage qui sont si intéressants, si attachants et si passionnants. Certes l'Elevage est un sujet
sérieux. Mais combien de romans naturels dans ces unions extraordinaires qui nous ont donné les chevaux classiques. Sans parler des
anecdotes intéressantes et indispensables à connaître et souvent si
instructives, que ne découvre-t-on pas de parentés curieuses et d'alliances entre des chevaux qu'on suppose quelquefois étrangers les uns
aux autres. Que d'anciens ennemis du Turf, véritables Capulets et
Montéguts, n'ont-ils pas vu s'allier leur descendance pour donner des
phénomènes du Turf ou du Stud.

Lorsque *Voltigeur* et le *Flying Duthman* se rencontrèrent sur la
piste de York et luttèrent dans un match inoubliable pour la suprématie, qui aurait pu prédire que l'un des fils de *Voltigeur* avec une fille
du père de *Dollar* s'uniraient pour donner à l'Elevage le célèbre
Galopin?

Injustice de Lottery pour l'auteur Australien. — D'où
vient cette espèce d'antipathie témoignée par Lottery envers Bruce
Lowe? A chaque instant, dans les écrits de Lottery, à partir de la
publication de son livre d'Elevage, on sent poindre une espèce de
dédain. Ainsi, on peut se demander pourquoi Lottery, publiciste évi-

demment supérieur, ne veut pas considérer les *familles?* les *nombres* de Bruce Lowe? Il pose, à ce sujet, ce qu'on a appelé la question préalable. Il ne faut voir là qu'une susceptibilité d'auteur (*Genus irritabile vatum*).

Sans nul doute Bruce Lowe a été l'initiateur d'un grand nombre d'éleveurs. Il a eu du génie quoi qu'il n'eut pas la grosse instruction scientifique. L'homme de science a appris que le mâle donne la moitié du germe, la femelle l'autre moitié. Que tous les deux, séparés, ne sont rien et que le couple seul, chez les animaux à reproduction sexuelle, est tout l'être. Mais l'homme de science a été initié. Il n'a pas de mérite. Bruce Lowe, au contraire, a découvert tout seul cette vérité et il la proclame avec la passion violente d'un néophyte. C'est le soldat d'une idée. C'est un apôtre.

La vie est le mouvement. — Non seulement cet homme a entrevu de son propre fond le principe du *double germe sexuel,* mais il a saisi le principe de la vie considérée comme mouvement. Les êtres se meuvent dans la nature non seulement pendant leur vie proprement dite, mais avant et après et c'est cette vie là qu'il importe d'étudier. Bruce Lowe, en considérant les mâles et les femelles d'après *leurs lignes (mâle or female line)*, a eu l'intuition d'une philosophie transcendentale : celle du Mouvement de la vie des Organismes à travers leur Milieu naturel. C'est ce génie qu'il faut admirer chez cet aimable auteur Australien et l'attitude de Lottery a son égard tendrait à prouver qu'il n'a pas compris sa Philosophie Naturelle.

Réflexions inspirées par la Méthode empirique. — Mais revenons à la critique de nos auteurs sportifs. Ni le comte Lehndorf, ni Lottery, n'ont cherché à corroborer le résultat de leur enquête par le moindre raisonnement. Une sèche et ingrate statistique qui, par sa nature même, est entachée d'erreur, au lieu d'un raisonnement sain, logique, scientifique. Nous sommes pleins de respect et d'égard pour l'effort qu'a fait Lottery dans le but de mettre les Français de pair à compagnon avec les écrivains étrangers, mais lorsqu'on parle d'*unions rationnelles* il y aurait nécessité à faire appel à la raison et non à l'empirisme pour se guider dans les diverses *unions en dedans.*

Pourquoi proscrire les *close breedings* au nom d'une statistique, alors que tous les éleveurs savent que ces sortes d'unions ont été peu pratiquées et que, par conséquent, le nombre des sujets qui en sont issus ne saurait être comparé avec loyauté à celui des unions à *Inbreedings* plus éloignés?

**Absence de dissertations et de raisonnements analy-
tiques**. — Les savants zootechniciens, les hommes d'étude, les com-
mençants, les élèves et enfin les éleveurs, savent tous pourquoi les
Inbreedings rapprochés ne peuvent pas constituer une méthode ni
donner, sauf exceptions rares, des animaux à succès. Il est donc hors de
doute que des écrivains comme le comte Lehndorf et Lottery ont
voulu étudier ces questions pratiques et qui ont fait l'objet dans
tous les genres d'élevage de constatations des plus précises et des
plus certaines. Nous avons donné à ce sujet, dans la première
partie de ce volume, des extraits de Darwin sur les expériences
qu'ont faites des éleveurs de lapins, de pigeons, de poulets, de
moutons, etc., dans les diverses races pures. Les incestes répétés
amènent la disparition de la vitalité de la race et les sujets issus
d'unions trop rapprochées et répétées sont ou stériles ou peu fécondes,
et il faut des *Out-crossings* pour ramener la qualité prolifique qui est
la qualité primordiale d'une variété pure.

Il faut donc de toute évidence appliquer cette proposition scientifiquement établie des dangers du *close breeding* à la race pure et en
conclure qu'il ne peut qu'être profitable, en général, d'éloigner l'*Inbreeding* par des croisements de *famille, de lignes, de courants,* avant de
revenir au même sang; ce raisonnement suffit parfaitement à démontrer la nécessité d'un *Inbreeding modéré.*

C'est ce raisonnement que nous développerons dans d'autres chapitres de cet ouvrage, en l'appuyant d'exemples et en le légitimant.

Lottery, du reste, a oublié de tirer de sa statistique le seul théorème qui en résulte d'une façon formelle et indiscutable. On pourrait
le formuler ainsi : *Il n'y a pas de Chevaux classiques, en Race Pure,
sans Inbreeding.*

Ce résultat positif aurait certainement payé l'auteur de son travail de géant, car ainsi formulée cette LOI aurait rassuré bien des
éleveurs et encouragé des tentatives que la terreur des unions consanguines a sans doute empêchées. Quand aux autres théorèmes de
Lottery, que nous avons énumérés, ce sont ou des évidences ou des
négations.

On pourrait se demander si les *Inbreedings* sont une nécessité de
l'élevage de Thoroughbred auquel l'Eleveur ne peut pas se soustraire;
cela n'est pas sans intérêt et la question mérite d'être examinée à fond.
Mais cette diversion n'a pas sa place ici puisque nos auteurs ont
cherché le degré le plus favorable ainsi que la situation la plus avantageuse pour un *Inbreeding.*

Depuis longtemps on sait que les incestes dans toutes les races domestiques affaiblissent le tempérament, diminuent la rusticité, ébranlent les résistances des sujets qui en sont issus. Nous devons donc essayer de corriger ce qu'ont de dangereux des unions trop rigoureusement faites dans le même sang. Le proverbe anglais : *in and in,* qui veut dire : dedans et encore dedans, pourrait être modifié avantageusement par une addition légère : *in and, out, and in.* C'est-à-dire : *dedans, puis dehors, puis dedans* Mais il faut bien comprendre ici que le mot *out* veut dire *en dehors du sang sur lequel est fait l'Inbreeding.* Pour en donner un exemple, prenons *Vedette.* Son père, *Voltigeur,* était *Out-breed* sur *Blacklock.* Mais *Vedette* a été obtenu avec une arrière-petite-fille de *Blacklock* et les deux courants ainsi placés ont été une déterminante certaine de la valeur énorme de *Vedette* qui doit également beaucoup aux *Out-crossings* produits par le courant de *Whalebone* et les deux lignes 11 et 19.

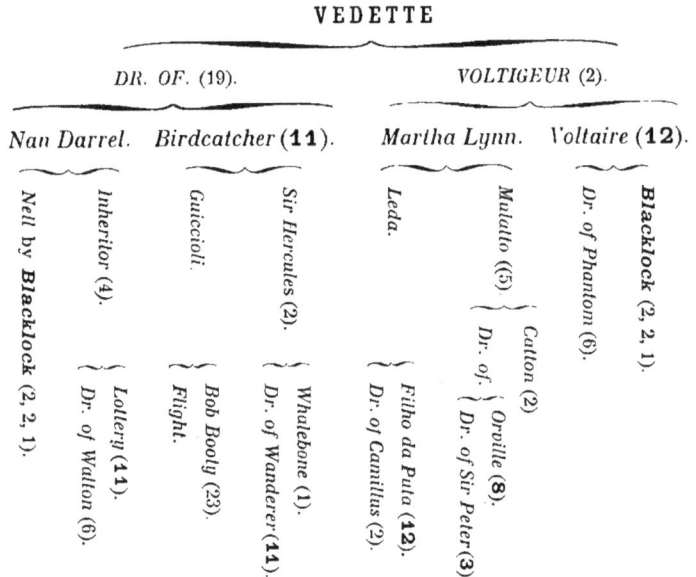

VEDETTE

	DR. OF. (19).			VOLTIGEUR (2).		
	Nan Darrel.	Birdcatcher (11).		Martha Lynn.	Voltaire (12).	
Nell by **Blacklock** (2, 2, 1).	Inheritor (4).	Guiccioli.	Sir Hercules (2).	Leda.	Mulatto (5).	Dr. of Phantom (6).
	{ Lottery (11). / { Dr. of Walton (6).	{ Bob Booty (23). / { Flight.	{ Whalebone (1). / { Dr. of Wanderer (11).	{ Filho da Puta (12). / { Dr. of Camillus (2).	{ Catton (2) / Dr. of: { Orville (8). / { Dr. of Sir Peter (3)	**Blacklock** (2, 2, 1).

Supposons que le raisonnement contraire soit opposé par un contradicteur partisan des *Inbreedings* incestueux et qui prétende que la seule présence de *Blacklock* dans la *ligne mâle* et dans la *ligne maternelle* est cause de la valeur de *Vedette ;* que tous les autres éléments qui composent ce grand étalon aient été inutiles ou superflus. Il s'ensuit que *Voltaire* n'aurait été qu'un retard, *Voltigeur* encore un atermoiement et que l'Eleveur aurait eu plus de bénéfice à unir de suite *Blacklock* avec *Nell* par *Blacklock* et qu'un *Vedette* aussi remarquable serait issu de cet inceste du père avec sa fille.

Eh! bien, les expériences des Eleveurs nous permettent d'affirmer bien nettement qu'une semblable union n'aurait donné qu'un animal sans force, sans rusticité, sans tempérament, et qui tout en ayant concentré chez lui une grosse provision d'aptitude aux courses, n'aurait jamais pu être amené à aucun effort sur le Turf. Il aurait été incapable de supporter les fatigues de l'entraînement et peut-être aurait-il été infécond. Dans tous les cas sa santé eut été précaire au point de ne pouvoir manifester l'énorme aptitude dont il aurait été approvisionné, par suite du manque de forces vitales.

Nous pourrions continuer à examiner l'hypothèse des divers *closes breedings* possibles, dans le but d'obtenir un Racer et un Sire plus important que *Vedette* et d'une façon plus rapide. En adjoignant par exemple à *Voltaire,* au lieu de *Martha Lynn, Nell* par *Blacklock* ce qui éloignerait l'*Inbreeding* d'un degré en lui conservant sa place en lignes masculine et féminine.

Mais à ce degré la discussion devient plus compliquée et le lecteur n'est pas encore arrivé à une conception assez large du mode d'action de l'*Inbreeding* pour que nous puissions pousser plus loin l'analyse.

Cependant les considérations générales que nous avons développées à divers moments dans ce volume, sont bien suffisantes pour légitimer, sans enquête préalable, la pratique d'un *Inbreeding modéré.*

Cette pratique se justifie par la nécessité d'introduire pendant 3 ou 4 générations des éléments divers dans les descendants du Sire illustre qui sont alliés ensemble.

Continuons à prendre l'exemple de *Vedette.* Partons de *Blacklock* pour obtenir *Voltaire,* on a ajouté aux lignes pures (2, 2, 1) de ce grand Sire la ligne impure (**12**) illustre par ses grands étalons. Pour obtenir *Voltigeur* on est rentré dans le sang de *Blacklock* par la ligne (2) de *Martha Lynn,* laquelle apportait des correctifs, puisqu'elle sortait de *Leda* par *Filho da Puta* (**12**). Mais *Voltigeur* reste l'expression de la famille (2) comme il est facile de le voir sur le pedigree. Il fallait donc un *croisement* (Out-cross) et c'est ce qui eu lieu avec la fille de *Birdcatcher,* qui en dehors de *Blacklock,* au quatrième degré, ne contient aucun autre sujet de la famille (2) dans ses quatre degrés, que *Sir Hercules* (2) par *Whalebone* (1) au 4ᵉ degré. Cet *Inbreeding* des familles, qui revient d'une façon assez éloignée est très heureux pour adoucir la présence de *Whalebone,* seul descendant de *Pot-8-Os* qui se

13

trouve dans tout ce pedigree, provoquant ainsi un heureux *Out-cross de courants*. Mais il ne faut pas anticiper snr les enseignements que nous nous proposons de donner plus tard en interprétant d'une façon logique et scientifique, en dehors de tout empirisme et de toute statistique trompeuse, les chefs-d'œuvre naturels que nous ont laissé les anciens Eleveurs sous l'espèce de *Grands Sires* et de *Grandes Juments.*

Comparaison entre le comte Lehndorf, Bruce Lowe et Lottery. — Quelques mots pour terminer ce chapitre, à l'effet de comparer la faculté de visibilité de nos trois écrivains en ce qui concerne les *Inbreedings* et l'*Out-crossing.*

Le comte Lehndorf a conclu pour l'*Inbreeding* d'une façon fort correcte et raisonnable. Il a admis la nécessité de l'*Inbreeding* pour les grands chevaux. Mais il a reconnu la nécessité d'un *Out-crossing* sans distinguer qu'il était pratiqué tout le long du Stud Book.

Il a compris l'analogie qu'il y avait entre la différenciation de deux variétés et la même différenciation obtenue par le changement de pays des sujets d'une même variété, au point qu'au bout d'un certain temps les sujets, quoique formant l'*Inbreeding*, peuvent le corriger par l'influence de différence des habitats.

Bruce Lowe a vu la nécessité de la présence des familles différentes par leur essence dans les trois premiers degrés du pedigree des grands chevaux. Il a soutenu, par l'évidence des exemples, que les grandes familles pures, si elles étaient seules, n'obtiendraient aucun succès sans les familles *impures* et *outsides,* mais il n'a pas vu le principe naturel qui imposait cette nécessité. Il l'a constaté de visu. Mais il n'a pas nommé la chose, tout en en indiquant clairement le processus. *C'est l'éternel principe du croisement* (Out-cross).

Après les preuves de la force indispensable de l'*Inbreeding* il a voulu montrer qu'il voyait bien la nécessité de l'*Out-crossing*, et a eu, comme l'Administration des Haras de France, sa hantise de l'Arabe comme croisement (*The Arab as an Outcross*). Il a vu également combien l'échange des reproducteurs entre l'Amérique ou l'Australie et l'Angleterre serait profitable à l'élevage de ce dernier pays, à cause de son peu d'étendue géographique, et il a parfaitement saisi que les animaux importés remplissaient le rôle d'animaux de croisement par suite de la différence d'habitat, et cela à degré égal de parenté avec les animaux du pays.

Lottery a étudié l'*Inbreeding* mais il n'a rien trouvé de particulier, sinon la nécessité de son existence dans les chevaux classiques, et encore il a négligé de formuler cette vérité si essentielle.

Quand à l'*Out-crossing* il l'a frôlé de très près dans la partie de son ouvrage que nous n'avons pas examiné, mais il a passé à côté sans en soupçonner ni le rôle, ni l'importance. Ainsi Lottery exige que les chevaux aient une proportion déterminée du sang de certains grands chevaux du Stud Book. Sans nous préoccuper ici de la façon plus ou moins arbitraire dont il a choisi les noms et les proportions, le fait qu'il cherche dans ses alliances (appelées improprement croisements, puisqu'il ne parle que des *Inbreedings*), à augmenter la présence des courants de certains chevaux illustres ou bien à diminuer certains autres, nous montre qu'il a passé à côté de la question et que sa préoccupation a été, *sans qu'il s'en doutât*, de trouver un système pour *croiser* ensemble les *trois lignes Eclipse, Herod* et *Matchem* qui forment les premiers principes de l'origine du Stud Book et qui se sont perpétuées sans interruptions jusqu'à nos jours dans des reproducteurs toujours considérables.

Mais Lottery s'est perdu dans le maquis des dosages conventionnels et il a obscurci ses conclusions à ses propres yeux aussi bien qu'à ceux de ses lecteurs. Il ne tient nullement compte des lignes féminines, sous prétexte que les juments primitives sont trop lointaines. Qu'aurait-on pensé de Bruce Lowe s'il avait mis de côté les trois lignes mâles d'*Eclipse, Herod* et *Matchem* sous le prétexte que ces chevaux avaient vécu dans une époque trop reculée. Au contraire, Bruce Lowe remonterait jusqu'aux trois ancêtres purs s'il y avait eu d'autres lignes sorties d'eux et il s'excuse plusieurs fois à ce sujet en indiquant spécialement soit *Darley Arabian*, soit *Byerley Turk*, soit *Godolphin Barb*. Chaque fois il spécifie distinctement la variété d'origine avec insistance, pour bien montrer quel a pu être le rôle des trois lignes parties des trois sujets phénomènes de variétés différenciées de la race Arabe pure.

Un système d'Elevage où on néglige de tenir compte des femelles, semble de prime abord inacceptable. C'est retrancher de la question la moitié du sujet. Au surplus, *d'après le Système des dosages,* le père et la mère entrent pour chacun par moitié dans le produit!

Il faut voir seulement dans le livre de *Lottery* une réponse au *Système de Bruce Lowe*. L'un a pris pour base de son livre les *Nombres* ou l'*Elément femelle;* l'autre, au contraire, n'a voulu considérer que les mâles. Mais Bruce Lowe a parfaitement lié les deux sexes. Son titre seul et son système sont sans valeur scientifique, mais le fond de son livre est parfaitement orthodoxe et la plupart de ses idées peuvent se défendre en dehors de toute systématisation. Les *Nombres* expriment la variété des origines femelles qui se perpétuent indéfiniment à travers les âges, de même que les trois mâles primitifs se prolongent par leurs lignes. Chacune de ces lignes mâles ou femelles conservent leurs caractères propres, leurs individualités, leurs races, comme au début de la fondation de la variété pure. C'est ainsi que se sont continués les Out-crossing et que le Thorougbred a pu vivre indéfiniment sur lui-même, au milieu des Inbreedings, sans dégénérer et sans s'appauvrir et avec toujours une fécondité inépuisable d'animaux sains et bien constitués.

Mais, ce que nos trois auteurs n'ont pas formulé, c'est que cette race ne se maintient aussi forte, aussi puissante, aussi bien portante, que par la sélection si sévère de la course. Les Sires sont choisis parmi les meilleurs vainqueurs, et les autres mâles, sans valeur, sont éliminés impitoyablement. La sévérité s'atténue chez les femelles d'une façon relative. Mais elle est encore bien puissante car les Sires, remarquables par leurs succès sur le Turf, ne reçoivent généralement qu'une vingtaine de juments par an au maximum. C'est donc dans cette proportion que les femelles sont inférieures aux mâles par la sévérité de la sélection. C'est par la *sélection seule* que se maintiennent la valeur des trois grandes lignes mâles et des diverses lignes féminines dont une vingtaine à peu près jouent un rôle important. Le surplus des familles est négligeable par le faible nombre des sujets qui les représentent actuellement, circonstance qui contribue à leur ôter toute chance de se distinguer par la production de racers remarquables.

Quelques données sur le plan du présent ouvrage. — La continuité des caractères de chacun des trois Sires, chefs de lignes de la Race pure et celle de chacune des familles puissantes, fera l'objet d'une étude spéciale de cet ouvrage, et le développement nécessaire de ces considérations aura pour but de légitimer l'idée que nous mettons en avant, à savoir : que les trois lignes mâles forment entre elles un véritable Out-crossing à la façon dont les trois ancêtres primitifs de la race se sont croisés entre eux et que les diverses *familles* forment entre elles de réels Out-cross à la manière dont les *juments primitives (Stam-Mutters)*, se sont elles-mêmes croisées entre elles.

Nous démontrerons que ces croisements sont rationnels et n'ont rien de mystérieux ni de cabalistique, mais peuvent parfaitement être soumis à l'analyse la plus rigoureuse. C'est ainsi que les préceptes de Bruce Lowe qui apparaissent comme des *révélations*, pourront être formulés comme des recommandations raisonnables et même être complétés par les études sur l'*Inbreeding* et l'*Out-crossing*. Il nous suffira de mettre en jeu, pour les démonstrations que nous indiquons, les données que nous avons sur l'Hérédité, la Sélection méthodique, et sur la Variabilité des Espèces. On voit dès maintenant que l'étude à laquelle nous convions le lecteur nécessite un développement des plus vastes, parce que les phénomènes qui résultent des pratiques de l'*Inbreeding* et de l'*Out-crossing* sont complexes et puisent leurs causes initiales et finales dans les conséquences de lois naturelles qui nous sont encore peu connues parce qu'elles ont été peu étudiées. Mais les faibles notions acquises seront utilisées et suffiront au but poursuivi.

Complexité des phénomènes de l'Elevage. — Ah! certes, il faudra élargir singulièrement la conception si étroite des écrivains qui nous ont précédé. Les *Inbreedings,* les *Out-crossings,* sont dépendants d'une infinité de contingences, et quoique la place d'un *Inbreeding* soit importante, elle ne l'est le plus souvent que par suite de considérations voisines et plus déterminantes. L'*Inbreeding* considéré isolément est un phénomène relativement simple, mais dans ses rapports avec les autres forces que l'Elevage met en branle, il acquiert une complexité naturelle dont l'analyse est nécessaire.

Il y a pourtant longtemps que les zootechniciens ont étudié les organes des chevaux, mais ils pourront encore faire longtemps des autopsies avant de connaître les causes qui ont donné une si grande supériorité aux vainqueurs des Courses classiques. Ils examinent la contexture, la résistance des tissus, le poids des organes, et leurs constatations sont intéressantes, mais bien moins au point de vue de l'Elevage qu'à celui purement professionnel des vétérinaires Encore qu'un organe isolé ne révèle qu'une série de problèmes limités. Mais la vie vient relier les organes entre eux et complique singulièrement le problème. L'altération du cœur influe sur le poumon, sur les reins et sur les phénomènes accessoires de la circulation, tels que les respirations et les éliminations nécessaires ainsi que sur les assimilations. Nous aurons à examiner plus tard dans la partie de cet ouvrage, réservée à la *Philosophie de l'Elevage,* sous quelles influences s'accomplissent les diverses *fonctions de l'organisme* et la *perpétuité de l'Espèce.* Il faudra nous étendre sur les soi-disants échecs de la science en face de la vie et considérer comment se comporte la fameuse théorie du Vitalisme et même du Néo-Vitalisme, cela non-seulement envers la *Physiologie* mais aussi en présence des principes de l'*Hérédité* et de la *Variabilité* en ce qui concerne la vie du *Thoroughbred.* Pour le moment les notions élémentaires nous suffisent et nous ne pousserons pas plus loin aujourd'hui dans cet ordre d'idées.

Pas de phénomènes isolés. — La puissance de l'*Inbreeding* se modifie dans ses conséquences par la nature et l'importance des *lignes mâles* ou *féminines,* par la nature des *Out-crossings* qui l'accompagnent et qui peuvent être des deux sexes, par le redoublement plus ou moins accentué du même *Inbreeding,* par la sévérité plus ou moins violente des relations mises en œuvre; en un mot, toutes ces forces influent les unes sur les autres dans des conditions des plus compliquées et la prétention qui voudrait considérer isolément chacune d'elles, sans tenir compte des autres, serait analogue à celle d'un physiologiste qui ne voudrait considérer dans l'étude d'un organisme vivant qu'un seul organe sans tenir compte de tous les autres

FIN DU CHAPITRE IV DU LIVRE DEUXIÈME

CHAPITRE V

LES ÉCRIVAINS SPORTIFS
SUR
LA CONSANGUINITÉ ET LE CROISEMENT

Etiologie sociale des Ecrivains hippiques — Le Journaliste sportif. — M. de Saint-Albin, *alias* Robert Milton. — Le haras de Victot en 1890. — Opinion de M. Lupin sur quelques questions d'élevage. — Progrès des Eleveurs comme nombre et comme valeur intellectuelle depuis quarante ans. — Les *Constantes* en élevage. — Un autre écrivain hippique : S.-F. Touchstone, rédacteur à la *Vie Sportive*. — Ses idées sur l'*Inbreeding*. — Sa conception de l'*Out-crossing ancestral* par le Croisement des lignes mâles. — Deux savants vétérinaires écrivent sur l'élevage. — Une lourde compilation doublée de plagiat. — Un article du docteur Bertillon sur l'*Humanité* appliqué à l'*Espèce pure* — La Biologie du cheval de Pur sang doit au contraire servir aux Etudes biologiques humaines. — Nouvelle utilisation du Stud Book au point de vue de la Philosophie évolutionniste.

Etiologie sociale des Écrivains hippiques. — Nous n'avons pas l'intention de passer en revue tous les écrivains qui ont écrit sur le Pur sang et sur les deux principes biologiques que nous nous sommes donné mission d'étudier. Ce serait une entreprise d'abord trop considérable et ensuite inutile.

Il faut comprendre, en effet, que les *Écrivains sportifs* sont, en général, plutôt des hommes du monde que de véritables écrivains, philosophes ou scientifiques. Leur succès est bien plutôt dû à cette circonstance qu'ils suivent le courant des Eleveurs plutôt qu'ils ne cherchent à les guider, à les éclairer, à leur montrer leurs erreurs et, d'autre part, à soumettre à leur raisonnement l'analyse de leurs actes, de leurs succès ou de leurs triomphes. C'est du reste une condition *sine qua non* de la réussite que d'être en rapports constants avec les Stud Masters, les Entraîneurs et les Jockeys. Le plus grand nombre des Ecrivains sportifs professionnels ont embrassé cette carrière fortuitement et sans y avoir été préparés; d'aucuns même, pour la facilité des relations du monde spécial des courses qui est souvent très voisin du monde spécial des plaisirs.

Quoiqu'il en soit, les Ecrivains sportifs sont toujours intéressants à lire pour l'observateur, parce qu'ils reflètent assez exactement les courants qui s'établissent chez les Eleveurs, les fluctuations de la mode qui existe aussi dans ce milieu à propos de certains étalons, de certains courants de sang, de certaines poulinières, les directions générales des esprits dans l'Elevage, jusques et y compris ses préjugés si difficiles à vaincre.

Le Journaliste sportif. — L'Ecrivain sportif est souvent un littérateur au style facile, élégant et disert. Il est au courant de tous les problèmes du sport au point de vue pratique. C'est un praticien de l'Entraînement, de l'Elevage, de la Spéculation, des Ventes Publiques ou Particulières. C'est un homme intéressant pour tous ceux qui touchent de près ou de loin au monde spécial des courses.

M. de Saint-Albin, « alias » Robert Milton. — Le type de cette sorte d'écrivains distingués et répandus a été pendant de longues années *M. de Saint-Albin,* qui signait ses chroniques au *Jockey* du pseudonyme de *Robert Milton.* En 1890, il publia un livre intitulé les *Courses de chevaux en France,* nous y glanerons quelques aperçus concernant les idées que nous voulons étudier. On va voir combien légèrement ces écrivains, hommes du monde, traitent les questions les plus compliquées. Ainsi, par exemple, la question du sol et du climat est traitée dans un passage qui a toute la rapidité d'un article de journal :

Quelles sont maintenant les contrées où le Pur sang réussit le mieux :

Dans une brochure publiée en 1865, l'année de la victoire de *Gladiateur,* par M. E. Houël, inspecteur honoraire de l'administration des haras et l'auteur si apprécié de l'*Histoire du cheval chez tous les peuples de la terre,* sous ce titre : *Les chevaux français en Angleterre,* l'auteur estime qu'il était naturel de prévoir qu'un jour la France arriverait à se mesurer presque à armes égales avec l'Angleterre. « La France, disait-il, possède dans son vaste territoire des contrées soumises aux mêmes circonstances naturelles de sol, de température et de climat. »

La question dominante en élevage est celle du sol et du climat; pour arriver à façonner la race pure anglaise telle qu'elle est, avec ses aptitudes, sa conformation, sa taille, ses longueurs articulaires, il fallait rencontrer un milieu semblable. Or l'Angleterre est, par sa situation géographique, un des pays du monde les plus propres à produire la race occidentale dans son type le plus élevé; et encore, quand on parle de l'Angleterre, il ne faut comprendre que des contrées spéciales, comme le Yorkshire, le Middlesex, l'Irlande et quelques autres localités, car l'Ecosse, le Clydesdale, la Cornouaille et le midi de l'Angleterre sont impropres à la production du cheval de course.

Le problème à résoudre était donc de trouver en France des contrées parfaitement analogues, sous tous les rapports, aux meilleurs berceaux anglais, où le cheval pût rencontrer les mêmes conditions et se couler pour ainsi dire dans le même moule.

Mais si l'Angleterre elle-même ne possède que quelques contrées spéciales propres à produire le racer dans sa plus haute expression, la France, précisément à cause de la beauté de son climat, de l'air plus pur et plus tiède qu'on y respire, ne pouvait pas être bonne dans toutes ses parties. Une seule contrée s'est montrée à la hauteur des circonstances : la Normandie.

Tous les chevaux qui ont lutté avec avantage contre les chevaux anglais sont des chevaux nés en Normandie. La Normandie seule, dans ses principaux berceaux et dans quelques contrées qui l'avoisinent, réunit toutes les conditions des berceaux anglais les plus favorisés ; et à cela rien d'étonnant, puisque cette province n'est pour ainsi dire qu'une portion de l'Angleterre, séparée seulement par un ruisseau qui s'appelle la Manche, ou plutôt l'Angleterre elle-même n'est qu'une partie de la France neustrienne détachée par un cataclysme. Ce sont les mêmes productions végétales, le même climat, le même sol, les mêmes zones de vents ; aussi les produits animaux soumis à leur influence doivent-ils nécessairement affecter la même conformation et participer aux mêmes qualités.

S'il y avait quelque différence, elle serait peut-être à l'avantage de la Normandie : l'air étant en général plus pur et moins chargé de vapeurs que sur la côte anglaise, l'animalité y prend un degré d'énergie, de vitalité, de densité de muscles plus grand, tout en gardant ces belles lignes, cette organisation puissante, cette taille élevée que donnent également et exclusivement les berceaux anglais et les berceaux normands.

On trouve inscrits comme enfants de la Normandie : *Gladiateur,* par *Monarque* et *Miss Gladiator ; Gontran,* par *Fitz Gladiator* et *Golconde ; Le Mandarin,* par *Monarque* et *Liouba,* non seulement tous nés en Normandie, mais issus de père et mère normands pour la plupart. *Fille de l'Air* était fille, petite-fille et arrière-petite-fille de juments nées en Normandie. *Fitz Gladiator* et *Monarque* étaient normands tous les deux. *Plaisanterie,* née en Normandie, était fille, petite-fille et arrière-petite-fille de juments nées en Normandie.

La grande majorité des chevaux de tête qui ont figuré sur le turf français depuis cinquante ans sont nés en Normandie.

Inutile d'insister davantage. Je crois avoir donné des raisons suffisantes pour déterminer le choix de la contrée où la création d'un haras paraît le plus indiquée.

Voilà un morceau d'éloquence bien typique ! Cela ressemble à ces constructions légères, à ces palais éphémères, à ces pavillons luxueux créés pour une occasion et qui réussissent à donner l'illusion du solide et de l'éternel.

En réalité, les poutres qui soutiennent cet édifice sont en carton, les murs sont en papier mâché et tout va s'écrouler au premier choc, mais qu'importe ! Le journaliste a eu son heure brillante.

Maintenant, voyons comment Robert Milton comprenait l'importation des étalons en 1890 ? Nous citerons également sa tirade sur ce sujet. Il est du reste probable que s'il vivait encore aujourd'hui, il chanterait un autre couplet :

Je ne suis pas partisan d'importer des poulinières anglaises trop âgées : elles n'ont pas le temps de s'acclimater et sont comme *Sycée*, qui donne *Swift* en arrivant, et ne fait plus rien qui vaille.

J'ai entendu dire, par des éleveurs d'expérience, que des chevaux, poulinières et étalons, qui retournaient pour la reproduction dans le pays où ils étaient nés, y réussissaient plus sûrement et plus promptement.

Il vaut mieux, par suite, se créer un étalon particulier que d'en faire venir d'Angleterre à grands frais. Seulement pour cela il faut du temps et de la persévérance, beaucoup de persévérance, et quand on obtient le succès dans ces conditions, on peut en être doublement satisfait : on crée une race.

Il me sera facile de citer trois étalons d'avenir qui se sont récemment révélés, qui font déjà souche de bons chevaux et promettent de devenir pour leurs écuries ce que fut *Vermout* pour l'écurie Delamarre.

En étudiant le pedigree de ces trois chevaux, on n'est pas long à retrouver le sang de *Monarque*.

Chez M. J. Prat, *Faisan* est par *Moniteur II*, par *Monarque*.

Chez M. le comte Le Marois, *Narcisse* est par *Trocadéro*, par *Monarque*.

Chez M. Donon, *Le Destrier* est par la *Favorite*, par *Monarque*.

Pour résumer, il est sage d'aller piano en élevage, plutôt que de risquer à prix d'or des combinaisons de sang qui peuvent ne jamais réussir.

On ne saurait trop admirer ce nouveau morceau de style! Tout y est. Le *syllogisme* est parfait d'après ses trois propositions, la *majeure*, la *mineure* et la *conséquence* ; on sent que Saint-Albin est d'une génération où les élèves faisaient leur Logique qui était la Philosophie de l'époque. Ce devait être un bon élève, donnant satisfaction à ses professeurs, à ses parents, comme il devait le faire plus tard pour ses lecteurs et pour sa clientèle. La dernière phrase de l'écrivain que nous avons cité est un chef-d'œuvre!

On voit quel était l'état d'esprit de l'époque, pourtant si peu éloignée de nous. Conserver les étalons nés dans chaque haras. Quel changement depuis l'époque de *Xaintrailles* et de *Plaisanterie*. *Quantum mutatus ab illo !* pourrait-on dire de l'Eleveur.

Il est vrai qu'il ne fallait pas demander une idée scientifique à un homme comme Saint-Albin, qui était le charme, la séduction, la facilité, l'horreur de l'effort cérébral et de *la combinaison!* Hâtons-nous de dire qu'il ne faut pas voir là une critique de l'homme qui était supérieur à son milieu, mais que la profession de journaliste est seule en cause. Sous ce rapport, le célèbre Robert Milton fut véritablement un prototype et ses articles d'information sont encore précieux à consulter aujourd'hui.

Voyons donc comment cet homme remarquable a reflété les idées de l'époque sur la *consanguinité* et le *croisement*. Certes, il ne faut pas chicaner avec lui sur les termes du métier d'éleveur, et nous verrons qu'il emploie mal à propos certains mots techniques. Il n'avait guère, en effet, le temps d'étudier les auteurs anglais.

Le Haras de Victot en 1890. — Voici une monographie des travaux d'élevage du Haras de Victot qui ne manque pas d'actualité puisque cet élevage a repris sa marche en avant avec *Simonian* comme étalon et que son nouveau propriétaire, Alexandre II, montre dans sa profession une véritable maëstria.

C'est entre les mains d'Alexandre Aumont que Victot devint rapidement le premier établissement d'élevage de France. En 1856, Alexandre Aumont, dont les chevaux avaient fourni sur le turf la carrière la plus brillante (il avait gagné l'année précédente le prix du Jockey-Club avec *Monarque*), vendait son écurie au comte de Lagrange et s'engageait à lui fournir, pendant trois années consécutives, tous les poulains nés à Victot, sauf ceux d'*Hervine*. Le marché expirait en 1859, et M. Aumont livrait cette année-là trois chevaux célèbres : *Compiègne, Palestro* et *Gabrielle d'Estrées*. Il lui restait *Mon Étoile* par *Hervine*. *Mon Étoile* gagnait, à deux ans, le prix du Premier Pas à Chantilly et le Grand Critérium à Paris, à l'automne. En février 1860, Alexandre Aumont mourait, laissant son écurie à son fils, qu'il avait toujours tenu éloigné du turf, mais qui, peut-être à cause de cela, n'en avait conçu qu'un plus ardent désir de continuer l'œuvre paternelle.

Pour céder aux instances de sa famille, Paul Aumont avait consenti à faire une vente de l'écurie, mais il avait racheté *Mon Étoile* et *Capucine* avec lesquelles il devait inaugurer sa casaque, plus quatre poulinières, entre autres *Eusébia*, la mère de *Royal-Quand-Même; Maid of Hart*, la mère de *Compiègne; Fleur-de-Mai*, et *Clémentine*, la mère d'*Egmont*. Il avait aussi acheté *Fitz-Gladiator* pour 33.000 francs. Après la vente, M. Houël, inspecteur des haras, chargé par l'administration d'acquérir cet étalon, exprimait à Paul Aumont le regret de ne l'avoir pas obtenu, et celui-ci, par un sentiment bien naturel — chez un débutant, — consentait à céder son cheval pour 30.000 francs, prix fixé par l'administration, et perdant ainsi, pour l'amour du gouvernement, 3.000 francs et les frais.

On s'explique facilement qu'en échange de ce bon procédé l'administration, dirigée alors par le général Fleury, n'hésita pas à confier à Paul Aumont un étalon pour faire la monte à Victot. C'est ainsi qu'il essaya l'un après l'autre *Nunnykirk, Cossack* et *Tonnerre des Indes*, dont il n'eut guère à se louer. De *Cossack* cependant lui était née *Favorite*, par *Hervine*, qui, onze ans après, lui donna *Peut-Être*, par *Ventre-Saint-Gris*. Après ce triple essai trop infructueux des étalons de l'État, M. Paul Aumont louait *Charlatan* à M. Fasquel, pour un an. *Charlatan* avec *Hervine* lui donnait *New-Star*, qui lui ménageait *Ténébreuse*. Mais, comme il ne savait pas naturellement ce que lui réservait l'avenir, il jugeait à ce moment la récolte assez décourageante.

C'est alors qu'il se recueillit, qu'il songea à ses brillants débuts avec *Capucine* et *Mon Étoile*. Avec cette dernière, il avait gagné, en 1860, le prix de l'Empereur, l'Omnium en 1861, le Grand Prix de Bade, battant *Compiègne* et *Palestro*, et le Grand Prix de l'Impératrice, battant *Pierrefonds* et *Gouvieux*. Après cela, comment se contenter de tenir les seconds rangs? Paul Aumont se gratta l'oreille et se demanda, s'il ne s'était pas imprudemment écarté de la ligne qui avait si bien réussi à son père.

Il était urgent d'y rentrer. C'est ce qu'il fit, en ramenant à Victot le sang de *Gladiator* avec *Orphelin*, qui était par *Fitz-Gladiator*, et *Échelle*, par *Sting*.

A partir de ce moment, Victot n'a plus une période de défaillance.

En 1871, Paul Aumont ramenait *Trocadéro* d'Angleterre : au sang de *Gladiator* il retransfusait le sang de *Monarque*, comme après la perte de *Trocadéro* et de *Révigny* il a, avec *Saxifrage*, reversé du sang de *Gladiator* dans cette heureuse mixture sans cesse renouvelée, selon la même formule.

C'est cette formule qu'il s'agissait de reprendre pour assurer de nouveau la fortune de Victot.

En pleine vallée d'Auge, 200 hectares d'herbages, dont le prix varie de dix à quinze mille francs l'hectare, forment le haras.

La réputation de Victot est européenne : le duc de Morny en avait offert quinze cent mille francs. Les propriétés de 200 hectares d'herbages n'existent plus en Normandie. Victot est donc à peu près unique en France. Une grande partie de nos meilleurs chevaux y sont nés, entre autres les gagnants des deux derniers prix de Diane, le vainqueur du Jockey-Club et la gagnante du Grand Prix de Paris en 1887.

Personne mieux que M. Aumont ne soigne son art, ses intérêts et ses chevaux. Son élevage est l'unique préoccupation de sa vie : c'est peut-être pour cela qu'il réussit. Son système diffère peu de celui des autres éleveurs : il a un fond d'herbe dont il s'applique à ne pas abuser. Pour cela, ses poulains restent dehors deux heures de moins qu'ailleurs. Et puis, autre particularité du système de Victot, les poulains vivent séparés : ils ont chacun leur box, ils se voient par des treillages, mais n'ont aucune communication. C'est ainsi que les poulains chétifs sont préservés des tracasseries des poulains plus forts. Tous les boxes forment le pourtour d'une grande cour circulaire. A la prairie, les poulains sont lâchés deux par deux, trois par trois; on n'en met jamais plus de quatre ensemble, et toujours avec un grand nombre de bœufs. La Dorette, une rivière limpide, arrose toutes les prairies; c'est un avantage énorme. Les haras qui n'ont pas d'eaux courantes, comme Meautry, par exemple, privent leurs poulains d'un élément indispensable à leur développement : l'eau fraîche leur donne de la force, et quand ils peuvent s'y tremper jusqu'à mi-jambe, ils s'y développent à merveille. Au point de vue du croisement, M. Aumont n'a pas l'horreur de la consanguinité à un certain degré. Un peu de consanguinité ne nuit pas, à la condition de ne pas en abuser. *Gigès* et *Eusebia*, très proches parents, ont produit *Royal-Quand-Même*. Chaque fois qu'il a essayé de la consanguinité, ça lui a réussi. Il a la conviction que le meilleur moyen de faire de bons chevaux est de s'en tenir au sang de *Gladiator*. C'est pour cela qu'après avoir perdu successivement *Fitz-Gladiator*, *Orphelin* et *Révigny*, il est, je l'ai dit, revenu à *Saxifrage*, et, comme un bon tiers de ses juments sont issues du sang de *Gladiator*, il lui fallait pour elles une autre alliance : il est allé en Angleterre chercher *Trocadéro*.

On voit de quelle façon les questions d'*Inbreeding* et d'*Out-crossing* sont envisagées par le célèbre publiciste. C'est à peine s'il les effleure pour ne pas effaroucher le lecteur et en même temps pour lui donner l'idée qu'il y a une mixture spéciale pour réussir le cheval de courses et que M. Aumont en possédait la recette. Ces enseignements sont bien reçus par le public des gros tirages et font en même temps le plus grand plaisir aux personnalités visées. Dans les publications du genre de celles que nous examinons, il faut montrer qu'on possède tous les secrets, qu'on est le confident des dieux du jour, mais les révélations doivent être faites sous une forme légère, comme une liqueur peu titrée qu'on fait absorber à un personnage un peu faible ; c'est comme un médicament adouci, édulcoré que l'on présente à un convalescent. Dans cette littérature spéciale, Robert Milton était passé maître.

Opinion de M. Lupin. — Après avoir parcouru les Haras de France et les avoir décrits en quelques coups de pinceaux rapides et bien placés, il interview les propriétaires. Là encore il est supérieur, et c'est ainsi que nous savourons tout l'éclectisme d'un vieil et illustre éleveur, M. Lupin, sur la question de climat, d'herbe et de biologie hippique. Nous reproduisons cette page précieuse, non seulement par la personnalité littéraire qui l'a écrite, mais surtout par la haute valeur de l'homme qui, par ses efforts en élevage, a mérité toute l'attention de l'observateur et qui l'a pensée :

M. Lupin n'a pas de préjugés en fait d'élevage Il estime qu'on peut élever partout. Il y a, selon lui, énormément d'endroits favorables, quelques mauvais. Ce n'est pas un fanatique de la Normandie ; il le prouve en ayant son haras aux environs de Paris. Il ne conteste pas que la Normandie ait du bon : énormément de bon pour M. Aumont, un peu moins de bon pour M. de Rothschild.

Faut-il s'attacher à des croisement spéciaux ? On reçoit d'après lui, bien des démentis à ce compte. Faut-il donner de vieilles juments à de vieux étalons ? Comme on ne le fait pas généralement, il est difficile de conclure à la réussite de ce système.

M. Lupin ne paraît pas enthousiaste des jeunes étalons. Il aime mieux, de beaucoup, les étalons mûrs, de vingt ans, si l'on veut, pourvu qu'ils soient bien conservés !

Et pour bien conserver l'étalon ?

Il est simplement d'avis de le ramener à son état primitif, c'est-à-dire lâché, en liberté, dans une cour ou un paddock assez vaste. Il croit que le faire monter n'est ni bien ni mal : il ne le fait pas, et cependant il dit : « Je constate, que chez moi, on ne les promène pas autant qu'on devrait. »

Voilà en deux traits M. Lupin éleveur.

L'homme qui a élevé des chevaux de courses ne sera pas surpris du scepticisme de ce grand éleveur qu'était M. Lupin. Ce langage si large, si généreux, si désabusé aussi, était bien celui qu'il devait tenir à cet artiste léger et superficiel qui l'interrogeait. C'est qu'en effet, Saint-Albin ne se doutait pas qu'il posait des questions non seulement redoutables, mais quelques-unes inutiles et oiseuses. Il fallait la bienveillance d'un professionnel de l'élevage pour accueillir si spirituellement ce reportage d'oisif qui devait arriver à donner du tirage à la publication du journaliste sportif; publication fugitive et éphémère comme un instantané photographique et aussi intéressante.

Certes, il n'est pas douteux que Saint-Albin, comme on l'appelait familièrement dans le *Ring*, ne fût bien supérieur à sa profession comme bagage littéraire et comme valeur intellectuelle, mais au point de vue des études scientifiques il était bien loin de se douter de l'importance des problèmes qu'il agitait de l'extrémité de sa plume élégante et légère. C'était le type du journaliste du Sport hippique, préparé par de fortes humanités à ce rôle difficile et qu'il remplit facilement à cause de ses aptitudes spéciales d'abord et par suite d'une grande supériorité à son milieu.

Progrès des Éleveurs comme nombre et comme valeur intellectuelle depuis quarante ans. — Certes, c'était un sceptique et il a toujours montré un certain dédain pour ce qu'il appelle des *combinaisons de sang* ou des *mixtures spéciales,* mais celà était tout naturel chez cet artiste de façade. Les questions de *consanguinité* ou de *croisement* ne lui étaient pas étrangères, mais il était loin de leur accorder la moindre importance et son opinion se traduisait par des aphorismes mondains à la portée de son innombrable clientèle. Si nous avons tenu à donner quelques extraits de ses écrits, c'est pour montrer combien la presse sportive actuelle, même la presse journalière, a fait de progrès sous ce rapport et depuis si peu de temps. Cela tient évidemment, d'autre part, à ce que le nombre des éleveurs a beaucoup augmenté ainsi que le niveau de leurs connaissances spéciales. Autrefois, les ignorants formaient la grande majorité des éleveurs et des lecteurs; aujourd'hui, on s'intéresse aux problèmes si curieux de l'Élevage. La lumière c'est faite, dans une certaine mesure au moins, chez beaucoup d'éleveurs ou parmi ceux qui s'intéressent à la profession. Si la lumière est encore faible, le désir de voir plus clair est né avec les publications qui nous sont venues de l'étranger et avec l'accueil hostile ou sympathique qui leur a été fait dans la presse spéciale.

Les Constantes et les Variables en Élevage. — Certes, il y avait dans l'ancienne presse sportive un embryon d'enseignement. Mais ce qui faisait surtout l'objet des observations des reporters sportifs était une question toute matérielle d'aménagement, de dispositions spéciales dans les *Haras,* alors nouveaux en France Ce sont sur ces *Constantes* de l'Élevage, telles que les questions d'alimentation, de régime, de traitement des poulinières, des yearlings, des two years old, des étalons, etc., que les préoccupations du public se portaient.

En un mot, dans le *Stud Master* on ne voulait voir que le *Manager,* tandis qu'il y a quelque chose qui doit dominer tous les actes d'élevage, ce sont les conditions biologiques ancestrales qui doivent présider à la naissance des élèves. Voilà où se trouvent les *Variables* du problème avec ses *Inconnues*.

Aussi, était-il des plus intéressants de trouver, sous une plume alerte et fidèle comme celle de Robert Milton, le récit des angoisses de M. Paul Aumont lorsqu'il reconnut que malgré et peut-être plutôt à cause de l'appui et des conseils de l'Administration des Haras, il faisait fausse route et qu'il prit la détermination de recourir aux sangs de *Gladiator* et de *Monarque* qui avaient si bien réussi à son père.

M. P. Aumont songeait déjà à cette époque à ces combinaisons que Saint-Albin qualifie de mixtures, à ces consanguinités qui aboutissaient à la deuxième *Poetess,* effort perdu pour lui, mais qui a été d'une si haute importance pour la France puisque *Childwick* et *Raconteur* nous sont revenus d'Angleterre pour nous donner dans l'avenir des juments susceptibles de porter le *Grand Cheval de Courses* et même le *Phéno-mène* comme nous le verrons ici même.

Un autre écrivain hippique, S.-F. Touchstone, rédac-teur à la « Vie Sportive ». — Laissons donc l'écrivain charmant à qui nous avons consacré quelques lignes de ce dernier chapitre et passons à un autre écrivain sportif à peu près de la même époque et qui était rédacteur à la *Vie Sportive.* Il avait aussi pris un pseudonyme dans le Stud Book et signait S.-F. Touchstone.

S.-F. Touchstone a écrit des pages nombreuses et intéressantes sur les Sports hippiques. En 1889, notamment, il fit paraître un livre-album, très luxueux, ayant pour titre : *Les Chevaux de course* et pour sous-titre : *Les Étalons Pur sang.* En réalité c'est une monographie d'un certain nombre (182) d'étalons ou de juments les plus célèbres intéressant la France. Chaque description est accompagnée d'un por-trait en couleurs dont il n'est pas donné à tout le monde d'apprécier l'exactitude mais qui agrémentent artistement l'ouvrage. Le style n'est pas vif et léger comme celui de Saint-Albin, mais s'il est plus lourd il est aussi plus solide, en ce qui concerne l'objet de notre étude. Il faut reconnaître que l'homme est de son époque et que dans son analyse écourtée, il a une heureuse conception des phénomènes biologiques. Sans aucune prétention et peut être sans se rendre compte de l'impor-tance scientifique de certaines idées, *Touchstone* a souvent pensé très juste, et dans un ouvrage aussi mondain que celui dont nous parlons, il a dit tout ce qu'il pouvait dire, il a donné la note juste. Dans un lan-gage qui a vieilli tout naturellement, il exprime clairement une pensée forte mais courte.

Voici par exemple, au début, ce que l'auteur dit à propos de *Jouvence,* jument de haute classe de l'élevage de M. Lupin :

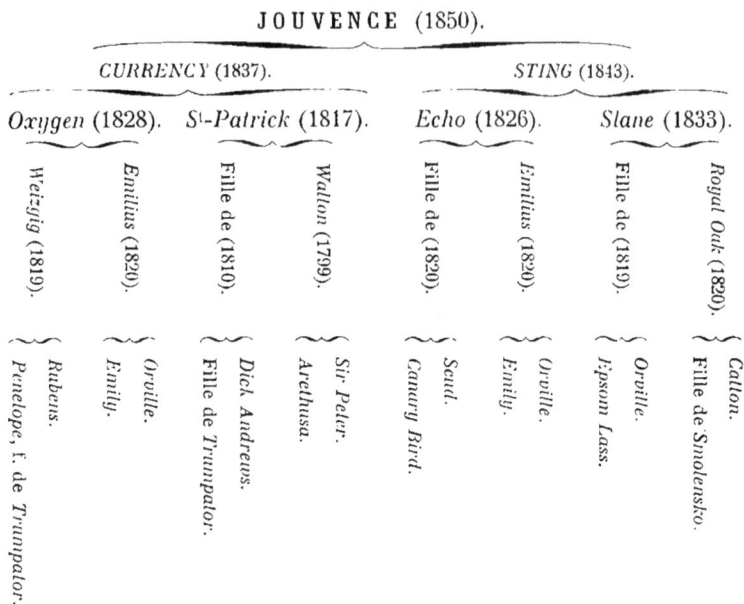

JOUVENCE (1850).

CURRENCY (1837).				STING (1843).			
Oxygen (1828).		St-Patrick (1817).		Echo (1826).		Slane (1833).	
Weitzig (1819).	Emilius (1820).	Fille de (1810).	Walton (1799).	Fille de (1820).	Emilius (1820).	Fille de (1819).	Royal Oak (1820).
Penelope, f. de Trumpator. / Rubens.	Emily. / Orville.	Fille de Trumpator. / Dick Andrews.	Arethusa. / Sir Peter.	Canary Bird. / Scud.	Emily. / Orville.	Epsom Lass. / Orville.	Fille de Smolensko. / Catton.

Jouvence était née en 1850, de *Sting* et de *Currency,* poulinière anglaise que M. Lupin avait acquise du duc de Grafton et importée en 1845. *Currency* lui avait déjà donné, avec *Attila,* le vainqueur du Prix du Jockey-Club de 1850, *Saint-Germain. Jouvence* est un des exemples les plus concluants en faveur du système de l'union « en dedans ». Son père, *Sting,* était fils de *Slane* (par *Royal-Oak* et N. d'*Orville*) et d'*Echo,* par *Emilius*

    Currency était par *Saint-Patrick* (par *Walton* et une petite-fille de *Trumpator*) et *Oxygen,* par *Emilius* et une petite-fille de *Trumpator. Emilius* se retrouvait donc dans les deux lignes, paternelle et maternelle de *Jouvence,* et sa mère *Currency* avait le sang de *Trumpator* dans ses deux ascendances, à un degré très rapproché.

Il y a dans ces quelques lignes une suggestion sur le cerveau du lecteur qui peut être des plus favorables. Ce ne sont que des constatations de faits, sans plus, mais c'était déjà beaucoup pour l'époque que cette observation. Très souvent, Touchstone reviendra sur cette question qui a toujours beaucoup occupé les éleveurs anciens ou modernes. Quand il parle de *Monarque,* nous allons voir qu'il va plus loin tout en faisant une erreur que nous relevons dans un autre chapitre :

    « *Monarque* était donc comme tous les chevaux devenus de grands reproducteurs, le résultat d'une *union en dedans*..... »

Ses idées sur l' « Inbreeding ». — On voit qu'avec lui il n'y pas besoin de statistiques comme celles du *comte Lehndorf* et de *Lottery;* d'après *Touchstone* il n'y a pas de bons reproducteurs sans *Inbreeding.* Certes, ce n'est pas une erreur, mais il y a *Inbreeding* et *Inbreeding* et notre auteur ne distingue guère, tandis que, au contraire, toute la question réside précisément dans la recherche du degré le plus favorable de l'*Inbreeding* ou du moins c'est ainsi que les écrivains sportifs cités plus haut se la sont posée. Il y a chez l'auteur des *Chevaux de course* une conception plus simpliste de l'*Inbreeding,* mais du reste celle des deux autres auteurs est également incomplète et n'est pas notablement supérieure à celle de l'auteur des *Chevaux de course.*

S.-F. Touchstone a entrevu le problème de l'*efféminisme* à travers l'*Inbreeding* et l'a posé peut-être, sans s'en douter, comme M. Jourdan faisait de la prose. Dans sa monographie de *Whalebone,* notre auteur Français, parle un peu de *Pot-8-Os,* et laisse échapper ces quelques lignes déjà lourdes pour le cerveau de ses lecteurs : « On retrouve chez *Pot-8-Os,* à un degré très rapproché, deux courants de *Godolphin Arabian,* par *Eclipse* d'abord, puis par sa mère *Sportminstress,* par *Sportsman,* petit-fils du célèbre étalon. C'est par suite assez justement qu'on a prétendu que *Godolphin* avait eu sur l'ensemble de la production des Pur sang, une influence plus grande que les deux autres arabes ses aînés. »

PEDIGREE DE *POT-8-OS*

(Pour montrer son *inbreeding* sur *Godolphin Barb.*)

POT-8-OS
{
ECLIPSE { *Marske,* ligne de *Darley Arabian.*
{ *Spiletta,* par *Regulus,* par **Godolphin Barb.**

SPORTMINSTRESS, p. *Warrens Sportman,* p. *Cade,* p. **Godolphin Barb.**

Ici l'auteur indique un des aspects du problème de la *filiation* ou *Ligne Mâle. Pot-8-Os,* en effet, suivant certains auteurs, serait plutôt un fils de *Godolphin* qui se trouve deux fois dans son pedigree, tandis que le *Darley* ne s'y trouve qu'une fois.

Conception de l' « Out-crossing » ancestral par le croisement des Lignes Mâles. — *S.-F. Touchstone* suit, du reste, son idée sur *Godolphin* car après avoir parlé de *Waxy* et dit que cet étalon rencontra surtout bien avec *Pénélope* fille de *Trumpator,* descendant direct de *Godolphin.*

Ce sont là, on peut le dire, des conversations tout à fait confortables qui montrent chez l'auteur une sorte de prescience intuitive et géniale. Il y a chez cet écrivain sportif un tempérament d'éleveur.

Voici ce qu'il dit à propos d'*Irish Birdcatcher* et de sa mère *Guiccioli* :

IRISH BIRDCATCHER (1833).

GUICCIOLI (1823).				SIR HERCULES (1829).			
Flight (1809).		*Bob Booty* (1804).		*Peri* (1822).		*Whalebone* (1807).	
Y. Heroïne.	Irish Escape (1802).	Ierne (1790).	Chanticleer (1787).	Thalestris (1809).	Wanderer (1811).	Penelope (1798).	Vaxy (1790).
Bagot. / Old Heroïne.	Fille d'Highflyer.	Bagot. / Fille de Camahoc.	Woodpecker. / Fille d'Eclipse.	Alexander. / Rival.	Gohanna. / Catherine.	Trumpator. / Prunella.	Pol-8-Os. / Maria.

Sir Hercules a été envoyé de bonne heure au haras, et, s'il a laissé sur le turf un renom de grande vitesse, il n'a figuré dans aucune des grandes épreuves classiques qui consacraient, alors bien plus encore qu'aujourd'hui, la réputation d'un cheval. Au haras, il se distingua rapidement; dans ses dix premières années, il y donna entre autres, *The Corsair*, gagnant des Deux Mille Guinées de 1839, et *Coronation*, vainqueur du Derby de 1841; mais ce fut surtout grâce aux produits qu'il eut avec *Guiccioli*, qu'il devint l'un des étalons les plus fashionables de son époque. *Irish Birdcatcher* en Irlande, *Faugh-a-Ballagh* en Angleterre, ont, pendant plusieurs années, figuré aux premiers rangs des racers de leur temps avant de s'illustrer par leurs descendants.

Guiccioli, avec laquelle *Sir Hercules* rencontrait si heureusement, est l'un des exemples d'unions en dedans les plus complets que l'on puisse citer. Son père, *Bob Booty*, tenait d'*Herod* directement par *Chanticleer* et par *Ierne*; par sa mère *Flight*, il en possédait également trois courants directs. On voit qu'il ne serait guère possible de pousser plus loin l'*inbreeding*; en même temps, l'excellence des produits obtenus cette fois encore par la combinaison du sang d'*Herod* avec celui de *Godolphin Arabian*, prouve, comme je l'ai dit précédemment, que les unions en dedans ne peuvent avoir d'heureux effets qu'à la condition qu'on les corrige, de temps à autre, par un courant étranger.

L'allusion à la combinaison du sang d'*Herod* avec celui de *Godolphin* rappelle ce que l'auteur avait dit à propos de *Whalebone* et que nous avons reproduit ci-dessus. Mais ce qu'il faut surtout retenir, c'est ce conseil si juste, quoique bien concis, contenu dans la dernière phrase de notre citation. Cet écrivain était véritablement doué pour l'élevage et s'il avait développé scientifiquement ses connaissances biologiques, il aurait pu faire faire un grand pas à la science de l'Elevage. Il avait à l'état d'embryon les principes de la véritable Philosophie Naturelle indispensable à la conception intégrale de l'Elevage Pur.

Mon observation a sa confirmation dans les quelques lignes que l'auteur consacre à l'origine de *Stockwell*.

S T O C K W E L L   (1849).

POCAHONTAS (1837).				THE BARON (1842).			
Marpessa (1830).		*Glencoe* (1831).		*Echidna* (1838).		*Irish Birdcatcher* (1833).	
Clare (1824).	*Muley* (1810).	*Trampoline* (1825).	*Sultan* (1816).	*Miss Pratt* (1825).	*Economist* (1825).	*Guiccioli* (1823).	*Sir Hercules* (1829).
Harpalice. *Marmion.*	*Eleanor.* *Orville.*	*Web.* *Tramp.*	*Bacchante.* *Selim.*	*Gadabout.* *Blacklock.*	*Floranthe.* *Whisker.*	*Flight.* *Bob-Booty.*	*Peri.* *Whalebone.*

The Baron était, malgré sa victoire dans le Saint-Léger de 1845, plus célèbre par son détestable caractère que par ses très réelles qualités de racer. Aussi, lorsque son propriétaire, M. Theobald, vendit, en 1849, une partie de ses chevaux, il fut compris dans la liste de ceux dont il se séparait; il avait jusque-là assez peu réussi comme étalon, et son prix de réserve ne dépassait pas 1.000 guinées. C'était au moment même où *Stockwell* venait de naître, et où on lui livrait pour la seconde fois *Pocahontas*, qui, l'année suivante, devait donner *Rataplan*. *The Baron*, acheté par M. Perrot de Thannberg, fut envoyé en France, où, en dehors de *Monarque*, dont la paternité ne peut lui être attribuée qu'avec les plus extrêmes réserves, il a donné *Vermeille* et *Noélie*, d'où descendent une partie des meilleurs chevaux français actuels. Mais c'est surtout son union avec *Pocahontas* qui devait consacrer sa réputation d'étalon. Il est presque impossible aujourd'hui de citer un cheval d'un certain ordre sans retrouver, une fois au moins dans son pedigree, le nom de cette célèbre jument, à laquelle se rattachent en quelque sorte toutes les grandes familles actuelles et qui a si grandement contribué à perpétuer jusqu'à nos jours le sang d'*Eclipse*. *Pocahontas* descendait d'*Herod* par les mâles, tandis que sa mère était l'arrière-petite-fille de *Whiskey*, lui-même petit-fils d'*Eclipse*, à laquelle elle tenait également par *Eleanor*, qui avait eu avec *Orville*, *Muley*, père de *Marpessa;* elle était donc, de ce côté, le produit d'unions en dedans très rapprochées. Son père, *Glencoe*, tenait à *Herod* par *Sultan*, *Selim*, *Buzzard* et *Woodpecker*, tandis que par *Trampoline*, sa mère, il remontait directement à *Dick Andrews.*

On voit que, chez *Pocahontas*, les courants d'*Eclipse* sont évidemment plus nombreux que ceux d'*Herod*, qui y jouent plutôt ce rôle de modérateur, dont j'ai eu si souvent à constater l'heureuse influence.

On voit que le bagage de S.-F. Touchstone, pour léger qu'il soit, a bien son importance, puisque cet auteur paraît avoir entrevu à travers les brumes d'une science hippique rudimentaire le principe des *Croisements Ataviques* par les lignes mâles. On ne peut lui reprocher de n'avoir pas indiqué les *Croisements Ataviques* par les lignes féminines puisqu'à l'époque où il écrivait son livre des *Chevaux de courses*, Bruce Lowe n'avait pas encore publié son ouvrage posthume et *Hermann Goos* ni *Frentzel* n'avaient fait paraître leurs tables des familles, indispensables aujourd'hui.

Deux savants vétérinaires écrivent sur l'Élevage. — Nous quitterons ce vieil auteur qui a bercé nos jeunes années pour en prendre d'autres beaucoup plus modernes. Ceux-ci sont deux techniciens professionnels qui, contrairement aux écrivains sportifs, sont trop savants. Ce sont deux vétérinaires, M. *Paul Fournier* qui signe aussi *Ormonde* dans les publications sportives et M. *Ed. Curot.* Ces Messieurs ont publié en collaboration plusieurs ouvrages sur les *Chevaux de courses* dont l'un, entre autres, en 1906, intitulé : *le Pur sang.*

Ce n'est évidemment pas le lieu ici d'examiner la valeur du livre publié par nos modernes savants. Mais en ce qui concerne les questions que nous étudions, nous n'avons rien à glaner chez ces deux zootechniciens savants, mais non éleveurs. Etrangers au répertoire spécial, ils le remplacent souvent par des termes techniques que l'éleveur ne comprend pas, ou bien ils emploient des locutions vicieuses dont eux-mêmes ne peuvent apprécier la portée. Ils disent, par exemple, qu'on a préconisé le *Croisement in and in* ou *Inbreeding.* Ce n'est plus un langage humain, c'est ce qu'on a qualifié souvent de galimatias.

Une lourde compilation doublée de plagiat. — Le livre de ces deux vétérinaires m'est apparu comme une lourde compilation, mais ce qui m'a complètement édifié sur la façon dont ce livre a été composé c'est que la compilation n'a pas suffi à l'ambition de nos modernes savants. Ils ont, sans vergogne, copié sans les citer, des pages d'ouvrages scientifiques qu'ils ont données comme de leur cru. Leurs folios 292 et suivants contiennent en effet un plagiat maladroit du docteur Bertillon, prélevé dans le *Dictionnaire Encyclopédique des sciences médicales*, page 63 et suivantes, 2ᵉ série, tome V. Il ont accommodé à la *sauce équine* un article de *biologie sociale*. Le docteur Bertillon, après une longue dissertation sur les faits humains attribués à la consanguinité, avait posé des conclusions très remarquables et il s'exprimait ainsi : « Enfin, pour résumer ce qui, d'après nous, résulte de l'état actuel de nos connaissances sur cette importante question, nous dirons qu'il semble prouvé que, soit chez l'homme, soit chez les animaux, les mariages consanguins ont pour résultat de faire disparaître promptement un certain nombre des familles ainsi formées, etc., etc. » Nos deux savants compilateurs ont remplacé simplement les mots : *soit chez l'homme, soit chez les animaux* par ceux-ci : *chez le cheval de course*. Et ils ont reproduit l'article tout entier mot à mot en se l'attribuant.

L'ignorance des auteurs au sujet des termes techniques leur a fait confondre le sens du mot *famille* dans la société et le sens technique du même mot *famille (family)* en Elevage Pur. De sorte qu'en réalité les conclusions, en ce qui concerne les familles douées ou non pour la consanguinité, qui étaient exactes au regard de la société humaine ne s'appliquent pas du tout aux familles du cheval Pur sang. En présence d'un fait de cette nature on ne saurait attacher aucune importance aux vues de tels écrivains sportifs sur l'Elevage, si tant est qu'ils en possèdent à eux, en propre. Le comte Lehndorf pourra juger, si ces quelques lignes lui tombent sous les yeux, que les écrivains sportifs chez nous ne sont pas tous supérieurs à ceux de son pays.

Nouvelle utilisation du Stud-Book au point de vue de la Philosophie évolutionniste. — Nos deux habiles compilateurs n'ont pas, en vérité, une bien grande disposition aux déductions philosophiques. Ils n'ont pas vu que l'étude du Pur sang, qui forme un *groupement organique* des mieux placés pour l'observation, aurait dû servir à dissiper les doutes si honorables du docteur Bertillon. L'humanité forme en effet un champ d'observations des plus obscur, par suite du manque de documents exacts au-delà d'une génération. Tandis qu'au point de vue biologique le Stud Book est d'une éloquence et d'une exactitude scrupuleuse. Il n'y a pas d'étude plus attrayante au point de vue philosophique que celle de cette Race dont les moindres actes sont contrôlés par le *Racing Calendar*, dont les alliances et les naissances sont soumises à une vérification et à un enregistrement scrupuleux dans le Stud Book qui sert ainsi à l'établissement de l'Etat Civil le plus exact qui ait jamais été tenu.

C'est avec des documents aussi scientifiques qu'on peut disserter sur les lois Biologiques de l'Hérédité, sur la nécessité des sélections et sur les moyens de les exercer pour la survivance des plus aptes, c'est-à-dire pour l'adaptation de l'espèce et faire servir ces résultats et ces connaissances à l'étude si difficile de l'Humanité. En un mot, la Biologie de la Race Pure doit faciliter, éclairer et résoudre les questions et les études biologiques sociales. C'est là une des grosses conséquences de l'élevage du Cheval de courses et de l'étude du Stud Book.

Dans son article du *Dictionnaire des Sciences médicales,* le docteur Bertillon apportait sa contribution à la thèse de l'innocuité et de l'utilité finale des unions consanguines. Il tirait de ses études des conclusions timides ou plutôt dubitatives et disait qu'il lui *semblait* bien prouvé que les unions consanguines étaient favorables chez certaines familles humaines et défavorables chez d'autres moins bien constituées. Au lieu de prendre ses conclusions pour les transporter à l'état d'affirmation dans la Race chevaline pure, nous devons au contraire nous servir des faits du Stud Book pour confirmer l'opinion du célèbre biologiste. Nous arrivons avec des documents précis, nets et sans équivoque et qui démontrent amplement ce dont le biologiste humain a la prescience mais non la preuve, à savoir : que la *Consanguinité* par elle-même est innocente de tous les maux qu'elle provoque et que les manifestations pathologiques observées ne sont pas autre chose que des effets de l'*Hérédité.* Voilà comment nos études sur l'*Inbreeding* peuvent être utilisées à éclairer la question dans l'Humanité. Il y a là une sorte de *Biologie comparée* qui montre d'une part les mauvais effets d'une organisation sociale aussi imparfaite que celle de la *Société humaine* et le triomphe d'une espèce parfaitement bien réussie comme *Espèce Chevaline Pure* dont la *santé,* la *force,* les *aptitudes* sont considérables et forment contraste avec les vices constitutionnels si nombreux chez l'Homme.

Il a existé une multitude d'autres écrivains sportifs qui ont exprimé des opinions sur les deux principes opposés dont nous poursuivons l'étude au point de vue particulier du Cheval de courses. Mais nous sommes obligés de nous limiter sous peine de prolixité. Au surplus les préoccupations des écrivains sportifs que nous négligeons sont plutôt dirigées du côté matériel de l'élevage, l'aménagement du haras, l'alimentation, la situation climatérique et locale, les soins journaliers et médicaux, en un mot ce que nous avons appelé les *Constantes en Élevage.* En effet, toutes les conditions sont les mêmes dans tous les pays pour la bonne installation d'un haras. Chacun d'eux, cependant, peut jouir d'une certaine supériorité sur d'autres établissements similaires, qui est représentée par un *coefficient* plus élevé. Le climat, la nature des herbages, l'orientation, etc., peuvent différer sans que les *Constantes* soient changées. L'entraînement compte certainement avec la question du jockey dans les *Constantes* dont les *coefficients* sont les plus variables. Ces préoccupations extrêmement importantes et intéressantes pour le lecteur ne nous laissent pas indifférent, mais elles sont en dehors de notre sujet et notre domaine est dans les *Variables essentielles* de la *Naissance*.

D'autres écrivains sportifs sont encore plus intéressants, ce sont ceux qui ont fait choix des récits anecdotiques des temps passés et présents. Leurs récits sont des romans qui ne sont pas sans valeur au point de vue philosophique. Le type de ces écrivains est un grand génie de notre race qui a su mettre au service de la cause sportive son talent génial de littérateur et de philosophe socialiste. Nous voulons parler d'Eugène Süe, dont le livre sur *Godolphin Barb* restera comme un monument inoubliable, quoiqu'il soit aujourd'hui bien oublié.

Mais contrairement à ce qu'on pourrait croire, ce n'est pas dans cette partie de *Notre Étude* que nous en parlerons. Car ces grands écrivains, même quand ils laissent la bride sur le cou de leur bonne cavale *Imagination*, savent résoudre les problèmes que nous discutons avec âpreté dans le domaine scientifique. Et leurs solutions somptueuses nous sont imposées par la toute puissance de leur génie intuitif. C'est donc dans la partie Philosophique de notre œuvre que nous appellerons à notre aide le Grand Penseur, mort depuis cinquante ans.

FIN DU CHAPITRE V DU LIVRE DEUXIÈME

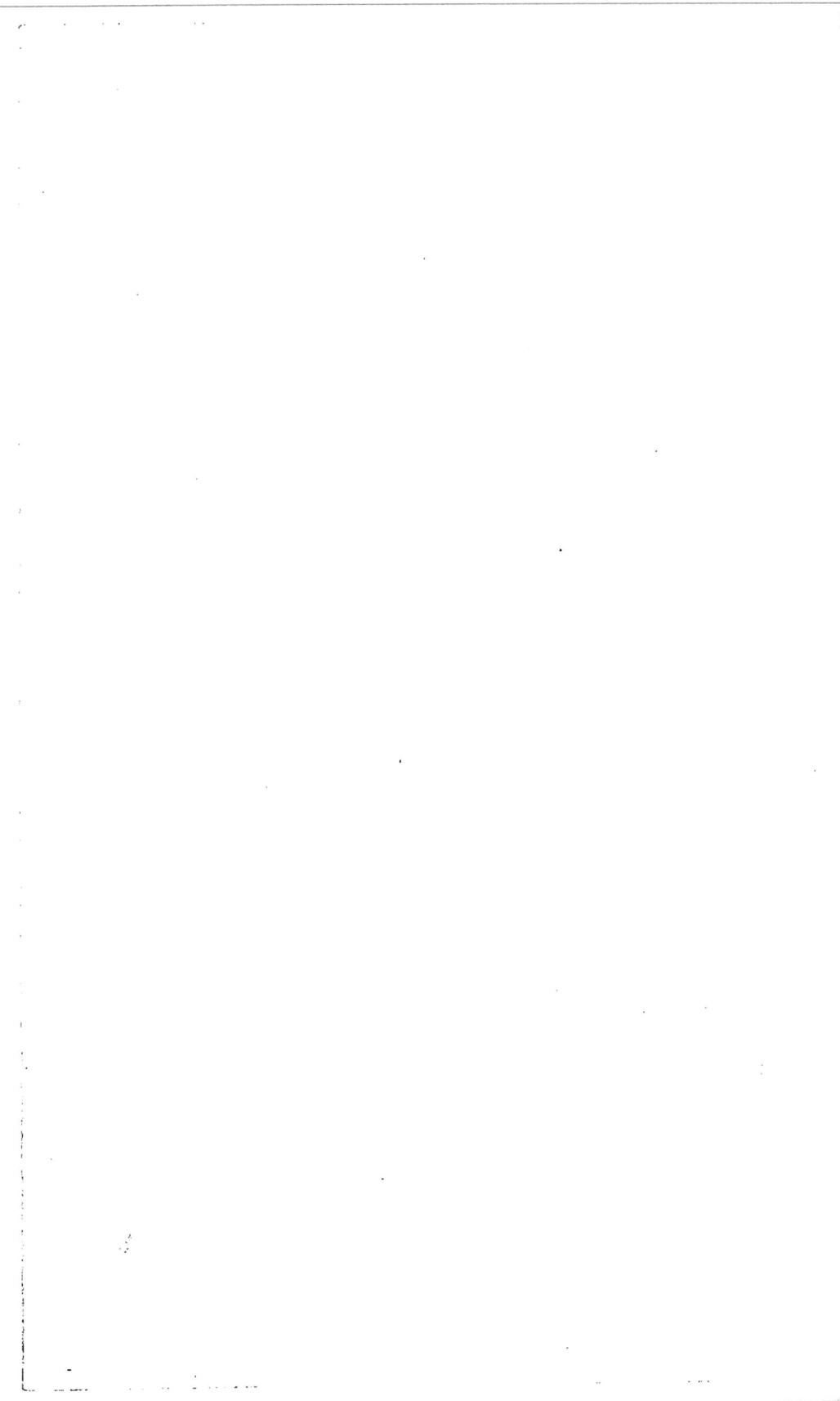

LIVRE TROISIÈME

DEUX *PEDIGREES*
ÉTUDES ÉLÉMENTAIRES DONNÉES A TITRE D'EXEMPLE

ÉTUDE SUR *GLADIATEUR*

Intérêt d'une étude sur *Gladiateur*. — Pompeuses descriptions de *Monarque* et de *Gladiateur* par les auteurs anciens. — Curieuse histoire de la conception de *Gladiateur*. — Analogie dans la naissance de *Fuschia*, chef de la race des trotteurs français d'hippodrome. — Histoire de la conception de Louis XIV après 23 ans de mariage stérile. — Genre de préoccupations des éleveurs à propos de la naissance de *Gladiateur*. — La vérité sur la paternité de *Monarque*. — Considérations sur la famille 19 et sa classification Running and Sire. — Un aspect curieux du pedigree de *Monarque*. — Un portrait à la plume de *Monarque*, par le baron d'Etreillis. — Stud failure de *Gladiateur*. — Une curieuse analyse du cas de *Gladiateur* par Bruce Lowe. — Analyse élémentaire du pedigree de *Gladiateur*. — Le rôle de *Gladiator* dans les alliances de ses filles avec *Monarque*. — Considérations philosophiques. — Les Out-crossings de *Gladiateur*.

Intérêt de cette étude. — L'étude de la naissance (*breeding*) d'un grand Cheval de courses est toujours un régal pour un éleveur. Mais lorsqu'il s'agit de *Gladiateur*, cela devient du délire. On peut bien assurer que, depuis *Flying-Childers* et *Eclipse*, aucun Race-Horse n'a provoqué un pareil enthousiasme, non seulement chez les contemporains qui l'ont vu courir, mais aussi chez ceux qui ne l'ont connu que par la tradition ou par les dithyrambes des écrivains sportifs qui l'ont connu.

Cependant, ce qui donne une si grande satisfaction au véritable homme d'études, ce ne sont pas des descriptions pompeuses sur la force et la valeur incommensurables du champion français, mais plutôt la recherche des causes naturelles qui ont amené un pareil événement, l'analyse des forces accumulées dans les siècles passés pour préparer l'éclosion du phénomène, et les enseignements qu'une semblable étude comporte toujours.

Cette étude, cependant, est d'autant plus touffue que les origines de *Gladiateur* ont été très discutées. Mais les écrivains sportifs mondains ont contribué beaucoup à embrouiller la question et même à la créer.

Pompeuses descriptions de « Monarque » et de « Gladiateur » par les auteurs anciens. — Évidemment, si nous voulions lutter avec ceux qui ont écrit sur *Monarque* et *Gladiateur*, nous risquerions beaucoup de ne pouvoir les égaler. Nous allons citer quelques morceaux de style, dans le genre Buffon, sur le père et le fils.

Ces récits, pleins de charme, de beauté, d'enthousiasme, sont véritablement attrayants et il y a eu une époque où l'esprit en était satisfait.

Il n'est pas inutile de citer quelques-uns de ces morceaux choisis qui conservent toujours un parfum de haute valeur littéraire.

Voici, dans un très beau volume, paru vers 1889, sous le pseudonyme de S.-F. Touchstone, un résumé de la vie du célèbre *Gladiateur* :

On a appelé *Gladiateur* l'*Eclipse* moderne. Cette comparaison est juste en ce sens que *Gladiateur* est, comme son illustre devancier, une sorte de phénomène, une de ces exceptions qui semblent un jeu de la nature, un défi jeté à la science. Aucune recherche, aucun raisonnement ne pourraient, même par induction, saisir les causes de ce caprice de la création. Son père, *Monarque*, est, sans contredit, un des plus remarquables étalons de notre époque ; mais sa mère, *Miss Gladiator*, était une jument assez peu connue, n'ayant presque pas couru ; son meilleur produit, avant l'illustration du turf contemporain, avait été *Villafranca*, assez bonne pouliche de seconde classe, rien de plus. Il n'y avait donc aucune raison plausible pour qu'un animal aussi remarquable sortît de cette union plutôt que d'une autre. D'autre part, la moyenne de la production de *Monarque* est évidemment excellente ; mais *Gladiateur* l'a dépassée au delà de toute mesure indispensable pour servir de base à une comparaison quelconque. La devise *nec pluribus impar* semble faite pour *Gladiateur* comme pour *Eclipse;* ils n'ont pas d'égaux, pas de pareils; ils ne ressemblent à rien qu'à eux-mêmes.

Gladiateur, cependant, portait l'empreinte, le cachet de *Monarque;* il rappelait son père, mais comme cent rappelle vingt. C'étaient bien les mêmes lignes, la même longueur d'encolure, la même direction d'épaules et de hanches, mais dans des proportions si colossales que, suivant l'expression du baron d'Étreillis, on restait, malgré soi, les yeux fixés sur cette formidable machine, dont la puissance paraissait sans limites. On se sentait en face de quelque chose d'insolite que l'on n'avait jamais vu, que l'on ne reverrait jamais peut-être.

Évidemment, c'est plus que de l'éloquence, c'est de la poésie sublime. Mais c'est aussi de la fantaisie et le style est passé de mode. Car si les éleveurs ne comprennent rien à ce qui se passe dans les alliances qu'ils tentent on se demande quel mérite ils peuvent avoir. L'auteur s'étonne qu'un si grand cheval soit sorti d'une jument qui n'avait couru que médiocrement. Mais il serait aussi juste de se montrer surpris qu'une grande jument de course, d'une classe élevée, donne souvent des produits médiocres. Cependant cela est constant.

Arrêtons-nous sur cette phrase lapidaire : « *Aucune recherche, aucun raisonnement ne pouvaient, même par induction, saisir les causes de ce caprice de la création.* » Il faudrait alors clore ce chapitre avant de le commencer et cependant nous avons, au contraire, la prétention de montrer que les origines de *Gladiateur,* le genre d'union dont il est issu, la place de certains ancêtres, leur répétition, voulue ou non, a eu pour effet de concentrer les qualités et les aptitudes au point de produire ce phénomène et qu'habituellement les *phenomenal race-horses* sont produits de cette manière.

Évidemment, il est un peu plus long de disserter et d'analyser les alliances qui ont précédé la naissance du terrible lutteur que d'écrire trois ou quatre belles phrases admiratives et laudatives, mais l'étude est aussi plus attrayante, quoique moins brillante.

Contrairement à ce que dit S.-F. Touchstone, il y a beaucoup à étudier et beaucoup à apprendre dans la naissance (*breeding*) d'un grand cheval. C'est même la seule manière de surprendre les secrets de la nature et les nécessités impérieuses de l'élevage. Nous montrerons, il faut l'espérer, de la façon la plus claire, que *Gladiateur* n'est pas un caprice de la création, mais qu'il est né, au contraire, dans des conditions absolument conformes à celles qui sont exigées pour la production d'un phénomène.

Curieuse histoire de la conception de « Gladiateur ». — Cependant nous comprenons tout ce qu'a d'aride une étude abstraite et longue pour des personnes peu habituées à donner une attention soutenue aux déductions et aux inductions d'un syllogisme serré. Aussi est-il bon de laisser, ne serait-ce que pour reposer l'esprit, une part à l'anecdote, dans les choses du Sport. C'est à ce titre que nous continuerons la citation de la monographie de *Gladiateur* par le même auteur, S.-F. Touchstone. Ce n'est pas ce qu'il y a de moins curieux dans toute la fantastique histoire de la conception du grand cheval :

La mère de *Gladiateur, Miss Gladiator,* a peu couru, n'a jamais gagné, et fut retirée de bonne heure de l'entraînement. Elle était, comme jument de course, d'un ordre plus que médiocre, nous l'avons dit. En 1858, elle eut une pouliche par *Peu-d'Espoir, Fille-des-Joncs,* dont on n'entendit jamais parler ; en 1860, *Villafranca,* par *Monarque.*

En 1861, elle fut vide, comme si elle avait eu besoin de se reposer et de se recueillir avant de donner le jour au grand cheval qui devait illustrer son nom. Depuis, elle produisit un assez mauvais poulain dont la naissance est restée douteuse, *Imperator*, par *Monarque* ou *Father-Times*. En 1865, enfin, une pouliche absolument insignifiante, par *Monarque*.

La naissance de *Gladiateur* a cela de particulier, que *Monarque* a toujours montré une sorte de répulsion pour *Miss Gladiator*; il éprouvait, au contraire, une espèce de passion (si étrange que soit ce mot, appliqué ici, on ne saurait en trouver un autre) pour *Liouba*, la mère du *Mandarin*. Pour déterminer *Monarque* à accomplir l'alliance d'où devait sortir *Gladiateur*, il fallut le laisser quelque temps en extase devant sa sultane favorite, lui bander les yeux, et substituer *Miss Gladiator* à la préférée *Liouba*. Ce fait, en lui-même assez insignifiant, ne doit cependant pas passer inaperçu aux yeux des scrutateurs des secrets de la nature. Qui sait, si cette longue surexitation, cette attente trompée n'ont pas été pour quelque chose dans cette qualité transmise à sa centième puissance par le père à son fils?

On voit combien les hommes se contredisent facilement. Tel qui, quelques lignes plus haut, nous prévenait *qu'aucune recherche, aucun raisonnement ne pouvait nous faire saisir les causes du caprice de la création*, nous en fait entrevoir la source dans la *surexcitation de l'attente trompée !*

Certes, cette histoire de la conception de *Gladiateur* est des plus curieuse. Mais, dans tous les cas, si elle ne démontre rien, elle n'en est pas moins authentique. Au surplus, cette répulsion d'un étalon pour certaines juments n'est pas un cas isolé. Elle se présente souvent, mais il ne naît pas pour cela des *Gladiateurs*.

Analogie dans la naissance de « Fuschia », chef de la race des Trotteurs Français d'hippodrome. — Il ne nous déplaît pas, dans cet ordre d'idées, d'entrer pour notre compte dans la voie des anecdotes. Si nous nous transportons dans un élevage de Chevaux de course, qui passe par les mêmes périodes que celui du Pur sang Anglais, nous trouvons des points de repère analogues. Nous voulons parler des *Demi-Sang Trotteurs*.

Le père de *Fuschia*, sorte d'*Eclipse moderne du trot*, était un étalon appelé *Reynolds*, qui fut acheté par l'Administration des Haras. Placé à la Roche-sur-Yon, il ne put saillir aucune jument, par suite d'une excessive timidité ou d'une froideur particulière, suivant le terme usité. En conséquence, il fut proposé pour la réforme, c'est-à-dire la castration. Sa qualité de fils de *Conquérant* lui valut d'être réclamé par un Directeur de Haras de Normandie, désireux de l'essayer une saison. Confié à un bon palefrenier, qui sut l'isoler au moment du saut, *Reynolds* put accomplir l'acte de la copulation et donna des produits et d'excellents produits. Après la révélation de *Fuschia* et de plusieurs autres poulains, sa réputation fut sans bornes.

De là à croire que sa froideur était pour quelque chose dans la qualité de ses produits il n'y avait qu'un pas et il fut franchi par bien des pseudo-éleveurs, et cela aussi facilement que la découverte de la cause de la valeur de *Gladiateur* par S.-F. Touschstone.

Histoire de la conception de Louis XIV après 23 ans de mariage stérile. — Ces événements sportifs rappellent un autre événement historique dont le récit prouve en tout cas que les hommes et les animaux domestiques semblent offrir les mêmes bizarreries dont la coïncidence pourrait être qualifiée de lois par des esprits superficiels. Nous voulons parler de la conception du Grand Roi par excellence, c'est-à-dire Louis XIV. Anne d'Autriche, fille de Philippe III d'Espagne, épousait, en 1615, Louis XIII, roi de France, fils de Henri IV et de Marie de Médicis. Ce prince ne possédait pas le tempéramment amoureux de son père.

L'histoire dit qu'il avait pour sa femme une aversion que rien ne motivait, car la fière et belle Espagnole ne fut la maîtresse du duc de Buckingham que dans les romans français, et au contraire, d'après des mémoires authentiques d'une confidente d'Anne d'Autriche, elle aimait le Roi et aurait voulu avoir des enfants, mais il semble bien que ce grand prince ne se souciait guère de faire le nécessaire. Voici, par exemple, un petit extrait suggestif de ces mémoires de Mme de Motteville, dame d'honneur de la Reine : « Ce prince (Louis XIII) était malheureux de toutes les manières, car il n'aimait pas la Reine et avait pour elle de la froideur. » Plus loin, la confidente dit encore, en parlant d'Anne d'Autriche, qu'elle « s'accoutuma à cette solitude du mieux qu'elle put, menant une vie dévote et particulière » et elle accepta bon gré malgré « cette privation d'un bonheur qu'elle désirait et qu'elle croyait lui être dû de quelque façon qu'elle fut assaisonnée. » Il n'est guère facile, on en conviendra, d'être plus explicite.

Par quelle aberration ce prince, dont les ancêtres et les descendants avaient été et devaient être si amoureux, se conduisait-il avec les femmes, de façon que l'histoire l'a presque surnommé *le Chaste ?* C'est un véritable mystère. Avec ses maîtresses, en effet, il fut célèbre par sa retenue et, malgré sa véritable passion pour une des demoiselles d'honneur de la Reine, Marie de Hautefort, il n'eut jamais avec elle que des relations platoniques.

Plus tard, en chassant de la Cour la favorite, il n'obéissait pas seulement aux sollicitations de Richelieu, mais, d'après la confidente dont nous avons déjà cité quelques extraits, il le fit par dépit contre une femme « qu'il aimait malgré lui et qu'il accusait de se moquer de lui avec la Reine ».

Le premier ministre suscita alors au Roi une nouvelle maîtresse, dans le but de conserver son influence sur l'esprit de son maître. Ce

fut Louise de La Fayette, qui trompa pourtant les espérances de Richelieu. Il ne trouva pas en elle l'alliée qu'il espérait.

En revanche, Louise de La Fayette aimait profondément le Roi,
mais celui-ci ne lui donna pas l'occasion de le lui prouver comme une
femme amoureuse sait le faire d'habitude. Il ne fut aussi jamais pour
elle qu'un amant platonique. Cependant Richelieu, trompé dans son
attente et ne trouvant pas chez la favorite la complaisance sur laquelle
il avait compté au point de vue politique, s'apprêtait à la battre en
brèche dans l'esprit du Roi, lorsque Mlle de La Fayette prit le parti de
se retirer dans un couvent.

Son aventure représente, à une génération près, celle de Mlle de La
Vallière qui, à l'époque où en est arrivé notre récit, n'était pas encore
née, non plus que Louis XIV. Louise de La Vallière était demoiselle
d'honneur d'Henriette d'Angleterre, celle qu'on appelait Madame à la
Cour, belle-sœur du grand Roi, et dont la mort, en 1670, devait être
l'occasion d'une des plus célèbres oraisons funèbres de Bossuet. Cette
seconde Louise aima aussi sincèrement son Roi, mais, avant d'entrer
au couvent des Carmélites de la rue Saint-Jacques, où elle passa le reste
de sa vie dans la pénitence, elle donna à son illustre amant quatre
enfants, dont deux furent légitimés.

Mais revenons à notre première postulante à la retraite, à Louise
de La Fayette, amie de cœur du père de Louis XIV. La passion de ce
Monarque pour sa maîtresse platonique était d'autant plus violente
qu'elle était inassouvie et pourtant l'obstacle ne venait que de lui-même.

A la nouvelle de la résolution de la favorite, le Roi fut au déses-
poir, mais ni ses prières ni ses ordres ne purent avoir raison d'une décision mûrement réfléchie, et Louise de La Fayette entra au couvent de
la Visitation, vierge de tout rapport avec le Roi, en 1637. Elle était
donc chez les filles Sainte-Marie, au faubourg Saint-Antoine, où son
mystique amant était aussi à son aise pour la fréquenter que dans
son palais.

Il ne cessait d'aller la voir et le cardinal de Richelieu l'accompa-
gnait souvent dans ses visites à la *Mère Angélique*.

Souvent, il adjurait la religieuse de rentrer à la Cour. Mais rien ne
put triompher de la vocation, non plus que de la passion du Roi.

De quoi l'entretenait-il ?

De politique, ou des choses de son intimité, c'est ce que personne
n'a jamais su. Car, depuis que Richelieu était rassuré sur un retour
possible de la favorite à la Cour, il avait cessé d'accompagner le Roi.
Mais celui-ci continua de visiter la belle Louise, devenue par vocation
irrésistible, comme nous l'avons dit, la *Mère Angélique*.

Les conversations étaient interminables, et souvent le futur père

6/ de Louis XIV s'oublia en compagnie de la religieuse adorée. A cette époque de l'année 1637, où nous amène notre récit, la Cour était à Saint-Germain et c'est de là que le Roi s'échappait pour venir aux Filles de Sainte-Marie du faubourg Saint-Antoine entretenir la favorite évadée de ses malheurs personnels ou de ses idées politiques.

Un soir, il prenait sans doute tant de plaisir dans la compagnie de la Sœur Visitandine, que lorsque le royal amoureux se retira, il s'aperçut qu'il était trop tard pour rentrer à Saint-Germain. Il résolut alors de faire prévenir la Cour par une estafette et de coucher au Louvre.

Par une coïncidences des plus extraordinaires il y rencontra la Reine, Anne d'Autriche, qui était venue à Paris faire une visite à un couvent qu'elle faisait construire rue Saint-Jacques et qui devait plus tard être le *Val-de-Grâce*. Elle y venait souvent aussi prier Dieu et lui raconter ses désirs inassouvis et ses douleurs de ne pas avoir d'enfant.

Que se passa-t-il dans cette rencontre fortuite des deux royaux époux? N'y avait-il qu'un appartement pour abriter deux Majestés? Les installations habituelles étaient-elles momentanément bouleversées? Toujours est-il que Mme de Motteville rapporte dans ses Mémoires que le Roi fut « contraint de prendre la moitié du lit de la Reine ». C'est cette nuit-là que fut conçu l'héritier de la Couronne qui devait être Louis XIV et qui naquit le 5 septembre 1638, à Saint-Germain, après vingt-trois ans de mariage stérile.

Eh bien, j'en demande pardon à Louis-le-Grand, mais l'histoire de cette conception a beaucoup de rapports avec celle du célèbre *Gladiateur!* Je la rapprocherai également de la conception du grand Trotteur Français *Fuschia*. Louis XIII était un tempérament amoureux, mais qu'une timidité excessive condamnait à une indifférence simulée qui lui enlevait toute valeur amoureuse. Il en était ainsi pour le célèbre étalon *Reynolds*, que l'on crut longtemps insensible avec les juments, ce qui n'était qu'une apparence trompeuse comme la suite l'a démontré.

En ce qui concerne la visite de Louis XIII à la religieuse Visitandine elle rappelle dans une autre race la contemplation quasi-mystique d'un autre *Monarque* pour *Liouba*. Comme le père du *Roi Soleil* qui avait pour Anne d'Autriche une sorte de répulsion, le père de *Gladiateur* se refusait à accomplir l'acte de la copulation avec *Miss Gladiator*. Il éprouvait, au contraire, une sorte de passion pour *Liouba*, comme Louis XIII éprouvait un véritable amour pour Louise de La Fayette. Qui sait, suivant l'expression de l'auteur éloquent que nous avons cité à propos de la naissance de *Gladiateur*, qui sait si cette attente trompée, cette longue surexcitation, n'ont pas été la cause, dans un cas comme dans l'autre, de la valeur du produit? Les circonstances, on ne peut le nier, sont bien identiques pour la conception du grand Cheval ou pour celle du grand Roi.

Il ne résulte pas de ces considérations qu'il faut admettre que certaines dispositions morales, que certains désirs surexcités et même leurrés au moment de l'acte de la copulation, peuvent avoir de l'influence sur la constitution du fœtus qui doit en résulter. Il semble que les anecdotes rapportées plus haut présentent surtout des coïncidences curieuses. Il y en a d'autres du même genre, tout aussi intéressantes, qui n'apportent aucun argument pour la vérification du fait scientifique qui nous occupe.

Les événements considérables, tels que la naissance d'un *grand Cheval* ou celle d'un *grand Roi* sont toujours accompagnés de circonstances particulières qu'on remarque ou même qu'on invente après coup.

Ces circonstances, qu'on oublie pour un individu quelconque, prennent tout à coup une grande importance s'il s'agit d'un phénomène dans un genre ou dans un autre et les anecdotes plus ou moins amplifiées sont colportées dans des récits qui font la joie des imaginations humaines.

Il paraît donc assez peu probable qu'il faille chercher dans cette direction pour expliquer l'énorme supériorité de *Gladiateur* sur tous les chevaux de son époque. Cette supériorité tient à des événements beaucoup moins romanesques et au premier rang desquels se trouve plusieurs curieux cas d'*Inbreeding*.

Il se pourrait cependant que les conditions dans lesquelles s'accomplit l'acte producteur de la fécondation de la jument ne soient pas indifférentes. Beaucoup d'éleveurs ont à ce sujet des idées particulières et respectables. C'est un chapitre intéressant qui n'a pas sa place ici.

Genre de préoccupation des Éleveurs à propos de la naissance de « Gladiateur ». — Les considérations élevées qui préoccupent les éleveurs à propos d'un phénomène comme *Gladiateur* sont d'une autre nature, que nous allons développer. Tout d'abord, il apparaît que les règles qui semblent posées pour les chevaux extraordinaires ont bien présidé à la naissance de *Gladiateur*. Ces règles consistent dans des incestes non loin du sommet du pedigree et des *Inbreedings* dans le sujet lui-même. Nous allons voir que *Gladiateur* est bien désigné sous ce rapport.

Pour disserter sur ce fantastique animal et trouver le secret de sa force en courses, en même temps que de son *fiasco* au Stud, il faut d'abord établir la vérité sur la paternité de *Monarque*. Il y a eu une légende sur la naissance de ce grand étalon, et les écrivains sportifs n'ont pas peu contribué à l'embrouiller. Celui qui devait le mieux savoir à quoi s'en tenir était certainement son éleveur, M. Alexandre Aumont, chez lequel il naquit, au haras de Victot, en 1852. Il semble qu'en appelant son poulain *Monarque*, il désignait suffisamment pour son père *The Emperor*. Cependant de nombreux écrivains ont choisi, les uns *Sting*, les autres *The Baron*. Très peu ont indiqué le véritable père : *The Emperor*.

Les uns étaient flattés de faire de *Monarque* un frère de *Stockwell*, en le faisant fils du *Baron*. D'autres, en lui donnant comme père *Sting*, petit-fils de *Royal-Oak*, étaient entraînés par des considérations d'une autre nature qu'il est curieux de signaler ici. Voici un extrait de la monographie de *Monarque*, par l'écrivain qui signe du pseudonyme *S.-F. Touchstone :*

« Sa mère, *Poetess*, fut successivement saillie, en 1851, par *The Baron, Sting* et *The Emperor*. Mais suivant toutes les probabilités appréciables, et en s'en rapportant à sa structure et à ses *points*, *Sting* est bien celui de ses trois pères dont il se rapproche le plus. Chez *Sting* et chez *Monarque*, même élégance, même distinction, même légèreté, même sortie d'encolure un peu haute, même saillie de la pointe de l'épaule, même tête fine et expressive, même croupe un peu droite, mêmes jarrets (*Sting* avait un jardon montoir), mêmes canons un peu longs, enfin même robe bai-zain plus foncée seulement chez le père que chez le fils. *Monarque* était plus long dessous, mais il tenait probablement sa qualité de sa mère. Le doute à l'égard de la paternité de *Sting* n'est donc guère possible.

« *Poetess* était par *Royal-Oak* (le père de *Slane*) et *Ada* par *Whisker*. Or, *Sting* est fils de *Slane* par *Royal-Oak*. En tout état de cause, *Monarque* doit donc être considéré comme un *Royal-Oak*, l'influence de sa mère ayant complètement dominé dans l'acte de la reproduction si l'on se refusait à admettre la paternité évidente de *Sting*.

« *Monarque* était donc, comme tous les chevaux devenus de grands reproducteurs, le résultat d'une union en dedans, ayant *Waxy* pour base. »

Nous voyons, dans cette dernière phrase de l'écrivain sportif, la préoccupation innée de tout éleveur pour l'*Inbreeding*. C'est qu'en effet l'auteur aura sans doute vaguement entendu parler de la force de ces unions en dedans. Mais dans le cas de la paternité de *Sting*, l'*Inbreeding* n'a pas lieu sur *Waxy*, mais bien sur *Royal-Oak*. Ce serait au contraire dans l'hypothèse de la paternité de *The Baron* qu'il y aurait rencontre sur *Waxy*.

15

Nous allons voir, dans tous les cas, que la paternité de *Sting* n'est pas aussi évidente que le prétend notre auteur, sur la foi d'on ne sait quelle suggestion [1]. En effet, la question a été embrouillée à plaisir, et les contemporains, pas plus que M. A. Aumont lui-même, n'ont jamais pu avoir le moindre doute sur la filiation de *Monarque*. Ce sont les auteurs de publications, arrivés postérieurement, qui ont créé de toutes pièces l'équivoque, qui n'a jamais existé réellement.

La vérité sur la paternité de « Monarque ». — En 1851, trois grands étalons, achetés par le Gouvernement Français en Angleterre, faisaient la monte au Dépôt de Paris. Ils se nommaient *Sting, The Baron* et *The Emperor.* M. A. Aumont envoya sa jument, *Poetess,* par *Royal-Oak* et *Ada,* qu'il avait achetée à *lord Henri Seymour,* et qui était une gagnante du Prix du Jockey-Club (1841), à la saillie au dépôt de Paris. Cette jument fut présentée, pour la première fois, au printemps de 1851, à *The Baron,* mais le père de *Stockwell* ne réussit pas à la féconder, et la jument, reconnue chaude neuf jours après, reçut les services de *Sting,* alors très en faveur.

Pas plus que le premier, celui-ci ne réussit à la féconder et neuf autres jours après elle était soumise au troisième étalon du Dépôt de Paris, *The Emperor,* et cette fois-là elle fut fécondée. Il semblerait que dès lors il n'aurait pas fallu indiquer la naissance de *Monarque* autrement que comme fils de *The Emperor* et ne pas même mentionner les deux autres pères qui avaient sailli inutilement *Poetess.*

Certainement, en Amérique ou en Angleterre, cela aurait peut-être été fait ainsi, mais avec l'Administration des Haras de France il n'en va pas ainsi. Lorsqu'une jument est livrée à un étalon, le palefrenier établit une carte de saillie dont le montant est dû par le propriétaire de la jument quoiqu'il arrive. Si la jument est ensuite livrée à un autre étalon on le mentionne sur la carte établie d'abord, mais il n'en est pas créé une seconde au nom du second étalon et si la jument est ensuite livrée à un troisième père on porte encore sur la carte du premier : revue tel jour par tel cheval. Il est spécifié par le règlement des courses que les engagements doivent porter les noms de tous les étalons qui ont vu la mère, sous peine de nullité de l'engagement. Voilà les faits et l'explication des trois pères qui ont causé tant d'ennuis aux écrivains spéciaux qui adoptaient telle ou telle paternité, suivant leurs préférences personnelles, et qui s'évertuaient à démontrer dans

---

[1] Le Commandant Cousté, dans son *Stud-Book,* paru en 1898, paraît avoir adopté la paternité de *Sting* pour *Monarque,* en s'en rapportant à Touchstone (DESFARGES).

des phrases éloquentes les raisons qui militaient en faveur de leur candidat.

Les contemporains, et notamment M. A. Aumont, ne discutaient pas cette question et le nom seul de *Monarque,* choisi par le propriétaire, indique éloquemment la paternité de l'*Empereur.*

Si on cherche dans les écrits contemporains, on ne trouve pas le moindre débat sur ce point si controversé dans les années qui suivirent. Houël, un inspecteur des Haras, qui écrivit une monographie des étalons anglais importés en France, et qui était contemporain de *Monarque,* dit dans son ouvrage, publié en 1866, à l'article de *The Baron,* en citant la production de ce célèbre étalon qui n'avait pas été très remarquable en France : « On lui attribue aussi la paternité d'*Isolier ;* mais quant à *Peu-d'Espoir, Monarque* et *Potocki,* dont les mères lui avaient été conduites, il y a certitude qu'ils appartiennent à d'autres pères ».

Dans le chapitre consacré à *Sting,* auquel il décerne des éloges comme reproducteur, il cite une trentaine de ses meilleurs produits, mais ne mentionne nullement *Monarque,* ce qu'il n'eut pas manqué de faire en insistant, puisque celui-là eut été le plus beau fleuron de sa couronne de Sire.

Si on se reporte ensuite à la biographie de *The Emperor,* voici textuellement ce qu'il écrit : « Cet excellent cheval n'a fait qu'une monte en France et sa perte est des plus regrettables, car sur les vingt produits qu'il a laissés, on compte un nombre relativement considérable de chevaux d'un haut mérite. Nous citerons entre autres : *Allez-y-gaîment, Monarchist, Peu-d'Espoir, Triumvir, Baroncino, Biberon, Geranium, Ratapoil, Theodora, Trajan,* et surtout *Monarque,* un des meilleurs chevaux du Turf Français ».

Il faut espérer que ces explications si simples sur des faits indiscutables et le témoignage des contemporains ne laisseront aucun doute sur le nom de l'étalon qui a provoqué la conception de *Monarque.* Ce qui a pu égarer des écrivains légers et superficiels, c'est que la carrière d'étalon de *The Emperor* a été très courte, mais que n'eut-on pas pu espérer d'un *Sire* qui, dans sa seule année de monte, donne un *Monarque* avec une suite comme celle que nous avons citée plus haut. On ne peut assez déplorer pour l'élevage cette mort prématurée en 1851. Mais les morts ont toujours tort et il a semblé plus tard qu'un étalon, aussi peu connu que *The Emperor,* n'était pas assez confortable pour être le père d'un *racer* et d'un *Sire* aussi classique que *Monarque,* dès lors aucun écrivain ne l'a adopté. Cependant, d'après les explications qui précèdent, rien n'est moins sujet à controverse que la véritable paternité de *Monarque.*

Tout au plus, pourrait-on invoquer les complications résultant d'une *Imprégnation* possible. Mais ces phénomènes biologiques ont été encore trop peu étudiés pour que nous puissions en tenir compte. D'autant plus que rien de précis ne vient nous avertir s'il y a eu, ou s'il n'y a pas eu *Imprégnation*.

Et, au cas de l'affirmative, dans quelle mesure les dits phénomènes viennent-ils troubler les lois de l'hérédité? Sont-ils les causes tant cherchées de la variation des caractères? N'y contribuent-ils que pour une part? Autant d'inconnues, autant de problèmes troublants, autant de mystères dont nous ne pouvons soulever le voile aujourd'hui. Aussi sommes-nous obligés de passer outre et de ne considérer que le résultat de la fécondation de la mère par le seul père qui ait provoqué l'enkystement du noyau de conjugaison et sans tenir compte des traces qu'avaient pu laisser dans les organes féminins de *Poetess* les autres mâles auxquels antérieurement elle avait été livrée.

Nous écrirons donc le pedigree de *Monarque* sans restriction mentale et en toute sécurité comme suit :

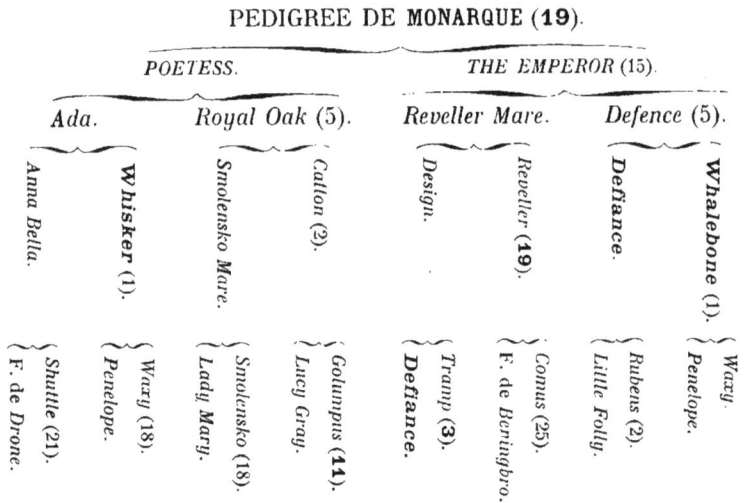

PEDIGREE DE MONARQUE (19).

POETESS.				THE EMPEROR (15).			
Ada.		*Royal Oak* (5).		*Reveller Mare.*		*Defence* (5).	
Anna Bella.	**Whisker** (1).	*Smolensko Mare.*	*Catton* (2).	*Design.*	*Reveller* (**19**).	**Defiance.**	**Whalebone** (1).
Shuttle (21). / *F. de Drone.*	*Wary* (18). / *Penelope.*	*Lady Mary.* / *Smolensko* (18).	*Golumpus* (**11**). / *Lucy Gray.*	*Tramp* (**3**). / **Defiance.**	*Conus* (25). / *F. de Beningbro.*	*Rubens* (2). / *Little Folly.*	*Wary.* / *Penelope.*

Au premier coup d'œil, on est frappé par des points très importants dans ce pedigree.

Tout d'abord, l'*Inbreeding* sur *Whalebone* et *Whisker* a une belle allure incestueuse. En effet, *Defence*, le père de *The Emperor* et *Ada*, la mère de *Poetess*, sont cousins germains. Si on fait les *accouplements intervertis*, l'inceste s'accuse dans l'*Inbreeding de rencontre* par l'alliance

Defence et *Ada*, tandis que l'autre union *Royal-Oak* avec la *Reveller-Mare* est plus en dehors.

Le second point fort est l'inceste dont est sorti *The Emperor*. En effet, le père de *Monarque* provient de l'union de l'oncle avec la nièce. En terme du langage des éleveurs, l'*incestuous breeding* a lieu sur *Defiance,* fille de *Rubens* (out-cross atavique). Enfin, une troisième force apparaît dans *Anna-Bella* qui est dans des conditions très curieuses le produit de l'oncle avec la nièce.

PEDIGREE DE ANNA BELLA (19)
Pour montrer son inceste.

DRONE MARE	SHUTTLE (21)
Contessina par Y. *Marske* (12) par *Marske*. — Drone (4).	par Y. *Marske* (12) par *Marske*.

Shuttle, fils de *Y-Marske* par *Marske,* le père d'*Eclipse* est en effet le frère de la célèbre *Contessina,* une des branches les plus prolifiques en vainqueurs de la fameuse souche n° 19 de Bruce Lowe.

Après avoir observé ces *incestuous breeding* qui sont le signe d'une grande force dans les racers qui, comme *Monarque,* en sont munis et le fameux *close breeding* sur les deux célèbres frères *Whalebone* et *Whisker,* il faut jeter un regard sur un fait qui va jouer pour *Gladiateur* un rôle important : c'est l'*Inbreeding* sur la famille 5. Ce retour de la famille 5 est très curieux. Comme nous l'avons vu par l'inceste sur *Defiance, The Emperor* était déjà l'expression même par excellence de cette ligne *running*. Mais on lui adjoint *Poetess,* par *Royal-Oak* encore sorti de 5. Dès lors, ce nombre avait une grosse importance dans *Monarque* et notre étude sur *Gladiateur* va exiger que le souvenir s'en grave profondément dans l'esprit du lecteur.

Considérations sur la famille 19 et sa classification Running and Sire. — Un autre *Inbreeding* de famille est celui de la ligne 19 d'où est sorti *Monarque* et *Reveller*, le grand-père maternel de *The Emperor*. *Reveller*, le gagnant du Léger de 1818, a en effet pour troisième mère *Tuberose* qui était la mère de *Contessina*. On voit que cet *Inbreeding* est plus rapproché qu'il n'apparaît tout d'abord. Il importe aussi d'attirer l'attention sur cette famille **19**, bien plus importante que son classement ne semble l'indiquer. Voici ce qu'en dit Bruce Lowe dans sa classification : « Les descendants de cette ligne (19) ont été loin d'être heureux pour ce qui regarde les grandes courses classiques, étant donné le nombre de chevaux phénoménaux que la famille a produit. Elle n'a à son actif qu'un Derby et trois Légers. *Sir Hugo*, en 1891, a été le premier gagnant du Derby, mais *Isonomy* aurait sans aucun doute gagné le Derby que *Sefton* a remporté en 1878 s'il avait été engagé. Le n° **19** n'a pas produit de gagnant aux Oaks et, en vérité, très peu de juments de grande classe en courses en sont sorties (sauf *Plaisanterie* et une ou deux autres) quoiqu'elles deviennent de bonnes mères par la suite. Les gagnants du Léger sont *Ebor*, en 1817, *Reveller*, en 1818 et *Gamester* en 1859 ».

Malgré son peu de succès dans les *évents classiques*, un simple coup d'œil jeté sur quelques-uns des chevaux qui en sont sortis, montre combien son sang est précieux : *Isonomy, Vespasian, Monarque, Vedette* (2000), *Plaisanterie, Alarm, Sabinus, Clearwell* (2000), *Surefoot* (2000). En général, ses fils ont été non seulement de grands chevaux de courses, mais d'excellents Sires.

Il est même permis de se demander pourquoi Bruce Lowe n'a pas classé cette famille sous la dénomination de *Running and Sire*. Une famille qui a produit des héros tels que *Monarque, Isonomy, Plaisanterie* et *Ténébreuse*, mérite évidemment un honneur semblable. Nous verrons plus loin que cette lacune du système de Bruce Lowe cause à l'auteur un certain embarras car *Monarque* ne contient pas un seul nombre *Sire* dans les trois premiers rangs de son pedigree.

D'autre part, la scrupuleuse analyse de la constitution de *Monarque* a une grande et précieuse valeur pour apprécier non seulement la naissance de *Gladiateur*, mais aussi celle de *Plaisanterie*. Tout en regrettant la systématisation à outrance de Bruce Lowe dans sa conception, il faut lui rendre justice qu'il a bien vu la physionomie de la famille 19 et l'extrême rareté des étalons à succès aurait dû l'amener à écrire ce nombre en chiffres gras. Il semble du reste que le cas de *Monarque* ne devrait pas être inconnu pour l'auteur Australien et s'il n'en parle pas dans son livre, c'est que sur les 15 étalons des quatre premiers degrés du pedigree de ce grand *Sire*, il n'y a que *Golumpus*

(11) et *Tramp* **(3)**, qui soient sortis de familles *Sires* (et encore se trouvent-ils au 4ᵉ degré seulement). Celui-là n'est évidemment pas un exemple à présenter pour confirmer le fameux *Figure's System*.

Si, au contraire, attachant moins d'importance au nombre de gagnants d'une famille en courses classiques, mais rendant justice à la grande quantité relative d'étalons à succès de cette ligne 19 (*Vedette, Retreat, King Lud, Gallinale, Ermack*, etc., etc.), à part *Monarque* et *Isonomy* qui sont hors pair, on la classe d'emblée comme *Sire Family* ou même en récompense des juments extraordinaires (*Annetta, Bounty, Colebrity, Dame d'honneur, Mon Etoile*, etc., etc.), qui sont sorties de son sein, on la met à côté de la famille **3** comme *Sire and Running Family*, la naissance de *Monarque* devient régulière et conforme aux idées même de Bruce Lowe par suite ds son violent *Inbreeding* sur sa propre famille **19** que nous écrirons maintenant comme les autres familles *Sire* **3, 8, 11, 12, 14.**

Un aspect curieux du pedigree de « Monarque ». — Il nous reste maintenant, pour bien connaître *Monarque*, à présenter

PEDIGREE DE MONARQUE

Pour montrer le retour d'un grand étalon.

POETESS.	THE EMPEROR.

Defence out of Defiance, Little Folly, Harriett, Alfred Mare, Magnolia par **Marske.**

Reveller Mare out of Design, Defiance, Little Folly, Harriett, Alfred Mare, Magnolia par **Marske.**

Royal Oak out of Smolensko Mare, Lady Mary, Highflyer Mare et Dr. of **Marske.**

Ada out of Ana Bella.

Shuttle par Y. Marske, par **Marske.**

Drone Mare, Contessina par Y. Marske par **Marske.**

son pedigree sous un nouvel aspect assez curieux, que nous avons déjà indiqué incomplètement, et qui montre quel ruissellement de *Stout blood* ce grand cheval recevait par ses lignes féminines et en dehors et par surcroît du sang d'*Eclipse* si fortement représenté à la base de sa table. Je crois que la particularité observée ici n'a pas encore été signalée et qu'elle est cependant intéressante par une sorte d'*Inbreeding* d'une nature spéciale et dont le nom n'a pas été encore prononcé.

Ainsi, on peut voir que le père et la mère de *Monarque* remontent par leurs lignes féminines à *Marske,* sans préjudice des courants d'*Eclipse* toujours si nombreux dans tous les pedigrees. Cette particularité contribue certainement à provoquer un retour de ce grand étalon (le père d'*Eclipse*) par les cinq courants d'une réelle puissance et dont on va voir le mode d'action énergique

The Emperor tire une grande partie de sa valeur de l'inceste sur *Defiance* par *Rubens.* Il est évident que le fils de *Buzzard* a contribué beaucoup par son redoublement à faire de *The Emperor* un grand *racer.* Mais le redoublement de la ligne féminine sortie de *Marske* s'est ajouté au même courant venant d'*Eclipse* par *Whalebone.* C'est ce phénomène qui explique la grande valeur du père de *Monarque* comme étalon, bien mieux que les nombres, dont aucun n'était Sire dans les trois premiers degrés d'après la conception de Bruce Lowe. Et cependant nous avons vu que dans une seule monte, l'*Empereur* a donné plus d'étalons et plus d'illustrations que bien d'autres grands performers dans toute leur vie. De plus, l'*Inbreeding* sur une jument tend toujours habituellement à féminiser un mâle, surtout s'il a lieu sur une jument fille de *Rubens,* cheval de la ligne *Herod.* Or, *The Emperor* était un véritable descendant d'*Eclipse,* plein de *vitalité,* et il a donné la mesure de ce qu'il aurait pu faire en engendrant un *Monarque* avant sa mort prématurée.

Si on admet, comme il faut en convenir forcément, cette influence raisonnée de l'*inceste sur Defiance,* on comprend ce que les deux courants féminins sortis de la *Smolensko-Mare* et d'*Ada* (celui-là double) ont pu faire pour la valeur de *Monarque.* C'est là que les théories de *Bruce Lowe sur l'Inbreeding* ont bien leur application : *Pour produire de grands chevaux de courses et des Sires il faut rendre à l'étalon les meilleurs courants de sang de sa mère.*

Le premier étalon d'où part *Monarque* est *Defence* qui tient de sa mère *Defiance* ce fameux courant qui lui vient de *Marske* par le canal de ses mères successives. Pour avoir *The Emperor* on lui rajoute la *Reveller-Mare,* petite-fille de la même *Defiance,* qui lui apporte encore par cet *incestuous breeding* le renouvellement du même *best strain.* Enfin, à *The Emperor,* l'éleveur adjoint *Poetess* qui a été obtenue par le même procédé que *The Emperor* et qui apporte à son époux deux courants féminins sortis d'une fille de *Marske* et celui qui est direct provient d'*Ana-Bella*, issue d'un inceste sur *Y-Marske*, fils de *Marske*. On peut dire que *Monarque* est un exemple classique à signaler pour la confirmation pratique du chapitre IX de Bruce Lowe.

L'étude de *Monarque* démontre combien il est indispensable pour les éleveurs de se livrer à l'examen approfondi de la naissance des grands chevaux de courses. Il y a à la fois plaisir et profit. On se demande pourquoi ces sortes de travaux ne sont pas classiques et obligés à ceux qui, si imprudemment, se lancent dans la voie douloureuse de l'élevage.

En somme, on trouve dans cette étude, comme dans celle de tous les animaux extraordinaires, les mêmes caractéristiques. Des *incestes* chez le père et la mère et un *close breeding classique* que soulignent bien les *accouplements intervertis*. En effet, le rapprochement de *Defence* et *Ada* est presque un mariage entre frère et sœur et, tout au moins, entre cousins germains issus de *Whalebone* et *Whisker,* c'est-à-dire de deux propres frères, produits de l'union la plus sûre, la plus constante et la plus féconde du Stud Book : *Waxy* et *Penelope* par *Trumpator.*

Puis, enfin, ce crescendo des lignes féminines constamment surajoutées avec un génie inouï, avec une sûreté, une précision vraiment admirables pour produire un concert harmonieux sur *Marske,* le père d'*Eclipse.*

Rappelons encore dans ce résumé l'important retour de la famille **19** qui avait fait son entrée dans la table avec *Reveller.* Cette famille caractérise avec force le génie de *Monarque* et l'apparente brillamment.

Au moment où l'éleveur fervent se prépare à comprendre la raison de la force d'un *Gladiateur,* il est d'un intérêt facile à saisir qu'il faut d'abord avoir profondément étudié le père d'un semblable phénomène. D'autre part, *Monarque* joue un très grand rôle dans l'élevage général : toute remarque sur son pedigree a donc besoin d'être gravée dans l'esprit d'un véritable Stud-Master. Aussi, nous n'éprouvons nul embarras à revenir encore une fois sur un des points de force du grand Sire français : c'est le rôle que joue la famille 5 dans sa constitution. On sait que *The Emperor* était sorti deux fois de la ligne 5, et par son alliance avec *Poetess* il retrouvait un bon courant de cette illustre famille dans *Royal-Oak,* le père de la gagnante du Prix du Jockey-Club de 1841. C'est encore une application du principe de Bruce Lowe, énoncé dans le titre de son chapitre IX. On ne saurait douter de l'activité du rôle du nombre 5 dans le cas de *Monarque.* C'est une ligne d'une grande noblesse, très efféminée, mais qui convenait admirablement pour être utilisée avec la famille **19**, si robuste et si fertile en bons étalons (*Out-cross* de lignes féminines).

S'il faut tirer un enseignement de cet examen, il semble bien que les incestes des père et mère de *Monarque* et son *close breeding*, ses deux *Inbreedings* sur les familles 5 et 19 étaient des caractères insuffisants pour en faire un phénomène, mais étaient réellement la caractéristique d'un futur Sire extraordinaire et pouvant être le père de phénomènes. Et de fait, c'est lui, comme nous le verrons ci-après, qui a été la cause initiale de *Gladiateur* et de *Plaisanterie*, deux *Phenomenal-Race horses*. Sa constitution était telle qu'il était tout indiqué pour se trouver tôt ou tard comme cause déterminante dans le pedigree d'un de ces chevaux qu'on a appelé les chevaux du siècle, car il y en a rarement plusieurs dans un siècle.

L'étude que nous venons de faire est, pour les initiés, attachante comme un roman naturel et vécu ; elle est instructive, parce qu'un seul des caractères de cette constitution si belle suffit à faire un bon cheval de course. Un seul *Inbreeding* à la façon de *Monarque;* un seul redoublement du même sang de la mère, et l'éleveur est largement récompensé.

Et cette conséquence merveilleuse qui vient d'ouvrir les yeux sur cette famille **19**, que Bruce Lowe a négligée, par une incompréhensible distraction ! Si on réfléchit, en effet, que *Gallinule*, par exemple, deux fois sorti de la famille 19, a été le père de la merveilleuse *Pretty-Polly* et de tant d'autres excellents chevaux ; si on considère que *Cambuscan*, le père de l'extraordinaire *Kincsem*, descendait aussi de *Contessina*, la brillante étoile de la ligne **19**, il est réellement impossible de refuser à cette excellente souche l'honneur d'être qualifiée de *Sire*, et comme nous avons vu que les mères étaient aussi remarquables que les mâles, de la joindre à la famille **3** comme *Running and Sire*. Qu'est, en effet, une famille de *Sire?* C'est, par excellence, une famille dont les mâles sont bons étalons et produisent des *racers* meilleurs qu'eux-mêmes. Cette condition n'est-elle pas remplie pour la famille **19**, dans les quelques cas que nous avons cités? *Monarque* donne *Gladiateur,* et *Cambuscan, Kincsem,* et *Gallinule, Pretty-Polly.*

Bruce Lowe, dans la monographie si courte qu'il donne de cette famille, le reconnaît ; mais il a sans doute eu peur de donner trop d'importance à une ligne qui contenait si peu de vainqueurs des courses classiques. Cette lacune a dû le gêner bien souvent dans son raisonnement à propos de certains chevaux qui sortent ainsi de sa manière de voir. Telle est, en effet, le défaut d'une systématisation exagérée. Il est hors de doute que l'éleveur Australien aurait dû donner une place plus grande dans son livre à la peinture des qualités et des défauts de chaque famille, de façon à les caractériser. Ce travail est encors à faire, et il n'est pas douteux que si Bruce Lowe avait voulu, ou bien s'il en avait eu le temps, il aurait donné à chaque famille sa physionomie particulière avec ses aptitudes, ses époques de gloire, ses décadences ou son ascension à la célébrité. Il nous aurait montré des *lignes* qui sont toujours jeunes, toujours généreuses, toujours fécondes ; d'autres, au contraire, qui vivent sur leur acquit et qu'on n'a pas vu depuis longtemps triompher aux *events* classiques. Enfin, quelques-unes ont acquis leurs quartiers de noblesse dans les luttes récentes, et ont mérité la faveur des éleveurs. Pour ces dernières, ce serait un travail bien intéressant que de rechercher les causes d'une pareille accession à l'aristocratie, due probablement à des mariages inespérés, à des alliances avec des seigneurs qui apportaient à leurs pauvres épouses une richesse de sang qu'elles ont su conserver. Sa monographie de chaque *ligne* est vraiment trop écourtée, et le livre reste à faire. Il eut été légitime que ce livre fut écrit par l'auteur du *Système des Nombres*, car on peut dire que ce fut grâce à lui que l'importance et la nature du rôle des lignes féminines furent révélées au public

En ce qui concerne *Monarque,* l'étude des sources de sa valeur nous a amené à considérer la ligne **19** et à lui conférer un titre qui attirera sur elle l'attention, mais ce n'est pas le lieu de compléter la petite notice que lui a consacré Bruce Lowe dans son ouvrage.

La digression serait par trop longue et risquerait de dépasser les bornes. D'autant plus que dans l'étude que nous allons faire de *Gladiateur,* une autre famille va jouer un rôle considérable dans les caractères du grand champion Français. Le père et le fils sont du reste les deux plus merveilleux exemples de l'influence que peut exercer l'*Inbreeding* et l'*Out-crossing* des familles.

Mais pour terminer l'étude sur *Monarque* il importe de l'arrêter là et de continuer en faisant celle de *Gladiateur.* A la fin de celle-ci le contraste entre les deux constitutions sautera aux yeux. Car le problème a toujours paru extraordinaire et il est bon de le poser avant tout.

D'une part, le père, véritable cheval de courses, avec toutes les qualités qu'on attache à ce mot pris dans son sens technique : doux, fier, courageux, patient, facile à mener, franc, loyal, tel était ce merveilleux animal pour lequel les contemporains ont épuisé tous les dithyrambes. Il ne déplaît pas de citer un écrivain sportif du temps qui a écrit sur *Monarque* avec un véritable enthousiasme.

Un portrait à la plume de « Monarque » par le baron d'Etreilles. — Voici le portrait à la plume que nous a laissé le baron d'Etreilles :

« De grande taille, admirablement proportionné, harmonieux au-delà de toute expression, offrant dans tous les détails de son merveilleux ensemble une suprême distinction, on ne pouvait rêver un plus splendide animal. Aussi, dans un lot de chevaux quels qu'ils fussent, le regard allait forcément droit à *Monarque* et ne pouvait plus s'en détacher; il semblait effectivement un roi entouré de ses sujets, tant il les dominait tous par cet air de grande race et de haute noblesse qu'aucune description ne pourrait rendre.

« Jamais aucun cheval ne posséda, au plus haut degré, le signe caractéristique du cheval de course, race essentiellement combattante. Avant la lutte, *Monarque* se promenait dans l'enceinte du pesage, marchant insoucieux et calme, de ce pas nonchalant et cadencé particulier aux chevaux de sang noble; la tête basse, la queue ballante, indifférent à tout ce qui se passait autour de lui. Quand on lui enlevait les couvertures pour le seller, on ne put jamais saisir chez lui le moindre indice de ce tremblement nerveux, de cette moiteur fiévreuse, qui révèlent chez les faibles et les timides l'appréhension de la lutte, sa tête fine et intelligente se relevait avec une expression de confiance et de défi, et il entrait dans l'arène calme et résolu comme un *Gladiateur* antique.

« Pendant le cours de sa longue et laborieuse carrière, les plus dures sévérités ne lui furent pas épargnées. Jamais il ne demanda grâce et dit : *c'est assez!* Son courage, au contraire, grandissait avec les exigences de ses maîtres; il se montra toujours et partout prêt contre tout venant. Les dures épreuves qui lui furent imposées, dépassèrent parfois la limite de ses forces; elles ne purent jamais atteindre celles de son courage. »

Ce langage pompeux, qui rappelle assez bien le style de M. de Buffon, montre quelle haute valeur les contemporains attribuaient à *Monarque* et leur appréciation n'était pas exagérée. A cette époque, l'élevage en France était à peine en formation et les succès de *Monarque* en course d'abord et au Stud ensuite, eurent une influence énorme sur son développement. Mais l'arrivée de *Gladiateur* devait mettre le sceau à la réputation de *Monarque* comme étalon, et si les contemporains n'ont pu analyser les causes de sa valeur, ils ont du moins pu en avoir les preuves les plus irréfutables.

Gladiateur, phénomène en course, n'est pas un Sire.
— D'autre part, lorsqu'on essaya *Gladiateur* comme étalon, l'élevage fut

surpris de ne pas trouver chez lui aucune des qualités du père. Ainsi le meilleur cheval de course depuis *Eclipse* ne possédait aucune des facultés de transmission de ses moyens et de ses aptitudes. Ce fait excessivement curieux ne se présentait pas pour la première fois, mais il semble que jamais auparavant échec plus complet n'avait pu être constaté.

Comme il n'y avait à l'époque aucune explication à donner d'un pareil *fiasco,* le principe même des courses fut attaqué. A quoi bon, disait-on, se livrer à une sélection des plus sévères par la course pour arriver à un résultat aussi mauvais ? A quoi bon recommander, comme une chose indiscutable, le choix de la plus grande classe possible, afin d'augmenter les chances de réussite ? Et, en effet, les contemporains ne concevaient pas l'élevage sous un point de vue plus compliqué que la sélection des meilleurs mâles et femelles. Depuis lors, la science de l'élevage a fait bien des progrès et les éleveurs ont appris, entre autres vérités, que la qualité du père ne suffisait pas avec celle de la mère pour avoir un bon produit; mais, au contraire, que le résultat dépendait uniquement de la *valeur de l'alliance.*

C'est ainsi qu'on a été amené à faire l'analyse des brillants résultats obtenus par les prédécesseurs et qu'on est arrivé d'abord à cette constatation que, par suite de certaines conditions, un *racer* pouvait se distinguer en courses et n'être qu'un très modeste étalon. C'est là un des côtés les plus intéressants, une des branches les plus attrayantes des nouvelles connaissances de la science indispensable aux Eleveurs. Les contemporains de *Gladiateur,* qui n'étaient pas familiarisés avec des études très peu avancées à l'époque et qui n'étaient pas assez nombreux pour avoir, lors de ces débuts si glorieux, à leur disposition une science armée de pied en cap, se contentèrent d'arguments éloquents, mais qui n'avaient de valeur que pour les gens du monde. Car il semble bien que les Eleveurs ne sauraient accepter des raisonnements qui semblaient une ironie amère. Voici ce que l'écrivain déjà cité, *S. F. Touchstone,* réflétait dans un article écrit plus de 25 après les exploits de l'immortel fils de *Monarque* : « Mais à l'inverse d'*Eclipse, Gladiateur* fut un étalon très ordinaire. Les phénomènes de ce genre sont, en général, trop en dehors de la moyenne pour se reproduire, et lorsqu'il mourut, en 1876, il ne laissait derrière lui aucun descendant digne de sa valeur. Il est cependant grand-père de *Faugh-à-Ballagh,* probablement aussi de *Saint-Gatien. Gladiateur* a passé comme un brillant météore, dont le souvenir seul subsiste quand il a perdu son éclat. »

Nous voilà retombés dans la phraséologie, qui a déjà servi pour *Monarque.* Lorsque l'intelligence ne comprend pas certains faits, le publiciste lance une belle phrase, bien ronflante, bien éloquente et, satisfait de lui-même, il se persuade volontiers qu'il est arrivé à son but. C'est le : voilà pourquoi votre fille est muette ! de Molière.

Cependant tout le monde ne saurait se payer de mots. Les bons esprits ont besoin de quelque chose de plus substantiel que de belles phrases pour appuyer leurs convictions. Aujourd'hui, Dieu merci, nous avons des connaissances plus sérieuses à leur offrir.

Avant de reprendre la suite de notre analyse personnelle que nous avons arrêtée à *Monarque*, nous serons heureux de mettre sous les yeux du lecteur la dissertation remarquable, quoique critiquable à certains points de vue, que le fameux Bruce Lowe a écrite sur le cas de *Gladiateur*.

Une curieuse analyse du cas de « Gladiateur » par Bruce Lowe. — Voici ce qu'en dit l'auteur Australien :

« Il est généralement admis que *Gladiateur* est le cheval le plus phénoménal qu'on aie jamais vu sur un hippodrome depuis le temps de *Childers* et d'*Eclipse*. Dans sa constitution, son pedigree diffère très peu de ceux des chevaux de courses extraordinaires. Mais on y rencontre quelques particularités qu'on ne trouve pas généralement et je désire appeler particulièrement l'attention sur ces particularités, parce que cet examen fera mieux sentir la nécessité de procéder d'après les nombres. Dans les nombreux traités et articles écrits sur la production des chevaux de courses, je ne me souviens pas d'avoir jamais trouvé à la lecture la moindre tentative faite pour expliquer la *stud failure* de *Gladiateur,* et où il a puisé son extraordinaire puissance en course. Par le fait, les nombres fournissent la seule explication plausible, parce qu'il a été engendré dans des conditions paternelles tout à fait orthodoxes et jugées bonnes par n'importe laquelle des mille théories. Ses lignes principales aboutissent surtout à *Eclipse* et sa mère provenait de la ligne *Herod*.

« Comme nous l'avons déjà dit, ce qui manquait surtout dans ce pedigree, c'était le sang Sire dans le sommet des lignes. J'ai déjà exposé qu'aucun cheval de nos jours, autant que j'ai pu m'en apercevoir, ne s'est montré cheval de courses de premier ordre quand il y avait absence de nombres Sires dans les trois premiers degrés de sa table. Sous ce rapport, *Gladiateur* n'est pas encore une exception, car *Sheet-Anchor* vient au troisième degré et, bien que son nombre soit le seul nombre Sire (en remontant), ce cheval est fortement *inbreed* sur le sang Sire pendant trois générations finissant enfin en un ruissellement de sang d'*Eclipse* à l'arrière et, on comprendra facilement, que très peu de chevaux du Stud Book auraient pu remplacer *Sheet-Anchor* avec le même succès auprès d'un cheval produit en dehors des lignes

GLADIATEUR.

MISS GLADIATOR (5).	MONARQUE (19).

Taffrail.	Gladiator (22).	Poetess.	The Emperor (5).

MONARQUE (19) branch — The Emperor (5):

- Defence (5).
  - Whalebone (1).
    - Waxy (18). { Pot-8-os (38) by **Eclipse**. / Maria by Herod.
    - Penelope. { Trumpator to Matchem. / Prunella
  - Reveller (19)
    - Rubens (2) by Buzzard (3). { Sorcerer to Matchem. / Little Folly by Highland Flirg.
    - Cornus (25). { Dr. of Sir Peter (3).
  - Dr. of. { Benningbro (7) by King Fergus by **Eclipse**. / Dr. of Tandem from **Tuberose**.
  - Design. { Tramp (3) by Dick Andrews (grandson of **Eclipse**). / **Defiance** dam of Defence (above).

MONARQUE (19) branch — Poetess:

- Royal Oak (5).
  - Catton (2) by Golumpus.
  - Dr. of Smolensko (15).
- Dr. of.
  - Whisker (1).
  - Ada.
    - Anna Bella. { **Shuttle** (21). { **Y. Marske** (12) by **Marske** (8, 11). / Vauxhall Snap Mare (1).
    - Dr. of. { Drone. / Contessina. { **Y. Marske** (12) (above) by **Marske** (8, 11). / *Tuberose* (above).

MISS GLADIATOR (5) branch — Gladiator (22):

- Partisan (1).
  - Wallon (7) by Sir Peter (3), Herod.
  - Pauline.
    - Parasol by Pot-8-os by **Eclipse** (12, 8, 11).
    - Moses (5) by Seymour (4) or Whalebone.
  - Quadrille. { Setin (2) by Buzzard (3). / Canary Bird by Sorcerer (7).

MISS GLADIATOR (5) branch — Taffrail:

- Sheet Anchor (12).
  - Lottery (11). { Tramp (3) by D A. by J.A. by **Eclipse**. / Mandane. { Pot-8-os by **Eclipse**. / Dr. of Woodpecker.
  - Morgiana (12). { Muley (7). { Orville (8) by **Eclipse**. / Dr. of Whiskey to **Eclipse**. / Dr. of. { Sorcerer (above). / Dr. of Precipitate to **Eclipse**.
- Dr. of.
  - Merman (9). { Dr. of. { Whalebone (1) by Waxy to **Eclipse**. / Dr. of Orville to **Eclipse**. / John Bull, to Herod.
  - Ardrossan. { Miss Whip. { Volunteer, by **Eclipse**. / Dr. of Evergreen (3). / Dr. of. { **Shuttle** (21) by **Y. Marske** (12) by **Marske** (8) by Squirt (11). / Buzzard (3) by Woodpecker, by Herod.
  - Dr. of. { Dr. of King Fergus (6) by **Eclipse**.

Sires, comme *Monarque* par exemple. *The Emperor* a été produit par un *Inbreeding* sur *Defiance* par le moyen de la famille 5 (la meilleure famille *Running* après 4). Sa troisième mère, *Defiance*, a été aussi la mère de son père, *Defence*, ou, en termes plus clairs, la petite-fille de *Defiance* a été accouplée incestuement avec son oncle *Defence*. Cet étroit *Inbreeding* sur *Defiance* (5) a été suivi de l'accouplement de *The Emperor* avec *Poetess* par *Royal-Oak*, aussi de la ligne 5. *Monarque*, produit de cette union, a été alors croisé avec *Miss-Gladiator*, de la même famille 5. Mais, comme tout cet *Inbreeding* persistant avait lieu sur une ligne *Non-Sire* (5), on peut affirmer, en se basant sur les nombres, que même la présence de *Sheet-Anchor* (**12**) au troisième degré aurait eu de la peine à contrebalancer l'influence *anti-Sire* du numéro 5. Il faut chercher ailleurs les raisons de l'aptitude de *Gladiateur* pour la course. On se souviendra que dans les pedigrees cités de *Peter*, *Bendigo*, *Ormonde*, *Barcaldine* et *Carbine*, les causes de leur supériorité comme chevaux de courses provenait de l'étroit *Inbreeding* sur le sang *Running*, comme *Blacklock* (2) au bas du pedigree des deux côtés. Mais dans ces cas il y avait une quantité suffisante de sang Sire dans les degrés ascendants. Si on avait continué à faire de l'*Inbreeding* sur des courants en arrière provenant de famille Sire, on aurait couru au devant d'un échec certain, parce que ces chevaux en avaient une quantité suffisante dans les trois premiers degrés. Le père et la mère de *Gladiateur* ont été établis sur des lignes *totalement opposées* et, par conséquent, l'*Inbreeding* en arrière dans leurs pedigrees doit absolument se faire sur des chevaux ayant *de forts nombres Sires* pour réagir contre l'influence du 5. L'état actuel des choses, à la suite d'un examen plus approfondi des pedigrees, a révélé précisément ce que nous avions fait pressentir. La troisième mère de *Monarque*, *Anna Bella* (par *Shuttle*), était le produit d'une union de *Shuttle*, fils de *Young-Marske* (**12**), avec une *Drone-Mare*, fille de *Contessina* par *Young-Marske* (**12**) ; en d'autres termes, un accouplement de l'oncle avec la nièce. *Y-Marske* (**12**) était par *Marske* (**8**), par *Squirt* (**11**), absolument les mêmes nombres qu'*Eclipse*, ce qui est le plus grand compliment qu'on puisse faire à sa robuste origine Sire.

Laissons maintenant *Monarque*. En nous reportant au côté gauche de la table du pedigree, nous verrons que la quatrième mère de *Miss-Gladiator* était une fille du même *Shuttle* par *Y-Marske* (**12**), par *Marske* (**8**), par *Squirt* (**11**), ce qui montre qu'il y avait une rencontre heureuse des éléments les plus indispensables à environ la distance qu'on trouve ordinairement chez les chevaux de courses extraordinaires. »

Cette analyse du pedigree de *Gladiateur* offre des côtés bien remarquables, mais le désir de faire triompher son *Système des Nombres* entraîne l'auteur trop loin dans ses conclusions. Ainsi, par exemple, Bruce Lowe tend à démontrer que la cause du *fiasco* de *Gladiateur* au Stud est la pauvreté de ce grand *racer* en sang *Sire* à cause de la seule présence dans les trois premiers degrés, du pedigree de *Sheet Anchor* (**12**), mais il oublie du même coup que *Monarque*, d'après son système, n'a pas un seul *nombre Sire* dans les trois premiers degrés, ce qui ne l'a pas empêché d'être un excellent étalon. Cette constatation, cependant, ne doit pas lui avoir échappé, et elle aurait dû lui ouvrir les yeux sur la caractéristique de la ligne (**19**), d'où le fils de *The Emperor* était sorti et sur laquelle il était *inbred*, et c'est précisément cet *Inbreeding* sur la ligne même de *Monarque*, le **19**, qui lui a permis d'échapper à l'influence du 5, représenté trois fois chez *Monarque*, et auquel *Gladiateur* allait devoir à la fois sa valeur phénoménale en courses et son *fiasco* si complet au Stud, malgré le **19**, qui se trouvait affaibli chez le fils après avoir fait la force du père comme mâle.

Analyse complète du pedigree de « Gladiateur ». — Nous allons reprendre, pour notre compte maintenant, l'analyse du pedigree et éviter de tomber dans la systématisation à outrance, tout en reconnaissant l'influence des familles par suite de leurs caractères particuliers, au premier rang desquels il faut placer les tendances efféminées pour les familles *Running* et les tendances *stout* pour les lignes *Sires*.

Par son alliance avec *Miss Gladiator, Monarque* ne s'appauvrissait pas. Sa fiancée lui apportait, au contraire, en dot, de précieux trésors dont la valeur s'ajoutait à ceux qu'il possédait déjà. Mais cessons d'employer un style emphatique, peu à sa place ici, et qui rappelle celui du joli roman d'Eugène Süe : *Godolphin Arabian*. Ici, nous sommes pour ainsi dire condamnés à employer des termes techniques, afin de rester dans la précision du *Langage des Éleveurs*.

A propos de ce grand phénomène dont nous étudions aujourd'hui la naissance *(breeding)*, nous poserons comme règle générale une sorte de *memento* qui ne devrait jamais sortir de l'esprit du véritable éleveur : « *Étant donné un étalon qui a été en courses d'une haute valeur, il faut rechercher où il a puisé sa force en courses. Ce sont ces* **points de force***, une fois constatés dans une table d'origine, qu'il s'agit de fortifier et même d'exalter par l'alliance qu'on lui destine.* »

Nous avons, au commencement de ce chapitre, établi les points de force de *Monarque*, ceux où il a puisé sa valeur comme *racer*, et ceux où il a eu recours au point de vue *Sire*. Il nous sera facile, en

16

examinant le pedigree de *Miss Gladiator*, de voir en quoi elle augmentait ce que *Monarque* avait déjà d'extraordinaire.

La première force que nous avons trouvée dans *Monarque*, c'est que son père est petit-fils de *Whalebone*, et sa mère petite-fille de *Whisker*. Or, *Miss Gladiator* a pour père *Gladiator*, petit-fils de *Moses*, toujours indiqué comme fils de *Whalebone*, et pour mère *Taffrail*, petite-fille de *Merman* par le même *Whalebone*. *Monarque*, expression la plus haute de l'alliance *Waxy* et *Penelope*, est exalté par cette circonstance que la mère du phénomène lui apporte ce puissant courant du côté de son père et du côté de sa mère.

PEDIGREE DE GLADIATEUR

pour montrer la force du principe *Waxy-Penelope* qui fait retour.

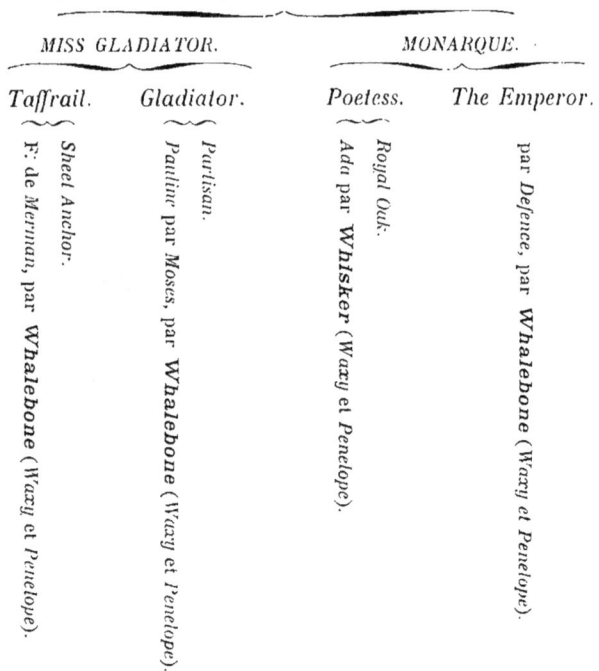

MISS GLADIATOR.		MONARQUE.	
Taffrail.	*Gladiator.*	*Poetess.*	*The Emperor.*
Sheet Anchor. F: de Merman, par **Whalebone** (*Waxy et Penelope*).	Partisan. Pauline par Moses, par **Whalebone** (*Waxy et Penelope*).	Royal Oak. Ada par **Whisker** (*Waxy et Penelope*).	par Defence, par **Whalebone** (*Waxy et Penelope*).

Passons maintenant au second point de force que nous avons constaté chez *Monarque:* c'est l'*Inbreeding* sur la ligne **5**, si remarquable, parce qu'il prend sa source dans un inceste sur *Defiance*. Or, *Miss Gladiator* est une sortie directe de la famille 5. Cette alliance de *Monarque* et *Miss Gladiator* devait donc avoir pour résultat de faire de

Gladiateur l'expression même de la famille **5**, d'autant que *Pauline,* la mère de *Gladiator,* était fille de *Moses,* aussi de la ligne **5**.

PEDIGREE DE GLADIATEUR

montrant l'*inbreeding* sur la famille 5.

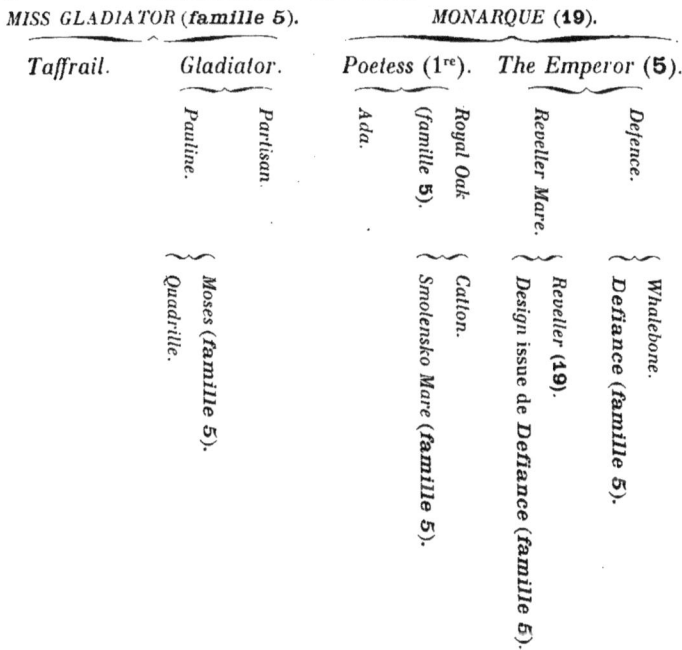

MISS GLADIATOR (**famille 5**).		*MONARQUE* (**19**).	
Taffrail.	*Gladiator.*	*Poetess* (1re).	*The Emperor* (**5**).

- *Gladiator.*
  - *Pauline.*
    - *Moses* (**famille 5**).
    - *Quadrille.*
  - *Partisan.*
- *Poetess* (1re).
  - *Ada.*
  - *Royal Oak* (*famille* **5**).
    - *Catton.*
    - *Smolensko Mare* (**famille 5**).
- *The Emperor* (**5**).
  - *Reveller Mare.*
    - *Reveller* (**19**).
    - *Design* issue de *Defiance* (**famille 5**).
  - *Defence.*
    - *Whalebone.*
    - *Defiance* (**famille 5**).

Examinons, après cet *Inbreeding* poussé jusqu'à l'exagération sur la famille 5, l'autre *Inbreeding* de *Monarque* sur la ligne **19**, que nous avons qualifiée de *Running and Sire.* Or, le nombre **19** ne se retrouve pas dans *Miss Gladiator.* Ainsi le phénomène français ne comportait pas d'*Inbreeding* sur **19**.

L'excès du 5, l'éloignement, et par conséquent l'affaiblissement du **19**, toutes ces circonstances ont certainement contribué à efféminer le *racer* phénoménal dont nous analysons le pedigree. Il apparaît comme très certain que l'échec de *Gladiateur* au Stud est dû à la prédominance de la famille 5. Cette répétition d'un nombre efféminé n'étant pas compensée par des familles *Sires,* comme l'a montré Bruce Lowe dans sa remarquable analyse, a contribué à enlever à ce héros français toute faculté reproductrice de mâle, toute valeur comme étalon.

Voyons maintenant si l'alliance de *Monarque* avec *Miss Gladiator* a exalté encore le curieux *Inbreeding* sur *Marske*, que nous avons indiqué dans un paragraphe spécial. A cet effet, nous présenterons encore le pedigree de *Gladiateur* sous la même forme que celui de *Monarque* pour en montrer l'exaltation à ce dernier point de vue.

PEDIGREE DE GLADIATEUR

Pour montrer le retour de **Marske** par 5 lignes féminines
en dehors des courants d'*Eclipse*.

MISS GLADIATOR.		MONARQUE.	
Taffrail.	*Gladiator.*	*Poetess.*	*The Emperor.*

Issue d'une fille de *Merman*, 4ᵉ mère I. d'*Ardrossan*, 5ᵉ mère par **Shuttle** par **Y. Marske**, par **Marske**.

Ada out of Ana Bella. { **Shuttle** par **Y. Marske** par **Marske**. { *Drone Mare, Contessina* par **Y. Marske** par **Marske**.

Royal Oak out of Smolensko Mare, Lady Mary, Highflyer Mare, Dr. of **Marske**.

Reveller Mare out of Design, **Defiance**, *Little Folly, Harriett, Alfred Mare, Magnolia* par **Marske**.

Defence out of **Defiance**, *Little Folly, Harriett, Alfred Mare, Magnolia* par **Marske**.

Nous voyons que la cinquième mère de *Gladiateur* est encore une fille du fameux *Shuttle*, par *Y-Marske*, par *Marske*. Il faut considérer avec quelle persistance cet *Inbreeding* sur *Marske*, qui avait déjà été si puissant pour *The Emperor*, puis pour *Monarque*, vient encore s'ajouter dans le cas de *Gladiateur* pour porter son effet à une puissance encore plus considérable.

Et c'est ici le moment de saisir, pour ainsi dire sur le vif, le *processus* des incestes qui sont à la base de l'origine des grands chevaux. Tout d'abord, cette première formation de *The Emperor* par l'union de l'oncle et de la nièce, sortis tous les deux de *Magnolia,* par *Marske,* et qui forment le premier retour du père d'*Eclipse.* Ensuite, *Monarque* obtenait, par l'addition à *The Emperor* de *Poetess,* produit de *Royal Oak,* sorti de la *Smolensko-Mare,* arrière-petite-fille de *Marske* avec *Ada,* issue d'*Anna Bella,* incestueuse sur *Marske. Monarque,* avec ses deux incestes à la base, est donc lui-même un retour plus puissant de cet étalon illustre. Dès lors, *Gladiateur,* sorti directement d'un même courant identique, devait être l'expression définitive d'un effort persistant.

Les réflexions qu'inspirent l'étude du pedigree des grands chevaux sont toujours d'un ordre élevé et d'une conséquence pratique immédiate.

Ainsi, la physionomie de *Gladiateur* apparaît bien nettement comme celle d'un phénomène qu'on n'avait pas vu en courses depuis *Eclipse;* mais, par contre, l'observateur est péniblement impressionné par sa *stud failure* complète. Bruce Lowe, on l'a vu, a voulu l'expliquer par l'absence de nombres *Sires* dans son pedigree; mais, comme nous l'avons indiqué, *Monarque* était dans le même cas si on pousse la systématisation aussi loin que l'auteur australien. Il y a plus : *The Emperor,* le père de *Monarque,* était aussi démuni de nombres *Sires* dans les trois et même dans les quatre premiers degrés, et cependant il fut lui-même un *Sire* des plus étonnants, comme nous l'avons vu par sa production dans la seule monte qu'il aie faite en France, au printemps de 1850. Il fit trois saisons de monte en Angleterre, mais ne fut pas employé. Aussi fut-il vendu un faible prix aux Haras de France. A quoi attribuer sa valeur comme reproducteur de qualité, tandis que son petit-fils, si glorieux et si supérieur à lui, manque complètement de *vitalité?*

Certes, nous ne nous élèverons pas contre le principe même des familles *Sires,* si bien indiquées par Bruce Lowe, et il est évident que des nombres *Sires* bien placés dans un pedigree représentent des promesses de vitalité pour l'étalon, et qu'au contraire les nombres *Running* sont plutôt des indices de féminité. Mais, comme l'a dit souvent Bruce Lowe, des étalons qui sont sortis des lignes *Running* en excès ont des chances de rencontrer, avec des juments riches, un sang de *Sire,* et *Gladiateur* a dû, à n'en pas douter, recevoir quelques-unes de ces juments, et cependant il n'a pas donné de produits marquants.

PEDIGREE DE THE EMPEROR (5).

REVELLER MARE.				DEFIANCE (5).			
Design.		*Reveller* (**19**).		*Defiance.*		*Whalebone* (1).	
Défiance.	*Tramp* (**3**).	*Roselle.*	*Conus* (25).	*Little Folly.*	*Rubens* (**2**).	*Penelope.*	*Waxy* (**18**).
Little Folly (above).	Rubens (2), arrière-petit-fils d'Herod.	F. de Gohanna, petit-fils d'Eclipse.	Par Dick Andrews, petit-fils d'Eclipse.	F. de Tandem (17) et Tuberose(2) par Herod.	Benningbro (7) par King Fergus, par Eclipse.	Houghton Less par Sir Peter (3).	Sorcerer (6) par Trumpator, par Matchem.
Harriett.	Highland Fling (**12**)(1).	F. d'Alexander par Eclipse.	Buzzard (**3**) par Woodpecker, par Herod.	Prunella par Highflyer, par Herod.	Trumpator par Matchem.	Maria par Herod.	Pol-8-os par Eclipse.

Considérons donc *The Emperor* avec son pedigree si curieux, et remarquons d'abord la haute valeur de *Defiance*, la mère de *Defence*. Cette jument eut avec *Tramp* (**3**), d'abord *Design*, qui devait être la grand'mère de *The Emperor*, et avec le même *Tramp*, le célèbre cheval *Dangerous*, qui gagna le Derby d'Epsom en 1833.

On voit que *The Emperor* ne possède guère de nombres *Sires*, si on en excepte *Reveller* (**19**), que Bruce Lowe n'admet pas dans cette catégorie, et *Tramp* (**3**). Et cela, d'après le *Système des Nombres*, devait le reléguer non-seulement parmi les *racers* de peu de valeur, mais parmi les étalons pauvres en succès. Et cependant il produisit *Monarque*, dont la mère était en dehors des nombres *Sires*, et tant

---

(1) *Highland Fling* par *Spadille* (petit-fils d'Herod) et *Cœlia* par *Herod* et *Proserpine* (propre sœur d'*Eclipse*) par **Marske**.
(2) Mère de *Contessina* (**19**).

d'autres bons chevaux de courses dans la seule monte qu'il fit en France, en 1850. Cela ne prouve-t-il pas, jusqu'à l'évidence, qu'il y a d'autres raisons que celles de Bruce Lowe pour provoquer les facultés de transmission des aptitudes spéciales et de la qualité chez un mâle. *Whalebone* lui-même, de la famille 1, n'était pas riche en nombres *Sires*, il n'en fut pas moins un *Sire* extraordinaire. Au premier abord, l'inceste sur *Defiance* semblerait devoir donner un caractère encore plus efféminé à *The Emperor*, mais il est impossible de ne pas voir que cette jument était fortement nourrie de sang *Sire*, comme nous allons le voir.

Defiance out of *Little Folly,* par *Highland-Fling* (**12**) out of *Harriett* out of *Alfred* (**12**), *Mare* out of *Magnolia*, par *Marske* (**8**), par *Squirt* (**11**). Maintenant, la mère de *The Emperor* a été obtenue en ajoutant d'abord *Tramp* (**3**), fortement nourri de sang d'*Eclipse* et *Reveller* (**19**). Il s'est donc produit, par l'inceste de *Defiance* et *Reveller-Mare,* un puissant retour des familles *Sire,* et en plus des courants d'*Eclipse,* le retour de *Marske* (**8**) et le caractère *Sire* du père de *Monarque* apparaît très vraisemblable.

Ce qu'il faut remarquer dans cet *Inbreeding* incestueux, c'est qu'ayant lieu sur une jument, il donne un caractère mâle, malgré que le courant féminin (**5**) soit *Running* et que *Defiance* soit fille de *Rubens* (2) de la ligne *Herod.* Mais elle est le canal par lequel s'opère le retour de *Marske* (**8**), et le courant (5) est certainement masculinisé dans l'*Inbreeding* par le redoublement des courants de la famille **12**, et par le nouvel apport des lignes **3** et **19**.

En ce qui concerne *Monarque,* malgré l'absence des nombres *Sires* de Bruce Lowe, dont l'exigence est excessive parce que systématique, son caractère mâle est fixé par l'*Inbreeding* sur la famille **19** d'abord, puis par le magnifique *close breeding* sur *Whalebone* et *Whisker,* si bien placé. Ces deux *Sires* remarquables, par une circonstance des plus curieuse ici, ne possédaient non plus aucun nombre *Sire* dans leurs trois premiers degrés. Cette circonstance implique bien pour *Monarque* le caractère d'étalon qui revient par leur redoublement. Enfin, le retour de *Marske,* si remarquable chez *The Emperor,* était encore accentué par la ligne de la *Smolensko-Mare,* sortie d'une fille de *Marske,* et par le canal de *Poetess,* première petite-fille d'*Anna Bella,* incestueuse sur *Y-Marske,* par *Marske,* comme nous l'avons déjà fait voir.

On voit de combien de circonstances heureuses, de concordances opportunes, de réussites inespérées, un cheval phénomène est le résultat. De plus, le retour ultime de la ligne 5 comme caractère efféminé enlève à cette force naturelle la faculté de se transmettre. De sorte que les Anglais ont pu dire, avec une apparence de raison, que *Gladiateur* était un *chance bred horse,* c'est-à-dire un phénomène dû au hasard.

Si on entend par là que les *Inbreedings* ont tous été productifs de force dans l'alliance de *Monarque* avec *Miss Gladiator,* si les incestes de la base du pedigree ont renvoyé à la surface les réserves dont ils étaient pourvus, si les familles ont joué le rôle qu'elles caractérisent, et si tout cela pouvait bien ne pas se produire, il faut convenir que le hasard est un grand maître. Aussi, en 1860, *Miss Gladiator* avait, avec *Monarque,* une pouliche, *Villafranca,* qui quoique d'une bonne qualité ordinaire (elle gagna le Prix Hocquart de son année), ne faisait pas prévoir le *Titan* de 1863. Plus tard, en 1865, *Monarque* eut encore une pouliche avec *Miss Gladiator,* qui fut appelée *Souveraine* et qui, celle-là, fut insignifiante.

Si donc on veut dire, par la qualification de *chance bred horse,* que les propres frères ou sœurs de ce phénomène ne lui ressemblaient en aucune façon, oui, on peut dire que *Gladiateur* est le fils du hasard. Mais alors ceci est vrai de tous les chevaux phénoménaux nés dans les mêmes conditions, depuis et y compris *Eclipse.* Dans les temps modernes, citons *Stuart* et *Plaisanterie,* dont les propres frères ou sœurs étaient peu remarquables ou insignifiants. Plus près de nous, citons encore *Flying-Fox.* Tous ces chevaux phénoménaux ont été le fruit d'alliances extrêmement curieuses à étudier, et où les incestes et les *Inbreedings* sont les règles générales. Mais les modèles de ces illustrations ne furent jamais tirés à plusieurs exemplaires semblables, et particulièrement le fils d'*Orme* et *Vampire* a eu beaucoup de propres frères très peu marquants.

Il faut admettre que le hasard joue ici son rôle habituel dans toutes les spéculations humaines. Mais si les éléments d'une alliance n'étaient pas susceptibles de produire un phénomène, le hasard ne pourrait pas le faire naître. Il faut que les conditions indispensables soient réunies préalablement, et avec de la persévérance, l'union peut donner un *Stuart,* une *Plaisanterie,* un *Flying-Fox,* mais il faut, de toute nécessité, mettre en présence les éléments susceptibles de faire naître ces forces de la nature. Cependant on ne peut savoir à l'avance si les circonstances favorables escomptées par l'éleveur se produiront. C'est ce qui constitue *la part du hasard,* et cette part est déjà assez considérable pour ne pas l'exagérer, car on en arriverait à croire que le hasard peut faire naître un grand cheval avec n'importe quelle alliance, ce qui est très certainement une grosse erreur.

D'autre part, il n'est pas douteux que des alliances susceptibles de donner des résultats extraordinaires ont été tentées par des éleveurs sans le moindre succès. Cela ne doit pourtant pas être une raison suffisante pour ne pas étudier avec soin les unions tentées et supputer les résultats avantageux qui peuvent en résulter. Quand on a pour soi la possibilité de produire un *racer* avec des qualités déterminées, quand on peut analyser clairement les aptitudes du poulain que l'on attend, on a fait son devoir d'éleveur, et la nature doit faire le reste. Si l'attente est trompée, comme cela arrive bien souvent, il ne faut pas s'en montrer surpris, car les insuccès dans l'élevage sont plus fréquents que les réussites.

Maintenant, considérons *Gladiateur* au point de vue philosophique de l'élevage. Il faut voir dans ce phénomène un retour d'*Eclipse.* Cela se comprend, non seulement parce que c'est un descendant direct du fils de *Marske* et *Spiletta,* mais surtout parce que la puissance de ses aptitudes de course lui est venue par le canal de chacun de ses incestes et de ses *close breedings.* En effet, chacun d'eux, même les *Inbreedings* sur les familles, a pour but de ramener en avant les courants du *sang d'Eclipse.* Nous ne recommencerons pas la démonstration, elle a été suffisamment soulignée. *Gladiateur* est un cheval Français, et c'est une des gloires de cet élevage; mais à un point de vue abstrait, *Gladiateur* est le résultat de l'effort des éleveurs depuis et y compris *Eclipse.* Chacun des éleveurs qui a contribué à concentrer les forces d'*Eclipse* par des incestes improductifs par eux-mêmes a agi dans l'intérêt de l'élevage et a préparé l'avènement du phénomène, sans le prévoir et sans le savoir.

On a voulu imputer une grande influence à la présence de *Gladiator* chez la mère, et cela surtout à cause du nom lui-même qui a été donné au Grand Cheval, et qui rappelait le père de sa mère. Sans prétendre diminuer le rôle accompli dans cette circonstance par *Gladiator,* il faut surtout voir que celui-ci était de la ligne *Herod,* et que cette condition est presque nécessaire chez un phénomène. *Ormonde,* autre cheval extraordinaire, avait pour père de sa mère, *Macaroni,* par *Sweetmeat,* par *Gladiator.* Le sang d'*Herod* est, en effet, complémentaire de celui d'*Eclipse,* en ce sens qu'il apporte le courant de *Byerley Turk* et un nouveau courant du *Darley Arabian,* par le *Flying Childers,* le premier phénomène qui soit apparu à l'Angleterre. Toute alliance de *Monarque* avec une fille de *Gladiator* (ou de *Fitz-Gladiator*) constituait donc un bon atout dans le jeu de l'éleveur. Dans une jument, le sang de *Gladiator* contribuait à en faire d'heureuses poulinières pour des alliances avec la ligne *Eclipse.* Et même les étalons sortis de *Gladiator* ont été tous efféminés. Il faut donc chercher ailleurs l'explication du rôle de *Gladiator* dans les alliances de ses filles ou petites-filles avec *Monarque.* Elle réside toute entière dans ce fait que cette alliance produit un nouvel *Inbreeding* fécond sur *Whalebone* (*Waxy* et *Penelope*, par *Trumpator*).

PEDIGREE DE GLADIATEUR

pour montrer l'influence du courant de *Whalebone*.

MONARQUE.

The Emperor. { *Defence* par **Whalebone** (*Waxy* et *Penelope* par *Trumpator*).

Poetess 1re. { *Royal Oak.*
{ *Ada* par **Whisker** (*Waxy* et *Penelope* par *Trumpator*).

MISS GLADIATOR.

Gladiator. { *Partisan.*
{ *Pauline* par *Moses*, par **Whalebone** (*Waxy* et *Penelope* par *Trumpator*).

Taffrail.

En examinant le pedigree de *Gladiateur*, on se rend compte de la valeur de ce nouvel *Inbreeding*, qui vient renforcer le *close breeding* de *Monarque* sur *Whalebone* et *Whisker*.

Nous donnons ce pedigree sous cette forme pour attirer l'attention des éleveurs et les empêcher de s'égarer dans des conceptions imaginatives sur la valeur de *Gladiator* dans cette aliance.

Si l'on veut bien juger de l'influence de cet *Inbreeding* sur *Whalebone*, il n'y a qu'à considérer le pedigree de *Consul*, si suggestif à cet égard, et plus tard le pedigree de *Nougat*. Nous donnons ces deux dernières tables absolument typiques pour les descendants les plus illustres de *Monarque*.

PEDIGREE DE CONSUL

pour montrer son *inbreeding* sur **Whalebone** et **Whisker**.

MONARQUE.

The Emperor. | par *Defence*, par **Whalebone** (*Waxy* et *Penelope*).

Poetess 1re. { *Royal Oak.*
{ *Ada* par **Whisker** (*Waxy* et *Penelope*).

LADY LIFT.

{ par *Sir Hercules*, par **Whalebone** (*Waxy* et *Penelope*).

PEDIGREE DE **NOUGAT**

pour montrer l'influence de *l'inbreeding* sur **Whalebone** et **Whisker**.

CONSUL {
  Monarque. {
    The Emperor par *Defence*, par **Whalebone**.

    Poeless out of *Ada* par **Whisker**.
  }
  Lady Lift.   par *Sir Hercules*, par **Whalebone**.
}

NEBULEUSE. {
  par *Gladiator*, fils de *Pauline*, par *Moses*, par **Whalebone**.
}

Au lieu d'attribuer à *Gladiator* une sorte de talisman secret pour donner des mères pour *Monarque*, il apparaît facilement que tout autre étalon apparenté sur *Whalebone* se trouvait dans les mêmes conditions de réussite avec le père de *Gladiateur*. Il convient d'ajouter que la qualité de *Gladiator* comme étalon n'est pas en cause, puisqu'il a fait ses preuves, mais dans le cas particulier des alliances de ses filles avec *Monarque,* c'est l'*Inbreeding* sur *Whalebone*, par le canal de *Moses*[1], qui a joué. Quoique *Gladiator* ait été second derrière *Bay Middleton* dans le Derby de 1836, et qu'il n'ait pas couru d'autres courses, il faut lui accorder une grande valeur, qu'il a démontrée; toutefois, sa descendance mâle a toujours été efféminée, comme toute celle d'*Herod* en général, mais ce qui a donné une grande force à *Gladiator*, c'était son *Inbreeding* sur *Pot-8-Os*, par *Eclipse*. Il suffit de jeter un coup d'œil sur le pedigree de cet étalon pour voir la source de sa faculté de mâle :

GLADIATOR (22). {
  PARTISAN (1). {
    Walton (7) (Ligne *Herod*).

    Parasol par **Pot-8-Os** par *Eclipse*.
  }
  PAULINE. {
    par *Moses* (5), par *Whalebone* (1), par *Waxy* (18), par **Pot-8-Os**, par *Eclipse*.
  }
}

(1) *Moses*, de la famille **5**, a toujours été attribué à *Whalebone*, ce qu'il a prouvé en gagnant le Derby d'Epsom en 1822.

Sans chercher dans les nombres *Sires*, qui n'existent pas dans ce pedigree, on conçoit, par le jeu des *accouplements intervertis*, que l'*Inbreeding* produit par *Moses* et *Parasol* est très violent et presque incestueux sur *Pot-8-Os*, qui est bien la source de la valeur en stud de *Gladiator*.

Moses est en effet le petit-neveu de *Parasol*, sœur de *Waxy*. Il y a donc là un violent *Inbreeding*. Mais cette parenté entre *Parasol* et *Moses* apparaît bien plus grande si on sait que *Parasol* est une fille de *Prunella,* la mère de *Penelope,* dont est sorti *Whalebone*.

PEDIGREE DE GLADIATOR

pour montrer son *inbreeding* sur les courants de *Whalebone*.

PARTISAN.
{
  Walton (7).

  Parasol.   { *Pot-8-Os*.
                 Prunella.
}

PAULINE.
{
  Moses, par *Whalebone.*   { *Waxy* par **Pot-8-Os**.

            Penelope.   { *Trumpator.*
                        Prunella.
}

Nous allons donc donner, sous cet aspect nouveau, le pedigree de *Gladiator*, afin de montrer sa richesse sur le courant *Waxy* et *Penelope*, par *Trumpator* et *Prunella*. C'est qu'en effet, *Penelope* et *Parasol* sont deux sœurs utérines. Dès lors, *Partisan* et *Whalebone* sont cousins germains à la fois par *Pot-8-Os* et par *Prunella*. Ces deux courants, renouvelés dans *Gladiator*, donnent une force énorme aux alliances dans lesquelles on trouve *Whalebone* ou *Whisker*, et c'est ce qui explique les facultés spéciales des filles de *Gladiator* de s'allier avec *Monarque*. C'est ce qui explique aussi tous les succès des fils de *Gladiator*, notamment la valeur de *Stracchino, Nougat,* etc.

La force de ce courant de *Whalebone*, qu'on lit dans *Moses*, ne serait rien sans l'*Inbreeding* sur *Pot-8-Os* et *Prunella ;* mais, avec cette force décuplée, toutes les fois que *Gladiator* rencontre ce courant, même plus éloigné de *Whalebone* ou *Whisker*, il fait des merveilles.

Il faut évidemment se borner ici aux exemples que nous avons cité. Mais il y aurait sur ce curieux *Inbreeding* une superbe étude à faire en partant de ce principe que la force tout entière de *Gladiator* pour la transmission de l'aptitude était là, principalement avec son autre *Inbreeding* extérieur sur la ligne *Herod.* Mais, sachons en rester là, pour laisser au lecteur de superbes trouvailles dans cet ordre d'idées, si intéressant. En effet, l'étude d'un étalon comme *Gladiator* ne peut se faire comme une digression. Nous avons voulu ici attirer l'attention du lecteur sur la cause réelle de la réussite si connue de *Monarque* avec des filles ou petites-filles de *Gladiator.* Mais les courants de *Whalebone,* placés comme celui de *Gladiator,* ont réussi de la même façon avec d'autres étalons; nous l'avons vu dans le cas de *Consul* et de son fils, *Nougat.*

Les Out-Crossings de « Gladiateur ». — Les *Out-cross* dans la naissance de *Gladiateur* sautent aux yeux de tout lecteur qui a suivi consciencieusement l'étude que nous avons faite de ses *Inbreedings.* En effet, pas une seule alliance n'en est exempte. Nous allons énumérer brièvement, en remontant notre dissertation, ces *croisements ataviques* si précieux, d'où dérive toute la force de la race.

Si on considère le pedigree de *Gladiateur* à la manière des anciens éleveurs, d'une façon simpliste et élémentaire, on s'aperçoit d'un fait frappant des plus appréciés par la génération qui nous a précédés.

Gladiateur est de la ligne d'*Eclipse,* par le canal de *Whalebone,* et sa mère est une fille de *Gladiator,* de la ligne *Herod.* C'est là qu'apparaît un croisement atavique de *Darley Arabian* avec le *Byerley Turk.*

Mais l'*Out-crossing* n'a pas un mode d'action différent de celui de l'*Inbreeding.* Il n'intervient pas brutalement, comme un magicien qui, d'un coup de baguette toute puissante, modifie et transforme à sa volonté les constitutions, les tempéraments, les aptitudes. Il faut, au contraire, pour le croisement, qu'à chaque génération l'action en ait été continue, progressive, régulière, persistante.

La tradition nous apprend que M. Aumont, en souvenir de la naissance de *Gladiateur,* recherchait, pour le sang de *Monarque,* les filles ou petites-filles de *Gladiator,* et qu'il s'en est toujours bien trouvé. Cela est vrai, mais sur quoi se basait M. Aumont? On ne l'a jamais dit. Etait-il hypnotisé par la naissance de *Gladiateur* sans s'être rendu compte des forces qu'il avait fallu mettre en branle pour la naissance de ce phénomène? Nous ne le savons pas. Au surplus, qu'il ait analysé ou non, comme nous le faisons aujourd'hui, la table d'origine de *Gladiateur,* cela importe peu! Car s'il ne l'a pas fait, les mobiles auxquels il obéissait étaient sans doute très intéressants, et n'empêchaient pas que ce qui est écrit dans le pedigree de *Gladiateur* ne le soit en caractères ineffaçables. Et cela est vrai pour la naissance de tous les chevaux de course, quels qu'ils soient, qui ont montré une grande valeur sur le turf. Si l'éleveur n'a pas toujours vu les causes déterminantes de son succès, et même s'il les a attribuées à des motifs différents et même erronés, il n'en existe pas moins, dans le travail de l'éleveur, des causes indiscutables du succès, qu'il est permis de signaler pour l'instruction des éleveurs de l'avenir.

D'autre part, il y a des considérations autres que celles basées sur l'*Inbreeding,* qui peuvent influer sur les déterminations des éleveurs et il importe de montrer précisément que sans l'*Inbreeding* sous ses diverses formes et à ses diverses places, il n'y a pas d'élevage de courses depuis et surtout y compris *Eclipse*. De sorte que l'empirisme qui semble bien souvent être la seule science des éleveurs, se trouve modifié en ce sens que l'étude des faits acquis par l'observation des courses devient une Science indispensable, susceptible de prendre un développement régulier et basée sur des études scientifiques générales dans toutes les directions de la biologie.

Il est assez admissible que l'étude de la table d'origine des phénomènes soit féconde en enseignements des plus suggestifs, et que l'éleveur s'attache avec passion à connaître les raisons pour lesquelles ces animaux exceptionnels avaient hérité de leurs ancêtres les qualités du cheval de course portées à une haute puissance.

Aussi, il était bien naturel de faire ici une étude du pedigree de *Gladiateur,* le plus étonnant performer des temps modernes, et d'expliquer sa stud-failure exploitée par des ignorants, contre le principe de la sélection des meilleurs sujets par les courses pour la production.

Or, depuis *Eclipse* jusqu'à *Gladiateur,* le croisement des lignes *Herod* et *Matchem* avec la ligne d'*Eclipse* paraît avoir été une règle immuable de l'élevage, et doit nous servir d'enseignement.

Dans ces études de débutant, nous allons montrer à chaque génération l'arrivée de ces *croisements ataviques.* Mais nous le ferons d'une façon élémentaire, nous réservant, dans les *hautes études,* de reprendre cet exemple comme absolument typique de la nécessité d'intervertir les lignes aussi bien au point de vue de l'*Inbreeding* que de l'*Outcrossing,* qui se confondent, et nous regrettons presque de prononcer des paroles qui, à ce point de l'étude que nous commençons, ne peuvent être comprises de l'étudiant en élevage.

Certes, l'alliance de *Monarque* et de *Miss Gladiator* a donné un phénomène inoubliable, et c'est à cette suggestion qu'a obéi probablement M. Aumont quand il a dirigé son élevage de Victot dans le croisement du *sang de Monarque* avec celui de *Gladiator*. Nous avons justifié cette bonne direction par le triple *Inbreeding* sur *Waxy* et

Penelope. Mais au point de vue de l'*Out-crossing*, la ligne d'*Herod* était précieuse à ajouter au sang de *Monarque*, fortement bâti sur les lignes d'*Eclipse, The Emperor,* de la ligne *Eclipse* par le canal de *Whalebone* et *Poetess,* par *Royal Oak (Eclipse)* et *Ada,* par *Whisker* (propre frère de *Whalebone*). *The Emperor,* à son tour, était le produit d'un croisement entre *Defense* et la *Reveller Mare,* fille de *Reveller,* de la ligne de *Matchem.* Nous voyons donc apparaître, à ce degré, le puissant courant de *Godolphin Barb.* De sorte qu'*élémentairement* nous constatons que *Gladiateur* nous apparaît comme bien équilibré avec les trois grands chefs de ligne, *Eclipse, Herod* et *Matchem,* c'est-à-dire *Darley Arabian, Byerley Turk* et *Godolphin Barb.*

Par les mères, le *croisement des lignes* n'est pas moins curieux dans ce phénomène de l'*Inbreeding* sur la famille 5, dont il est, pour ainsi dire, l'expression pléthorique. En effet, si *Miss Gladiator* était de la famille 5, *Monarque* était de la famille **19**, et ces deux familles, comme nous le verrons plus tard, sont d'une essence complètement différenciée.

En un mot, nous trouvons dans *Gladiateur* les éléments de l'*Out-crossing* mâle et femelle, c'est-à-dire ce qui constitue, sinon la source de l'aptitude spéciale, du moins les conditions indispensables de santé, de force musculaire, de souplesse, de résistance à la fatigue, de rusticité, d'endurance, toutes nécessités indispensables à la manifestation extérieure de l'aptitude, et sans lesquelles un grand vainqueur ne peut exister.

En ce qui concerne la force générale qui résulte de l'alliance entre animaux nés dans des climats différents, *Gladiateur* n'échappe pas à cette heureuse influence des germes différenciés par des habitats divers. En effet, *Monarque* était né d'une formule Anglo-Française. C'est le type de la sortie d'un étalon d'Outre-Manche avec une jument Française. Quand à *Miss Gladiator,* quoique née en France, elle était issue d'un pur étalon Anglais et d'une jument complètement Anglaise, née en Angleterre.

A cette époque du Turf Français, l'événement était habituel. Les importations de juments, d'étalons, étaient constantes, puisque les Eleveurs Français ne possédaient pas, dans cette période, le stock suffisant de reproducteurs pour assurer le *quorum* annuel des poulains Français pour les courses.

Il y a donc, chez *Gladiateur,* un mélange de germes Anglais et Français, qu'il serait difficile de trouver aussi complet. Il semble que cet heureux assemblage de propriétés spéciales des deux ambiances ait eu son plein effet dans l'épanouissement véritablement phénoménal qui résulta de cette alliance de *Monarque* avec *Miss Gladiator*, par *Gladiator*.

Ainsi, *Gladiateur* n'est pas une exception inexplicable et incompréhensible. Il est d'une constitution tout à fait orthodoxe, non seulement dans ses *Inbreedings*, si curieux et si forts, mais aussi en ce qui concerne ses *Out-crossings ataviques*, puisque les trois lignes des grands ancêtres Arabes, Turcs et Barbes y sont représentées. D'autre part, deux grandes lignes féminines célèbres se sont unies pour présider à sa naissance : la ligne de *Monarque,* **19,** franchement Anglaise, et la ligne de *Miss Gladiator,* n° 5, sortie assurément de la race Orientale.

Il est assez curieux de voir le rôle bizarre de ces deux familles **19** et 5, l'une mâle et l'autre efféminée, dans la constitution de *Gladiateur*. *Monarque* est obtenu avec *The Emperor*, de la ligne 5, et *Poetess*, de la ligne **19**, et *Gladiateur* est par *Monarque* (**19**) et *Miss Gladiator* (5) Voilà pourquoi il est possible de dire que souvent *Inbreeding* et *Out-crossing atavique* se confondent.

Il est en tout cas certain que *Gladiateur* est un des exemples les plus suggestifs de cette vérité ; qu'un effort de l'Eleveur ne suffit pas pour produire quelque chose de phénoménal, mais que cet effort doit être renouvelé avec persistance à chaque génération. Il y a là, dans l'effet, à rechercher l'emploi du procédé qu'on a appelé en musique : le *crescendo*. C'est une comparaison qui apparaît comme très heureuse pour indiquer à l'Eleveur que la persistance dans une direction est un facteur de succès. Il est évident que des *Inbreedings* heureux ne peuvent être répétés avec une nouvelle énergie que par des éleveurs successifs se succédant les uns aux autres sans se laisser d'autres indications que leurs œuvres elles-mêmes, que le nouveau venu dans la carrière de l'Elevage doit étudier et scruter.

Souvent, le mérite n'est pas toujours pour celui qui a la gloire et le bénéfice du succès, mais ceux qui ont posé les bases de cet édifice magnifique sont morts sans en voir l'achèvement.

Et cette remarque ne s'applique pas seulement aux *Inbreedings* superposés pendant des générations successives, mais aux *Out-crossings* eux-mêmes.

Quoique le moment ne soit pas venu de s'étendre sur cette grosse question théorique, qui sera étudiée plus tard, voici un tableau de cette fameuse alliance *Waxy* et *Penelope*, qui joue un rôle si considérable dans le Stud Book, et particulièrement dans les naissances de *Plaisanterie* et de *Gladiateur*, pour en montrer les *Out-crossings* des lignes mâles.

PEDIGREE DE **WHALEBONE**

pour montrer les *Out-crossings* ataviques par les 3 lignes mâles.

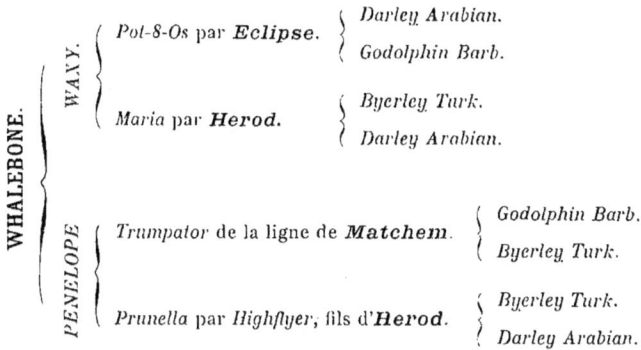

WHALEBONE.	*WAXY.*	*Pot-8-Os* par **Eclipse.**	*Darley Arabian.* *Godolphin Barb.*
		Maria par **Herod.**	*Byerley Turk.* *Darley Arabian.*
	PENELOPE	*Trumpator* de la ligne de **Matchem**.	*Godolphin Barb.* *Byerley Turk.*
		Prunella par *Highflyer*, fils d'**Herod.**	*Byerley Turk.* *Darley Arabian.*

L'esprit du lecteur doit certainement être impressionné profondément par le curieux mélange des trois sangs : *Eclipse*, *Herod* et *Matchem*.

De pareils succès, aussi probants, doivent servir d'exemple aux éleveurs du temps présent où la nécessité n'est pas moins grande qu'autrefois, de rechercher cet équilibre produit par la réunion des trois lignes mâles dans la partie la plus rapprochée de la tête du pedigree.

Enfin, la nécessité des *Out-cross climatériques* est également une leçon qui émane de l'étude sur *Gladiateur*. L'arrivée en France d'un étalon comme *Gladiator* a été un bienfait non seulement parce qu'il nous apportait les trésors d'un sang précieux et complémentaire de celui d'*Eclipse*, mais aussi parce qu'il apportait avec lui les forces inconnues qui résultent du changement d'habitat et que sa semence, déposée sur un terrain neuf, y gagnait une énergie nouvelle. Pour que des phénomènes extraordinaires puissent se produire, il faut que toutes les circonstances concourent à leur genèse et c'est ce qui s'est passé pour *Gladiateur*.

LE CAS DE *PLAISANTERIE*

Intérêt particulier de cette étude. — Je crois que le cas de *Plaisanterie* est bien ce qu'il y a de plus curieux dans le Stud Book. Non pas que son pedigree diffère d'une façon générale de celui des *Chevaux phénoménaux,* mais parce qu'il est plus difficile à étudier et qu'il est bien caractéristique d'une jument.

La difficulté consiste dans la découverte totale des *Inbreedings* dans ce cas bizarre. Il faut arriver, en effet, à soulever le voile qui cache l'aspect véritable du *monstre*. Alors qu'on a découvert la nature extraordinaire des *Inbreedings*, la construction de la jument apparaît merveilleuse et réellement phénoménale. Toutefois, pour parvenir à cette découverte, il faut avoir une conception de l'*Inbreeding général* tout à fait différente de celle que prône l'évangile selon saint Lehndorf.

Le côté anecdotique. — On a écrit beaucoup d'anecdotes sur la façon dont cette anormale pouliche avait fait son entrée dans le monde des courses. Il faut se défier, en général, des anecdotes sur les chevaux extraordinaires. Il y en a beaucoup d'offertes au public. La vérité est presque toujours beaucoup plus simple que toutes ces histoires inventées après coup et dont la légende se répand par suite de la légèreté qui caractérise la graine de mensonge.

Plaisanterie, par *Wellingtonia* et *Poetess II* (*Trocadero* et la *Dorette*), faisait partie, en 1883, du lot de *yearlings* du haras de Menneval, au vicomte Dauger, qui fut envoyé au Tattersall le 1er septembre. Elle fut vendue aux enchères publiques, à l'entraîneur T. Carter, pour la somme de 825 francs. Ce fut dans cette journée mémorable que ce professionnel conquit ses éperons et son titre de noblesse car on le distingua, après les succès de sa pouliche, parmi ses nombreux homonymes, par le surnom de « Carter-*Plaisanterie*. »

Cette vacation du Tattersall se perpétuera comme un souvenir inoubliable. Non pas que le fait observé ne se soit jamais produit et qu'il ne puisse pas se renouveler, bien au contraire. Mais, depuis *Eclipse,* vendu lui-même en vente publique sans qu'aucun des connaisseurs célèbres de l'époque se soit jamais douté, avant, pendant et longtemps après, qu'il avait été à même d'acquérir pour quelques guinées le plus grand phénomène que les hommes aient jamais vu s'étendre sur une piste d'hippodrome, aucun autre cheval extraordinaire n'avait été soumis au public et adjugé d'un coup de marteau, sans dispute, à un si vil prix.

Quand on pense que la pouliche présentée ce jour-là fut depuis l'inoubliable héroïne de tant de courses, sous tous les poids et sur toutes les distances, on comprend qu'elle soit devenue, dans l'imagination des éleveurs, comme un mythe, un symbole presque religieux.

C'est le sphinx qui vous guette de son œil troublant et dont il est impossible de deviner le secret; c'est l'énigme éternelle devant laquelle nous devons baisser la tête; c'est l'inscription hiéroglyphique indéchiffrable sur laquelle pâlissent les savants et dont le sens vrai leur échappe toujours; c'est la science elle-même qui résout tous les problèmes mais qui ne résoudra jamais le dernier.

Tout poulain de pur sang qui vient au monde est ainsi une énigme vivante que les plus habiles ne peuvent interpréter que partiellement; on peut en donner des aspects, des apparences, mais l'éternel mystère persiste toujours.

Aussi, quand l'événement est passé, les maîtres, les professeurs, amateurs ou professionnels, s'efforcent à expliquer, de la façon la plus simple, suivant eux, pourquoi les acheteurs ont été pris au dépourvu, tandis qu'en les consultant on aurait trouvé, dans leur science, le précieux secret, car ils possèdent l'anneau de Gygès, le Sésame ouvre-toi ou la lampe merveilleuse d'Aladin des légendes orientales.

Hélas! il faut en rabattre de ces prétentions! Aucun de nous ne possède cette seconde vue et le spiritisme est loin de nous avoir apporté aucun progrès dans la future carrière des poulains de course. On n'a encore trouvé d'autres moyens de connaître leur valeur que de les essayer et c'est ainsi que, bien souvent, l'Elevage a des surprises qui font époque.

Mais en considérant, sous quelque côté spécial ce sphinx d'un nouveau genre, l'observateur peut en étudier des aspects particuliers et essayer de deviner quelques-uns des secrets de l'énigme redoutable.

Après l'événement il peut être intéressant de savoir exactement où cette étonnante pouliche, que les Anglais ont appelé la *French Filly,* a puisé la plus grande partie de ses forces. Son pedigree, si bizarre soit-il, n'est pas un pedigree de *close breeding*, et au premier aspect, il semble plutôt un *out-cross* entre deux consanguins. Il y a, dans ce cas si admiré, un problème obsédant dont l'homme d'étude doit chercher à dégager quelques inconnues. Mais *Plaisanterie* n'est pas facile à analyser, elle se dérobe, elle cache jalousement son secret, ou mieux encore ses secrets, et ne les montre qu'après de longues recherches. Elle remémore à ses fidèles passionnés les deux fameux vers de la Troisième Eglogue :

« *Malo me Malatea petit, lasciva puella,*
« *Et fugit ad salices et se cupit ante videri.* »

On a voulu trouver une excuse pour le public sportif, qui avait laissé passer un pareil joyau sans le remarquer, en disant que cette vacation n'avait attiré personne. Mais cela est inexact et, tout au plus, les personnalités qui assistaient à la séance du Tattersall ce jour-là, se sont soigneusement dispensées de s'en vanter. Le bruit a couru aussi que T. Carter avait une si haute opinion de son acquisition qu'il s'empressa d'en céder la moitié à M. Bouy, un de ses clients. L'excellent entraîneur n'était, non seulement pas sûr de son affaire, mais le fait de céder la moitié de son trésor prouve son peu de conviction. Il n'avait certainement pas d'autre but que de mettre tous les atouts dans son jeu, en rentrant immédiatement dans la moitié de ses débours et en faisant payer par un tiers les frais d'entraînement.

Quand au vicomte Dauger, les écrivains du jour tentèrent de le faire passer pour un vieillard amnésique, qui avait oublié une vente de la pouliche à M. de Nicolaï pour un prix trois fois supérieur. Outre que cela n'a aucune importance au point de vue des courses, il ne faut voir dans tous ces récits que des racontars *propter hoc et post hoc,* comme cela se passe toujours dans des circonstances analogues.

Il faut se rendre compte de ce qui se produit réellement au point de vue philosophique.

Les amateurs virent passer devant leurs yeux une pouliche légère, peu venue, anormale et, pour tout dire, disgracieuse. Ils la dédaignèrent, M. de Nicolaï comme les autres. Il en offrit, dit-on, 2.500 francs, et on en voulait un peu plus. Cela suffit pour montrer que M. de Nicolaï, ni le vicomte Dauger n'étaient enthousiastes de cette *yearling* encore pâle et lavée aux extrémités, dont l'arrière-main était plus haut que le garrot, à l'encolure fausse, aux genoux creux, aux paturons longs et minces, à la tête trop petite. Personne ne voulait se charger de faire entraîner un *yearling* aussi peu dans la formule des hommes de cheval, des amateurs expérimentés, et son acquéreur s'empressait, comme nous l'avons dit, d'en liquider la moitié, réduisant ainsi ses risques à presque rien.

Comme *Eclipse*, *Plaisanterie*, qui lui ressemblait du reste à certains points de vue, est passée inaperçue en vente publique.

C'est un fait qui ne surprendra que les connaisseurs prétentieux, qui croient encore pouvoir deviner les qualités et la valeur d'un cheval de courses avec leur seul coup d'œil d'aigle. La lecture du pedigree n'en apprend guère plus, car alors, à ce compte-là, on aurait dû acheter les sœurs de *Plaisanterie*, qui ne gagnèrent aucune course. Au surplus, la fille de *Wellingtonia* ne fut pas engagée dans aucune grande épreuve classique ; il faut donc en conclure qu'elle n'inspirait pas la moindre confiance à son éleveur, et que ce dédain était surtout causé par ce qu'on appelle, dans le jargon des écuries, sa conformation défectueuse.

Autre tare au point de vue des gens du monde : les *Wellingtonia*, dans ce moment-là, n'étaient pas à la mode ! Ils avaient même la réputation d'être corneurs ! Est-il besoin de le dire, aujourd'hui que les faits sont bien au point, rien ne justifiait un pareil soupçon, une aussi gratuite insinuation calomnieuse.

La vérité, c'est que le *Phénomène* avait encore une fois dérouté les hommes du métier et les amateurs, et que ce qu'il y a d'*anormal* dans de si étonnants *racers* ne permettait pas d'en apprécier la valeur, même après un examen approfondi du pedigree.

Premier aspect du pedigree de « Plaisanterie. » — **Pedigree de « Wellingtonia. »** — Cependant, au premier abord, le pedigree de la *french filly* apparaît bizarre. Un simple coup d'œil le montre à un amateur, même peu exercé, comme l'alliance de deux animaux incestueux.

Wellingtonia est très nettement indiqué comme le produit d'un *incestuous breeding* sur la célèbre *Pocahontas*, la mère de *Stockwell*. Il est le produit du neveu avec la tante. Il paraît avoir eu de la classe, mais il devait manquer de santé, de rusticité, car il ne courut qu'avec un succès bien médiocre dans la *Haute Société* que ses moyens l'autorisaient à fréquenter.

En outre, *Chattanooga* était fils d'*Orlando* par *Touchstone* et *Araucaria*, fille d'*Ambrose* par *Touchstone*. C'était donc, à ce point de vue, l'union de deux cousins germains. Evidemment, ce *close-breeding* sur *Touchstone* est un des plus riches qu'on puisse rencontrer dans un pedigree. Bien qu'il apparaisse nettement aux yeux d'un expert qu'un animal bâti comme *Wellingtonia* ne puisse jamais être classique il faut, au contraire, reconnaître que son nom est à sa place, à un certain degré, dans la table d'un *cheval phénomène*.

WELLINGTONIA (1869) (3).

ARAUCARIA.				CHATTANOOGA (1862) (3).			
Pocahontas.	*Ambrose* (16)			*Ayacanora.*	*Orlando* (13).		

CHATTANOOGA (1862) (3). — *Orlando* (13).

Touchstone (14)
- Camel (24).
  - Whalebone (1). | Waxy (18) et Penelope par Trampator.
  - Selim Mare. | Selim (2), Maiden.
- Banter.
  - Master Henri (3). | Orville (8), Miss Sophia.
  - Boadicea. | Alexander (13), Brunette.

Vulture.
- Langar (6).
  - Selim (2). | Buzzard (3) et Alexander Mare.
  - Walton Mare. | Walton (7), Y. Giantess.
- Kite.
  - Bustard (35). | Castrel (2), Miss Happ.
  - Olympia. | Sir Oliver (13), Scotilila.

CHATTANOOGA — *Ayacanora.*

Birdcatcher (11)
- Sir Hercules (2).
  - Whalebone (1). | Waxy et Penelope.
  - Peri. | Wanderer (11), Coriander Mare.
- Guiccioli.
  - Bob Booty (23) | Chanticleer (3), Ierne.
  - Flight. | Escape (+), Y. Heroïne.

Pocahontas.
- Glencoë (1).
  - Sultan (8). | Selim (1), Bacchante.
  - Trampoline. | Tramp (3), Web
- Marpessa.
  - Muley (6). | Orville (8), Eleanor.
  - Clare. | Marmion et Harpalice.

ARAUCARIA. — *Ambrose* (16).

Touchstone (14).
- Camel (24).
  - Whalebone (1). | Waxy (18) et Penelope.
  - Selim Mare. | Selim (2), Maiden.
- Banter.
  - Master Henri (3). | Orville (8) et Miss Sophia.
  - Boadicea. | Alexander (13), Brunette.

Annette
- Prian (6).
  - Emilius. | Orville (8), Emily.
  - Cressida. | Whiskey (2), Highflyer Mare.
- Don Juan Mare.
  - Don Juan (44). | Orville (8), Peterea.
  - Mall in the Wad. | Hambletonian (1) et Spilfire.

ARAUCARIA. — *Pocahontas.*

Glencoë (1).
- Sultan (8).
  - Selim (1). | Buzzard (3), Alexander Mare.
  - Bacchante. | Williamson Dito (7), Mercury Mare.
- Trampoline.
  - Tramp (3). | Dick Andrews (9), Gohanna Mare.
  - Web (1). | Waxy (18) et Penelope.

Marpessa.
- Muley (6).
  - Orville (8). | Beningbroug (7), Evelina.
  - Eleanor. | Whiskey (2) et Highflyer Mare
- Clare.
  - Marmion (28). | Whiskey (2), Y. Noisella.
  - Harpalice. | Gohanna (24) et Amazon.

Le pedigree de « Wellingtonia. » — Toutefois, ce premier examen superficiel, qui nous montre le fils de *Chattanooga* et *Araucaria* comme sorti incestueusement de *Pocahontas* et de *Touchstone*, ne nous fait entrevoir qu'un côté intéressant de cette physionomie. Mais, si on laisse l'œil se reposer un instant et si on jette un second regard, on ne tarde pas à voir que l'influence de *Whalebone* ne se fait pas seulement sentir par le double canal de *Touchstone*, mais aussi par celui de *Birdcatcher* et encore par *Glencoë*, dont la grand'mère *Webb* est la propre sœur de *Whalebone*.

Comme nous le voyons, voilà le courant *Waxy* et *Penelope* qui se prononce, comme dans le pedigree de *Gladiateur*. Mais un examen un peu plus approfondi va nous montrer encore que les moyens employés pour donner toute sa puissance à cet *Inbreeding* sur le *sang stout* sont les mêmes dans les deux cas. Chez *Gladiateur*, l'*Inbreeding* de la ligne *Herod* était sur *Rubens;* avec *Plaisanterie*, l'amorce de l'*Inbreeding* complémentaire s'accroche sur *Selim*. Le premier départ est celui de *Chattanooga*, arrière-petit-fils de *Camel*, fils d'une *Selim Mare*.

Ayacanora, la mère de *Chattanooga*, est fille de *Pocahontas* par *Glencoë* par *Sultan* par *Selim*.

C'est un *Inbreeding de rencontre*, presque un *inceste de courant mâle*.

Passons à *Araucaria*. C'est absolument le même inbreeding sur *Selim*, mais celui-là n'est pas de *rencontre* puisque les *accouplements intervertis* nous donnent : *Touchstone* et *Marpessa*, d'une part, et de l'autre : *Glencoë* et *Annette*.

Mais cela ne suffirait pas à expliquer le féminisme du pedigree de *Plaisanterie* et même celui de *Wellingtonia*. Il faut aussi remarquer qu'*Orlando* est lui-même efféminé par un *inbreeding* sur le même *Selim* puisque sa mère *Vulture* est fille de *Langar* par *Selim*.

Cela irait au mieux, mais nous ne voyons pas encore *l'inceste indispensable* sur un courant prédominant pour lui donner toute la puissance initiale suffisante. Si on examine pourtant le pedigree de *Vulture*, grand'mère de *Chattanooga*, dont nous parlerons plus tard au point de vue sportif, on voit qu'elle est fille de l'oncle et de la nièce, *Langar* étant fils de *Selim*, et *Kite*, petite-fille de *Castrel* (propre frère de *Selim*).

Nous avons donc, chez *Wellingtonia*, 6 courants de l'alliance *Buzzard* et *Alexander Mare*, partant d'un inceste et constamment surajoutés avec une précision et un bonheur inouïs.

Revenons au côté gauche du pedigree, c'est-à-dire à *Araucaria*, dont la table n'est pas moins remarquable, ni moins indiquée pour faire des *Juments*, des *Sires* et des *Racers phénomènes*. Cette fille d'*Ambrose* et *Pocahontas* par *Glencoë*, inbred de cette façon sur le courant *Waxy* et *Penelope*, l'est aussi sur le courant efféminé *Buzzard* et *Alexander Mare*. Mais cette jument a été véritablement si féconde en héros, que nous ne trouvons pas encore de liaisons suffisantes, dans son pedigree, pour expliquer sa chance. En effet, une jument qui a produit, non seulement *Wellingtonia* (un inceste), mais encore *Camélia* par *Macaroni*, *Chamant* par *Mortemer*, *Rayon-d'Or* par *Flageolet*, etc., doit avoir certainement un *inceste à la base*.

Les parentés, en pur sang, sont souvent masquées et semblent se dérober aux investigations parce que, généralement, elles ne se dénoncent que par le côté paternel ou par le côté maternel, mais presque jamais par les deux. Dans la société humaine, nous sommes habitués, en parlant de frères, de considérer les doubles frères, ou bien, suivant une expression usitée en jurisprudence, les *frères germains*. Mais, en élevage, les frères ou sœurs ne sont frères ou sœurs, en général, que de père ou de mère. Dans l'humanité, la jurisprudence appelle les frères de père, des *frères consanguins*, et les frères de mère, des *frères utérins*. En élevage, quand des frères sont, à la fois, frères de père et de mère, on les appelle *propres frères*. C'est le cas le plus rare. On va voir combien ces observations ont d'importance dans le cas d'*Araucaria*

La mère d'*Ambrose*, *Annette,* et la mère de *Pocahontas*, *Marpessa*, sont : la première fille de *Priam* et la seconde fille de *Muley*, or, ces deux célébrités, *Priam* et *Muley*, sont, pour ainsi dire, plus que propres frères. En effet, *Muley* était fils d'*Orville* et *Priam* par *Emilius* par *Orville*. De plus, les deux mères, *Cressida* et *Eleanor*, étaient propres sœurs par *Whiskey* et *Highflyer Mare*. Si on ajoute que la mère d'*Annette* est une petite-fille d'*Orville* et que la mère de *Marpessa* est une petite-fille de *Whiskey*, on se rend compte que l'*Inbreeding*, s'il n'est pas *incestuous* est, tout au moins, *very closely*.

En somme, les *Inbreedings* d'*Araucaria* sont encore plus intenses que ceux de *Chattanooga* et *Wellingtonia*, issu de l'alliance de ces deux étroits consanguins sur les mêmes sangs, est ce qu'il y a de plus extraordinaire dans tout le Stud Book anglais. C'est en somme l'union double de *Touchstone* et *Pocahontas*, c'est-à-dire le *Sire* par excellence et la meilleure mère du Stud-Book.

L'effort de l'éleveur qui a produit *Wellingtonia* aurait cependant pu être complètement perdu si ce cheval n'avait montré sur le turf une grande classe qui était pourtant peu en rapport avec la valeur de ses deux ancêtres nommés ci-dessus, mais elle fut néanmoins suffisante pour que cet étalon fut employé à la reproduction. Probablement, son rôle ne peut être apprécié aujourd'hui, mais sa présence répétée plus tard dans la quatrième et cinquième génération d'un cheval de course peut être la cause d'un puissant retour d'aptitude à la course provenant des deux ancêtres considérables *Touchstone* et *Pocahontas*, si étroitement unis dans la personnalité du père de *Plaisanterie*.

PEDIGREE DE WELLINGTONIA

pour montrer la force des deux courants **Waxy** et **Penelope**
et **Buzzard** et **Alexander Mare**.

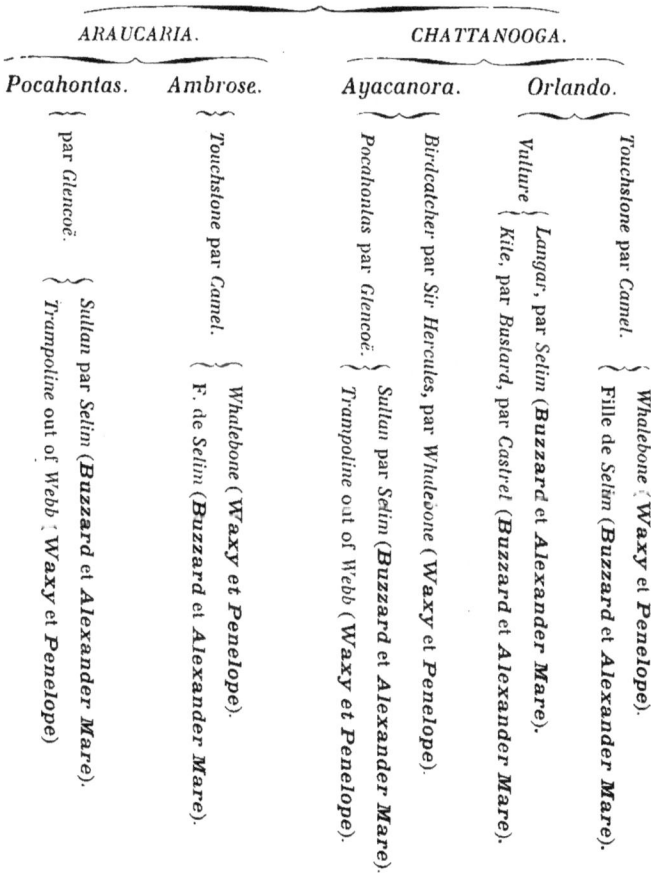

ARAUCARIA.		CHATTANOOGA.	
Pocahontas.	Ambrose.	Ayacanora.	Orlando.

par Glencoë. { Sultan par Selim (**Buzzard** et **Alexander Mare**). / Trampoline out of Webb (**Waxy** et **Penelope**)

Touchstone par Camel. { Whalebone (**Waxy** et **Penelope**). / F. de Selim (**Buzzard** et **Alexander Mare**).

Pocahontas par Glencoë. { Sultan par Selim (**Buzzard** et **Alexander Mare**). / Trampoline out of Webb (**Waxy** et **Penelope**).

Birdcatcher par Sir Hercules, par Whalebone (**Waxy** et **Penelope**).

Vulture { Langar, par Selim (**Buzzard** et **Alexander Mare**). / Kite, par Bustard, par Castrel (**Buzzard** et **Alexander Mare**).

Touchstone par Camel. { Whalebone (**Waxy** et **Penelope**). / Fille de Selim (**Buzzard** et **Alexander Mare**).

Le moment est venu d'examiner l'origine maternelle de *Plaisanterie* et de voir si sa table était faite pour produire un phénomène.

Origine maternelle de « Plaisanterie ». — En consultant l'origine maternelle de *Plaisanterie*, on voit que l'*Inbreeding* se présente encore avec une intensité considérable et sous une forme qui se rencontre souvent chez les animaux d'élite.

La mère de *Plaisanterie*, *Poetess II*ᵉ, était par *Trocadero* et la *Dorette*, fille de *Mon Etoile*, fille d'*Hervine*, qui était fille de *Poetess I*ʳᵉ, la mère de *Monarque*. Or, *Trocadero* était fils de *Monarque*. En langage d'éleveur, on dit que la ligne féminine de *Monarque* a été redoublée avec un *close breeding* sur *Poetess I*ʳᵉ. En matière de parenté humaine, *Trocadero* étant le petit-fils de *Poetess I*ʳᵉ, et la *Dorette* son arrière-petite-fille, c'est l'alliance de l'oncle à la mode de Bretagne avec sa nièce.

POETESS IIᵉ (**19**) mère de *Plaisanterie* (1882).

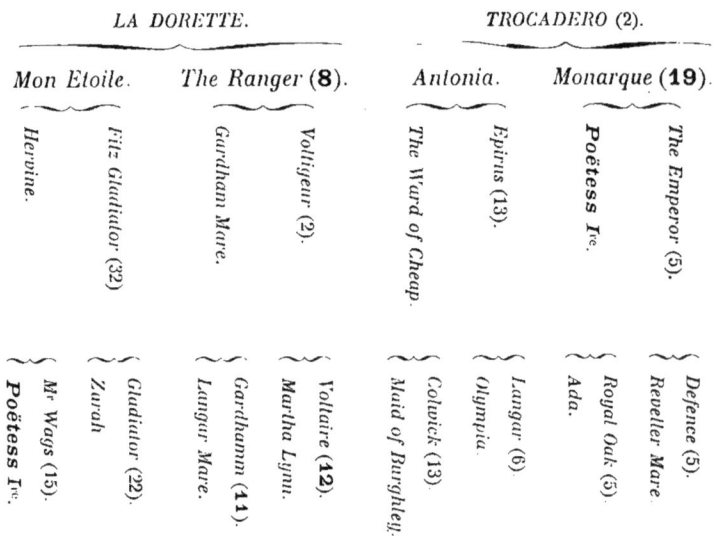

LA DORETTE.		TROCADERO (2).	
Mon Etoile.	The Ranger (**8**).	Antonia.	Monarque (**19**).
Hervine.	Gardham Mare.	The Ward of Cheap.	Poëtess Iʳᵉ.
Fitz Gladiator (32)	Voltigeur (2).	Epirus (13).	The Emperor (5).
Poëtess Iʳᵉ.	Gardhamn (**11**).	Maid of Burghley.	Ada.
Mr Wags (15).	Gardham Mare.	Colwick (13).	Royal Oak (5).
Zarah	Martha Lynn.	Olympia.	Reveller Mare.
Gladiator (22).	Voltaire (**12**).	Langur (6).	Defence (5).
	Langur Mare.		

La sévérité de l'*Inbreeding* sur *Poetess I*ʳᵉ a peut-être contribué à faire de la mère de *Plaisanterie* un dépôt d'aptitude précieux; elle a joué le rôle d'un accumulateur, et *Wellingtonia*, par sa présence, a permis l'écoulement de toute cette électricité.

On a toujours dit que les phénomènes ont des *Inbreedings* sévères et mêmes des incestes non loin du sommet de leur pedigree. Sous ce rapport, on le voit, *Plaisanterie* ne fait pas exception du côté maternel. Une observation montre même un autre *close-breeding* dans *Antonia*, la mère de *Trocadero*.

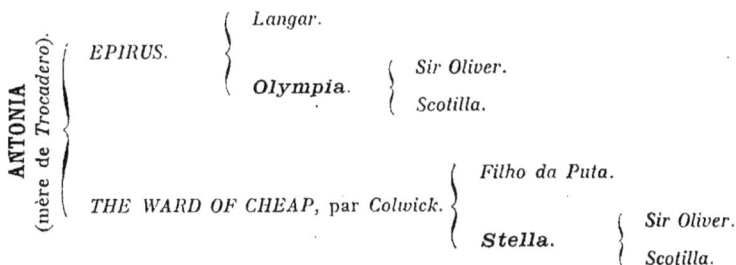

ANTONIA (mère de *Trocadero*).

- EPIRUS.
  - Langar.
  - **Olympia.**
    - Sir Oliver.
    - Scotilla.
- THE WARD OF CHEAP, par Colwick.
  - Filho da Puta.
  - **Stella.**
    - Sir Oliver.
    - Scotilla.

La lecture de ce pedigre nous montre qu'*Olympia* et *Stella* sont les deux sœurs et, par conséquent, *Antonia* est le produit de l'oncle avec la nièce. Voilà donc à la base du pedigre de *Poetess II^c* deux *close-bredings* sur deux juments. La mère de *Plaisanterie* puisait donc sa force dans des courants féminins redoublés, ce qui contribue à lui donner une construction accusée de femelle.

Les Inbreedings de « Plaisanterie. » — Si on regarde les deux pedigrees de *Wellingtonia* et celui de *Poetess II^c* on croirait vraiment, au premier examen, qu'ils n'ont rien de commun et que leur alliance a donné des produits *out-breds*. Mais un examen un peu plus approfondi laisse voir leurs points de contact. L'attention de l'observateur est attirée par la similitude de naissance qui existe entre *Antonia*, la mère de *Trocadero* et *Vulture*, la mère d'*Orlando*. *Vulture*

PEDIGREE DE **VULTURE** (13), mère d'*Orlando*

pour en montrer la similitude avec celui d'*Antonia*.

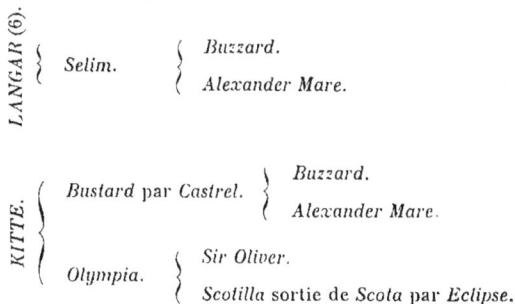

LANGAR (6).

- Selim.
  - Buzzard.
  - Alexander Mare.

KITTE.

- Bustard par Castrel.
  - Buzzard.
  - Alexander Mare.
- Olympia.
  - Sir Oliver.
  - Scotilla sortie de Scota par Eclipse.

PEDIGREE D'ANTONIA, mère de *Trocadero* (2)

pour montrer son *Inbreeding* féminin.

THE WARD OF CHEAP.   *EPIRUS* (13).

- *Langar* (6).
  - *Selim* (2)
    - *Buzzard.*
    - **Alexander Mare.**
- *Olympia.*
  - *Sir Oliver.*
  - *Scotilla sortie de Scota par Eclipse.*
- *Colwick* (13).
  - *Filho da Puta.*
    - *Sir Oliver.*
    - *Scotilla sortie de Scota par Eclipse.*
  - **Stella.**
- *Maid of Burghley.*
  - *Sultan par Selim, par Buzzard et* **Alexander Mare.**
  - *Palais Royal.*
    - *Blücher par Wary.*
    - *Election Mare* (demi-sœur de **Selim**).
      - *Election.*
      - **Alexander Mare.**

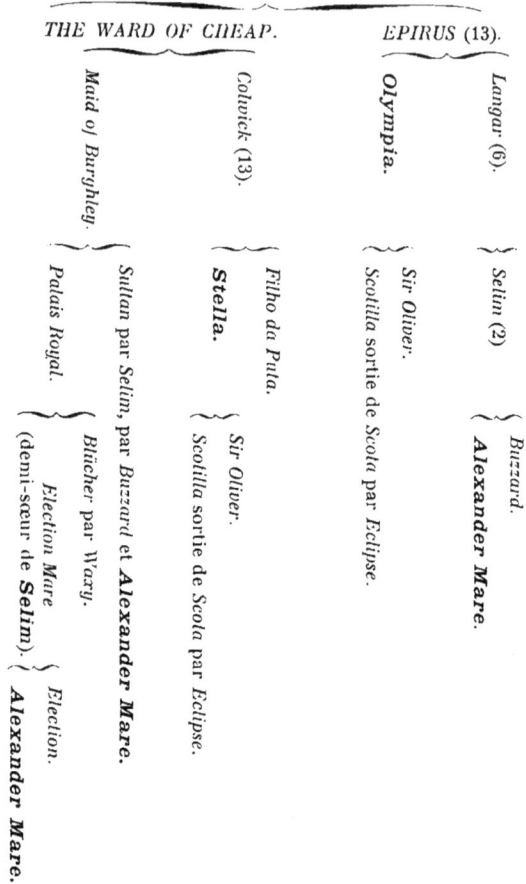

est petite-fille d'*Olympia* en ligne féminine, c'est-à-dire qu'elle en est sortie. *Antonia* est également petite-fille d'*Olympia* sur laquelle, comme nous l'avons vu plus haut, elle est *incestueuse* par le mariage interverti *Colwick* et *Olympia*, le neveu avec la tante. D'autre part, *Vulture* est fille de *Langar* et *Antonia* est fille d'*Epirus* par *Langar*. En continuant l'examen on s'aperçoit qu'*Antonia* est la cinquième fille de l'*Alexander Mare*, qui a donné *Castrel*, *Selim*, *Rubens*, *Bronce* et *Vulture* est *inbred* sur ce même courant *Buzzard* et *Alexander Mare*. On peut donc dire que ces deux fameuses juments sont plus que sœurs. D'où une étroite consanguinité entre *Wellingtonia* et *Poetess II*, qui peut être représentée à l'esprit par une expression imagée dont nous nous sommes déjà servi et qui est empruntée à l'Humanité : *Wellingtonia* est le neveu à la mode de Bretagne de *Poetess II*.

Pour montrer l'étroit *Inbreeding* qui résulte de la place de ces deux juments extraordinaires dans le pedigree de *Plaisanterie*, nous donnerons sa table schématique réduite à ce point de vue.

PEDIGREE SCHÉMATIQUE DE **PLAISANTERIE**

(pour montrer la vigueur de l'*Inbreeding* dissimulé produit par la place
de *Vulture* et d'*Antonia*).

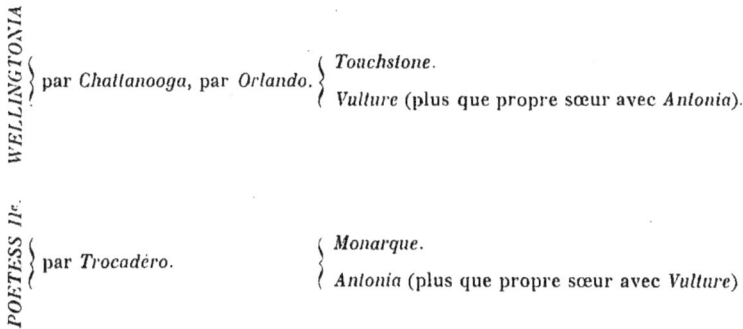

$$
\text{WELLINGTONIA} \left\{ \text{par } Chattanooga, \text{ par } Orlando. \left\{ \begin{array}{l} Touchstone. \\ \\ Vulture \text{ (plus que propre sœur avec } Antonia). \end{array} \right. \right.
$$

$$
\text{POETESS II.} \left\{ \text{par } Trocadéro. \left\{ \begin{array}{l} Monarque. \\ \\ Antonia \text{ (plus que propre sœur avec } Vulture) \end{array} \right. \right.
$$

Nous avons donc dérobé un premier secret jalousement caché de cette énigmatique *french filly*. Nous voyons déjà que ces deux animaux, qui paraissaient si dissemblables parce que les noms répétés du pedigree sont rejetés au loin, sont étroitement apparentés, au contraire, et nous ne craignons pas les foudres du comte Lehndorf, dont nous avons élargi la conception de l'*Inbreeding* sans la mépriser. Elle a eu son heure et sa raison d'être. Comme l'Arithmétique a besoin d'être apprise aux enfants, il faut d'abord considérer l'*Inbreeding* comme un élément. Après l'Arithmétique, vient l'Algèbre et, plus tard, on conçoit le Calcul Intégral et Différentiel. Mais ne nous égarons pas dans les digressions.

Ce premier aspect de *close breeding* est bien anodin, cependant, à côté de ceux qu'un examen plus attentif fait apparaître avec éclat.

Pour éviter de plus longs développements, qui fatiguent inutilement l'esprit, nous avons voulu mettre simplement sous les yeux des lecteurs deux pedigrees synthétisés de *Plaisanterie*, pour montrer les racines par lesquelles ses père et mère ont puisé l'aptitude qu'ils lui ont fourni. On verra que ces racines, si nombreuses, ramènent au premier plan les alliances les plus célèbres et les plus constantes du Stud Book.

PEDIGREE DE **PLAISANTERIE**

pour montrer l'*Inbreeding* sur *Castrel, Selim, Rubens* et *Bronce* (O.).

	POETESS IIe.			WELLINGTONIA.	
	La Dorette.	Trocadero.	Araucaria.	Chattanooga.	

POETESS IIe. — La Dorette.

- **Mon Etoile.** — Heroine par Master Wags, par Langar, par **Selim**.
- **The Ranger.**
  - Fitz Gladiator.
    - Gladiator out of Pauline, fille de Quadrille par **Selim**.
    - Zarah issue d'une fille de **Rubens**.
  - F. de Gardham.

POETESS IIe. — Trocadero.

- **Antonia.**
  - Voltigeur.
    - Gardham.
    - F. de Langar par **Selim** et Clinker Mare fille de **Bronce** (Oaks), propre sœur de **Selim**.
  - The Ward of Cheap out of Maid of Burghley par Sultan, par **Selim**.
- **Monarque.**
  - Epirus par Langar, par **Selim**.
  - The Emperor.
    - Defence out Défiance par **Rubens**.
    - Repeller Mare out Design out Défiance par **Rubens**.

WELLINGTONIA. — Araucaria.

- **Pocahontas.** — Glencoe par Sultan, par **Selim**.
- **Ambrose.** — Touchstone par Camel out **Selim** Mare.
- **Ayacanora.** — Pocahontas par Glencoe, par Sultan, par **Selim**.

WELLINGTONIA. — Chattanooga.

- **Orlando.**
  - Birdcatcher.
  - Touchstone par Camel out **Selim** Mare.
- **Vulture.**
  - Langar par **Selim**.
  - Kite par Bustard, par **Castrel**.

Le premier pedigree est destiné à mettre en relief l'alliance *Buzzard* et *Alexander Mare*, c'est-à-dire celle qui a donné les trois frères, *Castrel, Selim* et *Rubens* et *Bronce* (Oaks), de la ligne *Herod*. Nous avons déjà vu que *Wellingtonia* était *inbred* sur *Selim* et *Rubens*.

Dans *Wellingtonia* nous voyons :

PREMIER COURANT : par *Touchstone*, 1 fois *Selim;*

DEUXIÈME COURANT : par *Vulture*, 1 fois *Selim*, 1 fois *Castrel;*

TROISIÈME COURANT : par *Ayacanora*, fille de *Pocahontas*, par *Glencoë*, par *Sultan*, par *Selim:*

QUATRIÈME COURANT : par *Ambrose*, par *Touchstone*, 1 fois *Selim;*

CINQUIÈME COURANT : par *Pocahontas*, 1 fois *Selim;*

En tout, chez *Wellingtonia*, 5 fois *Selim* et 1 fois *Castrel*.

Passons maintenant au côté gauche de la table, dans *Poetess II*ᵉ.

PREMIER COURANT : par *The Emperor*, 2 fois *Rubens* incestueusement;

DEUXIÈME COURANT : par *Antonia*, 2 fois *Selim;*

TROISIÈME COURANT : par la mère de *The Ranger*, 1 fois *Selim* et 1 fois *Bronce* (Oaks);

QUATRIÈME COURANT : par *Fitz Gladiator*, 1 fois *Selim* et 1 fois *Rubens;*

CINQUIÈME COURANT : par *Hervine*, 1 fois *Selim*.

Ce qui nous donne 3 fois *Rubens*, 5 fois *Selim*, 1 fois Bronce. En tout 9 courants de l'alliance *Buzzard* et *Alexander Mare* dans *Poetess II*ᵉ. Ce qui fait au total 15 courants de cette formidable alliance dans *Plaisanterie*.

Nous ne saurions trop insister ici sur un point qui mérite la plus grande attention.

Histoire d'un grand seigneur anglais et de son chirurgien, dans laquelle on voit le premier faire une grande faute d'élevage. — Dans le but de montrer quelle importance les éléments constitutifs que nous venons de signaler et qui arrivent dans cette alliance *Wellingtonia* et *Poetess II*ᵉ par les 8 arrières-grands-pères ou grand'mères de *Plaisanterie*, nous allons reproduire une traduction d'un passage de *Bruce Lowe* qui s'est appesanti sur l'union *Buzzard* et *Alexander Mare*, si féconde : « *The Druid* a décrit *Woopecker* (père de *Buzzard*) comme un cheval grossier, lourd, aux oreilles tombantes, qui ne réussit qu'une fois avec la mère de *Buzzard*, *Acto* **(3)**, et il devait en être ainsi car il n'avait point de sang Sire dans les veines. On peut supposer que *Buzzard* était, comme la plupart des produits de *Woopecker*, gros et corpulent; il convenait donc parfaitement à une jument légère comme *Alexander Mare* dont on ne put tirer 25 livres, et que le *duc de Queensbury* finit par donner à son chirurgien.

« Nous n'avons rien appris au sujet de son premier poulain, par *Buzzard, Piccadilly*, né en 1800, mais ce fut tout autre chose, l'année suivante, où elle produisit le magnifique bai-châtain, *Castrel*, doué de grandes qualités et, selon *The Druid*, tel qu'il y en avait peu de meilleurs sur le turf; seulement, il avait l'inconvénient d'être corneur. Son poulain suivant, *Selim*, était très bon de membres, et le même écrivain ajoute qu'il avait un air si distingué que personne n'aurait supposé qu'il était aussi bon ouvrier sur toutes les distances. Son portrait et ses performances sont données dans cet excellent ouvrage intitulé : *Portraits des Chevaux de courses célèbres*. Le succès le plus remarquable paraît avoir été obtenu dans ce troisième effort de *Selim*, car ni *Bronce*

CASTREL, SELIM, RUBENS ET BRONCE (Oaks).

DR. OF (2).		BUZZARD (3).	
Dr. of.	*Alexander* (13).	*Misfortune.*	*Woodpecker* (1).
Dr. of.	*Grecian Princess.*	*Curiosity.*	*Herod* (26) by *Tartar* + by *Partner* by *Jigg* by *Byerly Turk.*
Highflyer (13)	*Eclipse* (**12**)	*Dux* by *Matchem* (4) by *Cade* by *God. B.*	*Miss Ramsden.*
			Cade by *God. B.*
			Dr. of Lonsdale by *Byerly Arab.*
		Snap by *Snip* by *Childers.*	
		Dr. of Regulus (**11**) by *God. B.*	
Dr. of.	*Forester.*	*Marske* (**8**) by *Squirt* (**11**) by *Childers.*	
Alfred (**12**).	*Dr. of Coalition colt* by *God. B.*	*Dr. of Regulus* (**11**) by *God. B.*	
Dr. of.	*Herod* (26) (above).	*Herod* (26) (above).	
	Blank (13) by *God. B.*		
	Dr. of Regulus (**11**) by *God. B.*		
	Matchem (4) by *Cad* by *God. B.*		
	Dr. of Snap by *Snip* by *Childers.*		
	Engineer by *Samson* by *Blaze* by *Childers.*		
	Dr. of Cade by *God. B.*		

(Oaks), ni *Rubens,* n'appartenaient à une classe aussi élevée, bien que ce dernier développât une vitesse phénoménale dans les courses de courte distance. Cependant, sous quelque point de vue qu'on l'envisage, le pedigree joue un rôle tellement important dans la combinaison des lignes 1, 2, **3**, ainsi que les conditions physiques, que le plus mauvais des quatre a pu être meilleur que la grande majorité des chevaux d'aujourd'hui, comme dans le cas de *Whalebone* et de ses frères et sœurs.

« Des portraits des trois frères sont donnés dans l'ouvrage cité, et il est digne de remarque que, tandis que *Castrel* et *Selim* sont présentés comme pleins de qualité (*full of quality*) et légers de chair, le sixième (*Rubens*) de cette série, par le viandeux *Buzzard*, était modelé exactement sur les mêmes lignes que son père. On le décrit comme un cheval à croupe lourde, chargé de chairs, haut de seize mains et d'une vitesse égale à celle de l'éclair. » [1]

On voit que *Plaisanterie,* inbred au moins 15 fois sur ce courant d'aptitude à la course, si fixe, si persistant de *Buzzard* et *Alexander Mare,* devait en recevoir une grande valeur, surtout si on remarque leur affluence d'une façon pour ainsi dire incestueuse dans sa mère, qui n'en compte pas moins de 9 superposés en allant toujours en augmentant d'intensité.

Cela est d'autant plus à remarquer dans une jument, puisque les courants *Castrel, Selim* et *Rubens* sont nettement efféminés et à plus forte raison celui de *Bronce* (O) leur propre sœur. Et, à ce dernier propos, il faut encore indiquer que la célèbre *Antonia,* la mère de *Trocadero,* qui joue un si grand rôle dans le pedigree de *Plaisanterie* à cause du violent *Inbreeding* qu'elle forme avec *Vulture,* est sortie elle-même en ligne directe de l'*Alexander Mare* (elle en est la sixième fille), mère des trois étalons, *Castrel, Selim, Rubens* et de *Bronce* (O) leur propre sœur. C'est donc encore un courant plus violent qui lui vient par cette source.

Nous pourrions croire cette fois que nous avons dérobé tous les secrets de la force de *Plaisanterie* en courses et au stud, mais nous n'avons encore que la moitié de la vérité et la moisson des documents qui vont suivre est autrement riche.

Tout en faisant comprendre la puissance des *close-breedings* de *Vulture* et *Antonia,* et des courants de *Buzzard* et *Alexander Mare,* si illustres, il faut bien avouer que tous ces *Inbreedings* ont lieu ou bien sur des femelles, ou bien sur un courant dont l'efféminisme n'est corrigé

---

(1) Nous ajouterons que *Selim* est l'arrière-grand-père en ligne directe du *Flying-Dutchman,* qui a laissé en France le grand *Dollar.*

que par *Alexander,* fils d'*Eclipse.* Mais le *Stout blood* doit dominer dans un semblable pedigree d'un *racer phénoménal.*

PEDIGREE DE PLAISANTERIE

pour montrer son *Inbreeding* sur les courants **Waxy** et **Penelope.**

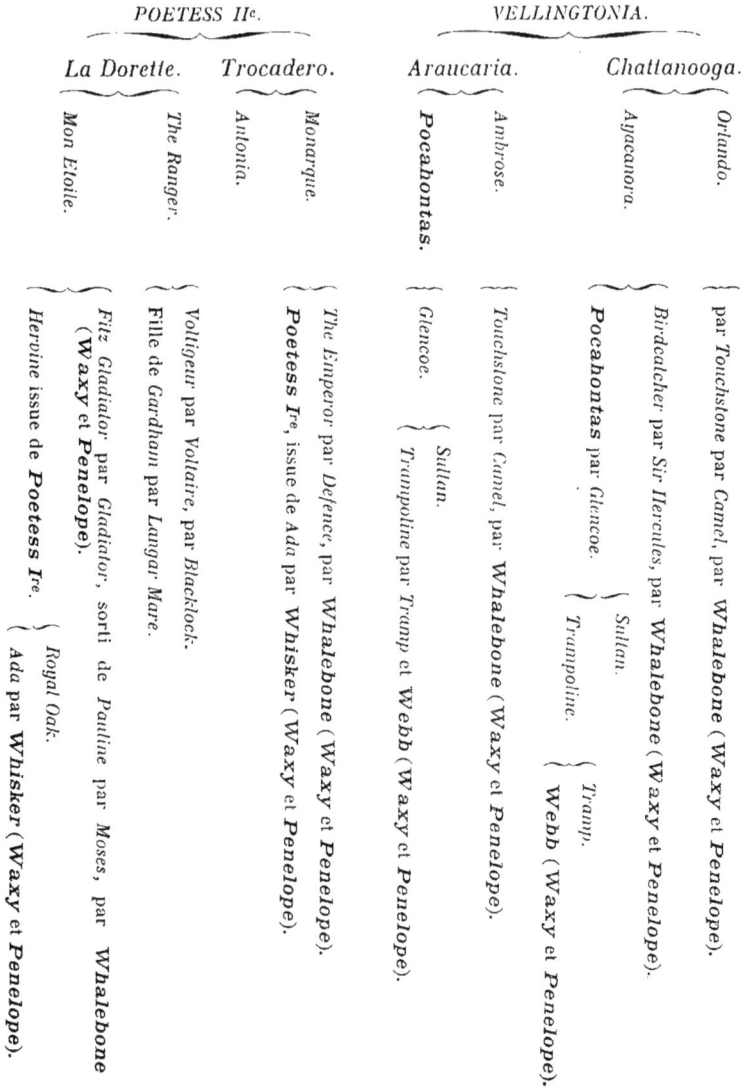

POETESS IIe.				VELLINGTONIA.			
La Dorette.		*Trocadero.*		*Araucaria.*		*Chattanooga.*	
Mon Etoile.	*The Ranger.*	*Antonia.*	*Monarque.*	*Pocahontas.*	*Ambrose.*	*Ayacanora.*	*Orlando.*

Orlando. — par *Touchstone* par *Camel,* par **Whalebone** (**Waxy** et **Penelope**).

Ayacanora. — *Birdcatcher* par *Sir Hercules,* par **Whalebone** (**Waxy** et **Penelope**).

Ambrose.
- *Pocahontas* par *Glencoe.*
  - *Sultan.*
  - *Trampoline* par *Tramp* et *Webb* (**Waxy** et **Penelope**).
    - *Tramp.*
    - *Webb* (**Waxy** et **Penelope**).

Pocahontas.
- *Glencoe.*
- *Touchstone* par *Camel,* par **Whalebone** (**Waxy** et **Penelope**).

Monarque.
- *The Emperor* par *Défence,* par **Whalebone** (**Waxy** et **Penelope**).
- *Poetess* Ire, issue de *Ada* par *Whisker* (**Waxy** et **Penelope**).

Antonia.
- *Voltigeur* par *Voltaire,* par *Blacklock.*
- Fille de *Gardhon* par *Langar Mare.*

The Ranger.
- *Fitz Gladiator,* par *Gladiator,* sorti de *Pauline* par *Moses,* par **Whalebone** (**Waxy** et **Penelope**).

Mon Etoile.
- Heroine issue de **Poetess** Ire.
  - *Royal Oak.*
  - *Ada* par *Whisker* (**Waxy** et **Penelope**).

Si nous revenons à notre premier examen du pedigree de *Welling-tonia*, nous avons montré que ce qu'il a de plus saillant est un *incestuous breeding* sur *Touchstone*, petit-fils de *Whalebone* (*Waxy* et *Penelope* par *Trumpator*). D'autre part, l'inceste sur *Pocahontas* attire notre attention parce qu'il ramène deux autres courants de *Webb*, propre sœur de *Whalebone*. Enfin, *Ayacanora*, par son père *Birdcatcher*, ramène aussi *Whalebone*.

Si nous passons à la mère de *Plaisanterie*, le même courant *Waxy* et *Penelope* apparaît très rapidement redoublé quatre fois.

On trouvera ici le pedigree de *Plaisanterie*, pour se rendre compte sans grandes recherches et sous une forme simplifiée, de la méthode avec laquelle ce puissant courant est venu affluer à la surface.

Une union heureuse : « Waxy » et « Penelope » par « Trumpator ». Elle tient la moitié du Stud Book. — Il est bon de donner ici quelques détails sur cette alliance colossale *Waxy* et *Penelope*, qui est restée le modèle classique du triomphe dans la ligne *Eclipse*, comme *Buzzard* et *Alexander Mare* dans la ligne d'*Herod*.

C'est encore ici une rencontre heureuse, car si *Waxy* n'avait pas rencontré *Penelope*, il est probable qu'on n'en parlerait plus depuis longtemps. Ces deux extraordinaires époux ont rempli à eux seuls, par leur mariage fécond, la moitié du Stud Book de Pur sang en ligne mâle et en descendance féminine.

Whalebone naquit le premier, en 1807. Il gagna le Derby de 1810. Il est impossible d'énumérer toute sa descendance. Disons seulement qu'il est le 4e père de *Stockwell*, le 3e père de *Monarque*, le 5e père de *Wellingtonia*, etc. L'année d'après *Whalebone*, en 1808, *Penelope* se reposa en mettant au monde *Webb*, encore avec *Waxy*. Cette pouliche fut aussi illustre par ses femelles que *Whalebone* en mâles. Elle fut aussi la mère de *Middleton*, qui gagna le Derby en 1825; elle fut la grand'-mère de *Cobwebb*, qui gagna les Mille Guinées et les Oaks en 1824, laquelle fut à son tour la mère du fameux *Bay-Middleton*, qui gagna le Derby en 1835, dans lequel *Gladiator* était second. Pour tout dire, *Bay-Middleton* était un fils de *Sultan* par *Selim* (*Buzzard* et *Alexander Mare*), sur lequel notre *Plaisanterie* est si inbred, comme nous l'avons vu plus haut. En 1809 *Penelope*, avec *Waxy*, donna *Woful*, cheval de courses célèbre et excellent étalon efféminé, puisqu'il produisit *Augusta* et *Zinc*, qui gagnèrent les Oaks. En 1811 *Penelope* donna, encore avec *Waxy*, *Wire*, qui fut étalon en Irlande. Enfin, en 1812, la même union produisit *Whisker*, cheval de courses hors pair, qui gagna le Derby de 1815 et fut un *Sire* des plus fashionables.

Cette énumération rapide suffit à faire comprendre la sûreté et la puissance du courant *Waxy* et *Penelope* dans un pedigree. Avec des *Inbreedings de courants* aussi corsés à sa base, la table de *Plaisanterie* se présente réellement comme un modèle de l'élevage en Pur sang. L'étonnante valeur du *racer* s'éclaire de ses véritables causes, sous l'aspect spécial où nous le considérons. Elle reçoit les meilleurs courants du Stud Book, *Waxy* et *Penelope* d'une part, et ensuite celui de *Buzzard* et *Alexander Mare* en nombre véritablement incroyable. Et la philosophie de cette construction n'est pas autre chose qu'un retour d'*Eclipse,* d'*Herod* et de *Matchem.*

Deux pedigrees extraordinaires qui forment la base de celui de « Plaisanterie ». — Pour faire mieux saisir la puissance de ce départ de la grande jument française, nous donnons ci-dessous la table élémentaire et succincte des deux courants qui ont le plus contribué à sa constitution. Le lecteur se rendra compte de la force de ces courants à l'inspection de ces pedigrees, réduits à leur squelette, ce qui contribue à leur éloquence.

On aperçoit de suite que l'un des deux pedigrees est plus efféminé que l'autre. Les deux courants, du reste, sont sortis de deux juments pures 1 et 2 et représentent le maximum des qualités nécessaires aux chevaux de course.

Pour nous résumer, quand on considère ce pedigree de la grande femelle qu'était *Plaisanterie,* avec, à la base, des incestes sur *Pocahontas,* sur *Poetess Ire,* en plus, comme grand'mère, une jument telle qu'*Antonia,* incestueuse sur sa propre ligne; une jument soudée par des *Inbreedings* sur les courants *Selim, Rubens* et *Bronce* (O.), nettement efféminés, au nombre de quinze; solidement soutenue en sang de course par neuf autres *Inbreedings* des courants *Whalebone, Whisker* et *Webb,* éléments *All rounds*; il est possible d'affirmer que ce pedigree de pouliche phénoménale ne surprend personne et qu'ainsi présenté il est, suivant une expression usitée : orthodoxe et inattaquable.

Il est, du reste, très important de constater ce que l'analyse nous a démontré, à savoir : *Plaisanterie* possède à sa base plusieurs incestes d'une qualité indiscutable, sur *Pocahontas* et *Touchstone* dans *Wellingtonia;* sur *Poetess Ire* dans sa mère; quant à ses *Inbreedings* véritables, ils ont lieu entre *Vulture* et *Antonia,* et sur des courants lointains qui affluent d'une façon très heureuse à la surface du pedigree. Mais cependant, à la façon du comte Lehndorf, elle n'est pas *outbred,* puisque le même nom de *Langar* est répété deux fois de suite au cinquième degré et une fois au sixième. C'est une erreur que certains écrivains sportifs ont mise en avant en prétendant que *Plaisanterie,* quoique issue de deux auteurs très *inbreds*, était elle-même *outbred*. Nous avons vu que, réellement, *Plaisanterie* est incestueuse elle-même sur *Vulture* et *Antonia,* plus que sœurs, mais cette conception n'était pas à la portée des écrivains de l'époque.

PEDIGREE DE CASTREL, SELIM, RUBENS ET BRONCE

pour montrer leur liaison sur **Eclipse, Herod** et **Matchem**.

BUZZARD (3).

Woodpecker par **Herod**.

Miss Fortune fille de *Dux* par **Matchem**.

FILLE DE (2).

Alexander par **Eclipse**.

Fille de *Alfred* par **Matchem**.

PEDIGREE DE WHALEBONE, WHISKER, WEBB, etc.

pour montrer leur liaison sur **Eclipse, Herod** et **Matchem**.

WAXY (18).

Pot-8-os par *Eclipse*.

Maria par *Herod*.

PENELOPE (1).

Trumpator par *Conductor* par *Matchem*.

Prunella par *Highflyer* par *Herod*.

Si nous revenons à l'*Inbreeding* suivant la conception restreinte du même nom répété, c'est-à-dire sur *Langar,* le courant de cet étalon apporté par *The Ranger* (Grand Prix de Paris) se traduit par un inceste dans la grand'mère de ce racer, entre *Selim* et *Bronce* (O.). (Voir le pedigree, page 268).

Nécessité d'étudier le cas de « Plaisanterie ». — Avant de pousser plus avant l'étude du *cas de Plaisanterie,* il est nécessaire de placer ici des considérations générales qui découlent de l'observation. Si nous avons donné un développement aussi important à cette étude particulière, ce n'est pas seulement parce que la fille de *Wellingtonia* a été la meilleure jument de courses de son époque sous tous les poids et sur toutes les distances, mais aussi parce qu'elle était construite, dans sa naissance, comme un phénomène et que son pedigree se rapproche beaucoup de celui d'*Eclipse*. Sa qualité, qui découlait nécessairement de sa naissance, a jailli heureusement et elle doit servir d'enseignement. Car le fait aurait pu ne pas se produire et l'effort de l'éleveur aurait été perdu comme enseignement. *Plaisanterie* a eu en effet des sœurs qui ne donnèrent aucune satisfaction, mais cela ne diminue en rien la force de l'instruction qui résulte de son cas particulier. Car le nombre des combinaisons des ancêtres deux à deux d'un pedigree est à peu près innombrable et le cas heureux est généralement l'exception. Mais le fait qu'il ait pu se produire est déjà un indice que l'effort de l'éleveur n'est pas vain et qu'il n'y a pas lieu de se décourager lorsque le succès ne répond pas aux suggestions logiques.

Que le vicomte Dauger n'ait pas analysé son alliance de *Wellingtonia* et *Poetess II*e comme nous venons de le faire, cela importe peu. Le mariage a peut-être été fait, par lui, sous l'empire de considérations tout à fait différentes de celles que nous venons d'exposer. Mais le fait patent qui en est résulté a tout autant de valeur. La complexité des causes est telle, en élevage, qu'il est inutile de s'attarder à des rapports anecdotiques sur les raisons des déterminations des éleveurs.

Opinion pessimiste d'un auteur sur les éleveurs. — A ce propos, il est curieux de citer l'opinion de Bruce Lowe, peut-être brutale dans son expression de bonhomie, mais qui ne manque pas d'humour. Voici cette tirade : « Mais peut-être la particularité la plus comique (si ce n'était la plus nuisible), qui se rattache à l'élevage, c'est l'assurance avec laquelle un simple amateur se lance dans cette affaire compliquée et réellement scientifique qui consiste à faire naître des chevaux de course. Si un malade allait trouver cet amateur en se plaignant d'une maladie grave et lui demandait des conseils, il lui dirait, naturellement : « Allez trouver un médecin, je ne suis pas un homme de l'art et je ne « comprends pas les premiers principes de la médecine. » L'éleveur se livre pourtant, lui-même, à une occupation qui exige une étude approfondie des lois naturelles, une étude profonde des Stud Books, un coup d'œil cultivé tout aussi bien que naturel, pour l'appréciation de la symétrie et du caractère du cheval. Cependant, le bien sort quelquefois du mal et, sans les stupides bévues qu'ont faites des amateurs en accouplant des filles avec leurs pères, des frères avec leurs sœurs ou leurs demi-sœurs, dans l'espérance évidente de produire quelque chose d'extraordinaire, nous n'aurions pas sous la main les matériaux nécessaires pour produire des chevaux de course phénoménaux tels que *Flying Childers* et *Gladiateur*. »

L'apostrophe de Bruce Lowe aux éleveurs amateurs, et presque tous doivent être rangés dans cette catégorie, prouve simplement qu'il était un bien piètre philosophe. Si on analyse réellement et rationnellement le travail cérébral des éleveurs, on voit bien en effet que la principale préoccupation des plus passionnés est de *produire quelque chose d'extraordinaire*, mais cela ne les différencie nullement des autres hommes qui ont porté leurs efforts dans une autre direction de l'activité sociale. Ce que Bruce Lowe aurait pu exprimer avec gratitude c'est que les auteurs des incestes célèbres, tout en croyant travailler à leur profit immédiat, ont servi d'une façon inattendue pour eux la cause de l'élevage, en posant les bases indispensables pour la construction des *Racers phénoménaux* (World beaters), des *Grands Sires* et des *Mères* (Dams) indispensables à la naissance de ces animaux exceptionnels et il faut le dire, anormaux.

Quelques considérations purement scientifiques. — C'est le cas de rappeler quelques considérations scientifiques établies par l'observation et l'expérience des maîtres et que nous avons déjà relatées dans des ouvrages parus il y a quelques années sous notre signature [1].

Il s'agit de la théorie scientifique du *Retour* chez les animaux domestiques d'après *Darwin* et *Weissman*. Le théorème qui synthétise ce mode d'action est le suivant : Le *Retour* est la loi de l'*Hérédité* chez les animaux domestiques. Il suit de là, qu'en cas d'union entre proches parents, ce sont les ancêtres éloignés qui reviennent dans le produit. Un long examen des organismes domestiqués et de leur mode de propagation dans les races pures et particulièrement chez les *Thoroughbreds* nous a parfaitement confirmé cette loi primitive et primordiale.

En particulier, dans le cas de *Plaisanterie, Pocahontas* et *Poetess I*re, sur lesquels ont lieu des incestes, étaient trop près de la naissance pour faire *retour* et ce qui est revenu ce sont *Whalebone, Whisker* et *Webb* ainsi que les *Selim, Castrel, Rubens* et *Bronce* (O). Ces courants de sang ramenés en avant par les divers *incestes* et *close breedings* que nous avons signalés, étaient du reste pleins de philétisme l'un pour

---

[1] *Le Trotteur Français et le Pur Sang Anglais devant le Transformisme,* chez Mazeron frères, libraires-éditeurs, à Nevers.

l'autre puisque *Camel*, le père de *Touchstone*, était le produit de *Whalebone* avec une *Selim Mare*. *Whalebone* est le plus puissant canal par où s'est propagée la ligne d'*Eclipse* et *Selim* est le plus puissant courant par où *Herod* a pu renaître dans le phénomène qu'était *Flying Dutchman* (père de *Dollar*), tandis que son frère *Castrel* nous tenait en réserve *Le Sancy*.

Instructions résultant de cette étude. — Loin de traiter à la légère des gens qui font naître des *Wellingtonia* et des *Poetess IIe* par des incestes sur *Touchstone, Pocahontas, Poetess Ire*, etc., il faudrait plutôt les inciter à ces essais que *Bruce Lowe* qualifie de bévues. Car s'ils ne réussissent pas immédiatement à produire le cheval de course, ils préparent la voie pour d'éclatants succès et nous verrons dans l'étude du pedigree d'*Eclipse* que pour procéder rationnellement, il faudrait imiter, autant que possible, ce chef-d'œuvre, et sous ce rapport le pedigree de *Plaisanterie* est au contraire très correct. En un mot, tout en sachant parfaitement que des *incestes* ne peuvent pas donner un résultat immédiat satisfaisant, les éleveurs devraient essayer ce mode d'alliance dans l'espoir de se préparer pour l'avenir des *Poulinières* et des *Etalons* d'une haute valeur pour la reproduction.

Que se passe-t-il au contraire? C'est que l'*amateur* est bien vite au courant que des incestes ne lui donneront rien de bon et il se garde bien de tenter l'aventure dont l'issue ne lui apparaît que trop certaine. Il lui faut des succès rapides car il n'a pas le temps d'attendre et sacrifiera volontiers de grosses sommes pour supprimer le temps, puisque plus que partout ailleurs, en Elevage, le temps est de l'argent. Ce calcul ne manque pas de justesse et bien souvent l'*amateur* riche profite des efforts des éleveurs qui ont travaillé de longues années et meurent souvent sans voir le couronnement de leur œuvre.

Contrairement à ce que croit Bruce Lowe, il est à présumer que les incestes violents qui sont à la base du Stud Book et que nous trouverons en analysant les pedigrees d'*Eclipse, Herod* et *Matchem*, sont le fait d'éleveurs conscients et de profession. Cependant on ne peut l'affirmer que par induction et en s'appuyant sur ce point que les Eleveurs professionnels de Trotteurs Français d'hippodrome procèdent de la même manière que les Eleveurs anciens du Pur sang et qu'ils se trouvent dans des conditions identiques à celles où évoluaient leurs prédécesseurs. La situation de cet Elevage de course est à peu près la même que celle des Anglais en 1780 et quoique les violents incestes d'avant *Eclipse* datent d'environ cent ans plutôt, nos éleveurs de trotteurs font actuellement, sans le savoir, ce que faisaient leurs devanciers de deux cents ans. Et cependant des hommes tels que MM. Lallouet, Cavey, du Rozier, Gauvreau, etc., ne peuvent être traités d'*amateurs*. Ces hommes, à mon avis, préparent l'avenir et ne craignent pas de travailler pour une longue échéance. Leur instinct d'éleveur ne les trompe pas. Dans tous les cas ils ne procèdent pas par esprit d'imitation car ils ne se sont certainement pas livrés à aucune étude historique.

Ces efforts sont d'autant plus méritants que leur réussite immédiate est très rare et que souvent l'inceste donne lieu à des déboires et même à des pertes et que son application produit déjà une première sélection des plus avantageuse pour l'Elevage, quoique préjudiciable à l'Eleveur.

Si, au contraire, les ancêtres sur lesquels se font les *incestuous breedings* sont purs de toute tare, on en a la preuve par la naissance de beaux animaux bien conformés et doués d'une santé florissante et d'une grande puissance de travail et de rusticité. Si, plus tard, l'aptitude spéciale à la course étant cultivée se trouve heureusement faire retour, le phénomène peut en découler et ne peut naître que dans ces conditions, comme le démontre l'étude du Stud Book tout entier, de la Race pure.

L'ouvrage que nous allons présenter aux Eleveurs n'a pas d'autre but que de mettre sous leurs yeux les résultats surprenants qui ont été obtenus par cette méthode et de leur prouver que, sans exception, les Grands Chevaux de course, les Grandes Poulinières, les Grands Etalons, ont été obtenus par ce moyen. Le cas particulier de *Plaisanterie* est un exemple des plus frappants et des plus remarquables. L'Eleveur qui aura le courage de s'assimiler ce pedigree, ainsi que ceux d'*Eclipse*, d'*Herod* et de *Matchem*, et de tous les grands chevaux du monde, sera convaincu qu'il est impossible de produire autrement des animaux hors de pair.

La naissance d'une jument telle que *Plaisanterie* n'est pas seulement un événement sportif des plus intéressants, mais elle doit imprimer à l'Elevage un grand mouvement que ne voient pas les contemporains, mais d'une portée considérable dans l'avenir.

Quelques considérations sur « Childwick ». — *Plaisanterie* fut livrée, pour sa première fécondation, à *Saint-Simon* et produisit d'abord *Childwick* et ensuite *Raconteur*.

La caractéristique de *Saint-Simon* (voir son pedigree page 86) est constituée, comme nous l'avons indiqué plus haut, par un quadruple *Inbreeding* sur *Blacklock,* d'où a il tiré toute sa valeur de reproducteur si remarquable. Mais il comporte aussi un superbe *Inbreeding* sur *Sultan* (*Selim*), qui se manifeste dans ce pedigree par ses deux meilleurs fils, presque propres frères : *Glencoë* et *Bay-Middleton.*

GLENCOE (1).

SULTAN (8).

Selim (2).
{ Buzzard.
{ Alexander Mare.

Bacchante.
{ William Son's Ditto.
{ Dr. of Mercury par *Eclipse* et une fille d'*Herod*.

TRAMPOLINE.

Tramp (3).

Dick Andrews.
{ Joë Andrews par *Eclipse*.
{ Highflyer Mare.

Gohanna Mare. { Gohanna.
{ Mercury par *Eclipse*
{ Fille d'*Herod*.

Webb.

Waxy.
{ Pot-8-os par *Eclipse*.
{ Maria par *Herod*.

Penelope.
{ Trumpator.
{ Prunella.

BAY MIDDLETON (1).

SULTAN.

Selim.
{ Buzzard.
{ Alexander Mare.

Bacchante.
{ William Son's Ditto.
{ Dr. of Mercury par *Eclipse* et une fille d'*Herod*.

COBWEB (1.000 G. O.)

Phantom.

Walton.
{ Sir Peter.
{ Arethuse par Don Juan.

Julia.
(Sœur d'Eleanor)
{ Whiskey.
{ Saltram par *Eclipse*
{ Virago par *Herod*.
{ Cressida.

Filagree.

Soothsayer.

Webb.
{ Waxy.
{ Penelope par *Trumpator*.

Ce superbe pedigree de *Saint-Simon* convenait admirablement à *Plaisanterie,* qui apportait encore un courant de *Blacklock* par *The Ranger* et ses nombreux courants de *Castrel, Selim, Rubens* et *Bronce* (O).

Saint-Simon est également *inbred* sur *Whalebone* et *Whisker,* et contient aussi *Pocahontas* à un degré plus rapproché. Tous ces points de contact avec *Plaisanterie* donnent à *Childwick* une grosse valeur d'élevage que nous allons analyser sommairement.

Au premier abord, l'ensemble des *incestes* et des *Inbreedings* du pedigree de *Childwick* présente un certain efféminisme général. *Poetess Ire* à la base de la ligne féminine, *Pocahontas* trois fois répétée plus près, les courants *Castrel, Selim, Rubens* et *Bronce* de la ligne *Herod,* sont des points de force féminins. Les seuls courants mâles sont les lointains apports de *Whalebone, Whisker* et de la jument *Webb* (*Waxy* et *Penelope*) et encore la ligne *Penelope* est la plus puissante ligne féminine du Stud Book.

Il apparaît donc clairement que cet étalon devait produire des pouliches remarquables et cela est arrivé avec *La Camargo, Clyde,* etc. Nous n'insisterons pas sur ces juments. Le rôle d'étalons efféminés, dévolu à *Childwick* et *Raconteur,* n'est peut-être pas fini. Laissons à nos petits-neveux le soin d'analyser le rôle des filles de ces étalons. Cette besogne sera sans doute intéressante, surtout si on réfléchit que *La Camargo* a été alliée à *Flying Fox.* Avec les *Inbreedings* sur *Blacklock* qu'apporte cet étalon incestueux sur ce sang, nous sommes encore ramenés à une constitution très robuste (*stout*), de laquelle il pourrait résulter dans l'avenir la production d'un digne successeur d'*Eclipse.* Dans tous les cas, le pedigree de *Childwick* est tout désigné pour se trouver à la base de celui d'un *racer phénoménal.*

Les Out-crossings de « Plaisanterie ». — *Plaisanterie est le résultat d'un Out-cross.* — En somme, cette extraordinaire pouliche, que les Anglais eux-mêmes avaient surnommée la *French Filly,* n'est pas autre chose qu'un *out-cross.* Quelqu'apparence de paradoxe que contienne une semblable proposition nous ne doutons pas, après les développements qui vont suivre, que toute personne de bonne foi n'y souscrive. En effet, cette héroïne du Turf, que les Français revendiquent à bon droit comme un des plus beaux fleurons de leur couronne d'Elevage, est la fille d'un étalon Anglais importé.

S'il faut faire bon marché, au point de vue élevé où nous nous plaçons, des nationalités, il n'en est pas de même au point de vue physiologique et naturel. Nous avons démontré, dans le chapitre premier de ce volume, que la différence d'habitat des germes établit une différenciation suffisante pour produire les mêmes effets que *l'Out-crossing*.

Habitats différents du père et de la mère de la « French Filly. » — Voyons donc si réellement nous nous trouvons dans des conditions formelles de *milieux différents* entre le père et la mère de la célèbre jument qui, par sa carrière de courses aussi bien que par sa descendance, promet d'avoir, sur l'Elevage pur, une haute influence

Wellingtonia naquit au haras de Hooton, en Angleterre, en 1869, et tous ses ancêtres étaient nés et avaient vécu dans ce pays d'outre-mer depuis l'origine de la race. Il dut faire la monte en Angleterre à partir de 1876, et en 1878, au printemps, M. Lefèvre le louait pour son haras de Chamant. Le fils de *Chattanooga* et *Araucaria* y faisait son service en 1878, 1879, 1880, 1881. En 1882, 1883, il était envoyé au haras de La Chapelle, près Sées (Orne). En 1884, au mois de janvier, il retournait en Angleterre, où il faisait la monte à *Wrexham*. M. de Nicolaï, le grand sportman français, le rachetait alors, et le réimportait en France, où il devait finir ses jours.

Nous nous trouvons donc bien en présence d'un représentant qualifié du sol, du climat, et en un mot, de l'ambiance anglaise. Il faut ajouter que l'illustre poulinière *Pocahontas,* dont il est deux fois sorti par son père et par sa mère, ne semble pas être issue d'une ligne arabe pure ni d'une ligne barbe, comme les *Stamm Mütters* 1, 2, 4, 5, mais bien plutôt d'une ligne anglaise de souche indigène. Ceci pour bien montrer que *Wellingtonia* est bien un *germe* anglais, dans toute la force du terme, et qu'il en a toutes les vertus d'adaptation.

Si nous examinons maintenant la mère de *Plaisanterie, Poetess IIe,* nous voyons que c'est l'expression complète d'une jument française. On peut dire d'elle qu'elle a amplement mérité ses lettres de naturalisation par un long séjour de ses ancêtres dans sa nouvelle patrie. Car, certainement, tous ses ancêtres sont venus d'Angleterre, berceau de la Race Pure, mais sa ligne féminine a reçu la consécration définitive de sa nationalité.

Plaisanterie naissait, en 1882, de *Poetess IIe* (1875), sortie de *La Dorette* (1867), sortie de *Mon Etoile* (1857), sortie de *Hervine* (1848), sortie de *Poetess Ire* (1838), et toutes ces juments étaient nées en France. C'est donc une adaptation de cinquante années, puisque *Ada,* la mère de *Poetess Ire,* avait été importée par Lord Seymour, plusieurs années avant la naissance de la mère de *Monarque.* Quand nous aurons ajouté que le père de *Poetess IIe* était *Trocadero,* né en France en 1864, fils de *Monarque,* également né en France en 1852, on est bien obligé de reconnaître que *Poetess IIe* était bien réellement Française, tant par sa

·ligne paternelle que par sa ligne maternelle, et que l'alliance de deux animaux tels que *Wellingtonia* et *Poetess II*[e] formait bien réellement l'*Out-cross* par différence d'habitat si recherché, et que nous avons vu prôné par tant d'éleveurs de différentes races pures, et si recommandé par *Bruce Lowe* et le *comte Lehndorf* dans leurs ouvrages.

La vérité de la proposition ci-dessus, absolument indiscutable, permet d'affirmer cette autre proposition réciproque que si *Wellingtonia* avait continué à procréer en Angleterre, il aurait eu une carrière des plus obscure comme étalon. Car cela revient à dire que la naissance d'une jument phénoménale comme *Plaisanterie* n'aurait pu se produire de l'autre côté de la Manche, puisque la raison indispensable de cette naissance extraordinaire est l'*Out-cross* produit par la différence d'habitats où le père et la mère avaient séjourné ancestralement.

L'analyse d'une action aussi considérable, qu'on a appelée l'influence des milieux, fera l'objet d'un chapitre spécial, qui permettra aux éleveurs de se rendre compte du mode qu'emploie la Nature dans son action générale sur les organismes. Mais nous avons voulu montrer qu'on peut se rendre compte, avec les notions élémentaires que nous avons exposées dans le chapitre premier, du phénomène prédominant dans la naissance de l'extraordinaire jument que nous étudions.

Elle n'est, du reste, qu'un cas particulier des réussites heureuses que donne si souvent l'alliance d'un étalon importé avec nos juments indigènes et réciproquement. Il faut bien admettre que les Éleveurs Français se sont rendu compte de cette influence bienfaisante, car les importations d'étalons et de poulinières étrangers se font de plus en plus fréquentes.

A part la question climatérique, il est facile de se rendre compte des heureux résultats qu'a produits l'importation de ce grand Sire en France.

En effet, cet aristocrate descendant direct du meilleur courant d'*Eclipse* : *Pot-8-Os, Whalebone, Touchstone,* deux fois répété avec *Ambrose* et *Orlando,* soutenu par un courant extraordinaire de *Birdcatcher,* identique, apportant en outre le meilleur courant féminin de la Grande-Bretagne : deux fois *Pocahontas.* Et, précisément, c'est *Plaisanterie* qui est la synthèse de cette heureuse importation, non seulement, comme nous l'avons montré, par ses *Inbreedings,* mais encore par les *Out-cross* qu'un cheval construit aussi curieusement que *Wellingtonia* devait forcément provoquer.

Croisement entre les deux courants féminins (3) et (19) de « Plaisanterie ». — Ainsi le courant (3), qui est le courant féminin le plus près et le plus fort de *Wellingtonia* (incestueux sur *Pocahontas*), ne se trouve pas une seule fois dans *Poetess* au moins dans les cinq premières générations.

Inversement, le courant (**19**), qui est le courant prépondérant de *Poetess II*[e] (incestueuse sur la ligne [**19**]), ne se rencontre pas dans *Wellingtonia*.

Nos études biologiques ne nous ont pas encore amené à étudier de façon approfondie la nature essentielle des lignes féminines et nous n'anticiperons pas en nous étendant sur ce sujet, car le moment n'est pas venu. Mais le fait constaté indique l'alliance de deux courants étrangers l'un à l'autre et ces deux puissants canaux qui, redoublés trop précipitamment sur eux-mêmes, n'avaient produit que la concentration latente d'une force emmagasinée mais sans effet, se sont alliés pour se compléter mutuellement.

Il se produit ici l'effet opposé de l'alliance de deux sujets illustres, qui ne donne que des non-valeurs. Un semblable échec est fréquent en Élevage et, plus souvent encore, dans l'Humanité. En matière de *Thoroughbreds,* les causes de ces fiascos peuvent être analysées de la même façon que les réussites éclatantes. Dans l'Humanité, l'ignorance où nous sommes de la qualité des ancêtres au-delà de deux générations provoque souvent des stupéfactions profondes lorsque nous voyons des couples superbes traîner pitoyablement dans la vie des enfants avortonés ou affaiblis constitutionnellement.

Il faut considérer, dans le cas de l'union de *Wellingtonia* et *Poetess II*[e], l'*Out-cross* résultant de deux familles aussi puissantes et aussi caractérisées que (**3**) et (**19**). Elles forment, pour chacun des géniteurs de *Plaisanterie,* l'essence de leur constitution, de leur tempérament, de leur aptitude et, d'après ce que nous savons, ce sont les deux seules familles du Stud Book que l'on peut ranger dans la catégorie *Running and Sire.*

La synthèse du rapprochement de ces deux illustres descendances féminines est celle d'un petit-fils de *Pocahontas* avec une petite-fille de *Poetess I*[re], mère de *Monarque :* c'est le rapprochement de ces deux juments primitives **3** et **19** dans une alliance qui constitue le *cross.*

Nous allons aussi loin que possible dans l'enseignement élémentaire que comportent les notions suggérées jusqu'ici aux Éleveurs. Plus tard, quand des études plus avancées et d'une essence transcendante auront familiarisé les Éleveurs avec des conceptions abstraites, l'affirmation d'un pareil fait aura un caractère plus autorisé. Pour le moment, nous ne faisons que des suggestions, du reste bien suffisantes, pour l'esprit avisé et intuitif des *Stud Breeders.*

Le croisement climatérique, si favorable pour redonner la vigueur, l'énergie, la rusticité, le tempérament (*temper and staying*), atténués par les incestes, c'est l'union de l'Anglais *Wellingtonia* avec la Française *Poetess II*. Le croisement atavique, c'est le rapprochement des deux lignes féminines **3** et **19**, si différentes et si caractéristiques l'une et l'autre. Il se produit là un effet vivement désiré par les anciens Eleveurs, qui qualifient ce croisement *d'heureux mélange de deux des meilleurs sangs du Stud Book, complètement étrangers l'un à l'autre.*

Croisement des lignes « Eclipse » et « Herod » dans le pedigree de « Plaisanterie. » — Faisons maintenant entrevoir élémentairement dans ce pedigree ce croisement de lignes mâles.

Comme dans tous les grands chevaux de course, le sang d'*Eclipse* domine dans l'héroïne des deux grands handicaps classiques Anglais. Mais, au quatrième degré, nous voyons apparaître plusieurs courants d'*Herod* (*Byerley Turk*).

Du côté de *Wellingtonia*, nous trouvons *Glencoe*, fils de *Sultan* par *Selim* par *Buzzard* par *Woodpecker* par *Herod*. Puis, dans *Poetess II*, *Epirus* (le père d'*Antonia*) par *Langar* par *Selim* par *Buzzard* par *Woodpecker* par *Herod*. Enfin, dans la ligne féminine directe, le père de *Mon Etoile,* par *Fitz-Gladiator* par *Gladiator* par *Partisan* par *Walton* par *Sir Peter* par *Hyghflyer* par *Herod*.

Voilà donc trois courants d'*Herod* qui viennent heureusement couper les cinq courants d'*Eclipse*. Sans aller plus avant dans l'instruction, nous nous contenterons d'indiquer aujourd'hui cette nécessité à laquelle n'échappe pas la *French Filly,* d'être fort bien établie sur des lignes croisées.

Avant le troisième degré, toutes les lignes mâles sont sur *Eclipse*. Au troisième degré, sauf *Ayacanora*, les trois autres juments sont sorties d'*Herod*. Du reste, *Ayacanora* est, par *Irish Birdcatcher* et *Pocahontas* par *Glencoe*, de la ligne *Herod*.

Comme on le voit, dans cet examen sommaire, le sang efféminé d'*Herod* vient par les juments, ce qui est d'un heureux augure au point de vue de la course. Lorsque le sang d'*Herod* vient directement par les mâles, on sait qu'il est moins fécond en succès de courses que le sang d'*Eclipse*.

Toutefois, la ligne de *Matchem* n'est pas loin, puisqu'elle se manifeste chez *Monarque* dont le père, *The Emperor*, est par *Defence* et une *Reveller Mare*. Or, *Reveller* est un fils de *Comus* par *Sorcerer* par *Conductor* par *Matchem*. De même, la mère de *Monarque*, *Poetess Ire*, est par *Royal Oak* issu d'une fille de *Smolensko* par *Sorcerer* par

Conductor par *Matchem.* Le même courant de *Matchem* se trouve dès lors dans la ligne féminine directe sortie aussi de *Poetess Ire.*

Ainsi, dans ce pedigree si chargé de *close breedings* et même d'*incestes*, nous trouvons des *lignes féminines* qui viennent apporter des correctifs par des *croisements* qu'on peut qualifier, à bon droit, cette fois, de *rationnels.*

D'autre part, les trois lignes ancestrales de *Darley Arabian, Byerley Turk* et *Godolphin Barb* viennent se mélanger dans d'heureuses proportions et provoquer une constitution des plus *robustes,* cet adjectif qualificatif étant pris dans le sens habituel et physiologique. Non seulement les aptitudes à la course se trouvent réunies et portées à une haute puissance, mais la santé est parfaite, la force musculaire énorme, les organes essentiels sans aucune faiblesse. De sorte qu'un sujet aussi heureusement doué que *Plaisanterie* peut supporter impunément les fatigues de l'entraînement, des voyages, du climat, de la température et manifester dans les circonstances les plus défavorables l'aptitude à la course dont il a été doué par ses ancêtres.

Ces heureux croisements de lignes et de courants viennent combattre les principes d'affaiblissement et de lymphatisme qu'apportent nécessairement avec eux les *close-breedings* et les *incestuous-breedings.*

La Camargo. — Pour finir cette étude, une remarque curieuse s'impose dans le cas particulier de *Plaisanterie.* Elle concerne le point de vue des *ambiances.* Elle apporte des réflexions utilitaires et philosophiques susceptibles de développements.

Wellingtonia, importé d'Angleterre en France, donne dans ce pays notre *Plaisanterie.* Cette illustre jument, importée de France en Angleterre, y produit *Childwick,* qui revient en France comme étalon. Le nombre des juments extraordinaires qu'il y laisse est remarquable. Nous citerons seulement la plus célèbre, *La Camargo.* Elle vient, à son tour, de passer de France en Angleterre.

Il n'y a pas besoin d'être prophète pour présager le rôle de cette jument de l'autre côté du détroit. Elle doit normalement donner un Grand Étalon, dans sa filiation, qui nous reviendra en France et dont le rôle sera fécond parce qu'il apportera des *Inbreedings* précieux, des *Out-crossing ataviques* avantageux et le fameux *Croisement climatérique* indispensable pour la vigueur, la rusticité et, en un mot, la bonne santé des futurs *foals* que nous entrevoyons en ce moment à travers quelques générations de l'avenir.

Certes, *La Camargo* n'a pas donné jusqu'ici une production comme on était en droit de l'espérer, après une carrière de courses

PEDIGREE DE LA CAMARGO

Baie, née en 1898.

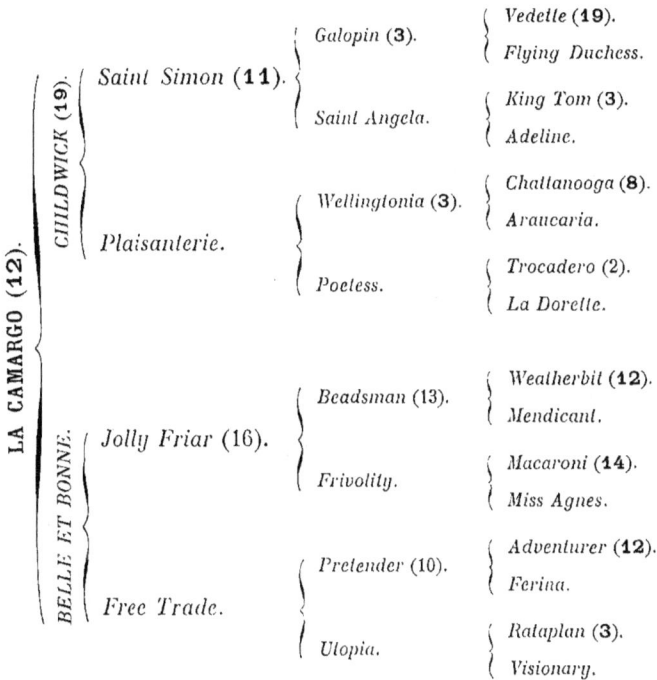

LA CAMARGO (12).	**CHILDWICK (19).** *Saint Simon* (**11**).	*Galopin* (**3**).	*Vedette* (**19**).
			Flying Duchess.
		Saint Angela.	*King Tom* (**3**).
			Adeline.
	Plaisanterie.	*Wellingtonia* (**3**).	*Chattanooga* (**8**).
			Araucaria.
		Poetess.	*Trocadero* (**2**).
			La Dorette.
	BELLE ET BONNE. *Jolly Friar* (**16**).	*Beadsman* (**13**).	*Weatherbit* (**12**).
			Mendicant.
		Frivolity.	*Macaroni* (**14**).
			Miss Agnes.
	Free Trade.	*Pretender* (**10**).	*Adventurer* (**12**).
			Ferina.
		Utopia.	*Rataplan* (**3**).
			Visionary.

(*La Camargo* a gagné le Prix de Diane, Poule d'Essai, Prix du Cadran, Grand Prix de Bade, deux fois le Prix du Conseil Municipal, à Paris, etc., et environ 873.700 francs de prix.)

aussi retentissante et aussi classique. Mais il faut espérer que son rôle de poulinière n'est pas encore terminé.

Cette grande Jument de courses est née en 1898 et on peut encore lui faire crédit. Son passage en Angleterre constitue, selon nous, pour elle, un atout de plus dans son jeu, comme nous venons de l'expliquer.

Et il ne paraît pas hors de propos d'agiter en passant une question qui paraît se rattacher à l'heureuse influence des *Croisements climatériques*. Dans cette digression sur le cas de *Plaisanterie*, nous ne pouvons que signaler à l'attention des Eleveurs les résultats si heureux, en Pur Sang, des échanges de reproducteurs entre la France et l'Angleterre.

Mais un autre aspect de cette grande thèse de la nécessité du changement de place des semences apparait à propos de *La Camargo*.

La fille de *Childwick*, qui vient de partir pour l'Angleterre, était venue en France en 1897, dans le ventre de sa mère et, au bout de 14 ans, elle retourne comme jument Française dans le pays où elle a été conçue. Il s'agit donc de savoir si le fait de l'importation de la mère et de la naissance du produit dans un autre climat a été la cause déterminante d'une qualité transcendante. En un mot, si *La Camargo* était née en Angleterre et y avait été entraînée, aurait-elle montré une aussi grande classe et accompli une carrière de courses aussi brillante que celle que nous lui connaissons? Nous ne pensons pas résoudre en ce moment un semblable problème. Mais la question valait d'être posée.

Si on se rappelle, en effet, qu'une grande quantité d'illustrations Françaises ont franchi le détroit de la même manière que l'héroïne du Prix de Diane de 1901, l'esprit ne peut manquer d'être frappé de la persistance de faits si dignes d'attention.

Comme *La Camargo : Frontin, Little Duck, Clyde, Perth, Masqué,* etc., vinrent d'Angleterre en France, portés par leurs mères. Il y a là une base pour une étude sérieuse : celle d'un germe importé dans un milieu voisin de celui où il a commencé à se développer et prospérant davantage, par suite, précisément, du changement de milieu.

Mais revenons à *La Camargo*. Ses succès eurent un résultat inespéré. Ils engagèrent M. Veil-Picard à faire d'importantes propositions pour son acquisition à Sir J. Blundell, l'éleveur de *Childwick*, dont les succès comme reproducteur auront tant d'influence sur notre Elevage. Nous devons donc à *La Camargo* l'importation en France du premier produit de notre *Plaisanterie :* mais, la fille de *Childwick* nous doit un grand Etalon et cela, pour beaucoup de raisons déjà indiquées, telles que les *incestes* si nombreux qui se trouvent à la base du pedigree de *Childwick* et notamment sur des juments aussi considérables que *Pocahontas* et *Poetess*, mais aussi parce qu'elle-même est une sortie extraordinaire d'une famille particulièrement précieuse par ses mâles et dont est précisément sorti le grand chef de la Race Pure, *Eclipse*, le détenteur unique du *Stout blood*, et *La Camargo* descend en ligne directe féminine de la propre sœur d'*Eclipse*, ce qui représente une grosse chance du *Retour du Phénomène*. Mais nous n'irons pas plus loin dans l'analyse des forces de cette grande Jument, qui n'est venue sous notre plume qu'incidemment dans l'ordre d'idées des *Croisements climatériques*.

Un racer, petit-fils de « Plaisanterie », qui possède un pedigree extraordinaire. — Nous voulons parler de *Tracery*, le bril-

TRACERY (19) (poulain.bai) 1909.

- **ROCK SAND (4).**
  - *Sainfoin* (2).
    - *Springfield* (**12**).
      - St-*Albans* (2).
        - **Stockwell** (**3**).
        - *Bribery.*
      - *Viridis.*
        - *Marsyas* (**12**).
        - *Maudof Palmyra.*
    - *Sanda.*
      - *Wenlock* (4).
        - *Lord Clifden* (2).
        - *Mineral* par **Rataplan**.
      - *Sandal.*
        - **Stockwell** (**3**).
        - *Lady Evelyn.*
  - *Roquebrune.*
    - St-**Simon** (**11**).
      - *Galopin* (**3**).
        - *Vedette* (**19**).
        - *Flying Duchess.*
      - St-*Angela.*
        - **King Tom** (**3**).
        - *Adeline.*
    - Ste-*Marguerite.*
      - *Hermit* (5).
        - *Newminster* (**8**).
        - *Seclusion.*
      - *Devotion.*
        - **Stockwell** (**3**).
        - *Olcestis.*
- **TOPIARY.**
  - *Orme* (**11**).
    - *Ormonde* (16).
      - *Bend'Or* (1).
        - *Doncaster* (5) par **Stockwell.**
        - *Rouge Rose.*
      - *Lili Agnes.*
        - *Macaroni* (**14**)
        - *Polly Agnes.*
    - **Angelica.**
      - *Galopin* (**3**).
        - *Vedette* (**19**).
        - *Flying Duchess.*
      - St-*Angela.*
        - **King Tom** (**3**).
        - *Adeline.*
  - *Plaisanterie.*
    - *Wellingtonia* (**3**).
      - *Chattanooga* (**3**).
        - *Orlando* (13).
        - *Ayacanora.*
      - *Araucaria.*
        - *Ambrose* (16).
        - *Pocahontas.*
    - *Poetess IIe.*
      - *Trocadero* (2).
        - *Monarque* (**19**).
        - *Antonia.*
      - *La Dorette.*
        - *The Ranger* (**8**).
        - *Mon Etoile.*

lant vainqueur du Saint-Léger de Doncaster, en 1912. C'est un poulain qui a été assez tardif, mais qui a pourtant gagné une course classique au mois de septembre de son année de trois ans. Il faut espérer qu'il ne s'en tiendra pas là.

Il ne s'agit pas ici d'analyser son pedigree, qui est des plus truculents, tant du côté paternel que du côté maternel. Sans prétendre expliquer son manque de précocité, une remarque s'est posée pourtant, dans cette étude sur l'*Inbreeding*, c'est qu'il est le fruit d'un *inceste* caractérisé.

Roquebrune et *Orme* sont enfants du frère et de la sœur, *Saint-Simon* et *Angelica*. *Tracery* est donc le résultat de l'alliance de deux cousins issus de germains. Mais cette parenté est encore accentuée par la place de l'*Inbreeding*, question qui n'a pas encore été étudiée dans ces préliminaires, mais qui a une grosse importance jamais entrevue jusqu'ici. C'est ce que nous avons appelé dans des ouvrages précédents un *close-breeding de rencontre* [1].

En effet, si nous faisons les accouplements intervertis dans le mariage *Orme* et *Roquebrune,* nous le décomposons en deux autres, *Ormonde* et *Sainte-Marguerite,* et *Saint-Simon* et *Angelica,* c'est-à-dire le frère avec la sœur, ce qui augmente singulièrement la violence de l'*inceste*. Remarquons encore en passant que l'événement a lieu entre deux animaux absolument purs et des plus forts, aussi exempts de tares qu'il se peut.

Il faut remarquer aussi combien le pedigree de *Topiary* rappelle celui de *Childwick :* ce sont les mêmes éléments, avec en plus *Ormonde,* autre cheval phénomène.

Avec un *Inbreeding* aussi étroit que celui de *Tracery* sur *Saint-Simon* et *Angelica*, il est à peine croyable que ce poulain ait pu remporter une course classique comme le Saint-Léger de Doncaster, qu'il a gagné dans un canter, sans avoir jamais été inquiété un instant par aucun des chevaux de la course qui sont venus l'attaquer successivement.

Loin de nous la pensée de vouloir analyser ce pedigree du petit-fils de *Plaisanterie*.

Toutefois, ne saute-t-il pas aux yeux que si on laisse de côté l'*inceste* entre *Saint-Simon* et sa sœur *Angelica,* qui tire l'œil, celui-ci n'aurait rien produit s'il n'avait pas été précédé de longues alliances semblables chez les deux auteurs.

Qu'est, en effet, *Rock-Sand ?* Un retour de *Stockwell,* simplement.

---

(1) Voir le *Langage des Eleveurs*, ouvrage du même auteur chez MAZERON frères, à Nevers.

Car, au quatrième degré, on ne trouve pas moins de cinq fois ce principe par les noms de *Stockwell, Rataplan, King-Tom.*

En ce qui concerne *Topiary,* nous savons que sa mère, *Plaisanterie,* est basée sur *Pocahontas* et *Orme,* en apporte deux nouveaux courants qui le rendent *inbred* sur cette jument à la façon dont l'entend le
comte Lehndorf.

Il faut se borner.

Mais *Tracery,* avec son inceste violent sur *Saint-Simon,* et sa
belle construction, ses autres incestes à la base, son numérotage, les
phénomènes si nombreux qui jalonnent son pedigree : *Plaisanterie,
Ormonde, Saint-Simon,* deviendrait le *Sire* que *Plaisanterie* nous tenait
en réserve qu'il n'y aurait là rien de surprenant.

Il pourrait réaliser, ce que nous disions dans le cours de ce chapitre sur la grande Jument Française : à savoir que sa naissance aurait
certainement une grosse influence sur l'Elevage mondial. Mais nous
retombons dans la philosophie, car si l'amitié d'un *grand homme* est
un bienfait des dieux, il faut aussi rechercher, en élevage, le service
des grands chevaux ou de leurs héritiers les plus directs.

Sans vouloir, toutefois, analyser, même superficiellement, un animal aussi complet et aussi complexe que *Tracery,* un simple coup
d'œil jeté sur son pedigree démontre avec évidence à tout homme tant
soit peu versé dans le Stud Book que les courants *Waxy* et *Penelope,* si
nombreux, si bien placés dans *Plaisanterie,* se sont trouvés multipliés
par l'adjonction à cette jument des deux étalons *Orme* et *Rock-Sand.*
Il semble aussi qu'on ait choisi tout exprès ces deux étalons pour sura-
jouter, comme à plaisir, les courants des trois frères *Castrel, Selim* et
Rubens (Buzzard, Alexander-Mare), et qu'enfin, les courants de
Pocahontas qui forment la base de l'inceste où *Plaisanterie* a puisé une
partie de sa force sont, eux aussi, luxueusement et pléthoriquement
représentés dans *Orme* et *Rock-Sand.* On croirait que l'Eleveur a voulu
jeter un défi à la raison par l'accumulation inouïe de ces mêmes courants les uns sur les autres dans cette synthèse colossale qu'est *Tracery.*
L'œil de l'Eleveur brille de joie, lorsqu'on le met en présence d'un
semblable chef-d'œuvre qui réunit les meilleurs échantillons mâles et
femelles des élevages purs de l'Angleterre et de la France. C'est le pedi-
grec le plus somptueusement édifié de tout le Stud Book et, si ces sortes
d'analyses ne se trouvaient à cette place qu'à titre de digressions, ce
serait un véritable plaisir de signaler ses forces inouïes, de les dissocier
pour les réunir ensuite et en bien faire apprécier toutes les conséquences.

Il faut pourtant ajouter, pour une certaine catégorie de lecteurs qui
pourraient soulever l'objection, que l'éloignement des courants *Waxy*

et *Penelope, Buzzard* et *Alexander-Mare* de deux générations ne leur ôte aucune autorité. En effet, ils se sont éloignés d'un côté, ils se sont multipliés de l'autre et, par conséquent, rafraîchis. Plus tard, nous montrerons la relation, ou mieux les relations existant entre le *retour* des courants ci-dessus et l'inceste *Saint-Simon* et *Angelica*, et nous ferons la démonstration que la multiplicité des courants éloignés ne servirait à rien sans la violence du *Close-breeding* et, réciproquement, et que le mariage *Orme* et *Roquebrune* (enfants du frère et de la sœur) a provoqué l'affluence des courants d'aptitude dans le produit. Mais aujourd'hui nous n'irons pas plus loin et nous resterons dans les considérations élémentaires.

Conclusions des deux analyses des pedigrees de « Gladiateur » et de « Plaisanterie ». — Il n'est pas mauvais maintenant de résumer les notions élémentaires répandues à travers les légères dissertations qui précèdent et d'en tirer les avantages qu'elles comportent.

C'est, en effet, un grand plaisir que de scruter les beautés d'un *Gladiateur* ou d'une *Plaisanterie*, et d'en être accablé et ébloui, mais il faut expliquer dans quel but il est bon de s'adonner à ces analyses, de se livrer à ces recherches; qu'il n'y a pas seulement une sorte de volupté mystique, mais aussi quelque chose d'utile, d'avantageux et, il faut l'affirmer bien haut, d'indispensable.

On peut se demander quelle est la fantaisie qui nous a fait placer à la fin de ce volume de début ces deux analyses. Certes, nous ne le nierons pas, il a été dans notre volonté d'intéresser, de distraire et même d'amuser nos lecteurs, tout en les contraignant à l'étude en leur masquant autant que possible l'aridité qu'elle comporte souvent.

Nous avons voulu montrer dans l'application les principes que nous avions exposés dans la partie didactique et dans la partie critique qui précèdent le dernier Livre de ce volume.

Nous avons voulu montrer chez des animaux extraordinaires et, on peut le dire sans crainte, phénoménaux, tels que *Gladiateur* et *Plaisanterie*, ce qu'étaient les diverses formes de l'*Inbreeding*. Tout d'abord, les *Incestes* ou *Incestuous breedings*, les *Close-breedings*, les *Inbreedings simples et modérés*, les *Inbreedings de courants*, les *Inbreedings de familles*, etc.

Au lieu de procéder par définitions mathématiques, nous avons préféré la leçon de choses sur des exemples illustres, où nous étions sûrs de rencontrer toutes les formes pratiquées journellement, car un grand cheval est une leçon vivante.

Nous avons voulu faire saisir sur le vif les *Out-crossings divers :*

Out-crossings de lignes, Out-crossings de courants, Out-crossings ataviques en somme et, enfin, les *Out-crossings climatériques*. Tout cela était connu depuis longtemps, tout cela se sentait, mais n'avait jamais été indiqué comme principes élémentaires d'élevage indispensables à connaître sous des noms faciles à retenir et qui parlent à l'imagination ; indispensables à pratiquer pour produire des animaux équilibrés. Tout cela était dans l'air, mais on ne l'avait jamais proclamé. Personne n'avait jamais mis *le nom sur la chose*. Les *Mots* ont leur force pour faire accomplir les *Faits*. Quand on ne désigne pas le *Geste* par son nom, on ne peut apprendre à le faire. En nous servant des deux pedigrees si populaires pour enseigner, nous avons voulu joindre l'utile à l'agréable et faire mieux retenir l'enseignement que par une méthode abstraite ou pédagogique.

Mais ces considérations n'ont pas été les seules qui nous ont **guidé** ; d'autres, plus puissantes, ont déterminé notre décision. Tout d'abord, nous avons voulu indiquer que le travail d'un Eleveur qui produit un *grand cheval*, fait plus ce jour-là, pour l'Elevage, que dans toute sa carrière d'Eleveur. Il répand, en cette circonstance, plus de bienfaits que tous les autres Eleveurs réunis qui ont fait naître des chevaux honnêtes, d'une bonne classe et, même mieux, d'une grande classe. Les *Racers phénoménaux* ont en effet été très rares et leur mérite, comme nous l'avons déjà dit, est la synthèse des mérites de tous les Eleveurs qui ont élevé les ancêtres, mais encore le dernier a-t-il su profiter du labeur de tous les autres.

Ces réflexions nous avaient été inspirées par l'injustice des classifications et des catégories du comte Lehndorf et des autres statisticiens qui classent les Etalons ou les Juments suivant leur degré d'*Inbreeding*. On peut comparer des quantités de même espèce, mais il n'est pas permis de taxer des étalons à succès et de comparer une catégorie à une autre sur le nombre des sujets seulement, il faudrait aussi mettre en parallèle les services rendus. Si on réfléchit que les quatre cinquièmes des étalons cités par le comte Lehndorf ont disparu, au point que leurs noms sont presque oubliés aujourd'hui, et qu'un seul *Sire* comme *Galopin* a fait dix fois autant pour l'Elevage que tous ceux-là réunis, on arrive à cette conclusion que le critérium choisi est sans valeur. C'est-à-dire que la place plus ou moins rapprochée du sommet du pedigree du premier nom répété est indifférente et tout au moins relativement à d'autres considérations beaucoup plus importantes. Citons deux exemples : *Galopin* et *Stockwell, inbreds* à des degrés si différents et cependant tous les deux *Sires incomparables*.

Il semblerait, dès lors, que nous aurions dû laisser de côté *Gladiateur*, animal d'hippodrome phénoménal et *Sire* tout à fait inférieur. C'est, au

contraire, cette considération qui nous a guidé dans notre choix, car
si le fils de *Monarque* n'a pas laissé une postérité illustre, il nous a
procuré des enseignements précieux, sur lesquels on ne saurait trop
insister, car ils sont de la première importance pour l'Elevage.

« Gladiateur » et le critérium de la Classe.

— Un des
critériums les plus certains de l'Eleveur, au point de vue de la sélection
des reproducteurs, c'est assurément la *Classe en courses.* C'est un phare
lumineux qui, dans les ténèbres des recherches, guide l'Eleveur. Cependant, ce phare peut être trompeur dans beaucoup de circonstances et
il faut pouvoir discerner, comme les navigateurs perdus sur la mer
immense, la lumière qui doit conduire le navire au port des feux que
les pilleurs d'épaves allument au milieu des récifs pour attirer les capi-
taines inexpérimentés à la perdition. Quittons le langage métaphorique ;
il apparaît comme certain que beaucoup d'Eleveurs s'hypnotisent complètement sur le critérium de la *Classe en courses* comme désignation
du futur reproducteur. Comme toutes les vérités humaines, celle-ci
est loin d'être absolue.

Tel Eleveur, et non des moindres, vous dira : « Que m'importent
vos observations d'Elevage, vos recherches, vos constatations, vos prévisions plus ou moins justes ; je ne veux pas connaître autre chose pour
guider mes efforts, légitimer mes sélections et choisir l'étalon qui doit
me donner des poulains vainqueurs, que la *Classe* ». Puis, après vingt
ans de travaux et de dépenses, il reconnaîtra que la *Classe* n'est pas tout ;
que c'est bien une bonne direction générale, mais que ces deux éléments : le Mâle et la Femelle, ont besoin d'autre chose pour se marier
convenablement, qu'un mérite considérable, même transcendant, pour
se reproduire avec succès.

Gladiateur a été, sous ce rapport, l'exemple le plus étonnant qui
soit apparu au monde de l'Elevage et qui aurait dû désillusionner à
tout jamais les Eleveurs entêtés à s'appuyer uniquement sur la classe,
et il semble, au contraire, que son fiasco au Stud n'a servi à rien et n'a
pas déssillé les yeux des intéressés.

C'est pourquoi nous avons voulu mettre cet exemple en vedette
pour justifier les études que nous soumettons au monde de l'Elevage et
montrer aux Stud-Masters qu'il y a une Science dont il faut se pénétrer
profondément si on veut, je ne dirai pas réussir, mais tout au moins
déterminer ses actes en connaissance de cause. Voilà quelle a été la
véritable raison qui nous a fait placer, au début de notre long travail,
une étude sur le Racer le plus extraordinaire qu'on ait jamais vu et qui,
cependant, n'a même pas pu *continuer sa ligne* pendant deux générations.

Certes, les explications n'ont pas manqué pour combattre le découragement et la stupeur qui avaient frappé non seulement les Eleveurs, mais surtout les profanes ennemis des courses. Parmi les arguments invoqués, on pouvait être sûr de trouver un cliché qui a toujours beaucoup de succès sur les cerveaux moyens. C'est que *Gladiateur* étant une exception, il ne pouvait être conforme à la règle générale. Toutes les fois qu'un fait inhabituel vient à se produire, paraissant en contradiction formelle avec ce qui se passe continuellement, il se trouve toujours un homme habile pour expliquer avec profondeur que l'exception confirme la règle.

Eh bien! il faut avoir le courage de le dire, mais *Gladiateur* n'est pas une exception et il rentre dans la règle générale et c'est, au contraire, l'opinion adoptée qui est l'exception. Ce paradoxe a besoin d'être établi; mais, toutefois, sans laisser se glisser dans la question une proposition équivoque. Il n'est pas ici en discussion de démontrer que les Eleveurs devraient choisir des chevaux manquant de classe. Mais il est, au contraire, facile à prouver que la plupart des chevaux de grande classe ont été de mauvais étalons et que souvent des chevaux d'une classe modeste ont été des *Sires* des plus considérables.

Il suffit, pour cela, de posséder son Stud Book, et si les Eleveurs qui sont dans ce cas faisaient un retour sur eux-mêmes, ils seraient débarrassés d'une idée fausse ou mal définie dans leur esprit.

Mais la question demanderait un développement beaucoup trop considérable pour être traitée incidemment et nous la renverrons à un chapitre spécial. Quelques exemples à l'appui de notre thèse la feront mieux saisir.

Prétendre que *Gladiateur* est une exception, c'est ne pas se rappeler une foule de noms qui sautent aux yeux, lorsqu'on évoque les annales. La proposition que démontrent des exemples est que la classe n'est pour rien dans la qualité de *Sire* et qu'elle ne fait que la souligner et l'accompagner mais pas nécessairement.

Si *Waxy* n'avait pas rencontré *Penelope*, il aurait passé inaperçu comme une multitude de gagnants de *Derby* qui ont été insignifiants au Stud, sans qu'on aie jamais songé à s'en étonner.

Flying-Dutchman, cheval du siècle, comparable aux plus phénoménaux, fit la monte pendant sept ans en Angleterre, et devint l'objet d'un discrédit complet; sa *stud failure* était si complète qu'il fut vendu pour un petit prix à l'Administration des Haras Français. Il laissa, en Angleterre, une jument : *Flying-Duchess*, la mère de *Galopin*, et produisit en France l'immortel *Dollar*; en dehors de cela, il ne donna que des déceptions. Son importation fut heureuse, car, en Angleterre, il était complètement abandonné.

The Baron, le père de *Stockwell*, était dans le même cas. Plus récemment, *Stuart*, en France, nous a donné l'exemple d'un cheval de la plus haute classe qui n'était pas un père.

Au surplus, il y a eu, depuis la fondation des courses, environ 130 vainqueurs du Derby, si on retire une dizaine de vraies Sires, le reste n'a fait que du remplissage de bon sang, mais sans que les Eleveurs n'aient cessé de faire des expériences peu lucratives.

Gladiateur s'imposait donc comme exemple, destiné à prévenir l'Elevage du danger qu'il y a à se tromper en prenant un *Performer* pour un *Sire*.

Il y a beaucoup de types d'étalons non performers, mais le plus remarquable sans contredit, c'est *Gladiator*, le grand-père de *Gladiateur*, dont il est pour ainsi dire l'antithèse.

Il fut le second de *Bay-Middleton*, en 1836, dans le Derby. Il ne courut, du reste, que cette fois-là. Aussi les Eleveurs anglais ne lui donnèrent pas de juments. Importé en France, en 1846, après dix ans d'inutiles efforts pour le faire accepter des Eleveurs anglais, il fut vendu aux Haras Français.

Les Eleveurs de notre pays le méconnurent aussi, car au dépôt de Paris, où il resta trois ans, il reçut si peu de juments, qu'on l'envoya à Angers. En 1854, on le désigna pour le Pin, vieux, déformé, et cependant il y réussit admirablement et donna quantité de *performers*, un étalon inoubliable, *Fitz-Gladiator*, et une collection de juments qui furent aussi bonnes en course qu'au haras. Cela aurait pu durer long-temps, malheureusement cet extraordinaire animal mourut trois ans après son arrivée au Pin et après avoir été victime, pendant toute sa vie, du préjugé de la faiblesse de *Classe en courses*, tandis que son *Derby-Winner : Bay-Middleton*, aussi de la ligne *Herod*, était très bien servi de juments en Angleterre et, quoique *Sire* efféminé comme tous ceux de sa ligne, donnait le phénomène cité plus haut : *The Flying Dutchman*.

L'exemple de *Gladiateur* peut donc être cité à juste titre, pour montrer qu'il ne faut pas considérer la *Classe* seulement, dans un futur étalon, mais une foule d'autres considérations qui ont une importance au moins égale et qui ne sont pas toujours concomitantes avec les performances même les plus extraordinaires.

Pourquoi le pedigree de « Plaisanterie » a-t-il été pris comme exemple ? — Les raisons qui nous ont guidé dans le choix du pedigree de *Plaisanterie* comme exemple, ne sont pas tout à fait les mêmes que celles que nous avons mises en avant pour *Gladiateur*. Nous avons voulu montrer tout d'abord qu'une jument qui paraissait peu *inbred,* suivant la définition élémentaire de l'*Inbreeding,* pouvait, au contraire, sans la présence du nom répété, être *très incestueuse.*

Ensuite, qu'un inceste entre cousins germains pouvait produire des chevaux classiques, ce qui était déjà le cas de *Galopin.*

Enfin, nous aurions voulu pouvoir annoncer qu'une jument construite comme *Plaisanterie,* devait à la fois donner de bons mâles et de bonnes femelles. Mais le temps qu'il a fallu à ce volume pour voir le jour, a permis à cette jument phénoménale de produire un vainqueur classique, *Tracery.* Nous aurions voulu annoncer cet aboutissement et, malheureusement, l'événement est venu nous coiffer sur le poteau. Mais il est peu question, ici, de vanité dans les prédictions et le fait doit être considéré comme très heureux.

En ce qui concerne les *Inbreedings climatériques,* son choix était aussi opportun, puisque *Childwick* et *Raconteur* sont venus apporter en France de précieux courants qui ne peuvent manquer d'avoir une heureuse influence sur l'Elevage de notre pays.

Enfin, il y a la question des reproductrices illustres qui se trouve, de ce fait, être agitée. Nous ne la traiterons pas non plus incidemment, car c'est une grosse question que nous réservons aussi pour un chapitre spécial.

Nous avons vu que Bruce Lowe recommande les mères *inbreeds,* à l'encontre des étalons qui, selon lui, doivent être *out-breeds.* Le théorème ainsi formulé, nous l'avons déjà dit, n'est pas soutenable. On se demande même comment il a pu être formulé par un maître en pedigrees tel qu'était l'auteur Australien.

En ce qui concerne les juments, nous savons que des pouliches qui n'ont jamais couru ont eu des carrières de reproductrices inoubliables. Telle était *Penelope,* par *Trumpator* et *Prunella,* dont la rencontre avec *Waxy* est classique. La plus grande mère du *Stud Book, Pocahontas,* n'était pas non plus une jument de courses. Et ces deux extraordinaires reproductrices ne sont pas des exceptions.

D'autre part, il y a eu de très brillantes juments de courses qui ont fait fiasco au haras. Il n'est donc pas nécessaire, pour avoir une grande poulinière, qu'elle ait eu une carrière de courses des plus brillantes.

En un mot il n'y a pas, nécessairement, concomitance entre la classe en courses et la puissance de reproduction chez une jument. Mais il n'y a pas non plus obstacle à ce qu'une jument phénoménale comme *Plaisanterie* soit une grande poulinière et qu'elle ait une descendance somptueuse soit en mâles, soit en femelles.

Quelques Eleveurs, et non des moindres, n'admettent dans leurs haras que des descendantes directes de juments ayant gagné les Oaks ou autres courses classiques. Cependant, beaucoup de ces juments n'ont pas prolongé leur *ligne féminine*. Il suffit, pour s'en convaincre, de remonter à l'origine des familles.

Nous montrerons plus tard que la question de l'*Inbreeding intense* et même celle de l'*Incestuous breeding,* est à la base de toutes les lignes qui se sont élevées à une haute puissance de reproduction. C'est ce que les Éleveurs modernes ont appelé les *Juments bases,* pour éviter de remonter jusqu'aux juments primitives. *Contessina,* notamment, jument qui sert de *base* à *Plaisanterie,* était une jument nettement *incestueuse,* comme nous l'avons montré dans le cours de cette étude.

Le seul indice précieux dans la classe semble se trouver dans ce fait qui apparaît paradoxal, c'est que, si un étalon a été illustre en course, aussi bien qu'une jument, ses propres frères ou sœurs qui ont été sans aptitudes et sans performances, ne sauraient les égaler au Stud. Cette question forme encore un point d'interrogation des plus curieux, que l'étude persévérante des faits de l'Élevage peut seule élucider. Ainsi, un problème en fait jaillir un autre et, comme dans toutes les directions des recherches scientifiques, il reste toujours quelque chose à apprendre.

FIN

TABLE DES MATIÈRES

LIVRE PREMIER

Considérations générales sur l' « Inbreeding » et l' « Out-crossing ».

LIVRE DEUXIÈME

Les Écrivains sportifs sur l' « Inbreeding » et l' « Out-crossing »

LIVRE TROISIÈME

Deux « Pedigrees » études élémentaires données à titre d'exemple

NEVERS, IMP. MAZERON FRÈRES

1)

a

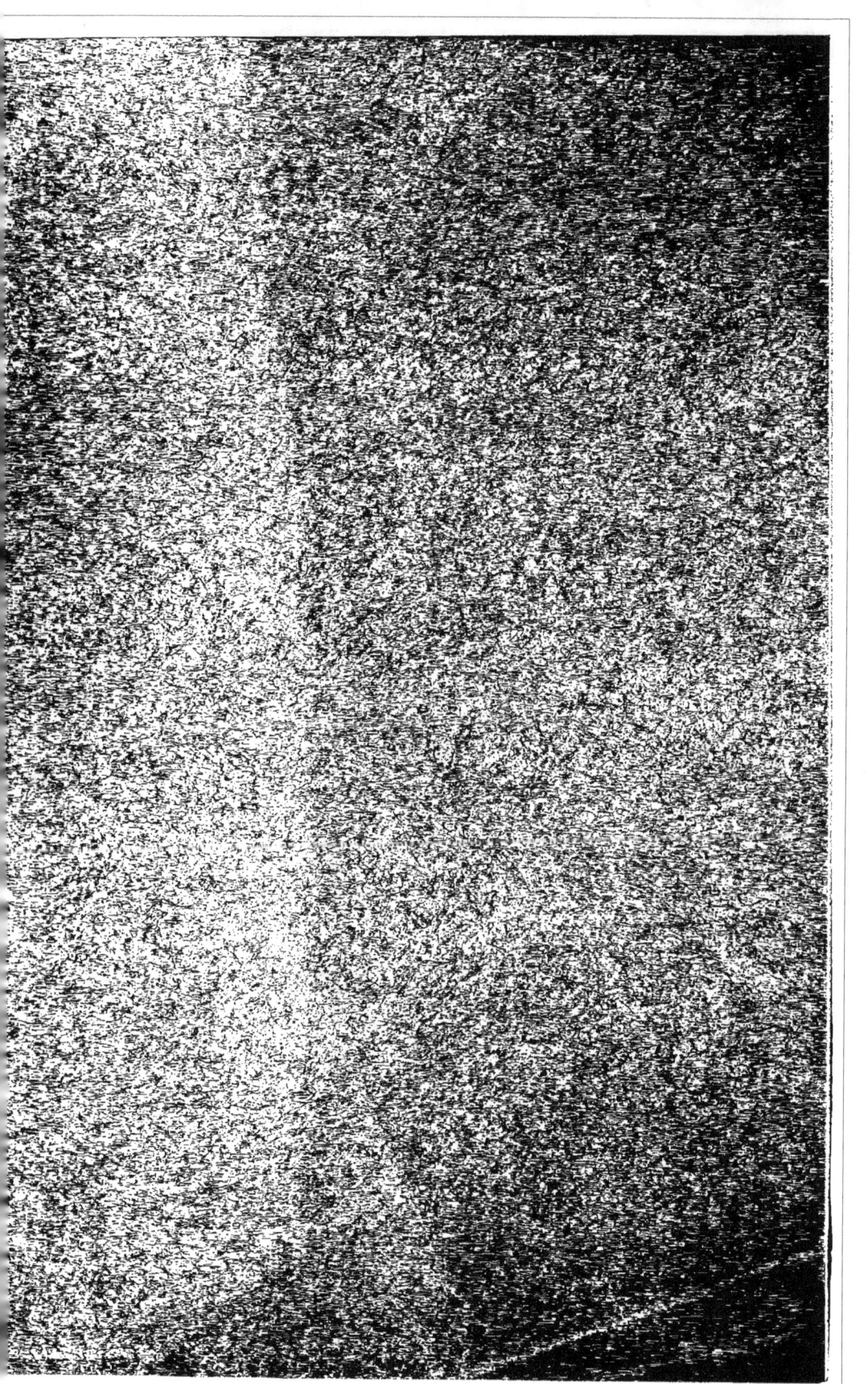

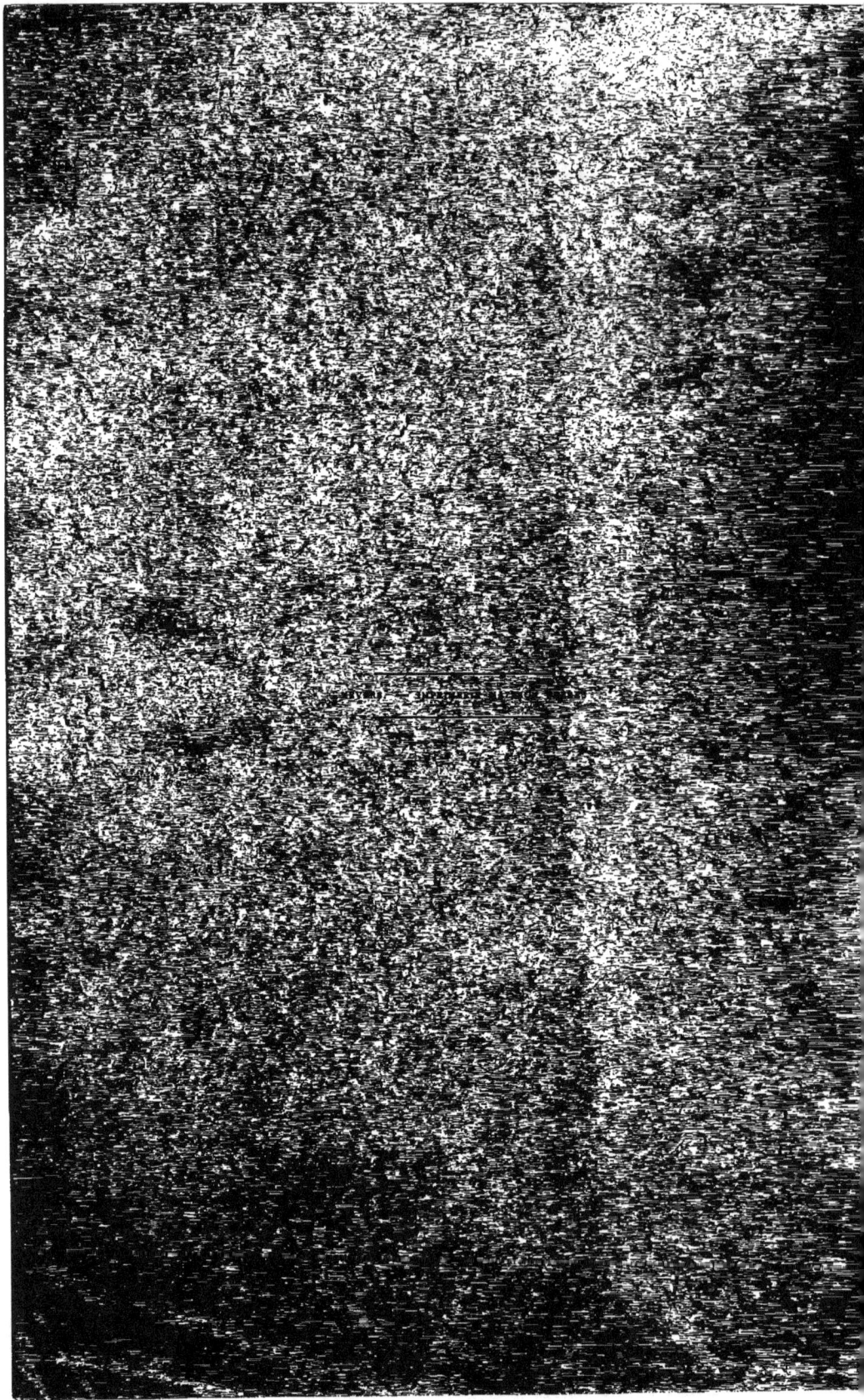

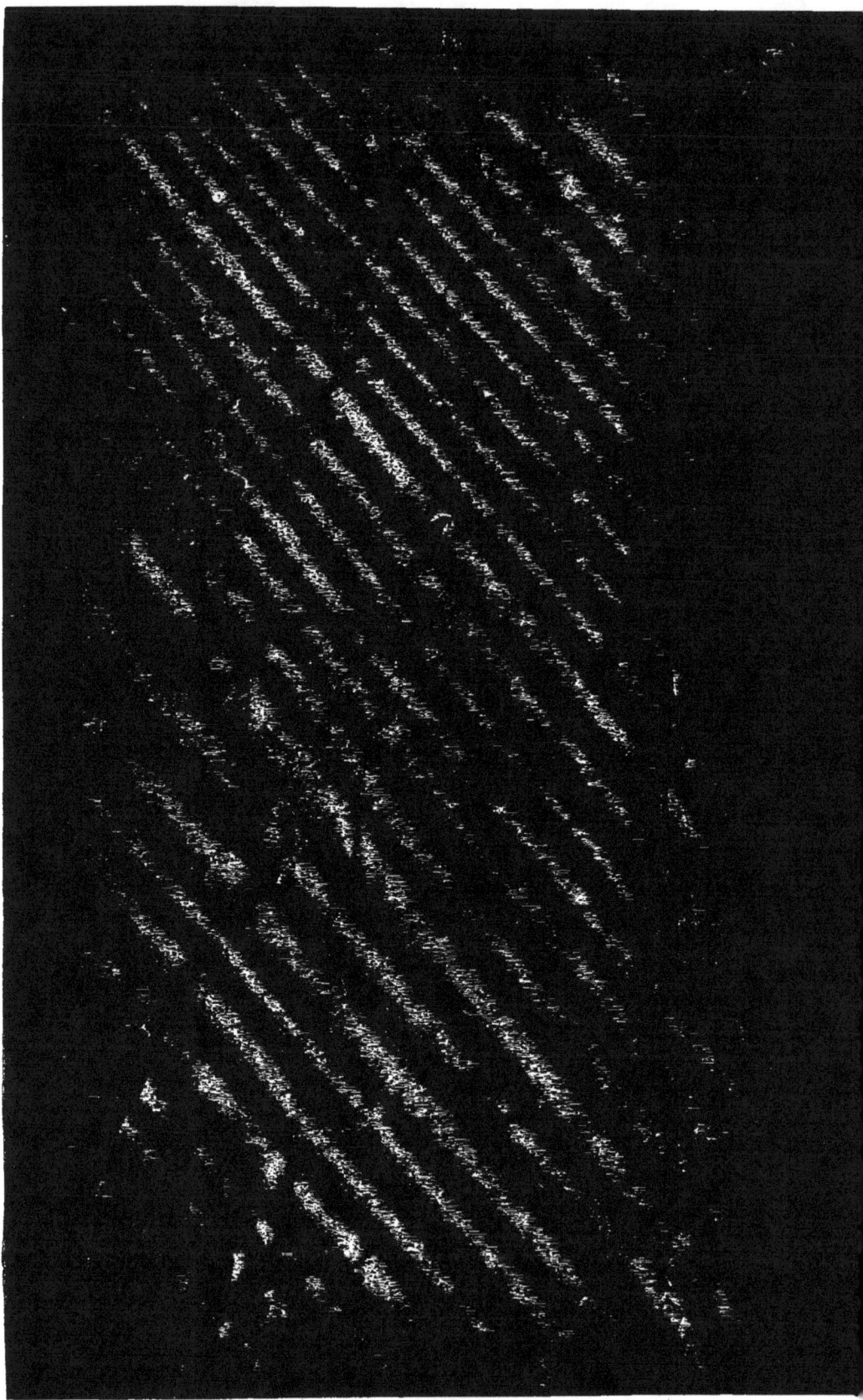

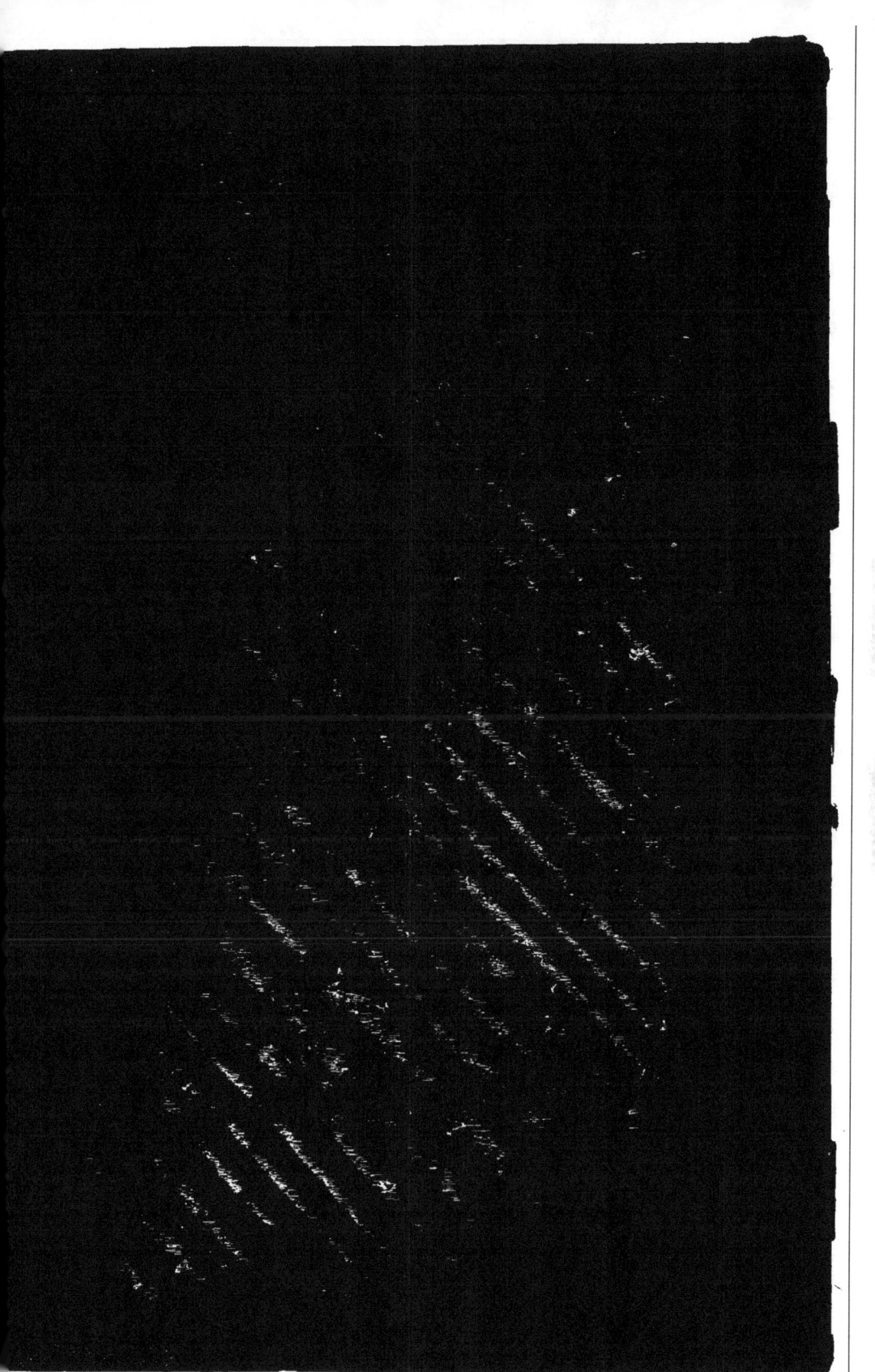

www.ingramcontent.com/pod-product-compliance
Lightning Source LLC
Chambersburg PA
CBHW032327210326
41518CB00041B/1305